大数据技术丛书

Big Data Technical System
Principle, Architecture and Practice

大数据技术体系详解
原理、架构与实践

董西成 ◎ 著

机械工业出版社
China Machine Press

图书在版编目（CIP）数据

大数据技术体系详解：原理、架构与实践 / 董西成著. —北京：机械工业出版社，2018.1
（2023.1 重印）
（大数据技术丛书）

ISBN 978-7-111-59072-9

I. 大… II. 董… III. 数据处理 IV. TP274

中国版本图书馆 CIP 数据核字（2018）第 023800 号

大数据技术体系详解：原理、架构与实践

出版发行：机械工业出版社（北京市西城区百万庄大街 22 号　邮政编码：100037）	
责任编辑：杨福川	责任校对：李秋荣
印　　刷：北京建宏印刷有限公司	版　　次：2023 年 1 月第 1 版第 9 次印刷
开　　本：186mm×240mm　1/16	印　　张：23.5
书　　号：ISBN 978-7-111-59072-9	定　　价：79.00 元

客服电话：（010）88361066　68326294

版权所有・侵权必究
封底无防伪标均为盗版

Preface 前言

为什么要写这本书

随着大数据技术的普及，它已经被广泛应用于互联网、电信、金融、工业制造等诸多行业。据相关报告统计，大数据人才需求呈井喷态势，越来越多的程序员开始学习大数据技术，这使得它已经成为程序员所需的基本技能。

为了满足大数据人才市场需求，越来越多的大数据技术书籍不断面世，包括《Hadoop权威指南》《Hadoop实战》等。尽管如此，面向初、中级学者，能够系统化、体系化介绍大数据技术的基础书籍并不多见。笔者曾接触过大量大数据初学者，他们一直渴望能有一本简单且易于理解的教科书式的大数据书籍出现。为了满足这些读者的需求，笔者根据自己多年的数据项目和培训经验，继《Hadoop技术内幕》书籍之后，于两年前开始尝试编写一本浅显易读的大数据基础书籍。

相比于现有的大数据基础书籍，本书具有三大特色：①系统性：深度剖析大数据技术体系的六层架构；②技术性：详尽介绍Hadoop和Spark等主流大数据技术；③实用性：理论与实践相结合，探讨常见的大数据问题。本书尝试以"数据生命周期"为线索，按照分层结构逐步介绍大数据技术体系，涉及数据收集、数据存储、资源管理和服务协调、计算引擎及数据分析五层技术架构，由点及面，最终通过综合案例将这些技术串接在一起。

读者对象

（1）大数据应用开发人员

本书用了相当大的篇幅介绍各个大数据系统的适用场景和使用方式，能够很好地帮助大数据应用开发工程师设计出满足要求的程序。

（2）大数据讲师和学员

本书按照大数据五层架构，即数据收集→数据存储→资源管理与服务协调→计算引擎→数据分析，完整介绍了整个大数据技术体系，非常易于理解，此外，每节包含大量代码示例和思考题目，非常适合大数据教学。

（3）大数据运维工程师

对于一名合格的大数据运维工程师而言，适当地了解大数据系统的应用场景、设计原理和架构是十分有帮助的，这不仅有助于我们更快地排除各种可能的大数据系统故障，也能够让运维人员与研发人员更有效地进行沟通。本书可以有效地帮助运维工程师全面理解当下主流的大数据技术体系。

（4）开源软件爱好者

开源大数据系统（比如 Hadoop 和 Spark）是开源软件中的佼佼者，它们在实现的过程中吸收了大量开源领域的优秀思想，同时也有很多值得学习的创新。通过阅读本书，这部分读者不仅能领略到开源软件的优秀思想，还可以学习如何构建一套完整的技术生态。

如何阅读本书

本书以数据在大数据系统中的生命周期为线索，介绍以 Hadoop 与 Spark 为主的开源大数据技术栈。本书内容组织方式如下。

- 第一部分：主要介绍大数据体系架构，以及 Google 和 Hadoop 技术栈，让读者从高层次上对大数据技术有一定了解。
- 第二部分：介绍大数据分析相关技术，主要涉及关系型数据收集工具 Sqoop 与 Canel、非关系型数据收集系统 Flume，以及分布式消息队列 Kafka。
- 第三部分：介绍大数据存储相关技术，涉及数据存储格式、分布式文件系统及分布式数据库三部分。
- 第四部分：介绍资源管理和服务协调相关技术，涉及资源管理和调度系统 YARN，以及资源协调系统 ZooKeeper。
- 第五部分：介绍计算引擎相关技术，包括批处理、交互式处理，以及流式实时处理三类引擎，内容涉及 MapReduce、Spark、Impala/Presto、Storm 等常用技术。
- 第六部分：介绍数据分析相关技术，涉及基于数据分析的语言 HQL 与 SQL、大数据统一编程模型及机器学习库等。

大数据体系的逻辑也是本书的逻辑，故这里给出大数据体系逻辑图。

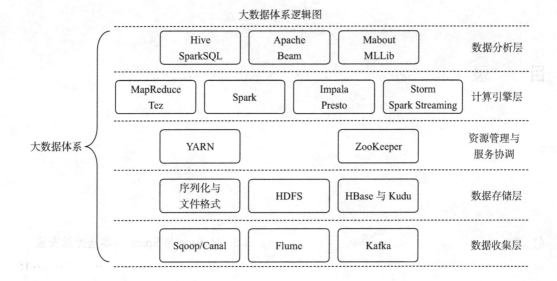

勘误和支持

由于笔者的水平有限，编写时间仓促，书中难免会出现一些错误或者不准确的地方，恳请读者批评指正。为此，笔者特意创建了一个在线支持与应急方案的站点 http://hadoop123.com 和微信公众号 hadoop-123。你可以将书中的错误发布在 Bug 勘误表页面。如果你遇到任何问题，也可以访问 Q&A 页面，我将尽量在线上为你提供最满意的解答。如果你有更多宝贵的意见，也欢迎发送邮件至邮箱 dongxicheng@yahoo.com，期待能够得到你们的真挚反馈。

获取源代码实例

本书各节的源代码实例可从网站 http://hadoop123.com 或微信公众号 hadoop-123 中获取。

致谢

感谢我的导师廖华明副研究员，是她引我进入大数据世界。

感谢机械工业出版社的孙海亮编辑对本书的校订，他的鼓励和帮助使我顺利完成了本书的编写工作。

最后感谢我的父母，感谢他们的养育之恩，感谢兄长的鼓励和支持，感谢他们时时刻刻给我以信心和力量！

谨以此书献给我最亲爱的家人，以及众多热爱大数据技术的朋友们！

董西成

目录 Contents

前言

第一部分 概述篇

第1章 企业级大数据技术体系概述 2
- 1.1 大数据系统产生背景及应用场景 2
  - 1.1.1 产生背景 2
  - 1.1.2 常见大数据应用场景 3
- 1.2 企业级大数据技术框架 5
  - 1.2.1 数据收集层 6
  - 1.2.2 数据存储层 7
  - 1.2.3 资源管理与服务协调层 7
  - 1.2.4 计算引擎层 8
  - 1.2.5 数据分析层 9
  - 1.2.6 数据可视化层 9
- 1.3 企业级大数据技术实现方案 9
  - 1.3.1 Google 大数据技术栈 10
  - 1.3.2 Hadoop 与 Spark 开源大数据技术栈 12
- 1.4 大数据架构：Lambda Architecture 15
- 1.5 Hadoop 与 Spark 版本选择及安装部署 16
  - 1.5.1 Hadoop 与 Spark 版本选择 16
  - 1.5.2 Hadoop 与 Spark 安装部署 17
- 1.6 小结 18
- 1.7 本章问题 18

第二部分 数据收集篇

第2章 关系型数据的收集 20
- 2.1 Sqoop 概述 20
  - 2.1.1 设计动机 20
  - 2.1.2 Sqoop 基本思想及特点 21
- 2.2 Sqoop 基本架构 21
  - 2.2.1 Sqoop1 基本架构 22
  - 2.2.2 Sqoop2 基本架构 23
  - 2.2.3 Sqoop1 与 Sqoop2 对比 24
- 2.3 Sqoop 使用方式 25
  - 2.3.1 Sqoop1 使用方式 25
  - 2.3.2 Sqoop2 使用方式 28
- 2.4 数据增量收集 CDC 31

		2.4.1 CDC 动机与应用场景 31

2.4.1 CDC 动机与应用场景 ·········· 31
2.4.2 CDC 开源实现 Canal ·········· 32
2.4.3 多机房数据同步系统 Otter ···· 33
2.5 小结 ·· 35
2.6 本章问题 ···································· 35

第3章 非关系型数据的收集 ············ 36
3.1 概述 ·· 36
 3.1.1 Flume 设计动机 ··············· 36
 3.1.2 Flume 基本思想及特点 ····· 37
3.2 Flume NG 基本架构 ··················· 38
 3.2.1 Flume NG 基本架构 ········· 38
 3.2.2 Flume NG 高级组件 ········· 41
3.3 Flume NG 数据流拓扑构建方法 ·· 42
 3.3.1 如何构建数据流拓扑 ······· 42
 3.3.2 数据流拓扑实例剖析 ······· 46
3.4 小结 ·· 50
3.5 本章问题 ···································· 50

第4章 分布式消息队列Kafka ········· 51
4.1 概述 ·· 51
 4.1.1 Kafka 设计动机 ················ 51
 4.1.2 Kafka 特点 ······················· 53
4.2 Kafka 设计架构 ·························· 53
 4.2.1 Kafka 基本架构 ················ 54
 4.2.2 Kafka 各组件详解 ············ 54
 4.2.3 Kafka 关键技术点 ············ 58
4.3 Kafka 程序设计 ·························· 60
 4.3.1 Producer 程序设计 ··········· 61
 4.3.2 Consumer 程序设计 ········· 63
 4.3.3 开源 Producer 与 Consumer
    实现 ································· 65

4.4 Kafka 典型应用场景 ··················· 65
4.5 小结 ·· 67
4.6 本章问题 ···································· 67

第三部分　数据存储篇

第5章 数据序列化与文件存储格式 ·· 70
5.1 数据序列化的意义 ······················ 70
5.2 数据序列化方案 ························· 72
 5.2.1 序列化框架 Thrift ············ 72
 5.2.2 序列化框架 Protobuf ········ 74
 5.2.3 序列化框架 Avro ············· 76
 5.2.4 序列化框架对比 ·············· 78
5.3 文件存储格式剖析 ······················ 79
 5.3.1 行存储与列存储 ·············· 79
 5.3.2 行式存储格式 ·················· 80
 5.3.3 列式存储格式 ORC、Parquet
    与 CarbonData ··················· 82
5.4 小结 ·· 88
5.5 本章问题 ···································· 89

第6章 分布式文件系统 ····················· 90
6.1 背景 ·· 90
6.2 文件级别和块级别的分布式文件
  系统 ·· 91
 6.2.1 文件级别的分布式系统 ··· 91
 6.2.2 块级别的分布式系统 ······· 92
6.3 HDFS 基本架构 ·························· 93
6.4 HDFS 关键技术 ·························· 94
 6.4.1 容错性设计 ····················· 95
 6.4.2 副本放置策略 ·················· 95

        6.4.3　异构存储介质 …………………… 96
        6.4.4　集中式缓存管理 …………………… 97
    6.5　HDFS 访问方式 …………………………… 98
        6.5.1　HDFS shell ……………………… 98
        6.5.2　HDFS API ……………………… 100
        6.5.3　数据收集组件 …………………… 101
        6.5.4　计算引擎 ………………………… 102
    6.6　小结 …………………………………… 102
    6.7　本章问题 ……………………………… 103

第7章　分布式结构化存储系统 ……… 104
    7.1　背景 …………………………………… 104
    7.2　HBase 数据模型 ……………………… 105
        7.2.1　逻辑数据模型 …………………… 105
        7.2.2　物理数据存储 …………………… 107
    7.3　HBase 基本架构 ……………………… 108
        7.3.1　HBase 基本架构 ………………… 108
        7.3.2　HBase 内部原理 ………………… 110
    7.4　HBase 访问方式 ……………………… 114
        7.4.1　HBase shell ……………………… 114
        7.4.2　HBase API ……………………… 116
        7.4.3　数据收集组件 …………………… 118
        7.4.4　计算引擎 ………………………… 119
        7.4.5　Apache Phoenix ………………… 119
    7.5　HBase 应用案例 ……………………… 120
        7.5.1　社交关系数据存储 ……………… 120
        7.5.2　时间序列数据库 OpenTSDB …… 122
    7.6　分布式列式存储系统 Kudu ………… 125
        7.6.1　Kudu 基本特点 ………………… 125
        7.6.2　Kudu 数据模型与架构 ………… 126
        7.6.3　HBase 与 Kudu 对比 …………… 126

    7.7　小结 …………………………………… 127
    7.8　本章问题 ……………………………… 127

第四部分　分布式协调与资源管理篇

第8章　分布式协调服务ZooKeeper … 130
    8.1　分布式协调服务的存在意义 ……… 130
        8.1.1　leader 选举 ……………………… 130
        8.1.2　负载均衡 ………………………… 131
    8.2　ZooKeeper 数据模型 ………………… 132
    8.3　ZooKeeper 基本架构 ………………… 133
    8.4　ZooKeeper 程序设计 ………………… 134
        8.4.1　ZooKeeper API ………………… 135
        8.4.2　Apache Curator ………………… 139
    8.5　ZooKeeper 应用案例 ………………… 142
        8.5.1　leader 选举 ……………………… 142
        8.5.2　分布式队列 ……………………… 143
        8.5.3　负载均衡 ………………………… 143
    8.6　小结 …………………………………… 144
    8.7　本章问题 ……………………………… 145

第9章　资源管理与调度系统YARN … 146
    9.1　YARN 产生背景 ……………………… 146
        9.1.1　MRv1 局限性 …………………… 146
        9.1.2　YARN 设计动机 ………………… 147
    9.2　YARN 设计思想 ……………………… 148
    9.3　YARN 的基本架构与原理 …………… 149
        9.3.1　YARN 基本架构 ………………… 149
        9.3.2　YARN 高可用 …………………… 152
        9.3.3　YARN 工作流程 ………………… 153

9.4 YARN 资源调度器 ················ 155
  9.4.1 层级队列管理机制 ·········· 155
  9.4.2 多租户资源调度器产生
     背景 ···················· 156
  9.4.3 Capacity/Fair Scheduler ······ 157
  9.4.4 基于节点标签的调度 ········ 160
  9.4.5 资源抢占模型 ············ 163
9.5 YARN 资源隔离 ················ 164
9.6 以 YARN 为核心的生态系统 ······ 165
9.7 资源管理系统 Mesos ············ 167
  9.7.1 Mesos 基本架构 ··········· 167
  9.7.2 Mesos 资源分配策略 ······· 169
  9.7.3 Mesos 与 YARN 对比 ······· 170
9.8 资源管理系统架构演化 ·········· 170
  9.8.1 集中式架构 ·············· 171
  9.8.2 双层调度架构 ············ 171
  9.8.3 共享状态架构 ············ 172
9.9 小结 ························ 173
9.10 本章问题 ···················· 173

第五部分　大数据计算引擎篇

第10章　批处理引擎MapReduce ······ 176

10.1 概述 ······················· 176
  10.1.1 MapReduce 产生背景 ······ 176
  10.1.2 MapReduce 设计目标 ······ 177
10.2 MapReduce 编程模型 ·········· 178
  10.2.1 编程思想 ·············· 178
  10.2.2 MapReduce 编程组件 ······ 179
10.3 MapReduce 程序设计 ·········· 187

10.3.1 MapReduce 程序设计
    基础 ·················· 187
10.3.2 MapReduce 程序设计
    进阶 ·················· 194
10.3.3 Hadoop Streaming ········· 198
10.4 MapReduce 内部原理 ·········· 204
  10.4.1 MapReduce 作业生命
     周期 ················ 204
  10.4.2 MapTask 与 ReduceTask ···· 206
  10.4.3 MapReduce 关键技术 ······ 209
10.5 MapReduce 应用实例 ·········· 211
10.6 小结 ······················ 213
10.7 本章问题 ··················· 213

第11章　DAG计算引擎Spark ········ 215

11.1 概述 ······················ 215
  11.1.1 Spark 产生背景 ·········· 215
  11.1.2 Spark 主要特点 ·········· 217
11.2 Spark 编程模型 ·············· 218
  11.2.1 Spark 核心概念 ·········· 218
  11.2.2 Spark 程序基本框架 ······ 220
  11.2.3 Spark 编程接口 ·········· 221
11.3 Spark 运行模式 ·············· 227
  11.3.1 Standalone 模式 ·········· 229
  11.3.2 YARN 模式 ············· 230
  11.3.3 Spark Shell ············· 232
11.4 Spark 程序设计实例 ··········· 232
  11.4.1 构建倒排索引 ··········· 232
  11.4.2 SQL GroupBy 实现 ······· 234
  11.4.3 应用程序提交 ··········· 235
11.5 Spark 内部原理 ·············· 236

	11.5.1	Spark 作业生命周期·········237
	11.5.2	Spark Shuffle ·············241
11.6	DataFrame、Dataset 与 SQL ····247
	11.6.1	DataFrame/Dataset 与 SQL 的关系················248
	11.6.2	DataFrame/Dataset 程序设计················249
	11.6.3	DataFrame/Dataset 程序实例·················254
11.7	Spark 生态系统·············257
11.8	小结····················257
11.9	本章问题·················258

第12章 交互式计算引擎···········261

- 12.1 概述·····················261
  - 12.1.1 产生背景················261
  - 12.1.2 交互式查询引擎分类······262
  - 12.1.3 常见的开源实现··········263
- 12.2 ROLAP··················263
  - 12.2.1 Impala·················263
  - 12.2.2 Presto·················267
  - 12.2.3 Impala 与 Presto 对比····271
- 12.3 MOLAP·················271
  - 12.3.1 Druid 简介·············271
  - 12.3.2 Kylin 简介·············272
  - 12.3.3 Druid 与 Kylin 对比·····274
- 12.4 小结····················274
- 12.5 本章问题·················274

第13章 流式实时计算引擎········276

- 13.1 概述·····················276

  - 13.1.1 产生背景················276
  - 13.1.2 常见的开源实现·········278
- 13.2 Storm 基础与实战··········278
  - 13.2.1 Storm 概念与架构·······279
  - 13.2.2 Storm 程序设计实例·····282
  - 13.2.3 Storm 内部原理········285
- 13.3 Spark Streaming 基础与实战····290
  - 13.3.1 概念与架构············290
  - 13.3.2 程序设计基础··········291
  - 13.3.3 编程实例详解··········298
  - 13.3.4 容错性讨论···········300
- 13.4 流式计算引擎对比·········303
- 13.5 小结···················304
- 13.6 本章问题················304

第六部分　数据分析篇

第14章 数据分析语言HQL与SQL···308

- 14.1 概述···················308
  - 14.1.1 背景·················308
  - 14.1.2 SQL On Hadoop·······309
- 14.2 Hive 架构················309
  - 14.2.1 Hive 基本架构·········310
  - 14.2.2 Hive 查询引擎·········311
- 14.3 Spark SQL 架构···········312
  - 14.3.1 Spark SQL 基本架构····312
  - 14.3.2 Spark SQL 与 Hive 对比···313
- 14.4 HQL···················314
  - 14.4.1 HQL 基本语法········314
  - 14.4.2 HQL 应用实例········320

14.5	小结 …………………………… 322		15.4.2	watermark、trigger 与
14.6	本章问题 ………………………… 322			accumulation ………………… 344

第15章　大数据统一编程模型 …… 325

- 15.1 产生背景 ………………………… 325
- 15.2 Apache Beam 基本构成 ………… 327
  - 15.2.1 Beam SDK ………………… 327
  - 15.2.2 Beam Runner ……………… 328
- 15.3 Apache Beam 编程模型 ………… 329
  - 15.3.1 构建 Pipeline …………… 330
  - 15.3.2 创建 PCollection ………… 331
  - 15.3.3 使用 Transform ………… 334
  - 15.3.4 side input 与 side output … 340
- 15.4 Apache Beam 流式计算模型 …… 341
  - 15.4.1 window 简述 …………… 342
- 15.5 Apache Beam 编程实例 ………… 346
  - 15.5.1 WordCount ……………… 346
  - 15.5.2 移动游戏用户行为分析 … 348
- 15.6 小结 …………………………… 350
- 15.7 本章问题 ……………………… 350

第16章　大数据机器学习库 ……… 351

- 16.1 机器学习库简介 ……………… 351
- 16.2 MLLib 机器学习库 …………… 354
  - 16.2.1 Pipeline ………………… 355
  - 16.2.2 特征工程 ………………… 357
  - 16.2.3 机器学习算法 …………… 360
- 16.3 小结 …………………………… 361
- 16.4 本章问题 ……………………… 361

第一部分 *Part 1*

概 述 篇

- 第 1 章 企业级大数据技术体系概述

第 1 章

企业级大数据技术体系概述

随着机构和企业积累的数据越来越多,大数据价值逐步体现出来。2015 年国务院向社会公布了《促进大数据发展行动纲要》(以下简称《纲要》),正式将大数据提升为国家级战略。《纲要》明确提出了大数据的基本概念:**大数据是以容量大、类型多、存取速度快、应用价值高为主要特征的数据集合,正快速发展为对数量巨大、来源分散、格式多样的数据进行采集、存储和关联分析,从中发现新知识、创造新价值、提升新能力的新一代信息技术和服务业态**。《纲要》提到大数据在推动经济转型发展,重塑国家竞争优势,以及提升政府治理能力等方面具有重要的意义,提出在信用、交通、医疗、卫生、金融、气象等众多领域发展大数据。

为了确保大数据思想顺利落地,在各个行业开花结果,需要掌握和利用大数据技术。本书正是从技术角度探讨了如何利用开源技术构建大数据解决方案,从而真正为政府和企业带来实用价值。

1.1 大数据系统产生背景及应用场景

1.1.1 产生背景

大数据技术直接源于互联网行业。随着互联网的蓬勃发展,用户量和数据量越来越多,逐步形成了大数据,这成为大数据技术的基础。根据有关技术报告知道,国内百度、腾讯和阿里巴巴等公司数据规模如下:

❑ 2013 年百度相关技术报告称,百度数据总量接近 1000PB,网页的数量大是几千亿个，每年更新几十亿个，每天查询次数几十亿次。
- 2013 年腾讯相关技术报告称，腾讯约有 8 亿用户，4 亿移动用户，总存储数据量经压缩处理以后在 100PB 左右，日新增 200TB 到 300TB，月增加 10% 的数据量。
- 2013 年阿里巴巴相关技术报告称，总体数据量为 100PB，每天的活跃数据量已经超过 50TB，共有 4 亿条产品信息和 2 亿多名注册用户，每天访问超过 4000 万人次。

为了采集、存储和分析大数据，互联网公司尝试研发大数据技术，在众多技术方案中，开源系统 Hadoop 与 Spark 成为应用最广泛的大数据技术，由于它们的用户量巨大，已经初步成为大数据技术规范。

1.1.2 常见大数据应用场景

目前大数据技术被广泛应用在各个领域，它产生于互联网领域，并逐步推广到电信、医疗、金融、交通等领域，大数据技术在众多行业中产生了实用价值。

1. 互联网领域

在互联网领域，大数据被广泛应用在三大场景中，分别是搜索引擎、推荐系统和广告系统。

- 搜索引擎：搜索引擎能够帮助人们在大数据集上快速检索信息，已经成为一个跟人们生活息息相关的工具。本书中涉及的很多开源大数据技术正是源于谷歌，谷歌在自己的搜索引擎中广泛使用了大数据存储和分析系统，这些系统被谷歌以论文的形式发表出来，进而被互联网界模仿。
- 推荐系统：推荐系统能够在用户没有明确目的的时候根据用户历史行为信息帮助他们发现感兴趣的新内容，已经被广泛应用于电子商务（比如亚马逊、京东等）、电影视频网站（比如爱奇艺、腾讯视频等）、新闻推荐（比如今日头条等）等系统中。亚马逊科学家 Greg Linden 称，亚马逊 20%（之后一篇博文称 35%）的销售来自于推荐算法。Netflix 在宣传资料中称，有 60% 的用户是通过推荐系统找到自己感兴趣的电影和视频的。
- 广告系统：广告是互联网领域常见的盈利模式，也是一个典型的大数据应用。广告系统能够根据用户的历史行为信息及个人基本信息，为用户推荐最精准的广告。广告系统通常涉及广告库、日志库等数据，需采用大数据技术解决。

2. 电信领域

电信领域是继互联网领域之后，大数据应用的又一次成功尝试。电信运营商拥有多年的数据积累，拥有诸如用户基本信息、业务发展量等结构化数据，也会涉及文本、图片、音频等非结构化数据。从数据来源看，电信运营商的数据涉及移动语音、固定电话、固网接入和无线上网等业务，积累了公众客户、政企客户和家庭客户等相关信息，也能收集到电子渠道、直销渠道等所有类型渠道的接触信息,这些逐步积累下来的数据,最终形成大数据。目前电信领域主要将大数据应用在以下几个方面⊖:

- 网络管理和优化,包括基础设施建设优化、网络运营管理和优化。
- 市场与精准营销,包括客户画像、关系链研究、精准营销、实时营销和个性化推荐。
- 客户关系管理,包括客服中心优化和客户生命周期管理。
- 企业运营管理,包括业务运营监控和经营分析。
- 数据商业化:数据对外商业化,单独盈利。

3. 医疗领域

医疗领域的数据量巨大,数据类型复杂。到 2020 年,医疗数据将增至 35ZB,相当于 2009 年数据量的 44 倍。医疗数据包括影像数据、病历数据、检验检查结果、诊疗费用等在内的各种数据,合理利用这些数据可产生巨大的商业价值。大数据技术在医疗行业的应用将包含以下方向:临床数据对比、药品研发、临床决策支持、实时统计分析、基本药物临床应用分析、远程病人数据分析、人口统计学分析、新农合基金数据分析、就诊行为分析、新的服务模式等⊜。

4. 金融领域

银行拥有多年的数据积累,已经开始尝试通过大数据来驱动业务运营。银行大数据应用可以分为四大方面⊜:

- **客户画像应用**:客户画像应用主要分为个人客户画像和企业客户画像。个人客户画像包括人口统计学特征、消费能力、兴趣、风险偏好等;企业客户画像包括企业的生产、流通、运营、财务、销售、客户、相关产业链上下游等数据。
- **精准营销**:在客户画像的基础上银行可以有效地开展精准营销,银行可以根据客户的喜好进行服务或者银行产品的个性化推荐,如根据客户的年龄、资产规模、理财偏好等,对客户群进行精准定位,分析出其潜在的金融服务需求,进而有针对性地进行营销推广。
- **风险管控**:包括中小企业贷款风险评估和欺诈交易识别等手段,银行可以利用持卡人基本信息、卡基本信息、交易历史、客户历史行为模式、正在发生的行为模式(如转账)等,结合智能规则引擎(如从一个不经常出现的国家为一个特有用户转账或从一个不熟悉的位置进行在线交易)进行实时的交易反欺诈分析。
- **运营优化**:包括市场和渠道分析优化、产品和服务优化等,通过大数据,银行可以监控不同市场推广渠道尤其是网络渠道推广的质量,从而进行合作渠道的调整和优化;银行可以将客户行为转化为信息流,并从中分析客户的个性特征和风险偏好,更

⊖ 傅志华:《大数据在电信行业的应用》。
⊜ 吴闻新,《丁华:大数据在医疗行业的应用》,IDF 2013。
⊜ 傅志华:《大数据在金融行业的应用》。

深层次地理解客户的习惯，智能化分析和预测客户需求，从而进行产品创新和服务优化。

1.2 企业级大数据技术框架

大数据尝试从海量数据中，通过一定的分布式技术手段，挖掘出有价值的信息，最终提供给用户，进而产生实用价值和商业价值。由于数据本身的多样性以及数据分析需求的多元化，大数据技术体系非常复杂，涉及的组件和模块众多，为了便于读者从顶层框架上对大数据有一个清楚的认识，本节尝试概括大数据技术框架。

在互联网领域，数据无处不在。以电子商务应用为例，如图 1-1 所示，当用户通过浏览器在淘宝上查看或购买商品时，会向淘宝后端 HTTP 服务器发送 HTTP 请求，这些 HTTP 服务器收到请求后，会将相应的内容返回给用户，同时以日志的形式将用户访问记录传大数据系统，以便能够通过大数据技术理解用户的行为意图，进而为广告投放、商品推荐等提供数据支持。本节将尝试剖析其间用到的基本的大数据技术。

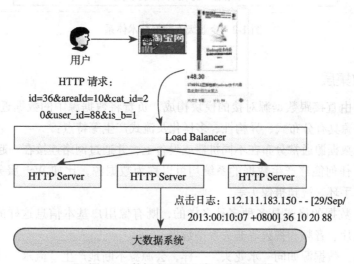

图 1-1　数据产生到入库大数据系统

从数据在信息系统中的生命周期看，大数据从数据源开始，经过分析、挖掘到最终获得价值一般需要经过 6 个主要环节⊖，包括数据收集、数据存储、资源管理与服务协调、计算引擎、数据分析和数据可视化，技术体系如图 1-2 所示。每个环节都面临不同程度的技术挑战。

⊖ 改编自工业和信息化部电信研究院《2014 大数据白皮书》，由五层架构扩展为六层，增加了资源管理与服务协调层

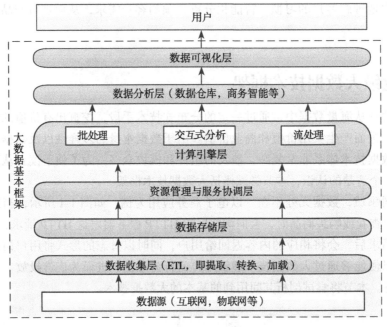

图 1-2　企业级大数据技术体系

1.2.1　数据收集层

数据收集层由直接跟数据源对接的模块构成，负责将数据源中的数据近实时或实时收集到一起。数据源具有分布式、异构性、多样化及流式产生等特点：

- **分布式**：数据源通常分布在不同机器或设备上，并通过网络连接在一起。
- **异构性**：任何能够产生数据的系统均可以称为数据源，比如 Web 服务器、数据库、传感器、手环、视频摄像头等。
- **多样化**：数据的格式是多种多种多样的，既有像用户基本信息这样的关系型数据，也有如图片、音频和视频等非关系型数据。
- **流式产生**：数据源如同"水龙头"一样，会源源不断地产生"流水"（数据），而数据收集系统应实时或近实时地将数据发送到后端，以便及时对数据进行分析。

由于数据源具有以上特点，将分散的数据源中的数据收集到一起通常是一件十分困难的事情。一个适用于大数据领域的收集系统，一般具备以下几个特点：

- **扩展性**：能够灵活适配不同的数据源，并能接入大量数据源而不会产生系统瓶颈；
- **可靠性**：数据在传输过程中不能够丢失（有些应用可容忍少量数据丢失）。
- **安全性**：对于一些敏感数据，应有机制保证数据收集过程中不会产生安全隐患。
- **低延迟**：数据源产生的数据量往往非常庞大，收集系统应该能够在较低延迟的前提下将数据传输到后端存储系统中。

为了让后端获取全面的数据，以便进行关联分析和挖掘，通常我们建议将数据收集到一个中央化的存储系统中。

1.2.2 数据存储层

数据存储层主要负责海量结构化与非结构化数据的存储。传统的关系型数据库（比如 MySQL）和文件系统（比如 Linux 文件系统）因在存储容量、扩展性及容错性等方面的限制，很难适应大数据应用场景。

在大数据时代，由于数据收集系统会将各类数据源源不断地发到中央化存储系统中，这对数据存储层的扩展性、容错性及存储模型等有较高要求，总结如下：

- **扩展性**：在实际应用中，数据量会不断增加，现有集群的存储能力很快将达到上限，此时需要增加新的机器扩充存储能力，这要求存储系统本身具备非常好的线性扩展能力。
- **容错性**：考虑到成本等因素，大数据系统从最初就假设构建在廉价机器上，这就要求系统本身就有良好的容错机制确保在机器出现故障时不会导致数据丢失。
- **存储模型**：由于数据具有多样性，数据存储层应支持多种数据模型，确保结构化和非结构化的数据能够很容易保存下来。

1.2.3 资源管理与服务协调层

随着互联网的高速发展，各类新型应用和服务不断出现。在一个公司内部，既存在运行时间较短的批处理作业，也存在运行时间很长的服务，为了防止不同应用之间相互干扰，传统做法是将每类应用单独部署到独立的服务器上。该方案简单易操作，但存在资源利用率低、运维成本高和数据共享困难等问题。为了解决这些问题，公司开始尝试将所有这些应用部署到一个公共的集群中，让它们共享集群的资源，并对资源进行统一使用，同时采用轻量级隔离方案对各个应用进行隔离，因此便诞生了轻量级弹性资源管理平台，相比于"一种应用一个集群"的模式，引入资源统一管理层可以带来众多好处：

- **资源利用率高**：如图 1-3 所示，如果每个应用一个集群，则往往由于应用程序数量和资源需求的不均衡，使得在某段时间内有些应用的集群资源紧张，而另外一些集群资源空闲。共享集群模式通过多种应用共享资源，使得集群中的资源得到充分利用。
- **运维成本低**：如果采用"一个应用一个集群"的模式，则可能需要多个管理员管理这些集群，进而增加运维成本。而共享模式通常需要少数管理员即可完成多个框架的统一管理。
- **数据共享**：随着数据量的暴增，跨集群间的数据移动不仅需花费更长的时间，且硬件成本也会大大增加，而共享集群模式可让多种应用共享数据和硬件资源，这将大大减小数据移动带来的成本。

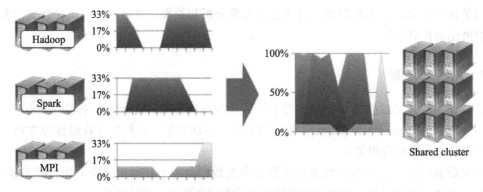

图 1-3 共享集群模式使得资源利用率提高

在构建分布式大数据系统时，会面临很多共同的问题，包括 leader 选举、服务命名、分布式队列、分布式锁、发布订阅功能等，为了避免重复开发这些功能，通常会构建一个统一的服务协调组件，包含了开发分布式系统过程中通用的功能。

1.2.4 计算引擎层

在实际生产环境中，针对不同的应用场景，我们对数据处理的要求是不同的，有些场景下，只需离线处理数据，对实时性要求不高，但要求系统吞吐率高，典型的应用是搜索引擎构建索引；有些场景下，需对数据进行实时分析，要求每条数据处理延迟尽可能低，典型的应用是广告系统及信用卡欺诈检测。为了解决不同场景下数据处理问题，起初有人尝试构建一个大统一的系统解决所有类型的数据计算问题，但最终以失败告终。究其原因，主要是因为不同类型的计算任务，其追求的目标是不同的，批处理计算追求的是高吞吐率，而实时计算追求的是低延迟。在现实系统中，系统吞吐率和处理延迟往往是矛盾的两个优化方向：系统吞吐率非常高时，数据处理延迟往往也非常高，基于此，用一个系统完美解决所有类型的计算任务是不现实的。

计算引擎发展到今天，已经朝着"小而美"的方向前进，即针对不同应用场景，单独构建一个计算引擎，每种计算引擎只专注于解决某一类问题，进而形成了多样化的计算引擎。计算引擎层是大数据技术中最活跃的一层，直到今天，仍不断有新的计算引擎被提出。如图 1-4 所示，总体上讲，可按照对时间性能的要求，将计算引擎分为三类：

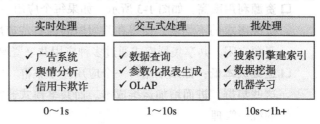

图 1-4 计算引擎分类

- **批处理**：该类计算引擎对时间要求最低，一般处理时间为分钟到小时级别，甚至天级别，它追求的是高吞吐率，即单位时间内处理的数据量尽可能大，典型的应用有搜索引擎构建索引、批量数据分析等。

❏ 交互式处理：该类计算引擎对时间要求比较高，一般要求处理时间为秒级别，这类系统需要跟人进行交互，因此会提供类 SQL 的语言便于用户使用，典型的应用有数据查询、参数化报表生成等。

❏ 实时处理：该类计算引擎对时间要求最高，一般处理延迟在秒级以内，典型的应用有广告系统、舆情监测等。

1.2.5 数据分析层

数据分析层直接跟用户应用程序对接，为其提供易用的数据处理工具。为了让用户分析数据更加容易，计算引擎会提供多样化的工具，包括应用程序 API、类 SQL 查询语言、数据挖掘 SDK 等。

在解决实际问题时，数据科学家往往需根据应用的特点，从数据分析层选择合适的工具，大部分情况下，可能会结合使用多种工具，典型的使用模式是：首先使用批处理框架对原始海量数据进行分析，产生较小规模的数据集，在此基础上，再使用交互式处理工具对该数据集进行快速查询，获取最终结果。

1.2.6 数据可视化层

数据可视化技术指的是运用计算机图形学和图像处理技术，将数据转换为图形或图像在屏幕上显示出来，并进行交互处理的理论、方法和技术。它涉及计算机图形学、图像处理、计算机辅助设计、计算机视觉及人机交互技术等多个领域。

数据可视化层是直接面向用户展示结果的一层，由于该层直接对接用户，是展示大数据价值的"门户"，因此数据可视化是极具意义的。考虑到大数据具有容量大、结构复杂和维度多等特点，对大数据进行可视化是极具挑战性的。下面我们举例说明发展可视技术的意义及挑战。

在医学领域，为了认识人体内部结构，美国国家医学图书馆于 1989 年开始实施可视化人体计划（VHP），并委托科罗拉多大学医学院建立了一男一女的全部解剖结构数据库。他们分别将男女不同性别的两具尸体从头到脚做 CT 扫描和核磁共振扫描（男的间距 1 毫米，共 1878 个断面；女的间距 0.33 毫米，共 5189 个断面），然后将尸体填充蓝色乳胶并裹以明胶后冰冻至零下 80 摄氏度，再以同样的间距对尸体作组织切片的数码相机摄影，分辨率为 2048×1216，最终所得数据共 56GB（男 13GB，女 43GB）。全球用户可以在美国国家医学图书馆允许的情况下获得该数据并用于教学和科学研究。VHP 数据集的出现标志着计算机三维重构图像和虚拟现实技术进入了医学领域，从而大大促进了医学的发展和普及。

1.3 企业级大数据技术实现方案

真正意义上的大数据技术源于互联网行业，尤其是大数据技术引领者谷歌公司，由于其数据量大，解决的问题都是前沿的，对大数据技术的发展起到了重要的作用。本节将首先解析谷歌公司的大数据架构，之后介绍开源大数据实现方案。

1.3.1 Google 大数据技术栈

Google 在大数据方面的技术，均是以发表论文的形式对外公开的，尽管其没有对外开源系统实现代码，但这些论文直接带动了大数据技术的发展，尤其为大数据开源技术的发展指明了方向。Google 公开发表的大数据系统方面的论文目前绝大部分都存在对应的开源系统实现。总结近 10 年 Google 发表的论文，涉及的大数据系统如图 1-5 所示，主要分布在数据存储层、资源管理与服务协调层、计算引擎层、数据分析层这四层中。

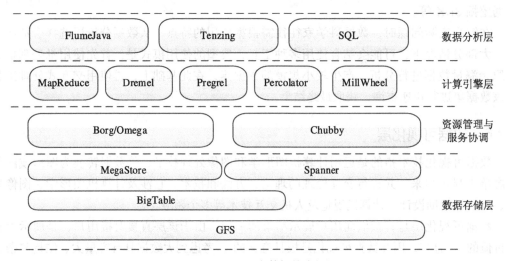

图 1-5 Google 大数据技术栈

1. 数据存储层

- GFS[GGL03]：Google 文件系统（Google File System）是一个分布式文件系统，具有良好的容错性、扩展性和可用性，尤其是容错性表现突出，这使得 GFS 可构建在大量普通廉价机器上，进而容易进行 "Scale out"（横向扩展），相比于传统的 "Scale up"（向上扩展）方案中采用的大型机或小型机等，大大降低了成本。
- BigTable[CDG+06]：构建在 GFS 之上的分布式数据库本质上是一个稀疏的、分布式的、持久化存储的多维度排序映射表。BigTable 支持插入和更新等操作，且行数和列数可以无限扩展，这在很大程度上弥补了传统关系型数据库在 schema 上的不灵活。
- MegaStore[BBC+11]：MegaStore 是构建在 BigTable 之上，支持 ACID 特性的分布式数据库。它是一个具有高扩展性并可进行高密度交互的可用存储服务，其在 Google 的基础系统之中，起初主要解决 App Engine 的数据存储问题。MegaStore 能够在广域网中同步复制文件写操作，在可接受的延时下，支持跨数据中心的故障迁移。

- Spanner[CDE+13]：Spanner是一个可扩展的、多版本、全球分布式、支持同步复制的数据库。它是第一个把数据分布在全球范围内的系统，并且支持外部一致性的分布式事务。Google官方认为，Spanner是下一代BigTable，也是MegaStore的继任者。

2. 资源管理与服务协调层

- Borg[VPK+15]：一个集群资源管理和调度系统，它负责集群的资源管理和统一调度，并对应用程序进行接收、启动、停止、重启和监控。Borg的目的是让开发者能够不必操心资源管理的问题，让他们专注于应用程序开发相关的工作，并且做到跨多个数据中心的资源利用率最大化。
- Omega[SKA+13]：Google下一代集群资源管理和调度系统，采用了共享状态的架构，这使得应用程序调度器拥有整个集群的权限，可以自由获取资源，同时采用了基于多版本的并发访问控制方式（又称乐观锁，全称为MVCC，即Multi-Version Concurrency Control），解决潜在的资源冲突访问问题。
- Chubby[Bur06]：该系统旨在为松散耦合的分布式系统提供粗粒度的锁以及可靠存储（低容量的），它提供了一个非常类似于分布式文件系统的接口，能够很容易的实现leader选举、分布式锁、服务命名等分布式问题，它设计的侧重点在可用性及可靠性而不是高性能。

3. 计算引擎层

- MapReduce[DG08]：MapReduce是一个批处理计算框架，它采用"分而治之"的思想，将对大规模数据集的操作，分解成Map和Reduce两个阶段，Map阶段并行处理输入数据集，产生中间结果，Reduce阶段则通过整合各个节点的中间结果，得到最终结果。简单地说，MapReduce就是"任务的分解与结果的汇总"。MapReduce具有高吞吐率、良好的容错性、扩展性以及易于编程等特点，被广泛应用于构建索引、数据挖掘、机器学习等应用中。
- Dremel[MGL+10]：Dremel是一个分布式OLAP（OnLine Analytical Processing）系统，通过引入列式存储、树状架构等技术，能够帮助数据分析师在秒级处理PB级数据。Dremel在一定程度上弥补了类MapReduce系统在交互式查询方面的不足。
- Pregel[MAB+10]：Pregel是一个分布式图计算框架，专门用来解决网页链接分析、社交数据挖掘等实际应用中涉及的大规模分布式图计算问题，Pregel采用了BSP（Bulk Synchronous Parallel Computing Model）模型[⊖]，即"计算→通信→同步"模型，通过消息传递的方式，实现高效的迭代计算。
- Precolator[PD10]：Percolator是一个基于BigTable构建的大数据集增量更新系统。其目标是在海量的数据集上提供增量更新的能力，并通过支持分布式事务来确保增

⊖ https://en.wikipedia.org/wiki/Bulk_synchronous_parallel

量处理过程的数据一致性和整体系统的可扩展性。Percolator 最初是为了解决网页库增量更新而提出了的，用以弥补 MapReduce 无法逐个处理小规模更新的缺陷。

- MillWheel[ABB+13]：MillWheel 是一个分布式流式实时处理框架，它允许用户自定义一些处理单元，并按照一定的拓扑结构连接在一起形成一个有向图，从而形成一个流式处理数据线。MillWheel 具有低延迟、自动处理乱序、数据严格一次投递（exactly-once delivery）等优点，在 Google 被广泛应用于构建低延迟数据处理应用。

4. 数据分析层

- FlumeJava[CRP+10]：FlumeJava 是一个建立在 MapReduce 之上的 Java 编程库，提供了一层高级原语以简化复杂的 MapReduce 应用程序开发，非常适合构建复杂的数据流水线。FlumeJava 内置优化器，会自动优化应用程序的执行计划，并基于底层的原语来执行优化后的操作。
- Tenzing[CLL+11]：建立在 MapReduce 之上的 SQL 查询执行引擎，它可以将用户编写的 SQL 语句转化为 MapReduce 程序，并提交到集群中分布式并行执行。

1.3.2 Hadoop 与 Spark 开源大数据技术栈

随着大数据开源技术的快速发展，目前开源社区已经积累了比较完整的大数据技术栈，应用最广泛的是以 Hadoop 与 Spark 为核心的生态系统，具体如图 1-6 所示，整个大数据技术栈涉及数据收集、数据存储、资源管理与服务协调、计算引擎和数据分析这五个层级。

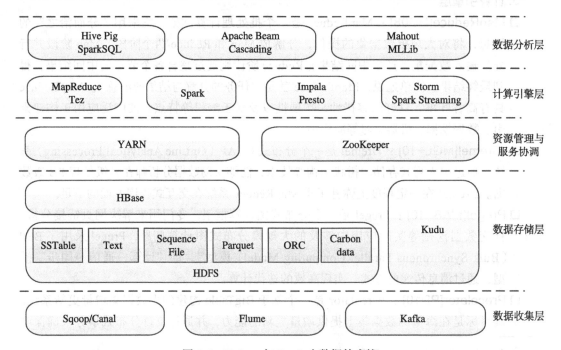

图 1-6　Hadoop 与 Spark 大数据技术栈

1. 数据收集层：
- 主要由关系型与非关系型数据收集组件，分布式消息队列构成。
- **Sqoop[⊖]/Canal[⊜]**：关系型数据收集和导入工具，是连接关系型数据库（比如 MySQL）和 Hadoop（比如 HDFS）的桥梁，Sqoop 可将关系型数据库中的数据全量导入 Hadoop，反之亦可，而 Canal 则可用于实现数据的增量导入。
- **Flume[⊝]**：非关系型数据收集工具，主要是流式日志数据，可近实时收集，经过滤、聚集后加载到 HDFS 等存储系统。
- **Kafka[⑭]**：分布式消息队列，一般作为数据总线使用，它允许多个数据消费者订阅并获取感兴趣的数据。相比于其他消息队列，它采用分布式高容错设计，更适合大数据应用场景。

2. 数据存储层
- 主要由分布式文件系统（面向文件的存储）和分布式数据库（面向行/列的存储）构成。
- **HDFS[⑮]**：Hadoop 分布式文件系统，Google GFS 的开源实现，具有良好的扩展性与容错性等优点，尤其是出色的容错机制设计，使得它非常适合构建在廉价机器上，这大大降低了大数据存储成本。目前开源社区已经开发了各种类型的数据存储格式，包括 SSTable（Sorted String Table）[⑯]，文本文件、二进制 key/value 格式 Sequence File、列式存储格式 Parquet[⊕]、ORC[⊗] 和 Carbondata[㊄] 等。
- **HBase[⊕]**：构建在 HDFS 之上的分布式数据库，Google BigTable 的开源实现，允许用户存储结构化与半结构化的数据，支持行列无限扩展以及数据随机查找与删除。
- **Kudu[⊕]**：分布式列式存储数据库，允许用户存储结构化数据，支持行无限扩展以及数据随机查找与更新。

3. 资源管理与服务协调
- **YARN[⊕]**：统一资源管理与调度系统，它能够管理集群中的各种资源（比如 CPU 和

- ⊖ http://sqoop.apache.org/
- ⊜ https://github.com/alibaba/canal
- ⊝ http://flume.apache.org/
- ⑭ http://kafka.apache.org/
- ⑮ http://hadoop.apache.org/
- ⑯ SStable 首先在 Google BigTable 论文中出现，是 BigTable 内部数据的表示方式，目前 HBase、Cassandra 等系统均有对应的实现。
- ⊕ http://parquet.apache.org/
- ⊗ http://orc.apache.org/
- ㊄ http://carbondata.apache.org/
- ⊕ http://hbase.apache.org/
- ⊕ http://getkudu.io/
- ⊕ http://hadoop.apache.org/

内存等），并按照一定的策略分配给上层的各类应用。YARN 内置了多种多租户资源调度器，允许用户按照队列的方式组织和管理资源，且每个队列的调度机制可独立定制。
- ZooKeeper[○]：基于简化的 Paxos 协议实现的服务协调系统，它提供了类似于文件系统的数据模型，允许用户通过简单的 API 实现 leader 选举、服务命名、分布式队列与分布式锁等复杂的分布式通用模块。

4. 计算引擎层

- 包含批处理、交互式处理和流式实时处理三种引擎。
- MapReduce/Tez[○]：MapReduce 是一个经典的批处理计算引擎，它是 Google MapReduce 的开源实现，具有良好的扩展性与容错性，允许用户通过简单的 API 编写分布式程序；Tez 是基于 MapReduce 开发的通用 DAG（Directed Acyclic Graph 的简称，有向无环图）计算引擎，能够更加高效地实现复杂的数据处理逻辑，目前被应用在 Hive、Pig 等数据分析系统中。
- Spark[○]：通用的 DAG 计算引擎，它提供了基于 RDD（Resilient Distributed Dataset）的数据抽象表示，允许用户充分利用内存进行快速的数据挖掘和分析。
- Impala[®]/Presto[®]：分别由 Cloudera 和 Facebook 开源的 MPP（MassivelyParallel Processing）系统，允许用户使用标准 SQL 处理存储在 Hadoop 中的数据。它们采用了并行数据库架构，内置了查询优化器，查询下推，代码生成等优化机制，使得大数据处理效率大大提高。
- Storm[®]/Spark Streaming：分布式流式实时计算引擎，具有良好的容错性与扩展性，能够高效地处理流式数据，它允许用户通过简单的 API 完成实时应用程序的开发工作。

5. 数据分析层

- 为方便用户解决大数据问题而提供的各种数据分析工具。
- Hive[○]/Pig[®]/SparkSQL：在计算引擎之上构建的支持 SQL 或脚本语言的分析系统，大大降低了用户进行大数据分析的门槛。其中，Hive 是基于 MapReduce/Tez 实现的 SQL 引擎，Pig 是基于 MapReduce/Tez 实现的工作流引擎，SparkSQL 是基于 Spark 实现的 SQL 引擎。

[○] http://zookeeper.apache.org/
[○] https://tez.apache.org/
[○] http://spark.apache.org/
[®] http://impala.io/
[®] https://prestodb.io/
[®] https://storm.apache.org/
[○] https://hive.apache.org/
[®] http://pig.apache.org/

- Mahout[⊖]/MLlib：在计算引擎之上构建的机器学习库实现了常用的机器学习和数据挖掘算法。其中，Mahout 最初是基于 MapReduce 实现的，目前正逐步迁移到 Spark 引擎上，MLlib 是基于 Spark 实现的。
- Apache Beam[⊖]/Cascading[⊖]：基于各类计算框架而封装的高级 API，方便用户构建复杂的数据流水线。Apache Beam 统一了批处理和流式处理两类计算框架，提供了更高级的 API 方便用户编写与具体计算引擎无关的逻辑代码；Cascading 内置了查询计划优化器，能够自动优化用户实现的数据流。采用了面向 tuple 的数据模型，如果你的数据可表示成类似于数据库行的格式，则使用 Cascading 处理将变得很容易。

1.4 大数据架构：Lambda Architecture

Lambda Architecture（LA）最早是 Twitter 工程师 Nathan Marz 提出来的，它是一种大数据软件设计架构，其目的是指导用户充分利用批处理和流式计算技术各自的优点实现一个复杂的大数据处理系统。通过结合这两类计算技术，LA 可以在延迟、吞吐量和容错之间找到平衡点。如图 1-7 所示，LA 主要思想是将数据处理流程分解成三层：批处理层、流式处理层和服务层。

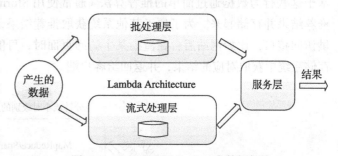

图 1-7 Lambda Architecture 大数据架构

- **批处理层**。它的主要思想是利用分布式批处理计算，以批为单位处理数据，并产生一个经预计算产生的只读数据视图。该层将数据流看成只读的、仅支持追加操作的超大数据集。它可以一次性处理大量数据，引入复杂的计算逻辑（比如机器学习中的模型迭代计算，历史库的匹配等），其优点是吞吐率高，缺点是数据处理延迟高，即从数据产生到最终被处理完成，整个过程用时较长，通常是分钟或小时级别。
- **流式处理层**。为了降低批处理层带来的高延迟，LA 又引入了流式处理层，该层采用流式计算技术，大大降低了数据处理延迟（通常是毫秒或秒级别），其优点是数据处理延迟低，缺点是无法进行复杂的逻辑计算，得到的结果往往是近似解。
- **服务层**。批处理层和流式处理层可以结合在一起，这样既保证数据延迟低，也能完成复杂的逻辑计算（只能保证最终一致性）。为了整合两层的计算结果，LA 进一步引入服务层，它对外提供了统一的访问接口以方便用户使用。

⊖ http://mahout.apache.org/
⊖ https://beam.apache.org/
⊖ http://www.cascading.org/

一个经典的 LA 应用案例是推荐系统。在互联网行业，推荐系统被应用在各个领域，包括电子商务、视频、新闻等。推荐系统的设计目的是根据用户的兴趣特点和购买行为，向用户推荐感兴趣的信息和商品。推荐系统是建立在海量数据挖掘基础上的一种高级商务智能平台，以帮助商家为其顾客购物提供完全个性化的决策支持和信息服务。推荐系统最核心的模块是推荐算法，推荐算法通常会根据用户的兴趣特点和历史行为数据构建推荐模型，以预测用户可能感兴趣的信息和商品，进而推荐给用户。

图 1-8 所示为一个典型的推荐系统数据流水线架构。在该架构中，数据统一流入 Kafka，之后按照不同时间粒度导入批处理和流式处理两个系统中。批处理层拥有所有历史数据（通常保存到 HDFS/HBase 中），通常用以实现推荐模型，它以当前数据（比如最近一小时数据）和历史数据为输入，通过特征工程、模型构建（通常是迭代算法，使用 MapReduce/Spark 实现）及模型评估等计算环节后，最终获得最优的模型并将产生的推荐结果存储（比如 Redis）起来，整个过程延迟较大（分钟甚至小时级别）；为了解决推荐系统中的冷启动问题（新用户推荐问题），往往会引入流式处理层：它会实时收集用户的行为，并基于这些行为数据通过简单的推荐算法（通常使用 Storm/Spark Streaming 实现）快速产生推荐结果并存储起来。为了便于其他系统获取推荐结果，推荐系统往往通过服务层对外提供访问接口，比如网站后台在渲染某个访问页面时，可能从广告系统、推荐系统以及内容存储系统中获取对应的结果，并返回给客户端。

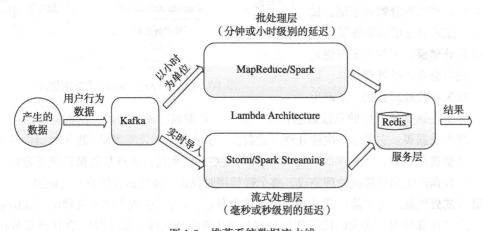

图 1-8　推荐系统数据流水线

1.5　Hadoop 与 Spark 版本选择及安装部署

1.5.1　Hadoop 与 Spark 版本选择

随着社区迅猛发展以及各大互联网公司投入的增加，Hadoop 与 Spark 已经成为大数据技术标准，这吸引了大量商业公司基于开源 Hadoop 与 Spark 版本实现自己的发行版，目前比较知名的 Hadoop 发行版有：

- **Apache Hadoop**：社区原始版本，由 Apache 基金会维护，是其他商业公司发行版的基础。
- **CDH（Cloudera Distributed Hadoop）**：Cloudera 公司[一]发行版，其社区版所有源代码均开源，但企业版则闭源且收费，是使用最广泛的发行版之一，本书实验部分便是基于 CDH 版本的。
- **HDP（Hortonworks Data Platform）**：Hortonworks 公司[二]发行版，其社区版所有源代码也开源，但企业版则闭源收费。

比较知名的 Spark 发行版有：

- **Apache Spark**：社区原生版本，由 Apache 基金会维护，是其他商业公司发行版的基础。
- **Databricks Spark**：Databricks 公司[三]发行版，其社区版所有源代码均开源，内置企业版本，增加安全、审计、云等方面的支持。
- **Hadoop 企业发行版**：各大 Hadoop 企业发行版，比如 HDP 和 CDH，均内置了对 Spark 的支持。

各个发行版之间同一系统对外使用方式和接口是完全兼容的，不同之处在于它们引入了不同系统解决某个场景的问题，比如 CDH 选择 Impala 解决交互式分析问题，而 HDP 选择 Hive On Tez；CDH 引入了 Cloudera Navigator 和 Sentry 解决安全问题，而 HDP 则使用 Ranger 和 Knox，另外，它们均提供了个性化的运维与管理工具等。在线上环境部署私有 Hadoop 与 Spark 集群时，为了避免各个系统之间兼容性（比如 HBase 不同版本与 Hadoop 版本之间的兼容性）带来的麻烦，建议大家直接选用商业公司发行版。

1.5.2 Hadoop 与 Spark 安装部署

目前 Hadoop 与 Spark 存在两种安装部署方式：人工部署和自动化部署。其中人工部署用于个人学习、测试或者小规模生产集群，而自动化部署则适用于线上中大规模部署。为了让读者亲自动手学习 Hadoop 与 Spark，本书主要介绍人工部署方式。读者可参考本书最后的附录，学习 Hadoop 生态系统中各个组件的安装部署方法。对于自动化部署方式，我们有两种选择：自己构建自动化部署系统及使用商业公司实现方案，比如 Ambari[四] 和 Cloudera Manager[五]。

[一] 公司官网：http://www.cloudera.com/
[二] 公司官网：http://hortonworks.com/
[三] 公司官网：https://databricks.com/
[四] http://ambari.apache.org/
[五] http://www.cloudera.com/content/www/en-us/products/cloudera-manager.html

1.6 小结

本章首先以数据生命周期为线索，提出了六层大数据技术体系，包括数据收集、数据存储、资源管理与服务协调、计算引擎、数据分析和数据可视化，接着介绍了大数据技术体系的两个经典视线：Google 大数据技术栈和 Hadoop 与 Spark 生态系统，以及大数据架构，最后介绍了 Hodoop 与 Spark 的版本选择及安装部署。

1.7 本章问题

问题 1：比较 Google 大数据技术栈和 Hadoop/Spark 开源大数据技术栈，并将它们所有对应的相似系统找出来。

问题 2：在 Lambda Architecture 中批处理数据线的意义何在，能否只保留实时数据线？

第二部分 Part 2

数据收集篇

- 第 2 章 关系型数据的收集
- 第 3 章 非关系型数据的收集
- 第 4 章 分布式消息队列 Kafka

第 2 章

关系型数据的收集

从本章开始,我们将介绍与数据收集相关的工具和系统。正如第 1 章所述,数据可简单分为关系型和非关系型两种,本章重点介绍如何实现关系型数据的收集。

关系型数据是常见的一种数据类型,通常存储在像 MySQL、Oracle 等关系型数据库中,为了能够利用大数据技术处理和存储这些关系型数据,首先需将这些数据导入到像 HDFS、HBase 这样的大数据存储系统中,以便使用 MapReduce、Spark 这样的分布式计算技术进行高效分析和处理。从另一个角度讲,为了便于与前端的数据可视化系统对接,我们通常需要将 Hadoop 大数据系统分析产生的结果(比如报表,通常数据量不会太大)导回到关系型数据库中。为了解决上述问题,高效地实现关系型数据库与 Hadoop 之间的数据导入导出,Hadoop 生态系统提供了工具 Sqoop(SQL to Hadoop),本章将重点剖析 Sqoop 设计思想、基本架构以及常见的使用场景。

2.1 Sqoop 概述

2.1.1 设计动机

Sqoop 从工程角度,解决了关系型数据库与 Hadoop 之间的数据传输问题,它构建了两者之间的"桥梁",使得数据迁移工作变得异常简单。在实际项目中,如果遇到以下任务,可尝试使用 Sqoop 完成:

- **数据迁移**:公司内部商用关系型数据仓库中的数据以分析为主,综合考虑扩展性、容错性和成本开销等方面。若将数据迁移到 Hadoop 大数据平台上,可以方便地使用 Hadoop 提供的如 Hive、SparkSQL 分布式系统等工具进行数据分析。为了一次性将数据导入 Hadoop 存储系统，可使用 Sqoop。
- **可视化分析结果**：Hadoop 处理的输入数据规模可能是非常庞大的，比如 PB 级别，但最终产生的分析结果可能不会太大，比如报表数据等，而这类结果通常需要进行可视化，以便更直观地展示分析结果。目前绝大部分可视化工具与关系型数据库对接得比较好，因此，比较主流的做法是，将 Hadoop 产生的结果导入关系型数据库进行可视化展示。
- **数据增量导入**：考虑到 Hadoop 对事务的支持比较差，因此，凡是涉及事务的应用，比如支付平台等，后端的存储均会选择关系型数据库，而事务相关的数据，比如用户支付行为等，可能在 Hadoop 分析过程中用到（比如广告系统，推荐系统等）。为了减少 Hadoop 分析过程中影响这类系统的性能，我们通常不会直接让 Hadoop 访问这些关系型数据库，而是单独导入一份到 Hadoop 存储系统中。

为了解决上述数据收集过程中遇到的问题，Apache Sqoop 项目诞生了，它是一个性能高、易用、灵活的数据导入导出工具，在关系型数据库与 Hadoop 之间搭建了一个桥梁，如图 2-1 所示，让关系型数据收集变得异常简单。

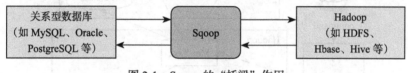

图 2-1 Sqoop 的"桥梁"作用

2.1.2 Sqoop 基本思想及特点

Sqoop 采用插拔式 Connector 架构，Connector 是与特定数据源相关的组件，主要负责（从特定数据源中）抽取和加载数据。用户可选择 Sqoop 自带的 Connector，或者数据库提供商发布的 native Connector，甚至根据自己的需要定制 Connector，从而把 Sqoop 打造成一个公司级别的数据迁移统一管理工具。Sqoop 主要具备以下特点：

- **性能高**：Sqoop 采用 MapReduce 完成数据的导入导出，具备了 MapReduce 所具有的优点，包括并发度可控、容错性高、扩展性高等。
- **自动类型转换**：Sqoop 可读取数据源元信息，自动完成数据类型映射，用户也可根据需要自定义类型映射关系。
- **自动传播元信息**：Sqoop 在数据发送端和接收端之间传递数据的同时，也会将元信息传递过去，保证接收端和发送端有一致的元信息。

2.2 Sqoop 基本架构

Sqoop 目前存在两个版本，截至本书出版时，两个版本分别以版本号 1.4.x 和 1.99.x 表示，通常简称为"Sqoop1"和"Sqoop2"，Sqoop2 在架构和设计思路上对 Sqoop1 做了重大改进，因此两个版本是完全不兼容的。在这一节中，我们重点关注这两个版本的设计原理和架构。

2.2.1 Sqoop1 基本架构

Sqoop1 是一个客户端工具，不需要启动任何服务便可以使用，非常简便。Sqoop1 是实际上是一个只有 Map 的 MapReduce 作业，它充分利用 MapReduce 高容错性、扩展性好等优点，将数据迁移任务转换为 MapReduce 作业，整个架构如图 2-2 所示。

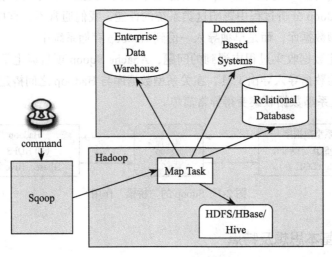

图 2-2　Sqoop1 基本架构

当用户通过 shell 命令提交迁移作业后，Sqoop 会从关系型数据库中读取元信息，并根据并发度和数据表大小将数据划分成若干分片，每片交给一个 Map Task 处理，这样，多个 Map Task 同时读取数据库中的数据，并行将数据写入目标存储系统，比如 HDFS、HBase 和 Hive 等。

Sqoop 允许用户通过定制各种参数控制作业，包括任务并发度、数据源、超时时间等。总架构上讲，Sqoop1 只是一个客户库工具，windows 下绿色版软件大多是对原始软件的破解，建议删去这个类比因此使用起来非常简单，但如果你的数据迁移作业很多，Sqoop1 则会暴露很多缺点，包括：

- **Connector 定制麻烦**：Sqoop1 仅支持基于 JDBC 的 Connector；Connector 开发复杂，通用的功能也需要自己开发而不是提前提供好；Connector 与 Hadoop 耦合度过高，使得开发一个 Connector 需要对 Hadoop 有充分的理解和学习。
- **客户端软件繁多**：Sqoop1 要求依赖的软件必须安装在客户端上，包括 MySQL 客户端、Hadoop/HBase/Hive 客户端、JDBC 驱动、数据库厂商提供的 Connector 等，这使得 Sqoop 客户端不容易部署和安装。
- **安全性差**：Sqoop1 需要用户明文提供数据库的用户名和密码，但未考虑如何利用 Hadoop 安全机制提供可靠且安全地数据迁移工作。

2.2.2 Sqoop2 基本架构

为了解决 Sqoop1 客户端架构所带来的问题，Sqoop2 对其进行了改进，如图 2-3 所示，引入了 Sqoop Server，将所有管理工作放到 Server 端，包括 Connector 管理、MySQL/Hadoop 相关的客户端、安全认证等，这使得 Sqoop 客户端变得非常轻，更易于使用。Sqoop1 到 Sqoop2 的变迁，类似于传统软件架构到云计算架构的变迁，将所有软件运行到"云端"（Sqoop Server），而用户只需通过命令和或浏览器便可随时随处使用 Sqoop。

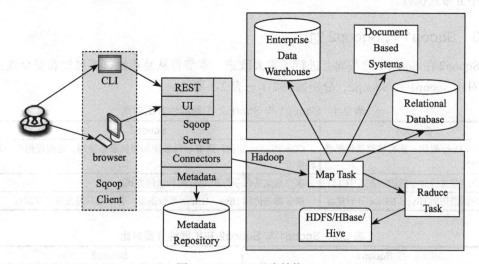

图 2-3　Sqoop2 基本结构

Sqoop2 主要组件及功能如下：

1.Sqoop Client

定义了用户使用 Sqoop 的方式，包括客户端命令行（CLI）和浏览器两种方式，其中浏览器方式允许用户直接通过 HTTP 方式完成 Sqoop 的管理和数据的导入导出。

2.Sqoop Server

Sqoop1 中 Client 端大部分功能在 Sqoop2 中转移到了 Sqoop Server 端，包括：

1) **Connector**：所有 Connector 的实现放置到 Sqoop Server 端，且 Connector 被进一步抽象化和模块化，它的通用部分被抽取出来，本身只关注数据解析和加载相关的功能，包括 Partitioner、Extractor 和 Loader 等主要模块。具体功能如下：

- **Partitioner**：决定如何对源数据进行分片（SqoopSplit），以便启动 Map Task 并行处理；

❏ Extractor：将一个分片中的数据解析成一条条记录，并输出；

❏ Loader：读取 Extractor 输出的数据，并以特定格式写入目标数据源中。

从前面介绍可容易看出，整个过程只需一个 MapReduce 作业即可完成：Partitioner 和 Extractor 在 Map 阶段完成，Loader 在 Reduce 阶段完成。

2）Metadata：Sqoop 中的元信息，包括可用的 Connector 列表、用户创建的作业和 Link（实例化的一个 Connector，以便创建作业时使用）等。元信息被存储在数据仓库中，默认使用轻量级数据库 Apache Derby，用户也可根据需要替换成 MySQL 等其他数据库。

3）RESTful 和 HTTP Server：与客户端对接，响应客户端发出的 RESTful 请求和 HTTP 请求。

Sqoop Server 会根据用户创建的 Sqoop Job 生成一个 MapReduce 作业，提交到 Hadoop 集群中分布式执行。

2.2.3 Sqoop1 与 Sqoop2 对比

Sqoop2 在 Sqoop1 的基础上进行了重大改进，本节将从易用性、扩展性和安全性三个方面对比 Sqoop1 和 Sqoop2，分别如表 2-1 ～表 2-3 所示。

表 2-1 Sqoop1 与 Sqoop2 在易用性方面对比

Sqoop1	Sqoop2
Client-Only 架构，所有软件依赖部署到客户端	Client/Server 架构，所有软件依赖部署到服务器端，进而使得客户端很轻量级
客户端仅支持命令行访问方式（CLI）	客户端支持命令行和 Web 两种访问方式
客户端需访问 Hive、HBase 等数据源	服务器端访问 Hive、HBase 等数据源，客户端只需发送请求即可

表 2-2 Sqoop1 与 Sqoop2 在扩展性方面对比

Sqoop1	Sqoop2
Connector 必须遵循 JDBC 模型	Connector 被进一步泛化，只需实现若干组件即可
Connector 实现需考虑通用功能模块，比如下游数据流的文件格式转化、与其他系统（比如 HDFS、Hive 等）集成等	通用功能模块被独立出来，用户设计 Connector 时只需考虑与特定数据源相关的数据抽取、数据加载等功能即可
Sqoop 根据配置隐式地为用户选择 Connector，很容易导致 Connector 误用	用户可显式为作业指定 Connector，避免误用

表 2-3 Sqoop1 与 Sqoop2 在安全性方面对比

Sqoop1	Sqoop2
仅支持 Hadoop Security	增加对基于角色的安全访问控制
无任何资源管理机制	增加资源管理机制，用户可更细粒度地管理作业所占用的资源，比如同时打开的连接数、显式删除连接等

总结起来，Sqoop2 通过将访问入口服务化，将所有的复杂功能放到服务器端，大大简化了客户端实现，使其更轻量级，进而变得更加易用。

2.3 Sqoop 使用方式

本节将介绍如何使用 Sqoop 完成数据迁移工作。本节内容假定用户环境中已存在关系型数据库 MySQL 和分布式文件系统 HDFS，且 Sqoop 已经安装部署完成，在此基础上，介绍如何使用 Sqoop1 和 Sqoop2 在 MySQL 和 HDFS 之间导入导出数据。

2.3.1 Sqoop1 使用方式

Sqoop1 仅支持命令行使用方式，主要为用户提供了 import 和 export 两种命令：
- import：将关系数据库（比如 MySQL、Oracle 等）中的数据导入 Hadoop（比如 HDFS、HBase 和 Hive）中。关系型数据库中的每一条记录都将被转化为 HDFS 文件中的一行，每条记录可表示为文本、二进制文件或 SequenceFile 等格式。
- export：将 Hadoop 中的数据导回到关系型数据库中。HDFS 中的文件将按照某个设定的分隔符拆分成一条条记录，插入到数据库表中。

接下来分别介绍 import 和 export 的用法。

1. import 用法

import 基本用法如下：

```
$ sqoop import [generic-args] [import-args]
```

import 包含两类参数，[generic-args] 是 Hadoop 通用参数，[import-args] 是 import 特有的参数，含义分别如下：

1）Hadoop 通用参数主要包含以下几个：
- -conf：指定应用程序配置文件。
- -D <property=value>：指定属性及属性值。
- -fs <local | namenode:port>：指定 namenode 地址。
- -jt <local | resourcemanager:port>：指定 ResourceManager 地址。
- -files <逗号分隔的文件列表>：需要分发到集群中各个节点的文件列表。
- -libjars <逗号分隔的 jar 文件列表>：需要分发到集群中各个节点的 jar 文件列表，这些 jar 包会自动被加到任务的环境变量 CLASSPATH 中。
- -archives <逗号分隔的归档文件列表>：需要分发到集群中各个节点的归档文件（主要指以".tar"、".tar.gz"以及".zip"结尾的压缩文件）列表，这些文件会自动解压到任务的工作目录下。

2）import 特有参数：import 特有参数非常多，可通过"sqoop import help"命令查看所有参数，常用的如表 2-4 所示。

表 2-4　import 特有参数及其含义

参数名称	参数含义
--connect <jdbc-uri>	JDBC 连接符，比如 jdbc:mysql://node1/movie
--driver <class-name>	JDBC 驱动器类，比如 com.mysql.jdbc.Driver
--password <password>	指定访问数据库的密码
--username <username>	指定访问数据库的用户名
--table <table-name>	要导出的数据库表名
--target-dir <dir>	存放导出数据的 HDFS 目录
--as-textfile --as-parquetfile --as-avrodatafile --as-sequencefile	数据库表导出到 Hadoop 后保存的格式，分别是文本文件、Parquet 文件、Avro 文件和二进制 key/value 文件 sequenceFile
-m,--num-mappers <n>	并发启动的 Map Task 数目（任务并行度）
-e,--query <statement>	只将指定的 SQL 返回的数据导出到 HDFS 中

【实例 1】将 MySQL 数据库 movie 中表 data 中的数据导出到 HDFS 中：

```
$ sqoop import --connect jdbc:mysql://mysql.example.com/movie\
--table data --username xicheng --password 123456
```

最终导出结果存放在 HDFS 的用户根目录下的 user 目录中，比如运行这个命令的 linux 用户为 X，则数据最终存放在 HDFS 的 /user/X/data/ 目录中。

【实例 2】将 MySQL 数据库 movie 表中 data 中符合某种条件的数据导出到 HDFS 中：

```
$ sqoop import --connect jdbc:mysql://mysql.example.com/movie\
    --username xicheng --password 123456 --num-mapper 10 \
    --query "select name, id from data where date > 10" \
--target-dir /prod/data
```

该命令将 SQL 筛选出来的数据导出到 HDFS 的 /prod/data 目录中，为了防止并发的任务数目过多对 MySQL 产生过大负载，该命令限制并发任务数目为 10。

2. export 用法

export 基本用法如下：

```
$ sqoop export [generic-args] [export-args]
```

与 import 类似，export 也包含两类参数，[generic-args] 是 Hadoop 通用参数，[export-args] 是 export 特有的参数，其中 Hadoop 通用参数与 import 中的相同，而特有参数稍有不同，具体如表 2-5 所示。

表 2-5　import 特有参数及其含义

参数名称	参数含义
--connect <jdbc-uri>	JDBC 连接符，比如 jdbc:mysql://node1/movie
--driver <class-name>	JDBC 驱动器类，比如 com.mysql.jdbc.Driver

（续）

参数名称	参数含义
--password <password>	指定访问数据库的密码
--username <username>	指定访问数据库的用户名
--table <table-name>	要导入的数据库表名
--export-dir <dir>	导出的数据所在的 HDFS 目录
--update-key <col-name>	根据若干列，更新表中数据（默认未设置，HDFS 中数据会插到数据库表的尾部）
--update-mode <mode>	如果要导入的数据已存在，如何更新 MySQL 中的数据，目前支持"updateonly"和"allowinsert"两种模式
-m,--num-mappers <n>	并发启动的 Map Task 数目（任务并行度）

【实例 1】将 HDFS 中 /user/X/data/ 目录下的数据导入 MySQL 数据库 movie 中表 data 中：

```
$ sqoop export --connect jdbc:mysql://mysql.example.com/movie\
--table data --export-dir /user/X/data/ \
    --username xicheng --password 123456
```

/user/X/data/ 中数据列数与类型应该与表 data 是一一对应的，默认情况下，该目录下所有文件应为文本格式，且数据记录之间用"\n"分割（可使用参数"--lines-terminated-by <char>"修改），记录内部列之间用","分割（可使用参数"--fields-terminated-by <char>"修改）。

【实例 2】将 HDFS 中数据增量导入 MySQL 表中：

```
$ sqoop export --connect jdbc:mysql://mysql.example.com/movie\
--table data --export-dir /user/X/data/ \
    --username xicheng --password 123456 \
    --update-key id --update-mode allowinsert
```

假设表 data 的定义如下：

```
CREATE TABLE foo(
    id INT NOT NULL PRIMARY KEY,
    msg VARCHAR(32),
    bar INT);
```

HDFS 中 /user/X/data/ 目录下数据如下：

```
0,this is a test,42
1,some more data,100
...
```

则以上命令执行效果等价于：

```
UPDATE foo SET msg='this is a test', bar=42 WHERE id=0;
UPDATE foo SET msg='some more data', bar=100 WHERE id=1;
...
```

某一条数据对应的 id，若在 MySQL 中已存在，则会更新这一行内容；否则，会将该条数据作为一条新记录插入表中。

2.3.2 Sqoop2 使用方式

在正式介绍 Sqoop2 使用方法之前，我们先解释几个关键概念：

1）Connector：访问某种数据源的组件，负责从数据源中读取数据，或将数据写入数据源，Sqoop2 内置了多种数据源，具体如下：

- generic-jdbc-connector：访问支持 JDBC 协议数据库的 Connector。
- hdfs-connector：访问 Hadoop HDFS 的 Connector。
- kafka-connector：访问分布式消息队列 Kafka 的 Connector。
- kite-connector：使用 Kite SDK[⊖]实现，可访问 HDFS/Hbase/Hive。

2）Link：一个 Connector 实例。

3）Job：完成数据迁移功能的分布式作业，可从某个数据源（称为"FROM link"）中读取数据，并导入到另一种数据源（称为"TO link"）中。

可通过"sqoop.sh client"进入 Sqoop2 提供的 shell 命令行，并完成创建 Link，创建作业，执行作业等一系列过程。

1. 创建 Link

先通过以下命令查看 Sqoop2 提供的所有可用 Connector，如图 2-4 所示：

```
sqoop:000> show connector
| Id | Name                  | Version         | Class                                              | Supported Directions |
| 1  | kite-connector        | 1.99.5-cdh5.4.5 | org.apache.sqoop.connector.kite.KiteConnector      | FROM/TO              |
| 2  | kafka-connector       | 1.99.5-cdh5.4.5 | org.apache.sqoop.connector.kafka.KafkaConnector    | TO                   |
| 3  | hdfs-connector        | 1.99.5-cdh5.4.5 | org.apache.sqoop.connector.hdfs.HdfsConnector      | FROM/TO              |
| 4  | generic-jdbc-connector | 1.99.5-cdh5.4.5 | org.apache.sqoop.connector.jdbc.GenericJdbcConnector | FROM/TO            |
```

图 2-4　查看所有可用的 Connector

用户可使用"create link –c <connector-id>"创建一个 link，接下来具体介绍。

【实例 1】创建一个 JDBC 类型的 Link

```
sqoop:000> create link -c 4
Creating link for connector with id 4
Please fill following values to create new link object
Name: MySQL-Reader
Link configuration
JDBC Driver Class: com.mysql.jdbc.Driver
JDBC Connection String: jdbc:mysql://localhost/movie
Username: dongxicheng
```

[⊖] Kite SDK 网址，http://kitesdk.org/，该 SDK 在 Hadoop 之上进行了一层 API 封装，使用户更容易访问各种异构数据源。

```
Password: ******
JDBC Connection Properties:
There are currently 0 values in the map:
entry#
New link was successfully created with validation status OK and persistent id 1
```

【实例 2】创建一个 HDFS 类型的 Link

```
sqoop:000> create link -c 3
Creating link for connector with id 3
Please fill following values to create new link object
Name: HDFS-Loader
Link configuration
HDFS URI: hdfs://localhost:8020
New link was successfully created with validation status OK and persistent id 2
```

该 Link 需要指定两个属性，分别是"Name"和"HDFS URI"，在该实例中，分别设置为"HDFS-Loader"和"hdfs://localhost:8020"。

查看已创建的 Link，如图 2-5 所示。

```
sqoop:000> show link
| Id | Name         | Connector Id | Connector Name        | Enabled |
| 1  | MySQL-Reader | 4            | generic-jdbc-connector | true    |
| 2  | HDFS-Loader  | 3            | hdfs-connector         | true    |
```

图 2-5　查看已创建的 Link

2. 创建 Job

可使用"create job -f <link-id1> -t <link-id2>"命令创建一个从 link-id1 到 link-id2 的数据迁移作业，实例如下：

```
sqoop:000> create job -f 1 -t 2
Creating job for links with from id 1 and to id 2
Please fill following values to create new job object
Name: mysql-to-hdfs
From database configuration
Schema name: movie
Table name: user
Table SQL statement:
Table column names:
Partition column name: userid
Null value allowed for the partition column:
Boundary query:
ToJob configuration
Override null value:
Null value:
Output format:
  0 : TEXT_FILE
  1 : SEQUENCE_FILE
```

```
Choose: 0
Compression format:
  0 : NONE
  1 : DEFAULT
  2 : DEFLATE
  3 : GZIP
  4 : BZIP2
  5 : LZO
  6 : LZ4
  7 : SNAPPY
  8 : CUSTOM
Choose: 0
Custom compression format:
Output directory: /tmp/xicheng/user_table
Throttling resources
Extractors: 5
Loaders: 2
New job was successfully created with validation status OK  and persistent id 1
```

用户只需使用 Sqoop2 提供的交互式引导流程完成相应的内容填写即可，除了"Name"（job 名称）、"Schema Name"（数据库名称）、"Table Name"（表名）和"Partition column name"（采用指定的列对数据分片，每片由一个任务处理，通常设置为主键），其他均可以使用默认值。需要解释的是，"Extractors"和"Loaders"两栏相当于指定 Map Task（默认是 10）和 Reduce Task 的数目。

3. 提交并监控 Job

可使用"start job –jid <job-id>"命令将作业提交到集群中，使用"status job –jid <job-id>"查看作业运行状态，实例如下：

```
sqoop:000> start job -jid 1
Submission details
Job ID: 1
Server URL: http://localhost:12000/sqoop/
Created by: xicheng.dong
Creation date: 2015-09-02 19:39:56 PDT
Lastly updated by: xicheng
External ID: job_1440945009469_0008
  http://localhost:8088/proxy/application_1440945009469_0008/
```

查看作业运行状态：

```
sqoop:000> status job -jid 1
Submission details
Job ID: 1
Server URL: http://localhost:12000/sqoop/
Created by: xicheng.dong
Creation date: 2015-09-01 19:39:56 PDT
Lastly updated by: xicheng.dong
```

```
External ID: job_1440945009469_0008
http://localhost:8088/proxy/application_1440945009469_0008/
2015-09-02 19:41:01 PDT: RUNNING  - 83.35 %
```

除了以上常用命令外，Sqoop2 还提供了针对 Link 和 Job 的更新（update）、删除（delete）、复制（clone）等管理命令，读者如果感兴趣，可自行尝试。

2.4 数据增量收集 CDC

Sqoop 采用 MapReduce 可进行全量关系型数据的收集，但难以高效地增量收集数据。很多场景下，除了收集数据库全量数据外，还希望只获取增量数据，即 MySQL 某个表从某个时刻开始修改/插入/删除的数据。捕获数据源中数据的更新，进而获取增量数据的过程，被称为 CDC（"Change Data Capture"）。为了实现 CDC，可选的方案有：

- **定时扫描整表**：周期性扫描整张表，把变化的数据找出来，并发送给数据收集器（Sqoop 增量收集本质上就是这种方案）。
- **写双份数据**：在业务层修改代码，凡是数据更新操作，除了修改数据库表外，还需将更新数据发送到数据收集器。
- **利用触发器机制**：触发器是一种特殊的存储过程，主要是通过事件（增、删、改）进行触发而被执行的，它在表中数据发生变化时自动强制执行。

以上几种方案均存在明显缺点，"定时扫描整表" 性能低效，且延迟过高；"写双份数据" 需要业务层修改代码，一致性难以保证，不利于系统演化；"利用触发器机制" 管理烦琐，且对数据库性能影响较大。

为了克服这几种方案存在的问题，基于事务或提交日志解析的方案出现了。这种方案通过解析数据库更新日志，还原更新的数据，能够在不对业务层代码做任何修改的前提下，高效地获取更新数据。目前常见的开源实现有阿里巴巴的 Canal⊖ 和 LinkedIn 的 Databus⊖，本节以 Canal 为主，介绍 CDC 设计的主要原理和架构。

2.4.1 CDC 动机与应用场景

CDC 系统主要功能是捕获数据库中的数据更新，将增量数据发送给各个订阅者和消费者。CDC 系统应用非常广泛，具体可描述为图 2-6 所示，主要包括：

- 异地机房同步。实现数据异地

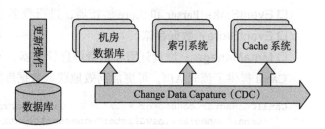

图 2-6 CDC 应用场景

⊖ canal 网站链接：https://github.com/alibaba/canal
⊖ databus 网站链接：https://github.com/linkedin/databus

机房容灾。
- 数据库实时备份。类似于 master/slave 架构，实时对数据库进行备份。
- 业务 Cache 刷新。更新数据库成功的同时，刷新 cache 中的值。
- 数据全库迁移。创建任务队列表，逐步完成全库所有表的迁移。

2.4.2 CDC 开源实现 Canal

Canal 的主要定位是基于数据库增量日志解析，提供增量数据订阅和消费，目前主要支持了 MySQL 关系型数据库。

Canal 的主要原理是，模拟数据库的主备复制协议，接收主数据库产生的 binary log（简称"binlog"），进而捕获更新数据，以 MySQL 为例说明，具体如图 2-7 所示。

步骤 1：Canal 实现 MySQL 主备复制协议，向 MySQL Server 发送 dump 协议。
步骤 2：MySQL 收到 dump 请求，开始推送 binlog 给 Canal。
步骤 3：Canal 解析 binlog 对象，并发送给各个消费者。

为了便于扩展，Canal 采用了模块化架构设计，具体如图 2-8 所示。

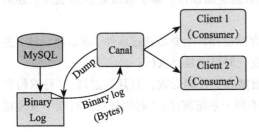

图 2-7 Canal 基本原理

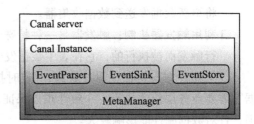

图 2-8 Canal 基本架构

1) **Canal Server**：代表一个 Canal 运行实例，对应于一个 JVM。

2) **Canal Instance**：对应于一个数据队列（1 个 Canal Server 对应 1 到 n 个 instance），主要包含以下几个模块：
- EventParser：数据源接入，模拟 slave 协议和 master 进行交互，协议解析。
- EventSink：Parser 和 Store 链接器，进行数据过滤、加工、分发的工作。
- EventStore：数据存储。
- MetaManager：增量订阅和消费信息管理器。

Canal 提供了流式 API，可更加高效地获取数据库变更数据，代码示例如下：

```
CanalConnector connector =  //建立与 Canal Server 的连接
    CanalConnectors.newClusterConnector("hostX:2181", destination, "", "");
while (running) {
    try {
    connector.connect(); //连接 Canal
    connector.subscribe(); //订阅数据
    while (running) {
```

```
        Message message = connector.getWithoutAck(5 * 1024);  // 获取指定数量的数据
        long batchId = message.getId();
        int size = message.getEntries().size();
        if (batchId == -1 || size == 0) {
    // no data, sleep…
        } else {
    processEntry(message.getEntries());  // 数据处理函数
        }
        connector.ack(batchId);  // 提交确认
        // connector.rollback(batchId);  // 处理失败，回滚数据
    }
    ……
```

processEntry 是捕获更新的函数，实现如下：

```
void processEntry (List<Entry> entrys) {
    for (Entry entry : entrys) {
        if (entry.getEntryType() == EntryType.ROWDATA) {
            RowChange rowChage = null;
            try {
            rowChage = RowChange.parseFrom(entry.getStoreValue());  // 数据反序列化
            } catch (Exception e) {
            throw new RuntimeException("parse event an error:" + entry.toString(), e);
            }
            EventType eventType = rowChage.getEventType();
            for (RowData rowData : rowChage.getRowDatasList()) {
                if (eventType == EventType.DELETE) {       // 删除操作
                //processColumn(rowData.getBeforeColumnsList());
                } else if (eventType == EventType.INSERT) { // 插入操作
                //processColumn(rowData.getAfterColumnsList());
                } else { // 其他操作
                //processColumn(rowData.getAfterColumnsList());
                }
            }
        }
    }
}
```

关于 Canal 的更多细节，可参考 Canal 官网文档[⊖]。

相比于阿里巴巴的 Canal 系统，LinkedIn 的 Databus 更加强大，包括支持更多数据源（Oracle 和 MySQL 等）、扩展性更优的架构（比如高扩展的架构允许保存更长时间的更新数据）等，有兴趣的读者可参考 Databus 官方文档[⊜]。

2.4.3 多机房数据同步系统 Otter

为了解决多机房数据同步问题，阿里巴巴基于 Canal 研发了 Otter[⊜]，该系统是 Canal 消

⊖ https://github.com/alibaba/canal
⊜ https://github.com/linkedin/databus
⊜ https://github.com/alibaba/otter

费端的一个实现,其定位是分布式数据库同步系统,它基于数据库增量日志解析,准实时同步到本机房或异地机房的 MySQL/Oracle 数据库。

1. Otter 基本原理

Otter 基于 Canal 开源产品,获取数据库增量日志数据,本身采用典型的管理系统架构:Manager(Web 管理)+Node(工作节点),具体架构如图 2-9 所示。

❏ Manager 负责发布同步任务配置,接收同步任务反馈的状态信息等。

❏ 工作节点负责执行同步任务,并将同步状态反馈给 Manager。

为了解决分布式状态调度,允许多 Node 节点之间协同工作,Otter 采用了开源分布式协调组件 ZooKeeper。

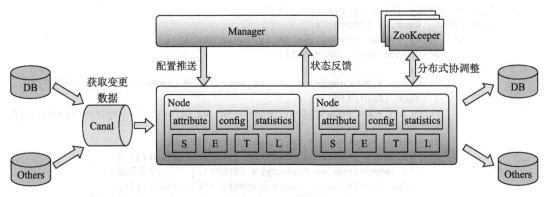

图 2-9 Otter 基本架构

2. Otter 的 S、E、T、L 阶段模型

为了让系统具有良好的扩展性和灵活性,Otter 将整个同步流程抽象为 Select、Extract、Transform、Load(简称 S、E、T、L)四个阶段,具体如图 2-10 所示。

图 2-10 Otter 的 S/E/T/L 四个阶段

❏ Select 阶段:与数据源对接的阶段,为解决数据来源的差异性而引入。

❏ Extract、Transform、Load 阶段:类似于数据仓库的 ETL 模型,即数据提取、数据转换和数据载入三个阶段。用户可根据需要设置不同阶段部署的方式,比如在跨机房同步的场景中,Select 和 Extract 一般部署在原机房,而 Transform 和 Load 则部署在目标机房。

3. Otter 跨机房数据同步

使用 Otter 可以构建各种数据同步应用,其中最经典的是异地跨机房数据同步,部署架构如图 2-11 所示。

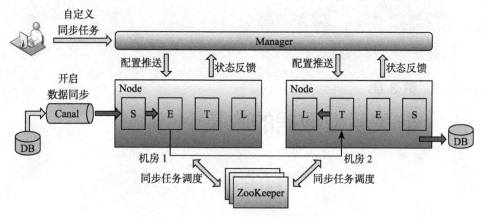

图 2-11　Otter 跨机房部署图

用户通过 Manager 可设置跨机房同步任务。在原机房中，数据由 Canal 获取后，经数据接入和数据提取两个阶段处理后，通过网络发送给目标机房，在目标机房中，经数据转换和数据载入两个阶段处理后，最终将数据写入新的数据库或消息队列等系统。整个过程需要说明的是：

- 数据涉及网络传输，S、E、T、L 几个阶段会分散在 2 个或者更多 Node 节点上，多个 Node 之间通过 ZooKeeper 进行协同工作（一般是 Select 和 Extract 在一个机房的 Node，Transform/Load 落在另一个机房的 Node）。
- Node 节点可以有 failover / loadBalancer。

2.5　小结

本章介绍了关系型数据收集系统 Sqoop，涉及内容包括设计动机、基本架构以及使用方式。Sqoop 非常适合全量数据的收集，而在很多应用场景下，还需要进行增量数据的收集，为了解决该问题，CDC 系统出现了，本章最后介绍了 CDC 系统的设计动机、开源实现 Canal 以及构建在 Canal 之上，跨机房数据同步方案 Otter。

2.6　本章问题

问题 1：Hive、HBase 和 Kafka 均是具有存储能力的系统，尝试使用 Sqoop 将 MySQL 中的一张表分别导入这三个系统。

问题 2：试说明，Sqoop 是如何保证容错能力的？即在机器或网络出现故障的情况下，如何保证数据同步工作顺利完成？

Chapter 3 第 3 章

非关系型数据的收集

第 2 章介绍了关系型数据的收集,即如何将关系型数据库(如 MySQL、Oracle 等)导入 Hadoop 中。本章将介绍另一类型的数据——非关系型数据的收集。

在现实世界中,非关系型数据量远大于关系型数据。非关系型数据种类繁多,包括网页、视频、图片、用户行为日志、机器日志等,其中日志类数据直接反映了(日志)生产者的现状和行为特征,通常会用在行为分析系统、推荐系统、广告系统中。日志数据具有流式、数据量大等特点,通常分散在各种设备上,由不同服务和组件产生,为了高效地收集这些流式日志,需要采用具有良好扩展性、伸缩性和容错性的分布式系统。为了帮助用户解决日志收集问题,Hadoop 生态系统提供了 Flume,它是 Cloudera 公司开源的一个分布式高可靠系统,能够对不同数据源的海量日志数据进行高效收集、聚合、移动,最后存储到一个中心化的数据存储系统中。本章将重点剖析 Flume 设计思想、基本架构以及常见的使用场景。

3.1 概述

3.1.1 Flume 设计动机

在生产环境中,通常会部署各种类型的服务,比如搜索、推荐、广告等,这些服务均会记录大量流式日志。比如搜索系统,当用户输入一个查询词时,该搜索行为会以日志的形式被后端系统记录下来,当并发访问用户数非常多时,搜索系统后端将实时产生大量日志,如图 3-1 所示,如何高效地收集这些日志,并发送到后端存储系统(比如 Hadoop、数据仓库等)中进行统一分析和挖掘,是每个公司需要解决的问题。

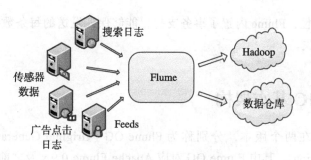

图 3-1 数据收集面临的问题

总结起来，日志收集面临以下问题：
- **数据源种类繁多**：各种服务均会产生日志，这些日志格式不同，产生日志的方式也不同（有的写到本地日志文件中，有的通过 HTTP 发到远端等）。
- **数据源是物理分布的**：各种服务运行在不同机器上，有的甚至是跨机房的。设计日志收集系统时需考虑这种天然的分布式特征。
- **流式的，不间断产生**：日志是实时产生的，需要实时或近实时收集到，以便于后端的分析和挖掘。
- **对可靠性有一定要求**：日志收集过程中，希望能做到不丢数据（比如银行用户转账日志），或只丢失可控的少量数据（比如用户搜索日志）。

Cloudera 公司开源的 Flume 系统便是解决以上这些流式数据收集问题的，它是一个通用的流式数据收集系统，可以将不同数据源产生的流式数据近实时地发送到后端中心化的存储系统中，具有分布式、良好的可靠性以及可用性等优点。

3.1.2 Flume 基本思想及特点

Flume 采用了插拔式软件架构，所有组件均是可插拔的，用户可以根据自己的需要定制每个组件。Flume 本质上是一个中间件，它屏蔽了流式数据源和后端中心化存储系统之间的异构性，使得整个数据流非常容易扩展和演化。

Flume 最初是 Cloudera 工程师开发的日志收集和聚集系统，后来逐步演化成支持任何流式数据收集的通用系统。总结起来，Flume 主要具备以下几个特点：
- **良好的扩展性**：Flume 架构是完全分布式的，没有任何中心化组件，这使得它非常容易扩展。
- **高度定制化**：各个组件（比如 Source、Channel 和 Sink 等）是可插拔的，用户很容易根据需求进行定制。
- **声明式动态化配置**：Flume 提供了一套声明式配置语言，用户可根据需要动态配置一个基于 Flume 的数据流拓扑结构。
- **语意路由**：可根据用户的设置，将流式数据路由到不同的组件或存储系统中，这使得搭建一个支持异构的数据流变得非常容易。

❑ **良好的可靠性**：Flume 内置了事务支持，能够保证发送的每条数据能够被下一跳收到而不会丢失。

3.2 Flume NG 基本架构

Flume 目前存在两个版本，分别称为 Flume OG（Original Generation）和 Flume NG（Next/New Generation），其中 Flume OG 对应 Apache Flume 0.9.x 及之前的版本，已经被各大 Hadoop 发行版（比如 CDH 和 HDP）所弃用；Flume NG 对应 Apache Flume 1.x 版本，被主流 Hadoop 发行版采用，目前应用广泛。Flume NG 在 OG 架构基础上做了调整，去掉了中心化的组件 master 以及服务协调组件 ZooKeeper，使得架构更加简单和容易部署。Flume NG 与 OG 是完全不兼容的，但沿袭了 OG 中很多概念，包括 Source、Sink 等，本节将重点剖析 Flume NG 的基本架构。

3.2.1 Flume NG 基本架构

Flume 的数据流是通过一系列称为 Agent 的组件构成的，如图 3-2 所示，一个 Agent 可从客户端或前一个 Agent 接收数据，经过过滤（可选）、路由等操作后，传递给下一个或多个 Agent（完全分布式），直到抵达指定的目标系统。用户可根据需要拼接任意多个 Agent 构成一个数据流水线。

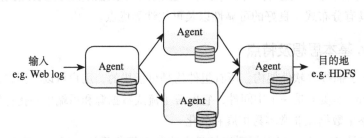

图 3-2　Flume 基本构成

Flume 将数据流水线中传递的数据称为 "Event"，每个 Event 由头部和字节数组（数据内容）两部分构成，其中，头部由一系列 key/value 对构成，可用于数据路由，字节数组封装了实际要传递的数据内容，通常使用 Avro，Thrift，Protobuf（关于 Avro、Thrift 和 Protobuf 的具体介绍，可参考第 5 章）等对象序列化而成。

Flume 中 Event 可由专门的客户端程序产生，这些客户端程序将要发送的数据封装成 Event 对象，并调用 Flume 提供的 SDK 发送给 Agent。

接下来重点讲解 Agent 内部的组件构成，如图 3-3 所示。

Agent 内部主要由三个组件构成，分别是 Source，Channel 和 Sink，其作用和功能如下：

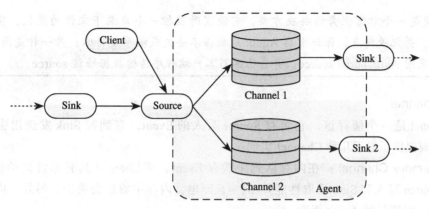

图 3-3 Flume Agent 基本构成

1. Source

Flume 数据流中接收 Event 的组件，通常从 Client 程序或上一个 Agent 接收数据，并写入一个或多个 Channel。为了方便用户使用，Flume 提供了很多 Source 实现，主要包括：

- Avro Source：内置 Avro Server，可接收 Avro 客户端发送的数据，并写入 Channel。
- Thrift Source：内置 Thrift Server，可接收 Thrift 客户端发送的数据，并写入 Channel。
- Exec Source：执行指定的 shell，并从该命令的标准输出中获取数据，写入 Channel，如"tail -F 文件名"命令，Exec Source 可实现对数据的实时收集，但考虑到该 Flume Agent 不运行或者指令执行出错时，将无法收集到日志数据，无法保证日志数据的完整性，因而在实际生产环境中很少被采用。
- Spooling Directory Source：该 Source 可监控指定目录池下文件的变化，一旦发现有新的文件，会将之写入 Channel，在使用该 Source 时，需要注意两点：拷贝到监控目录下的文件不可以再修改；目录下不可包含子目录。使用该 Source 时，通常会指定一个目录作为监控目录，当需要传输数据时，将文件拷贝到该目录下，实现近似实时传输。由于该 Source 可靠性和稳定性较好，被不少公司采用。
- Kafka Source：内置 Kafka Consumer，可从 Kafka Broker 中读取某个 topic 的数据，写入 Channel，关于 Kafka 的介绍，可参考"第 4 章消息队列 Kafka"。
- Syslog Source：分为 Syslog TCP Source 和 Syslog UDP Source 两种，分别可以接收 TCP 和 UDP 协议发过来的数据，并写入 Channel。
- HTTP Source：可接收 HTTP 协议发来的数据，并写入 Channel。

当然，用户也可以根据自己的需要定制 Source。

如何选择 Flume Source？ 在实际生产环境中，存在两种数据源，一种是文件，可采用 Exec Source 或 Spooling Directory Source 收集数据，但考虑到前者无法保证数据完整性，后者实时性较差，通常会自己进行定制，既保证完整性，又具备较高的实时性，taildir source⊖便是一个非常优秀的解决方案，它能实时监控一个目录下文件的变化，实时读取新增数据，并记录断点，保证重启 Agent 后数据不丢失或被重复传输；另一种是网络数据，这时候可采用 Avro/Thrift source，并自己编写客户端程序传输数据给该 source。

2. Channel

Channel 是一个缓存区，它暂存 Source 写入的 Event，直到被 Sink 发送出去。目前 Flume 主要提供了以下几种 Channel 实现：

- **Memory Channel**：在内存队列中缓存 Event。该 Channel 具有非常高的性能（指 Source 写入和 Sink 读取性能），但一旦断电，内存中数据会丢失，另外，内存不足时，可能导致 Agent 崩溃。
- **File Channel**：在磁盘文件中缓存 Event。该 Channel 弥补了 Memory Channel 的不足，但性能会有一定的下降。
- **JDBC Channel**：支持 JDBC 驱动，进而可将 Event 写入数据库中。该 Channel 适用于对故障恢复要求非常高的场景。
- **Kafka Channel**：在 Kafka 中缓存 Event。Kafak 提供了高容错性和扩展性，允许可靠地缓存更多数据，这为其他 Sink 重复读取 Channel 中的数据提供了可能（比如发现统计结果有误，重新收集 1 天前的数据进行处理）。

3. Sink

Sink 负责从 Channel 中读取数据，并发送给下一个 Agent（的 Source）。Flume 主要提供了以下几种 Sink 实现：

- **HDFS Sink**：这是最常用的一种 Sink，负责将 Channel 中的数据写入 HDFS，用户可根据时间或者数据量，决定何时交替形成一个新的文件。
- **HBase Sink**：可将 Channel 中的数据写入 HBase，支持同步和异步两种写入方式。
- **Avro/Thrift Sink**：内置了 Avro/Thrit 客户端，可将 Event 数据通过 Avro/Thrift RPC 发送给指定的 Avro/Thrift Server。
- **MorphlineSolrSink/ElasticSearchSink**：将 Channel 中的 Event 数据写入 Solr/ElasticSearch 搜索引擎，在一些场景下，用户需要同时对数据进行离线分析和在线搜索，可同时使用 HDFS Sink 和该 Sink 将数据同时写入 HDFS 和搜索引擎。
- **Kafka Sink**：将 Channel 中的数据写入 Kafka 中。

Flume 使用事务性的方式保证 Event 传递的可靠性。Sink 必须在 Event 被存入 Channel 后，或者已经被成功传递给下一个 Agent 后，才能把 Event 从 Channel 中删除掉。这样数据流里的 Event 无论是在一个 Agent 里还是多个 Agent 之间流转，都能保证可靠。

⊖ 关于 taildir source 的介绍，参考：https://issues.apache.org/jira/browse/FLUME-2498

3.2.2　Flume NG 高级组件

除了 Source、Channel 和 Sink 外，Flume Agent 还允许用户设置其他组件更灵活地控制数据流，包括 Interceptor，Channel Selector 和 Sink Processor 等，如图 3-4 所示，本节将详细剖析这几个组件。

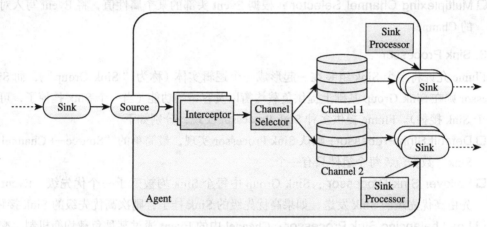

图 3-4　Flume Agent 内部高级组件

1. Interceptor

Interceptor 组件允许用户修改或丢弃传输过程中的 Event。Interceptor 是一个实现了 org.apache.flume.interceptor.Interceptor 接口的类。用户可配置多个 Interceptor，形成一个 Interceptor 链，这样，前一个 Interceptor 返回的 Event 将被传递给下一个 Interceptor，而传递过程中，任何一个 Interceptor 均可修改或丢弃当前的 Event。Flume 自带了很多 Interceptor 实现，常用的有：

- Timestamp Interceptor：该 Interceptor 在每个 Event 头部插入时间戳，其中 key 是 "timestamp"，value 为当前时刻。
- Host Interceptor：该 Interceptor 在每个 Event 头部插入当前 Agent 所在机器的 host 或者 IP。
- UUID Interceptor：该 Interceptor 在每个 Event 头部插入一个 128 位的全局唯一标识，比如 "b5755073-77a9-43c1-8fad-b7a586fc1b97"。
- Regex Filtering Interceptor：该 Interceptor 可根据正则表达式过滤或者保留符合要求的 Event。
- Regex Extractor Interceptor：该 Interceptor 可根据正则表达式提取出对应的值，并插入到头部。

2. Channel Selector

Channel Selector 允许 Flume Source 选择一个或多个目标 Channel，并将当前 Event 写

入这些 Channel。Flume 提供了两种 Channel Selector 实现，分别如下：
- Replicating Channel Selector：将每个 Event 指定的多个 Channel，通过该 Selector，Flume 可将相同数据导入到多套系统中，以便进行不同地处理。这是 Flume 默认采用的 Channel Selector。
- Multiplexing Channel Selector：根据 Event 头部的某个属性值，将 Event 写入对应的 Channel。

3. Sink Processor

Flume 允许将多个 Sink 组装在一起形成一个逻辑实体（称为"Sink Group"），而 Sink Processor 则在 Sink Group 基础上提供负载均衡以及容错的功能（当一个 Sink 挂掉了，可由另一个 Sink 接替）。Flume 提供多种 Sink Processor 实现，分别如下

- Default Sink Processor：默认 Sink Processor 实现，最简单的 "Source → Channel → Sink" 数据流，每个组件只有一个。
- Failover Sink Processor：Sink Group 中每个 Sink 均被赋予一个优先级，Event 优先由高优先级的 Sink 发送，如果高优先级的 Sink 挂了，则次高优先级的 Sink 接替。
- Load balancing Sink Processor：Channel 中的 Event 通过某种负载均衡机制，交给 Sink Group 中的所有 Sink 发送，目前 Flume 支持两种负载均衡机制，分别是 round_robin 和 random，即轮询和随机选择。

3.3 Flume NG 数据流拓扑构建方法

3.2 节从理论层面介绍了 Flume NG 的架构和模块构成，而本节我们将介绍如何使用 Flume NG 构建数据流拓扑，以满足生产环境需求。

3.3.1 如何构建数据流拓扑

为了使用 Flume 收集日志，我们需要构建一个完整的数据流水线。为此，我们可按照以下步骤操作：

步骤 1：确定流式数据获取方式。

步骤 2：根据需求规划 Agent，包括 Agent 数目，Agent 依赖关系等。

步骤 3：设置每个 Agent，包括 Source，Channel 和 Sink 等组件的基本配置。可参考 Flume 官方文档全面而详细地了解各组件的配置项[⊖]。

步骤 4：测试构建的数据流拓扑。

步骤 5：在生产环境部署该数据流拓扑。

本节重点关注步骤 1 ~ 3 的操作方法，接下来重点介绍流式数据获取方式、常见拓扑

⊖ Flume 用户使用手册：http://flume.apache.org/FlumeUserGuide.html

架构以及 Agent 配置方式。

1. 流式数据获取方式

Flume 支持多种方式供外部数据源将流式数据发送给 Flume，常用的方式包括：

1）**远程过程调用（RPC）**：这是最常用的一种方式，Flume 支持目前主流的 RPC 协议，包括 Avro 和 Thrift，比如下面的示例。

```
$ bin/flume-ng avro-client -H localhost -p 41414 -F /usr/logs/ngnix.log
```

该命令启动了一个 Avro 客户端，将 /usr/logs/ngnix.log 中的数据发送到指定的 Avro 服务器（启动在本地的 41414 端口）上。

2）**TCP 或 UDP**：Flume 提供了 syslog source，支持 TCP 和 UDP 两种协议，用户可通过这两种协议将外部数据写入 flume。

3）**执行命令**：Flume 提供了 Exec Source，允许用户执行一个 shell 命令产生流式数据。

2. 常见拓扑架构

常见的 Flume 拓扑架构有两种：多路合并和多路复用。

（1）多路合并

在流式日志收集应用中，常见的一种场景是大量的日志产生客户端将日志发送到少数几个聚集节点上，由这些节点对日志进行聚集合并后，写入后端的 HDFS 中，整个数据流如图 3-5 所示。

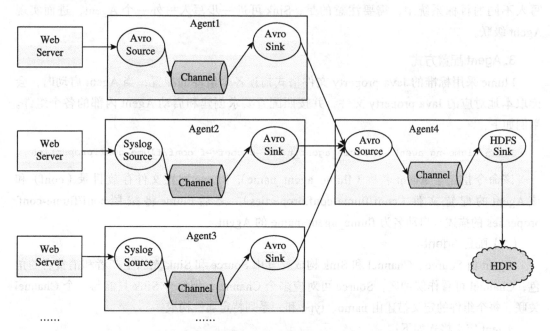

图 3-5　多路合并拓扑架构图

在该数据流中，每个 Web Server 将流式日志发送到一个对应的 Flume Agent 上，Flume Agent 收到数据后，统一发送给一个汇总的 Agent，由它写入 HDFS。

（2）多路复用

Flume 支持将数据路由到多个目标系统中，这是通过 Flume 内置的多路复用功能实现的，典型拓扑如图 3-6 所示。

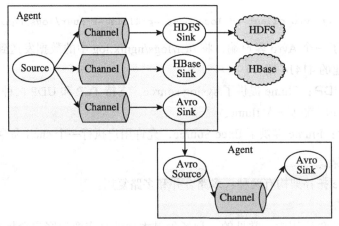

图 3-6　多路复用拓扑架构图

在该数据流中，Source 产生的数据按照类别被写入不同的 Channel，之后由不同 Sink 写入不同的目标系统中，需要注意的是，Sink 可进一步写入另外一个 Agent，进而实现 Agent 级联。

3. Agent 配置方式

Flume 采用标准的 Java property 文件格式描述各个组件的配置，当 Agent 启动时，会读取本地对应的 Java property 文件，并按照配置要求创建和启动 Agent 内部的各个组件。举例如下：

```
$ bin/flume-ng agent -n flume_agent_name -c conf -f conf/flume-conf.properties
```

该命令指定了 Agent 名称（flume_agent_name），Flume 配置文件存放目录（conf）和该 Agent 的配置文件（conf/flume-conf.properties），之后 Flume 将按照 conf/flume-conf.properties 的描述，启动名为 flume_agent_name 的 Agent。

（1）配置 Agent

Agent 由 Source、Channel 和 Sink 构成，其中 Source 和 Sink 充当生产者和消费者的角色，Channel 可看作缓冲区，Source 可对应多个 Channel，但每个 Sink 只能与一个 Channel 关联。每个组件的定义描述由 name、type 和一系列特定属性构成。

Agent 定义格式如下：

```
# 列出 agent 包含的 source, sink 和 channel, 可自定义名称
```

```
<agent>.sources = <source>
<agent>.sinks = <sink>
<agent>.channels = <channel1>,<channel2>

# 为 source 设置 channel
<agent>.sources.<source>.channels = <channel1>,<channel2>,...

# 为 sink 设置 channel
<agent>.sinks.<sink>.channel = <channel1>
```

【LogAgent 实例】 如图 3-7 所示，我们需要从本地磁盘 /tmp/logs 目录下获取数据，写入分布式文件系统 HDFS 中，它对应的配置文件 logagent.property 如下：

```
LogAgent.sources = mysource
LogAgent.channels = mychannel
LogAgent.sinks = mysink
LogAgent.sources.mysource.channels = mychannel
LogAgent.sinks.mysink.channel = mychannel
```

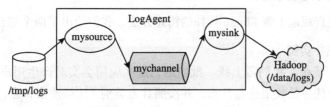

图 3-7 LogAgent 实例示意图

（2）配置单个组件

用户可对 Agent 内部每个组件单独进行配置，格式如下：

```
# 设置 source 的属性 <someProperty> 值为 <someValue>
<agent>.sources.<source>.<someProperty> = <someValue>

# 设置 channel 的属性 <someProperty> 值为 <someValue>
<agent>.channel.<channel>.<someProperty> = <someValue>

# 设置 sink 的属性 <someProperty> 值为 <someValue>
<agent>.sources.<sink>.<someProperty> = <someValue>
```

接着前面的【LogAgent 实例】，在配置文件 logagent.property 中为 mysource、mysink 和 mychannel 设置属性：

```
# 配置名为 "mysource" 的 Source，采用 spooldir 类型，从本地目录 /tmp/logs 获取数据
LogAgent.sources.mysource.type = spooldir
LogAgent.sources.mysource.channels = mychannel
LogAgent.sources.mysource.spoolDir =/tmp/logs
# 配置名为 "mysink" 的 Sink，将结果写入 HDFS 中，每个文件 10000 行数据
LogAgent.sinks.mysink.type = hdfs
LogAgent.sinks.mysink.hdfs.path = hdfs://master:8020/data/logs/%Y/%m/%d/%H/
```

```
LogAgent.sinks.mysink.hdfs.batchSize = 1000
LogAgent.sinks.mysink.hdfs.rollSize = 0
LogAgent.sinks.mysink.hdfs.rollCount = 10000
LogAgent.sinks.mysink.hdfs.useLocalTimeStamp = true
# 配置名为 "mychannel" 的 Channel，采用 memory 类型
LogAgent.channels.mychannel.type = memory
LogAgent.channels.mychannel.capacity = 10000
```

一旦 logagent.property 文件配置完毕后，可通过以下命令启动 LogAgent：

```
bin/flume-ng agent -n LogAgent -c conf -f logagent.properties -Dflume.root.logger=DEBUG,console
```

3.2.1 节已经提到，Flume 提供了很多 Source、Channel 和 Sink 的实现，而每个实现都有自己独有的配置，查阅某个具体组件的可配置项，可参考 Flume 官方用户使用文档[⊖]，在此不再赘述。

3.3.2 数据流拓扑实例剖析

为了让读者更直观地了解 Flume 拓扑的构建方法，我们给出了两个综合实例。

1. 多路合并拓扑实例

设想在生产环境中，我们需上线一批应用，这些应用会实时产生用户行为相关的流式日志。我们的一个任务是收集这些日志，并按照日志类别（比如搜索日志，点击日志等）写到不同的 HDFS 目录中。为了完成这个任务，我们构建了图 3-8 所示的 Flume 拓扑。

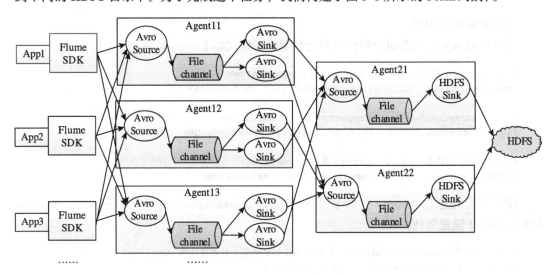

图 3-8　多路合并拓扑实例架构图

⊖　http://flume.apache.org/FlumeUserGuide.html

在应用内部,我们采用 Flume SDK 将日志(采用 Avro 格式)发送到后端的各个 Agent 上,为了减少 HDFS 访问并发数和生成的小文件数目,我们设计了两层 Agent:第一层 Agent 采用 Avro Source 从应用程序端接收 Event,并写入 File Channel,之后由一组 Avro Sink 将数据发送给第二层 Agent;第二层 Agent 接收到前一层 Event 数据后,通过 HDFS Sink 写入后端的 HDFS。接下来介绍如何通过 Flume 提供的声明性语言构建这个拓扑。

(1)第一层 Agent 配置

以 Agent11 为例进行介绍。

首先定义 Agent a11,并声明它的 Source,Channel 和 Sink:

```
a11.sources = r11
a11.channels = c11
a11.sinks = k11,k12
```

接下来为两个 Sink s11 和 s12 构造一个 Sink Group,并配置该 group 的属性:

```
a11.sinkgroups = g11
# 开启负载均衡功能
a11.sinkgroups.g11.processor.type = LOAD_BALANCE
# 采用轮询方式进行负载均衡
a11.sinkgroups.g11.processor.selector = ROUND_ROBIN
# 同时开启负载均衡和容错
a11.sinkgroups.g11.processor.backoff = true
```

配置 Source 类型为 AVRO,并绑定本地的 IP 和端口号:

```
a11.sources.r11.channels = c11
a11.sources.r11.type = AVRO
a11.sources.r11.bind = 0.0.0.0 # 本地 IP
a11.sources.r11.port = 41414
```

配置 Channel 类型为 FILE:

```
a11.channels.c11.type = FILE
```

配置两个 Sink 类型为 AVRO,并设置目标 Agent 的 Avro Server 地址:

```
a11.sinks.k11.channel = c11
a11.sinks.k11.type = AVRO
a11.sinks.k11.hostname = a21.example.org
a11.sinks.k11.port = 41414

a11.sinks.k12.channel = c11
a11.sinks.k12.type = AVRO
a11.sinks.k12.hostname = a22.example.org
a11.sinks.k12.port = 41414
```

以上配置文件信息可保存到文件 agent11.properties 中,并通过以下命令启动该 Agent:

```
bin/flume-ng agent -n a11 -c conf -f agent11.properties
```

(2) 第二层 Agent 配置

以 Agent21 为例进行介绍。

首先定义 Agent a21，并依次声明它的 Source、Channel 和 Sink：

```
a21.sources = r21
a21.channels = c21
a21.sinks = k21
```

配置 Source 类型为 AVRO，并绑定本地的 IP 和端口号：

```
a21.sources.r21.channels = c21
a21.sources.r21.type = AVRO
a21.sources.r21.bind = 0.0.0.0
a21.sources.r21.port = 41414
```

配置 Channel 类型为 FILE：

```
a21.channels.c21.type = FILE
```

配置 Sink 类型为 HDFS：

```
a21.sinks.k21.channel = c21
a21.sinks.k21.type = hdfs
# 指定 HDFS 存放路径
a21.sinks.hdfsSink.hdfs.path = hdfs://bigdata/flume/appdata/%Y-%m-%d/%H%M
a21.sinks.hdfsSink.hdfs.filePrefix= log
a21.sinks.hdfsSink.hdfs.rollInterval= 600
a21.sinks.hdfsSink.hdfs.rollCount= 10000
a21.sinks.hdfsSink.hdfs.rollSize= 0
a21.sinks.hdfsSink.hdfs.round = true
a21.sinks.hdfsSink.hdfs.roundValue = 10
a21.sinks.hdfsSink.hdfs.roundUnit = minute
#fileType 可以是 SequenceFile, DataStream 或 CompressedStream, 分别表示
# 二进制格式, 未压缩原始数据格式, 经压缩的原始数据格式
a21.sinks.k21.hdfs.fileType = DataStream
```

以上配置文件信息可保存到文件 agent21.properties 中，并通过以下命令启动该 Agent：

```
bin/flume-ng agent -n a21 -c conf -f agent21.properties
```

2. 多路复用拓扑实例

在该实例中，我们直接让应用程序通过 TCP 发送日志到对应的 Agent，之后由 Agent 将所有数据写入 HDFS，此外，Agent 会按照 Event 头部的 Severity 属性值判断数据的重要性（共分为五种级别的数据：emergency、alert、critical、error 和 normal，分别用 0 ~ 4 表示），其中重要的数据会往 HBase 额外写入一份，具体拓扑如图 3-9 所示，与实例 1 类似，该拓扑也分为两层，其中第一层两者类似，重点介绍第二层。

以 Agent21 为例，介绍第二层的拓扑配置方法。Agent a21 中的 Channel 和 Sink Group

声明和定义方式与实例 1 类似，在此不再赘述，接下来重点而介绍 Source 和 Sink 的配置方法。

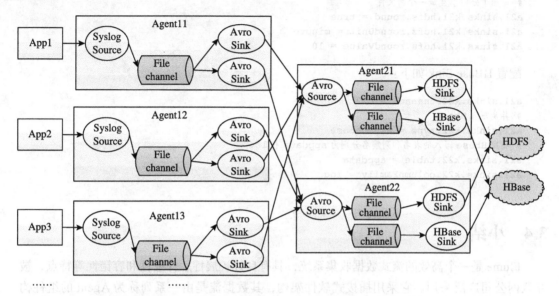

图 3-9　多路复用拓扑实例架构图

定义 Source，类型为 AVRO，对应两个 Channel：

```
a21.sources.r21.channels = c21 c22
a21.sources.r21.type = AVRO
a21.sources.r21.bind = 0.0.0.0
a21.sources.r21.port = 41414
```

为 Source 添加 Channel Selector，按照 Event 头部的 Severity 属性值判定数据的重要程度，如果该值的范围为 0~3，表示为重要数据，需往 HBase 中额外写一份，具体如下：

```
a21.sources.r21.selector.type = MULTIPLEXING
a21.sources.r21.selector.header = Severity
a21.sources.r21.selector.default = c21
# 重要数据需同时写到 HDFS 和 HBase 中，显式指定重要度为 0~3 的数据同时写入 c21 和 c22
a21.sources.r21.selector.mapping.0 = c21 c22
a21.sources.r21.selector.mapping.1 = c21 c22
a21.sources.r21.selector.mapping.2 = c21 c22
a21.sources.r21.selector.mapping.3 = c21 c22
```

配置 HDFS Sink 如下：

```
a21.sinks.k21.channel = c21
a21.sinks.k21.type = hdfs
# 指定 HDFS 写入目录，同时以时间为子目录名
a21.sinks.k21.hdfs.path = hdfs://bigdata/appdata/%Y-%m-%d/%H%M
# 每次生成的文件的前缀名
```

```
a21.sinks.k21.hfds.filePrefix = FlumeData-%{host}-
a21.sinks.k21.hdfs.fileType = DataStream
# 每隔十分钟，生成一个新文件
a21.sinks.k21.hdfs.round = true
a21.sinks.k21.hdfs.roundUnit = minute
a21.sinks.k21.hdfs.roundValue = 10
```

配置 HBase Sink 如下：

```
a21.sinks.k22.channel = c22
# 异步写入 Hbase
a21.sinks.k22.type = asynchbase
# 指定 Hbase 写入的表名和列簇名分别为 appdata 和 log
a21.sinks.k22.table = appdata
a21.sinks.k22.columnFamily = log
```

3.4 小结

Flume 是一个高效的流式数据收集系统，具有良好扩展性、伸缩性和容错性等特点，被互联网公司广泛采用。它采用插拔式软件架构，其数据流是由一系列称为 Agent 的组件构成的，每个 Agent 内部由 Source、Channel 和 Sink 模块化组件构成，用户可根据实际应用场景选择最合适的 Source、Channel 和 Sink，也可根据需要定制自己的实现。

3.5 本章问题

问题 1：在互联网领域，常使用 Ngnix 作为 Web 服务器，假设公司 X 拥有 10 台 Web 服务器，试说明如何收集这些机器上 Ngnix 产生的日志（存放在目录 /var/log/nginx 下），并在确保不丢数据的前提下存储到 HDFS 中（存放在 /data/log 目录下）。需要给出配置文件内容和 Agent 启动方式。

问题 2：如何保证在以下情况下，Flume 不会丢失数据：
❏ Agent 所在机器突然 crash，重启后恢复。
❏ Agent 所在机器突然 crash，并无法恢复。

问题 3：尝试定义一个名为"KafkaAgent"的 Agent，它将本地目录 /data/log 下新产生的数据写入 Kafka 的 log 主题（topic）中。

第 4 章 Chapter 4

分布式消息队列 Kafka

第 2 章、第 3 章介绍了两大类常见数据类型，即关系型数据和非关系型数据的收集。读者通过这些内容的学习已经了解了如何构建数据收集流水线，进而将不同服务器上的数据收集到中央化的存储系统中。接下来，我们将介绍构建数据流水线过程中常用的另外一类组件——消息队列。

在实际应用中，不同服务器（**数据生产者**）产生的日志，比如指标监控数据、用户搜索日志、用点击日志等，需要同时传送到多个系统中以便进行相应的逻辑处理和挖掘，比如指标监控数据可能被同时写入 Hadoop 和 Storm 集群（**数据消费者**）进行离线和实时分析。为了降低数据生产者和消费者之间的耦合性、平衡两者处理能力的不对等，消息队列出现了。消息队列是位于生产者和消费者之间的"中间件"，它解除了生产者和消费者的直接依赖关系，使得软件架构更容易扩展和伸缩；它能够缓冲生产者产生的数据，防止消费者无法及时处理生产者产生的数据。本章将以大数据领域最常用的分布式消息队列 Kafka 为例，剖析分布式消息队列的设计动机、基本架构以及应用场景等。

4.1 概述

4.1.1 Kafka 设计动机

每个公司的业务复杂度及产生的数据量都是在不断增加的。如图 4-1 所示，公司刚起步时，业务简单，此时只需要一条数据流水线即可，即从前端机器上收集日志，直接导入后端的存储系统中进行分析；当业务规模发展到一定程度后，业务逻辑会变得复杂起来，数据量也会越来越多，此时可能需要增加多条数据线，每条数据线将收集到的数据导入不

同的存储和分析系统中。此时若仍采用之前的数据收集模式,将收集到的数据直接写入后端,则会产生以下几个潜在的问题:

- **数据生产者和消费者耦合度过高**:当需要增加一种新的消费者时,所有数据生产者均需要被改动,这使得整个数据流水线扩展性非常差。
- **生产者和消费者间数据处理速率不对等**:如果生产者产生数据速度过快,可能会导致消费者压力过大,甚至崩溃。
- **大量并发的网络连接对后端消费者不够友好**:大量生产者直接与消费者通信,对消费者造成过大的网络并发压力,会成为系统扩展过程中潜在的性能瓶颈;另外,大量并发生产者同时写入后端存储,可能产生大量小文件,对 Hadoop 等分布式文件系统造成过大存储压力(HDFS 不适合存储大量小文件)。

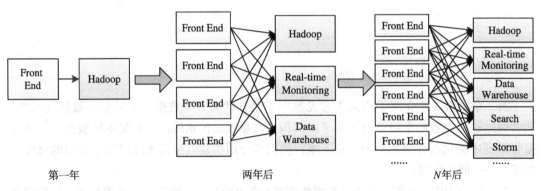

图 4-1　数据流水演化

为了解决以上这些问题,降低数据生产者(比如 Web Server)与消费者(比如 Hadoop 集群、实时监控系统等)之间的耦合性,使系统更易扩展,需引入一层"中间件",这正是 Kafka 担任的角色,如图 4-2 所示。可从以下几个角度理解 Kafka 的重要地位:

- **消息中间件**:避免生产者和消费者直接互通产生的彼此高度依赖,使得两者中任何一个有变化,都不会影响另一方。
- **消息队列**:缓存生产者产生的数据,使得消费者可以重复消费历史数据(比如数据处理后发现结果存在问题,需要重新读取数据进行处理);平滑生产者产生数据速度和消费者处理数据速度的不对等。

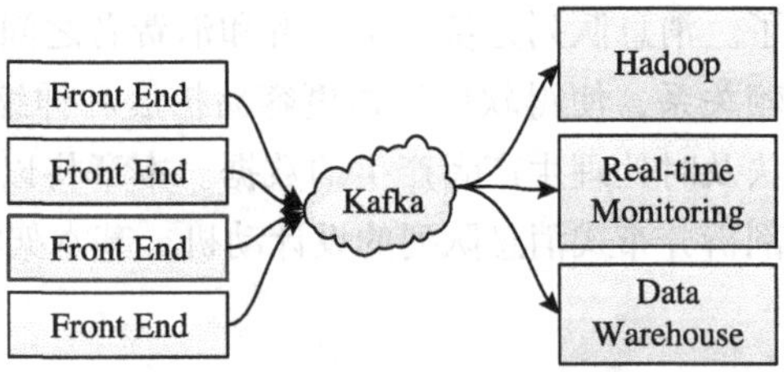

图 4-2　Kafka 在数据流中扮演的角色

Kafka 与 AMQP 的关系:尽管 Kafka 可看作一个消息队列,但与 ZeroMQ○、RabbitMQ○

○ http://zeromq.org/
○ http://www.rabbitmq.com/

等消息队列不同，它不遵循 AMQP（Advanced Message Queuing Protocol）协议标准[一]，而是在大数据场景下设计的，有自己的特色和优势。

- **发布订阅系统**：消费者可订阅某类主题的数据，当生产者产生对应主题的数据后，所有订阅者会快速获取到数据，即消费者可快速获取新增数据。另外，可随时增加新的消费者而无需进行任何系统层面的修改。
- **消息总线**：所有收集到的数据会流经 Kafka，之后由 Kafka 分流后，进入各个消费者系统。

Flume 与 Kafka 的区别：Flume 和 Kafka 在架构和应用定位上均有较大不同，Kafka 中存储的数据是多副本的，能够做到数据不丢，而 Flume 提供的 memory channel 和 file channel 均做不到；Kafka 可将数据暂存一段时间（默认是一周），供消费者重复读取，提供了类似于"发布订阅模式"的功能，而 Flume Sink 发送数据成功后会立刻将之删除；Kafka 的生产者和消费者均需要用户使用 API 编写，仅提供了少量的与外部系统集成的组件，而 Flume 则提供了大量的 Source 和 Sink 实现，能够更容易地完成数据收集工作。由于两者各具长，我们通常会选择同时使用这两个系统，具体会在后面几节介绍。另外，网上有大量讨论 Flume 和 Kafka 区别的文章，读者可自行查阅。

4.1.2　Kafka 特点

Kafka 是在大数据背景下产生的，能应对海量数据的处理场景，具有高性能、良好的扩展性、数据持久性等特点。

- **高性能**：相比于 RabbitMQ 等其他消息队列，Kafka 优秀的设计实现使得它具有更高的性能和吞吐率。经 LinkedIn 对比测试，单台机器同等配置下，以单位时间内处理的消息数为指标，Kafka 比 RabbitMQ 等消息队列高 40～50 倍[二]。
- **良好的扩展性**：Kafka 采用分布式设计架构，数据经分片后写入多个节点，既可以突破单节点数据存储和处理的瓶颈，也可以实现容错等功能。
- **数据持久性**：数据消息均会持久化到磁盘上，并通过多副本策略避免数据丢失。Kafka 采用了顺序写、顺序读和批量写等机制，提升磁盘操作的效率。

4.2　Kafka 设计架构

Kafka 是一个分布式消息队列，它将数据分区保存，并将每个分区保存成多份以提高数据可靠性。本节将从设计架构角度剖析 Kafka。

[一] https://www.amqp.org/
[二] 具体测试见：http://www.infoq.com/articles/apache-kafka

4.2.1 Kafka 基本架构

如图 4-3 所示，Kafka 架构由 Producer、Broker 和 Consumer 三类组件构成，其中 Producer 将数据写入 Broker，Consumer 则从 Broker 上读取数据进行处理，而 Broker 构成了连接 Producer 和 Consumer 的"缓冲区"。Broker 和 Consumer 通过 ZooKeeper 做协调和服务发现[⊖]。多个 Broker 构成一个可靠的分布式消息存储系统，避免数据丢失。Broker 中的消息被划分成若干个 topic，同属一个 topic 的所有数据按照某种策略被分成多个 partition，以实现负载分摊和数据并行处理。

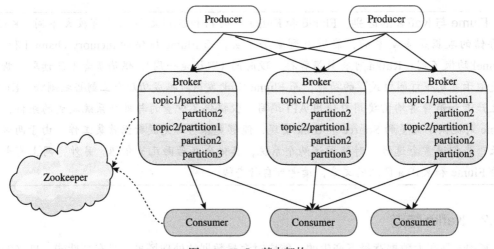

图 4-3　Kafka 基本架构

Kafka 采用了不同于其他消息队列的 push-push 架构，而是采用了 push-pull 架构，即 Producer 将数据直接"push"给 Broker，而 Consumer 从 Broker 端"pull"数据，这种架构优势主要体现在以下两点：

- Consumer 可根据自己的实际负载和需求获取数据，避免采用"push"方式给 Consumer 带来较大压力。
- Consumer 自己维护已读取消息的 offset 而不是由 Broker 端维护，这大大缓解了 Broker 的压力，使得它更加轻量级。

4.2.2 Kafka 各组件详解

本节将详细剖析 Kafka 各组件，涉及 Producer、Broker、Consumer 及 ZooKeeper 各自的功能、设计要点等。

1. Kafka Producer

Kafka Producer 是由用户使用 Kafka 提供的 SDK 开发的，Producer 将数据转化成"消

⊖ 从 Kafka 0.9.0 版本开始，Consumer 不再依赖于 ZooKeeper。

息",并通过网络发送给 Broker。

在 Kafka 中,每条数据被称为"消息",每条消息表示为一个三元组:

`<topic, key, message>`

每个元素表示的含义如下:
- **topic**:表示该条消息所属的 topic。topic 是划分消息的逻辑概念,一个 topic 可以分布到多个不同的 broker 上。
- **key**:表示该条消息的主键。Kafka 会根据主键将同一个 topic 下的消息划分成不同的分区(partition),默认是基于哈希取模的算法,用户也可以根据自己需要设计分区算法。Kafka Producer 写入数据过程如图 4-4 所示,假设 topic A 共分为 4 个 parittion(创建 topic 时静态指定的),当用户向 topic A 写入一条消息时,会对 key 求 hash 值,得到一个整数,然后对该整数求模 4,得到待写入的 partition 编号,之后通过网络告知 Broker,由 Broker 写到对应的 partition 中。
- **message**:表示该条消息的值。该数值的类型为字节数组,可以是普通字符串、JSON 对象,或者经 JSON、Avro、Thrift 或 Protobuf 等序列化框架序列化后的对象。

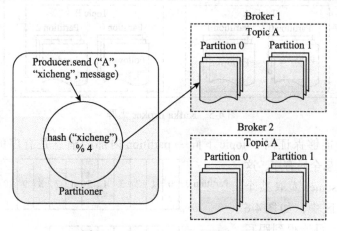

图 4-4 Kafka Producer 写消息过程

Kafka Producer 发送消息时,不需要指定所有 Broker 的地址,只需给定一个或几个初始化 Broker 地址即可(一般给定多于一个以达到容错的目的),Producer 可通过指定的 Broker 获取其他所有 Broker 的位置信息,并自动实现负载均衡。

2. Kafka Broker

在 Kafka 中,Broker 一般有多个,它们组成一个分布式高容错的集群。Broker 的主要职责是接受 Producer 和 Consumer 的请求,并把消息持久化到本地磁盘。如图 4-5 所示,Broker 以 topic 为单位将消息分成不同的分区(partition),每个分区可以有多个副本,通过数据冗余的方式实现容错。当 partition 存在多个副本时,其中有一个是 leader,对外提供读写请求，其他均是 follower，不对外提供读写服务，只是同步 leader 中的数据，并在 leader 出现问题时，通过选举算法将其中的某一个提升为 leader。

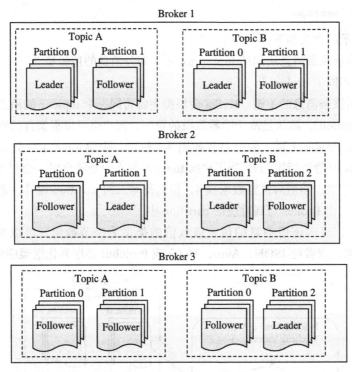

图 4-5 Kafka Broker 集群

Kafka Broker 能够保证同一 topic 下同一 partition 内部的消息是有序的，但无法保证 partition 之间的消息全局有序，这意味着一个 Consumer 读取某个 topic 下（多个分区中，如图 4-6 所示）的消息时，可能得到跟写入顺序不一致的消息序列。但在实际应用中，合理利用分区内部有序这一特征即可完成时序相关的需求。

Kafka Broker 以追加的方式将消息写到磁盘文件中，且每个分区中的消息被赋予了唯一整数标识，称之为"offset"（偏移量），如图 4-6 所示，Broker 仅提供基于

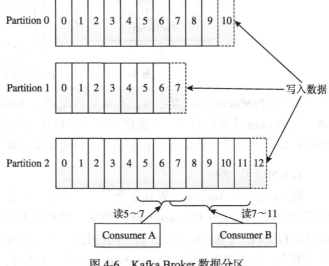

图 4-6 Kafka Broker 数据分区

offset 的读取方式，不会维护各个 Consumer 当前已消费消息的 offset 值，而是由 Consumer 各自维护当前读取的进度。Consumer 读取数据时告诉 Broker 请求消息的起始 offset 值，Broker 将之后的消息流式发送过去。

Broker 中保存的数据是有有效期的，比如 7 天，一旦超过了有效期，对应的数据将被移除以释放磁盘空间。只要数据在有效期内，Consumer 可以重复读取而不受限制。

3. Kafka Consumer

Kafka Consumer 主动从 Kafka Broker 拉取消息进行处理。每个 Kafka Consumer 自己维护最后一个已读取消息的 offset，并在下次请求从这个 offset 开始的消息，这一点不同于 ZeroMQ、RabbitMQ 等其他消息队列，这种基于 pull 的机制大大降低了 Broker 的压力，使得 Kafka Broker 的吞吐率很高。

如图 4-7 所示，Kafka 允许多个 Consumer 构成一个 Consumer Group，共同读取同一 topic 中的数据，提高数据读取效率。Kafka 可自动为同一 Group 中的 Consumer 分摊负载，从而实现消息的并发读取，并在某个 Consumer 发生故障时，自动将它处理的 partition 转移给同 Group 中其他 Consumer 处理。

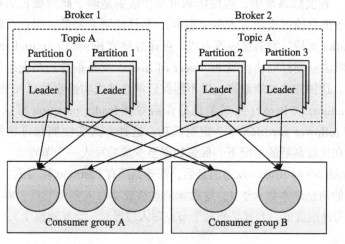

图 4-7　Kafka Consumer Group 原理

4. ZooKeeper

在一个 Kafka 集群中，ZooKeeper 担任分布式服务协调的作用，Broker 和 Consumer 直接依赖于 ZooKeeper 才能正常工作：

❑ **Broker 与 ZooKeeper**：所有 Broker 会向 ZooKeeper 注册，将自己的位置、健康状态、维护的 topic、partition 等信息写入 ZooKeeper，以便于其他 Consumer 可以发现和获取这些数据，当一个 Consumer 宕掉后，其他 Consumer 会通过 ZooKeeper 发现这一故障，并自动分摊该 Consumer 的负载，进而触发相应的容错机制。

❏ **Consumer 与 ZooKeeper**[○]：Consumer Group 通过 ZooKeeper 保证内部各个 Consumer 的负载均衡，并在某个 Consumer 或 Broker 出现故障时，重新分摊负载；Consumer（仅限于 high-level API，如果是 low-level API，用户需自己保存和恢复 offset）会将最近所获取消息的 offset 写入 ZooKeeper，以便出现故障重启后，能够接着故障前的断点继续读取数据。

4.2.3 Kafka 关键技术点

4.1.2 节中提到，Kafka 作为一个分布式消息队列，具有高性能、良好的扩展性、数据持久性等特点，本节将从几个方面深入剖析 Kafka 实现这些设计目标所采用的关键技术点。

1. 可控的可靠性级别

Producer 可通过两种方式向 Broker 发送数据：同步方式与异步方式，其中异步方式通过批处理的方式，可大大提高数据写入效率。不管是何种数据发送方式，Producer 均能通过控制消息应答方式，在写性能与可靠性之间做一个较好的权衡。

当 Producer 向 Broker 发送一条消息时，可通过设置该消息的确认应答方式，控制写性能与可靠性级别。在实际系统中，写性能和可靠性级别是两个此消彼长的指标，当可靠性级别较高时（每条消息确保成功写入多个副本），写性能则会降低，用户可根据实际需要进行设置。目前 Kafka 支持三种消息应答方式，可通过参数 request.required.acks 控制：

❏ 0：无需对消息进行确认，当 Producer 向 Broker 发送消息后马上返回，无需等待对方写成功。这种方式性能最高，但不能保证消息被成功接收并写入磁盘。

❏ 1：当 Producer 向 Broker 发送消息后，需等到 leader partition 写成功后才会返回，但对应的 follower partition 不一定写成功。这种方式在性能和可靠性之间进行了折中，能够在比较高效的情况下，保证数据至少成功写入一个节点。

❏ -1：当 Producer 向 Broker 发送消息后，需等到所有 Partition 均写成功后才会返回。如果你设置的消息副本数大于 1，这意味消息被成功写入多个节点，容错性比前一种方案优，但写性能要低，尤其是当某个节点写入较慢时，会导致整个写操作延迟很高。

2. 数据多副本

Kafka Broker 允许为每个 topic 中的数据存放多个副本，以达到容错的目的。Kafka 采用了强一致的数据复制策略，如图 4-8 所示，消息首先被写入 leader partition，之后由 leader partition 负责将收到的消息同步给其他副本。Leader Partition 负责对外的读写服务，而 follower partition 仅负责同步数据，并在 leader partition 出现故障时，通过选举的方式竞选成为 leader。Kafka Broker 负载均衡实际上是对 leader partition 的负载均衡，即保证 leader partition 在各个 Broker 上数目尽可能相近。

[○] 注意，从 Kafka 0.9.0 开始，Consumer 不再直接依赖于 ZooKeeper，而是通过 Broker 完成服务协调等工作。

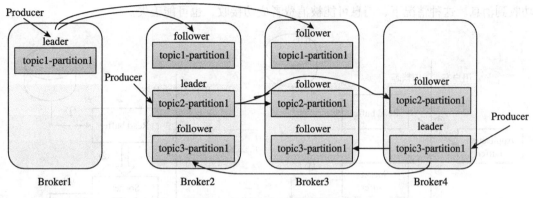

图 4-8 Kafka Broker 多副本放置

3. 高效的持久化机制

为了应对大数据应用场景，Kafka Broker 直接将消息持久化到磁盘上而不是内存中，这要求必须采用高效的数据写入和存储方式。实际上，当将数据写入磁盘时，采用顺序写的速度要远高于随机写，经测试[⊖]，在同样环境下，顺序写速度为 600MB/s，而随机写仅达到 100KB/s，两者相差 6000 倍。基于此，Kafka Broker 将收到的数据顺序写入磁盘，并结合基于 offset 的数据组织方式，能达到很高效的读速度和写速度。

4. 数据传输优化：批处理与 zero-copy 技术

为了优化 Broker 与 Consumer 之间的网络数据传输效率，Kafka 引入了大量优化技术，典型的两个代表是批处理和 zero-copy 技术。

- 批处理：为了降低单条消息传输带来的网络开销，Kafka Broker 将多条消息组装在一起，一并发送给 Consumer，为了减少 Broker 在数据发送时组装消息（将数据转换成发送所需的格式）带来的开销，Kafka 对数据格式进行了统一设计，保证数据存储和发送时采用统一的数据格式，从而避免数据格式转换带来的开销。
- zero-copy 技术：通常情况下，一条存储在磁盘上的数据从读取到发送出去需要经过四次拷贝两次系统调用，四次数据拷贝依次为：内核态 read buffer → 用户态应用程序 buffer → 内核态 socket buffer → 网卡 NIC buffer，通过 zero-copy 技术优化后，数据只需经过三次拷贝即可发送出去：内核态 read buffer →内核态 socket buffer → 网卡 NIC buffer，且无需使用任何系统调用，大大提高数据发送效率，具体如图 4-9 所示。

5. 可控的消息传递语义

在消息系统中，根据接收者可能收到重复消息的次数，将消息传递语义分为三种：

1) at most once：发送者将消息发送给消费者后，立刻返回，不会关心消费者是否成

⊖ 测试方法和环境见：http://queue.acm.org/detail.cfm?id=1563874

功收到消息。这种情况下，消息可能被消费者成功接收，也可能丢失。

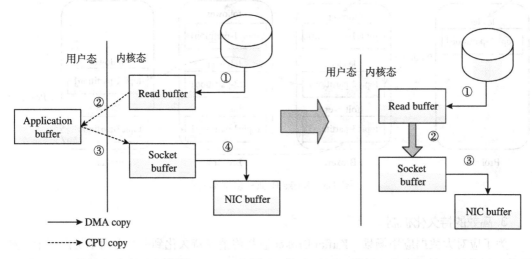

图 4-9　application-copy 与 zero-copy 对比

2）at least once：发送者将消息发送给消费者后，需等待确认，如果未收到确认消息，则会重发消息。这种语义能保证消费者收到消息，但可能会收到多次。

3）exactly once：消费者**会且只会**处理一次同一条消息。为实现该语义，通常有两种常用技术手段：

- 两段锁协议：分布式中常用的一致性协议。
- 在支持幂等操作（多次处理一条消息跟只处理一次是等效的）的前提下，使用 at least once 语义。

对于 Kafka 而言，Producer 与 Broker，以及 Broker 与 Consumer 之间，均存在消息传递语义问题，下面分别讨论：

- Producer 与 Broker 之间：目前支持"at most once"与"at least once"两种语义，分别是通过异步发送和同步发送实现的。在 0.9.0 版本，将增加对"exactly once"的支持，采用的技术思路是：在支持幂等操作的前提下，使用"at least once"语义[⊖]。
- Broker 与 Consumer 之间：这取决于 Consumer 端的实现，目前可做到"at most once"与"at least once"两种语义：处理收到的消息前持久化 offset 则为"at most once"，而成功处理收到的消息后再持久化 offset 则为"at least once"。

4.3　Kafka 程序设计

前面对 Kafka 的基本架构和关键技术进行了介绍，而本节将介绍如何使用 Kafka 提供

⊖ 关于 Kafka 的"exactly once"语义，参考 https://cwiki.apache.org/confluence/display/KAFKA/Transactional+Messaging+in+Kafka

的 SDK 开发 Producer 和 Consumer，即如何往 Kafka Broker 中写数据，以及如何从 Broker 上读取数据。

4.3.1 Producer 程序设计

Producer 负责将数据写入 Broker，通常由用户根据实际需要编写，其相关类如下：

```
// K: key 的数据类型，V: message 的数据类型
class kafka.javaapi.producer.Producer<K,V> {
    // 构造函数，参数为配置对象 ProducerConfig
    public Producer(ProducerConfig config);

    /**
     * 将数据同步或异步发送到 Broker 上，并按照 key 进行分区
     * @param message 封装了 topic,key 和 message 三元组的对象
     */
    public void send(KeyedMessage<K,V> message);

    // 将一批消息发送出去
    public void send(List<KeyedMessage<K,V>> messages);

    // 关闭与所有 Kafka Broker 的连接
    public void close();
}
```

为了使用该类设计一个 Producer 程序，可按照以下步骤操作：

（1）创建配置对象 ProducerConfig

用户可为 Producer 设置一些参数，控制 Producer 的行为，常见的配置参数如表 4-1 所示（更多参数可参考 Kafka 官方文档[⊖]）。

表 4-1 Producer 常见的配置参数

参数名称	默认值	参数含义
metadata.broker.list		Producer 初始化时，通过该参数指定的 Broker 获取元信息（比如 topic，partition 等信息），格式为 broker1:port1，broker2:port2，…，一般指定多于 1 个 Broker 地址以防单个 Broker 出现故障。
serializer.class	kafka.serializer.DefaultEncoder	消息序列化类，默认不做任何处理，即接收 byte[]，返回 byte[]，可通过 key.serializer.class 单独为 key 设置序列化类
producer.type	sync	Producer 发送数据方式，可以是 sync（同步方式）或 async（异步方式，通过后台线程异步发送，提高效率）
batch.num.messages	200	当采用异步发送方式（producer.type 设为 async）时，每批消息的最大条数。在异步模式下，消息条数达到该值或等待时间超过 queue.buffer.max.ms 后，Producer 才会发送数据。
request.required.acks	0	设置消息应答方式，具体含义见 4.2.3 节
partitioner.class	kafka.producer.DefaultPartitioner	消息分区类，默认是 hash（key）%partitions，其中 key 是消息的主键，partitions 为该消息的分区数

⊖ http://kafka.apache.org/documentation.html#producerconfigs

举例如下：

```
Properties props = new Properties();
props.put("metadata.broker.list", "broker1:9092,broker2:9092");
// 在此使用 StringEncoder，注意，该类必须与 KeyedMessage 中的定义一致
props.put("serializer.class", "kafka.serializer.StringEncoder");
// 设置自定义分区类 example.producer.SimplePartitioner
props.put("partitioner.class", "example.producer.SimplePartitioner");
props.put("request.required.acks", "1");
ProducerConfig config = new ProducerConfig(props);
```

（2）定义分区类 SimplePartitioner

用户可通过实现 kafka.producer.Partitioner 接口实现自己的分区类（重载并实现 partition 方法），前一个实例中 SimplePartitioner 实现如下：

```
public class SimplePartitioner implements Partitioner {
public SimplePartitioner (VerifiableProperties props) {}
    // 根据 ip 最后一段分区，划分到 partitions 个分区（用户创建 topic 时指定的）中
public int partition(Object key, int partitions) {
int partition = 0;
String sKey= (String) key;
int offset = sKey.lastIndexOf('.');
if (offset > 0) {
        partition = Integer.parseInt(sKey.substring(offset+1)) % partitions;
}
return partition;
}
}
```

（3）创建 Producer 对象，并发送数据

下面的实例尝试发送一些构造的消息，消息的 topic 为"page_visits"，key 为 IP，message 为访问时间与被访问的 url，代码如下：

```
// 创建 producer
Producer<String, String> producer = new Producer<String, String>(config);
// 产生并发送消息
for (long i = 0; i < events; i++) {
    long runtime = new Date().getTime();
    String ip = "192.168.2." + i;
    String msg = runtime + ",www.example.com," + ip;
    // 如果 topic 不存在，则会自动创建，默认数据的副本数为 1
    KeyedMessage<String, String> data = new KeyedMessage<String, String>(
                "page_visits", ip, msg);
    producer.send(data);
}
producer.close();
```

从 0.8.2 版本开始，Kafka 提供了一个新的线程安全的 Producer 实现 org.apache.kafka.clients.producer，它在后台维护了一个线程处理 I/O 请求和与各个 Broker 的网络连接，并

在 Producer 退出时自动关闭这些网络连接。有兴趣的读者可尝试该 Producer 实现。

4.3.2 Consumer 程序设计

Kafka 提供了两种 Consumer API，分别为 high-level API 和 low-level API，其中 high-level API 是一种高度封装的 API，它自动帮你管理和持久化 offset，并将多个 Consumer 抽象成一个 Consumer Group，为这些 Consumer 分摊负载，处理容错等，这使得用户开发程序更加容易；low-level API 是一种底层原生态的 API，仅提供了消息获取接口，用户需自己管理 offset，处理容错（Broker 失败时，其上 leader partition 会转移到其他 Broker 上）等，一般而言，使用 high-level API 即可满足实际需求，除非遇到以下场景：

- 重复读取某一些消息。
- 只读取一个 topic 的某些 partition（而不是所有 parition）。
- 增加事务机制，确保每条消息只被处理一次（exactly once）。

Cousumer 负责从 Broker 中读取数据，通常由用户根据实际需要编写，high-level API 相关类如下：

```
class Consumer {
// 创建一个 Consumer 连接句柄 ConsumerConnector
    public static kafka.javaapi.consumer.ConsumerConnector
        createJavaConsumerConnector(ConsumerConfig config);
}

public interface kafka.javaapi.consumer.ConsumerConnector {
public Map<String, List<KafkaStream<byte[], byte[]>>>
        createMessageStreams(Map<String, Integer> topicCountMap);
    …… // 其中 createMessageStreams 重载函数

    // 提交当前已读消息的 offset (持久化到 zookeeper)
    public void commitOffsets();

// 关闭 connector
    public void shutdown();
}
```

为了使用以上两个类设计一个 Consumer 程序，可按照以下步骤操作：

步骤 1：创建配置对象 ConsumerConfig。

用户可为 Consumer 设置一些参数，控制 Consumer 的行为，常见的配置参数如表 4-2 所示（更多参数可参考 Kafka 官方文档⊖）。

表 4-2　常见的 Consumer 配置参数

参数名称	默认值	参数含义
group.id		当前 Consumer 所属的 Consumer group，应为全局唯一的字符串标识

⊖ http://kafka.apache.org/documentation.html#consumerconfigs

(续)

参数名称	默认值	参数含义
zookeeper.connect		ZooKeeper 集群地址，格式为 hostname1:port1,hostname2:port2,hostname3:port3，Consumer 利用 ZooKeeper 作服务协调和获取元信息。
fetch.message.max.bytes	1024 * 1024	Consumer 一次请求从每个 partition 端读取的消息总大小（单位：byte），由于这些数据全部保存在内存中，因此可通过该该参数控制 Consumer 使用的内存量。

举例如下：

```
Properties props = new Properties();
props.put("zookeeper.connect", "zk1:2181,zk2:2181,zk3:2181");
props.put("group.id", "kafka-test");
// 启动时，从最小 offset 处开始读取消息
props.put("auto.offset.reset", "smallest");
ConsumerConfig consumerConfig = new ConsumerConfig(props);
```

步骤 2：创建 Consumer Group 并启动所有 Consumer。

```
Map<String, Integer> topicCountMap = new HashMap<String, Integer>();
int numThreads = 5;
topicCountMap.put(topic, numThreads);
Map<String, List<KafkaStream<byte[], byte[]>>> consumerMap = consumer.createMessageStreams(topicCountMap);
List<KafkaStream<byte[], byte[]>> streams = consumerMap.get(topic);
// 启动所有 consumer
executor = Executors.newFixedThreadPool(numThreads);
for (final KafkaStream stream : streams) {
    executor.submit(new ConsumerRunner(stream));
}
```

其中 ConsumerRunner 会通过 KafkaStream 中的迭代器流式读取 Broker 中的数据，实现如下：

```
public class ConsumerRunner implements Runnable {
private KafkaStream stream;
public ConsumerRunner(KafkaStream stream) {
this.stream = stream;
}
public void run() {
    // 得到消息迭代器
ConsumerIterator<byte[], byte[]> it = m_stream.iterator();
while (it.hasNext())
    // 通过 it.next().message() 获取消息，并处理
    }
}
```

使用 high-level API 时，需注意以下几点：

❏ 如果 Consumer Group 中的 Consumer 数目小于所读 topic 中的 partition 数目，则某些

Consumer 可能会读取多个 partition 中的数据，且这些数据的读取顺序与最初写入顺序可能不一致。
- 如果 Consumer Group 中的 Consumer 数目大于所读 topic 中的 partition 数目，则某些 Consumer 会闲置，永远不会读到数据。
- 增加 Consumer Group 中的 Consumer 数量，会导致负载重分布，即将某些 Consumer 读取的 partition 重新分给新增的 Consumer。

4.3.3 开源 Producer 与 Consumer 实现

由于 Kafka 在大数据领域应用越来越广泛，很多大数据开源系统均主动增加了对 Kafka 的支持，本节列举了几个常用的组件：

Kafka Producer 常用组件为 Flume Kafka Sink：Flume 软件包中内置的 Kafka Producer，可将 Flume Channel 中的数据写入 Kafka。

Kafka Consumer
- **Flume Kafka Source**：Flume 软件包中内置的 Kafka Consumer，可将从 Kafka Broker 中读取的数据，写入 Flume Channel。
- **Kafka-Storm**：Storm 软件包中内置 Kafka Consumer，被封装到 Storm Spout 中，可从 Kafka Broker 中读取数据，发送给后面 Storm Bolt，关于 Storm 的介绍，可参考"13.2 Storm 基础与实战"。
- **Kafka-Spark Streaming**：Spark Streaming 软件包中内置 Kafka Consumer，它可从 Kafka 读取数据，并将其转化为微批处理，并进一步交由 Spark 引擎处理，关于 Spark Streaming 的介绍，可参考"13.3 Spark Streaming 基础与实战"。
- **LinkedIn Camus**：LinkedIn 开源的 Hadoop-kafka 连接件，可将 Kafka 中的数据导入 Hadoop 中[⊖]。

4.4 Kafka 典型应用场景

Kafka 作为一个分布式消息队列，在多种大数据应用场景中得到广泛使用，举例如下：
- **消息队列**

与 RabbitMQ 和 ZeroMQ 等开源消息队列相比，Kafka 具有高吞吐率、自动分区、多副本以及良好的容错性等特点，这使得它非常适合大数据应用场景。
- **流式计算框架的数据源**

在流式计算框架（比如 Storm，Spark Streaming 等，具体可参考第 13 章流式实时计算引擎）中，为了保证数据不丢失，具备"at least once"数据发送语意，通常在数据源中使

⊖ camus 官网链接：https://github.com/linkedin/camus

用一个高性能的消息队列,从而形成了"分布式消息队列+分布式流式计算框架"的实时计算架构,架构如图 4-10 所示。

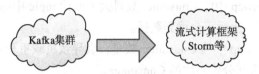

图 4-10 Kafka 与流式计算框架组合架构

❑ **分布式日志收集系统中的 Source 或 Sink**

可与日志收集组件 Flume 或 Logstash[⊖] 组合使用,担任 Source 或 Sink 的角色,如图 4-11 所示,Flume 或 Logstash 提供可配置化的 Source 和 Sink,Kafka 提供分布式高可用的消息系统,进而形成一个在扩展性、吞吐率等方面都非常优秀的分布式系统。

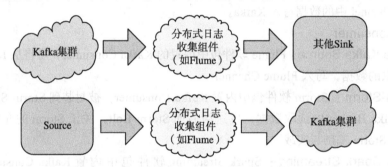

图 4-11 Kafka 在日志收集系统中用作 Source 或 Sink

❑ **Lambda Architecture 中的 Source**

同时为批处理和流式处理两条流水线提供数据源,如图 4-12 所示,各种流式数据直接写入 Kafka,之后由 Hadoop 批处理集群和 Storm 流式处理集群分别读取,进行相应的处理,最终将结果合并后,呈献给用户。

图 4-12 Kafka 同时担任批处理和流式处理系统的数据源

⊖ logstash 官网链接:https://www.elastic.co/products/logstash,由 ElasticSearch、Logstash 和 Kibana 组合而成的 ELK 技术,是一种常用的开源日志收集架构。

4.5　小结

Kafka 是在大数据背景下产生的，能应对海量数据的处理场景，具有高性能、良好的扩展性、数据持久性等特点。

Kafka 架构由 Producer，Broker 和 Consumer 三类组件构成，其中 Producer 将数据写入 Broker，Consumer 则从 Broker 上读取数据进行处理，而 Broker 构成了连接 Producer 和 Consumer 的"缓冲区"。Kafka Broker 中的消息被划分成若干个 topic，同属一个 topic 的所有数据按照某种策略被分成多个 partition，以实现负载分摊和数据并行处理。Kafka 采用了多种优化手段保证它的高性能、扩展性等优点。

本章首先介绍了 Kafka 设计动机和特点，之后对其设计架构进行了剖析，最后从应用开发的角度，介绍了如何开发 Kafka Producer 和 Consumer 两类组件。

4.6　本章问题

问题 1：Kafka 不能保证数据的时序性，即 Producer 依次将数据 X、Y 写入 Broker，Consumer 读出的数据顺序可能是 Y、X。如果想在使用 Kafka 时，能够保证数据时序，有哪些可行方案？

问题 2：试比较 Kafka 与 Flume 的异同。

问题 3：尝试使用 low-level API 编写 Consumer 读取数据，并将 offset 保存到 ZooKeeper 以便故障时恢复。

问题 4：设置合理的 Source 或 Sink，分别使用以下两种方式集成 Flume 和 Kafka：

- 设置 Flume Sink（org.apache.flume.sink.kafka.KafkaSink），使之监听本地目录 /data/log 下新产生的数据，并将之写入 Kafka 中名为"log"的主题中。
- 设置 Flume Source（org.apache.flume.source.kafka.KafkaSource），使之读取 Kafka 中名为"log"的主题，并写入到 HDFS 中的目录 /data/log 中。

问题 5：解释 Kafka 中以下几个概念：

- topic。
- partition。
- offset。
- Consumer。
- Producer。
- Broker。

问题 6：LinkedIn 开源了大数据集成框架 Gobblin（https://github.com/linkedin/gobblin），可以将 Kafka 中的数据批量导入 HDFS 中，尝试使用 Gobblin 将 Kafka 中出题为"log"的数据写入 HDFS 下的 /data/log 目录中。

第三部分 Part 3

数据存储篇

- 第 5 章 数据序列化与文件存储格式
- 第 6 章 分布式文件系统
- 第 7 章 分布式结构化存储系统

第 5 章
数据序列化与文件存储格式

第二部分介绍了常用的大数据收集（集成）系统，而将收集到的数据存入分布式存储系统之前，我们还需考虑以下几个问题：

- **数据序列化**：数据序列化是将内存对象转化为字节流的过程，它直接决定了数据解析效率以及模式演化能力（数据格式发生变化时，比如增加或删除字段，是否仍能够保持兼容性）。
- **文件存储格式**：文件存储格式是数据在磁盘上的组织方式，直接决定了数据存取效率以及被上层分布式计算集成的容易程度。
- **存储系统**：针对不同类型的数据，可采用不同的存储系统，在 Hadoop 生态系统中，常用的存储系统有分布式文件系统 HDFS 和分布式数据库系统 HBase，我们将分别在第 6 章和第 7 章介绍。

本章将重点介绍前两个问题的常用解决方案，对于数据序列化，将重点介绍序列化的意义以及常用的开源序列化框架；对于数据存储格式，将分别介绍行式存储格式和列式存储格式，尤其重点介绍列式存储格式。

5.1 数据序列化的意义

当需要将数据存入文件或者通过网络发送出去时，需将数据对象转化为字节流，即对数据序列化。考虑到性能、占用空间以及兼容性等因素，我们通常会经历以下几个阶段的技术演化，最终找到解决该问题的最优方案：

阶段 1：不考虑任何复杂的序列化方案，直接将数据转化成字符串，以文本形式保存或传输，如果一条数据存在多个字段，则使用分隔符（比如","）分割。该方案存储简单数据绰绰有余，但对于复杂数据，且数据模式经常变动时，将变得非常烦琐，通常会面临以下问题。

- 难以表达嵌套数据：如果每条数据是嵌套式的，比如存在类似于 map，list 数据结构时，以文本方式存储是非常困难的。
- 无法表达二进制数据：图片、视频等二进制数据无法表达，因为这类数据无法表示成简单的文本字符串。
- 难以应对数据模式变化：在实际应用过程中，由于用户考虑不周全或需求发生变化，数据模式可能会经常发生变化。而每次发生变化，之前所有写入和读出（解析）模块均不可用，所有解析程序均需要修改，非常烦琐。

阶段 2：采用编程语言内置的序列化机制，比如 Java Serialization[⊖]，Python pickle[⊖]等。这种方式解决了阶段 1 面临的大部分问题，但随着使用逐步深入，我们发现这种方式将数据表示方式跟某种特定语言绑定在一起，很难做到跨语言数据的写入和读取。

阶段 3：为了解决阶段 2 面临的问题，我们决定使用应用范围广、跨语言的数据表示格式，比如 JSON 和 XML。但使用一段时间后，你会发现这种方式存在严重的性能问题：解析速度太慢，同时数据存储冗余较大，比如 JSON 会重复存储每个属性的名称等。

阶段 4：到这一阶段，我们期望出现一种带有 schema 描述的数据表示格式，通过统一化的 schema 描述，可约束每个字段的类型，进而为存储和解析数据带来优化的可能。此外，统一 schema 的引入，可减少属性名称重复存储带来的开销，同时，也有利于数据共享。

阶段 4 中提到的方式便是本章重点介绍的序列化框架，常用的有 Thrift[⊖]，Protocol Buffers 和 Avro，它们被称为"Language Of Data"。它们通过引入 schema，使得数据跨语言序列化变得非常高效，同时提供了代码生成工具，为用户自动生成各种语言的代码。总结起来，"Language Of Data"具备以下基本特征：

- 提供 IDL（Interface Description language）用以描述数据 schema，能够很容易地描述任意结构化数据和非结构化数据。
- 支持跨语言读写，至少支持 C++、Java 和 Python 三种主流语言。
- 数据编码存储（整数可采用变长编码，字符串可采用压缩编码等），以尽可能避免不必要的存储浪费。
- 支持 schema 演化，即允许按照一定规则修改数据的 schema，仍可保证读写模块向前向后的兼容性，具体如图 5-1 所示，三幅图分别说明了 schema 演化过程：

图 5-1 中（1）读写两端采用相同 schema，Writer 生成文件，Reader 可读出对应的数据；（2）Writer 端采用旧 schema，Reader 端采用新 schema，Reader 可根据新 schema 读出数据，

⊖ http://docs.oracle.com/javase/6/docs/platform/serialization/spec/serialTOC.html
⊖ http://docs.python.org/3.3/library/pickle.html
⊜ http://thrift.apache.org/

并自动将新增字段设置为默认值;(3) Writer 端采用新 schema,Reader 端采用旧 schema,Reader 可根据旧 schema 读出数据,并自动过滤掉新增字段。

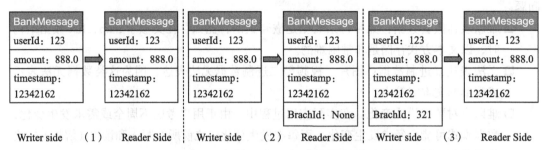

图 5-1　schema 演化:读写双方采用统一 schema、读方 schema 变化以及写方 schema 变动

5.2 数据序列化方案

目前存在很多开源序列化方案,其中比较著名的有 Facebook Thrift、Google Protocol Buffers(简称 "Protobuf")⊖以及 Apache Avro⊖,这些序列化方案大同小异,彼此之间不存在压倒性优势,在实际应用中,需结合具体应用场景做出选择。

5.2.1 序列化框架 Thrift

Thrift 是 Facebook 开源的 RPC(Remote Procedure Call Protocol)框架,同时具有序列化和 RPC 两个功能,它几乎支持所有编程语言,包括 C++、Java、Python,、PHP、Ruby、Erlang、Perl、Haskel 等。

Thrift 提供了一套 IDL 语法用以定义和描述数据类型和服务。IDL 文件由专门的代码生成器生成对应的目标语言代码,以供用户在应用程序中使用。Thrift IDL 语法类似于 C 语言。

为了帮助读者理解 Thrift 的使用方法,我们给出互联网搜索引擎领域中一个典型的应用场景:网页数据定义。网页是一种非结构化数据,包括网页 URL、标题、主体、pagerank 值、网页级别(用于辨识网页内容健康状况)、入链(链接到该网页的网页)以及出链(该网页指向的网页)等。使用 Thrift IDL 描述网页数据如下(即网页的 schema,文件名为 mergeddoc.thrift):

```
namespace java com.hadoopspark.generated.thrift
// 定义枚举类型 DocLevel,表示网页内容级别
enum DocLevel {
    CLEAN = 0,
    NORMAL = 1,
```

⊖ https://developers.google.com/protocol-buffers/

⊖ http://avro.apache.org

```
        MAYBE = 2,
        BAD = 3,
}

// 定义网页,类似于Java和C++中的类
struct MergedDoc {
    1: required i64 docId, // 每个网页被赋予一个64位唯一ID
    2: required string url, // 网页URL
    3: optional string title, // 网页标题
    4: optional string segBody, // 经分词后的网页主体
    5: optional i32 pagerank, // 网页pagerank,网页排名使用
    10: optional DocLevel docLevel, // 网页级别
    11: optional list<i64> inLinks, // 网页入链,只保存入链网页的docId
    12: optional list<i64> outLinks // 网页出链
}
```

Thrift 用 struct 关键字描述一类对象的统称,经 Thrift 编译器编译后,将被翻译成目标语言中的类。Thrift struct 中每个域由四个属性构成:

- **域编号**:每个域必须是唯一(但可以不连续)的整数,Thrift 用该编号实现向后向前兼容性。在 schema 演化过程中,不要删除和修改已有域的编号,只需为新的域赋予新的编号即可。
- **域修饰**:包括 required 和 optional 两个关键字,用以对域的数值进行限制,required 表示必须为该域设置数值,"optional"表示该域数值可有可无。
- **域类型**:Thrift 支持非常丰富的数据类型,既支持 int,long 等基本类型,也支持 set、list 及 map 等复杂容器类型,具体可参考 Thrift 官网文档描述[⊖]。
- **域名称**:同一 struct 下每个域名称必须唯一,可为域设置默认数值。

一旦给出数据的 Thrift IDL 定义后,可使用 Thrift 提供的编译器生成目标语言代码,比如 Java 语言:

```
thrift --gen java mergeddoc.thrift
```

生成后的 Java 代码被放在了当前目录的 gen-java 目录下,struct MergedDoc 被翻译成了 Java MergedDoc 类。

接下来,我们可以使用生成的 Java 对象 MergedDoc 表示网页数据,即可对其进行序列化和反序列化,以便于文件存储或网络传输。为了便于操作 MergedDoc 对象的序列化和反序列化,我们定义了一个通用的 Thrift 对象序列化类:

```
public class ThriftSerializer {
    public static<T extends TBase<?, ?>> byte[] serialize(T object)
        throws Exception {
        TMemoryBuffer buffer = new TMemoryBuffer(1024);
    TProtocol protocol = new TBinaryProtocol(buffer);
object.write(protocol);
```

⊖ http://thrift.apache.org/docs/types

```
        return buffer.getArray();
    }

    public static<T extends TBase<?, ?>> T deserialize(byte[] data,
        Class<T> msgCls) throws Exception {
        TMemoryBuffer buffer = new TMemoryBuffer(bytes.length);
        buffer.write(bytes);
        TProtocol protocol = new TBinaryProtocol(buffer);
        T msg = msgCls.newInstance();
        msg.read(protocol);
        return msg;
    }
}
```

MergedDoc 对象序列化及反序列化代码如下：

```
public static void thriftExample() throws Exception {
    MergedDoc mergedDoc1 = new MergedDoc();
    mergedDoc1.setDocId(123456789L)
        .setUrl("http://dongxicheng.org")
        .setTitle("hadoop blog")
        .setSegBody("hadoop hbase spark yarn")
        .setPagerank(9)
        .setInLinks(Lists.newArrayList(12345L, 12346L));
    // 对 MergedDoc 序列化
    byte[] bytes = ThriftSerializer.serialize(mergedDoc1);
    // 将 mergeDocBytes 写入文件或者通过网络传输给其他服务
    …… //writeToFile(fileName, bytes)
    // 对 MergedDoc 反序列化，还原对象，该对象应该跟 mergedDoc1 属于同一个对象
    MergedDoc mergedDoc2 = ThriftSerializer.deserialize(bytes,MergedDoc.class);
```

相比于其他序列化框架，Thrift 最强大之处在于提供了 RPC 实现，有兴趣的读者，可自行阅读 Thrift 官方文档。

5.2.2 序列化框架 Protobuf

Protocol Buffers 是 Google 公司开源的序列化框架，主要支持 Java，C++ 和 Python 三种语言，语法和使用方式与 Thrift 非常类似，但不包含 RPC 实现。由于采用了更加紧凑的数据编码方式，大部分情况下，对于相同数据集，Protobuf 比 Thrift 占用存储空间更小，且解析速度更快。

对于 5.2.1 节中网页数据定义为例，可用 Protobuf 描述如下：

```
option java_package = "com.hadoopspark.generated.proto";// 生成 java 代码的包名
option java_outer_classname = "MergedDocHolder"; // 生成代码后外部类名称
option optimize_for = SPEED; // 显示指明，对速度进行优化

// 定义网页，类似于 Java 和 C++ 中的类
message MergedDoc {
```

```
        required int64 docId = 1;
        required string url = 2;
        optional string title = 3;
        optional string segBody = 4;
        optional int32 pagerank = 5;
        // 定义枚举类型 DocLevel，表示网页内容级别
        enum DocLevel {
            CLEAN = 0;
            NORMAL = 1;
            MAYBE = 2;
            BAD = 3;
        }
        optional DocLevel docLevel = 10;
        repeated int64 inLinks = 11;
        repeated int64 outLinks = 12;
    }
```

Protocol Buffers 用 "message" 关键字描述一类对象的统称，经 Protobuf 编译器编译后，将被翻译成目标语言中的类。Protobuf message 中每个域也由四个属性构成：

- **域编号**：每个域必须是唯一（但可以不连续）的整数，Protobuf 用该编号实现向后向前兼容性。在 schema 演化过程中，不要删除和修改已有域的编号，只需为新的域赋予新的编号即可。
- **域修饰**：包括 "required"，"optional" 和 "repeated" 三个关键字，用以对域的数值进行限制，"required" 表示必须为该域设置数值，"optional" 表示该域数值可有可无，"repeated" 表示该域数值可有多个，由于 Protobuf 没有显式提供数组这种容器数据结构，用户可使用该关键字定义数组。
- **域类型**：Protobuf 支持常用数据类型，包括 bool，int32，float，double 和 string 等基本类型，自定义类型，数组等，在 proto3 开始，增加了对 map 容器的支持，具体可参考 Protobuf 官网文档描述[⊖]。
- **域名称**：同一 message 下每个域名称必须唯一，可为域设置默认数值。

一旦给出数据的 Protobuf IDL 定义后，可使用 Protobuf 提供的编译器生成目标语言代码，比如 Java 语言：

```
protoc --java_out src/ mergeddoc.proto
```

生成后的 Java 代码被放在了当前目录的 src 目录下，message MergedDoc 被翻译成了 MergedDocHolder 中的 Java 内部类。

接下来，我们可以使用生成的 java 对象 MergedDoc 表示网页数据，即可对其进行序列化和反序列化，以便于文件存储或网络传输，代码示例如下：

```
public static void protobufExample() throws Exception {
```

⊖ https://developers.google.com/protocol-buffers/

```java
        MergedDocHolder.MergedDoc mergedDoc1 = MergedDocHolder.MergedDoc.newBuilder()
            .setDocId(123456789L)
            .setUrl("www.dongxicheng.org")
            .setTitle("hadoop blog")
            .setSegBody("hadoop hbase spark yarn")
            .setPagerank(9)
            .addInLinks(12345L)
            .addInLinks(12346L)
            .build();
// 对MergedDoc 序列化
byte[] mergedDocBytes = mergedDoc1.toByteArray();
// 将mergeDocBytes 写入文件或者通过网络传输给其他服务
... ... //writeToFile(fileName, bytes)
// 对MergedDoc 反序列化, 还原对象, 该对象应该跟mergedDoc1 属于同一个对象
    MergedDocHolder.MergedDoc mergedDoc2 =
        MergedDocHolder.MergedDoc.parseFrom(mergedDocBytes);
}
```

5.2.3 序列化框架 Avro

Avro 是 Hadoop 生态系统中的序列化及 RPC 框架，设计之初的意图是为 Hadoop 提供一个高效、灵活且易于演化的序列化及 RPC 基础库，目前已经发展成一个独立的项目。相比于 Thrift 和 Protobuf，Avro 具有以下几个特点：

- **动态类型**：Avro 不需要生成代码，它将数据和 schema 存放在一起，这样数据处理过程并不需要生成代码，方便构建通用的数据处理系统和语言。
- **未标记的数据**：读取 Avro 数据时 schema 是已知的，这使得编码到数据中的类型信息变少，进而使得序列化后的数据量变少。
- **不需要显式指定域编号**：处理数据时新旧 schema 都是已知的，因此通过使用字段名称即可解决兼容性问题。

对于 5.2.1 中网页数据定义为例，可用 Avro 描述如下：

```
@namespace("com.hadoopspark.generated.avro")
protocol MergedDocHolder {
enum DocLevel {
        CLEAN, NORMAL, MAYBE, BAD
    }

    record MergedDoc {
        long docId;
        string url;
        string title;
        string segBody;
        int pagerank;
        DocLevel docLevel;
        array<long> inLinks;
        array<long> outLinks;
```

        }
    }

Avro IDL 语法与 Thrift，Protobuf 非常类似，只不过无需为每个域显式指定编号。Avro 最初只支持 JSON 方式定义数据，后来增加了 IDL 支持。

一旦给出数据的 Avro IDL 定义后，可使用 Avro 提供的编译器生成目标语言代码，通常分成两步：1）转换成 JSON 定义方式 2）生成目标语言代码，以 Java 语言为例，操作命令如下：

```
java –jar avro-tools.jar idl mergeddoc.avdl mergeddoc.avpr
java –jar avro-tools.jar compile protocol mergeddoc.avpr src/
```

生成后的 Java 代码被放在了当前目录的 src 目录下，record MergedDoc 被翻译成了 MergedDoc 类。可使用以下通用类对 avro 对象序列化 / 反序列化：

```java
public class AvroSerializer {
    public static<T extends SpecificRecordBase> byte[] serialize(T object,
    Schema schema) throws Exception {
        ByteArrayOutputStream out = new ByteArrayOutputStream();
        BinaryEncoder encoder = EncoderFactory.get().binaryEncoder(out, null);
        DatumWriter<T> writer = new SpecificDatumWriter<T>(schema);
        writer.write(object, encoder);
        encoder.flush();
        out.close();
        return out.toByteArray();
    }

    public static<T> T deserialize(byte[] bytes, Schema schema)
        throws Exception {
        SpecificDatumReader<T> reader = new SpecificDatumReader<T>(schema);
        Decoder decoder = DecoderFactory.get().binaryDecoder(bytes, null);
        T object = reader.read(null, decoder);
        return object;
    }
}
```

AvroSerializer 类使用实例如下：

```java
public static void avroExample() throws Exception {
MergedDoc mergedDoc1 = MergedDoc.newBuilder()
.setDocId(123456789L)
.setUrl("www.dongxicheng.org")
.setTitle("hadoop blog")
.setSegBody("hadoop hbase spark yarn")
    .setPagerank(9)
.setDocLevel(DocLevel.NORMAL)
    .setInLinks(Lists.newArrayList(12345L, 12346L))
.setOutLinks(Lists.newArrayList(12350L, 12351L))
.build();
```

```
byte[] mergeDocBytes = AvroSerializer.serialize(mergedDoc1,
    mergedDoc1.getSchema());
// 将 mergeDocBytes 写入文件或者通过网络传输给其他服务
... ... //writeToFile(fileName, bytes)
    // 对 MergedDoc 反序列化，还原对象，该对象应该跟 mergedDoc1 属于同一个对象
MergedDoc mergedDoc2 =
AvroSerializer.deserialize(mergeDocBytes, mergedDoc1.getSchema());
}
```

5.2.4 序列化框架对比

本节从性能与功能方面，对 Thrift、Protobuf、Avro 进行对比。

1. 性能方面

本测试在相同物理环境下进行，采用不同序列化方式处理相同数据。采用小节 5.2.1 ~ 5.2.3 用到的网页数据表示方式 MergedDoc，分别对比 Thrift、Protobuf、Avro 的解析速度以及序列化后数据大小。

（1）解析速度

测试三种序列化框架解析 100 万个 MergedDoc 对象所花时间，结果如图 5-2 所示。

从图 5-2 中可以看出，三者所花时间从小到大依次为：Protobuf、Thrift 和 Avro。

图 5-2　Thrift, Protobuf 和 Avro 解析速度对比

（2）序列化后数据大小

对于一条相同数据，采用三种序列化框架进行序列化，结果如图 5-3 所示。

Thrift 支持两种二进制形式的序列化方式，分别为原生方法（binary）和优化编码后的方法（compact）。从图 5-3 中可以看出，对于 MergedDoc 而言，四者序列化后由小到大依次为 Avro、Protobuf、Thrift（compact）和 Thrift（binary）。

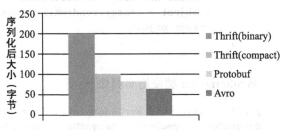

图 5-3　Thrift, Protobuf 和 Avro 序列化后大小对比

2. 非功能方面

如表 5-1 所示，从开源协议、schema 表达、是否需要代码动态生成、是否自动生成 RPC 接口以及 RPC 实现等几个方面对比了 Thrift、Protobuf 和 Avro。

综上所述，三种序列化框架各有特色，用户需根据自己的场景，权衡性能、数据大小、对 RPC 的支持等因素选择最适合的框架。

表 5-1 Thrift、Protobuf 和 Avro 非功能对比

对比方面 \ 框架	Thrift	Protobuf	Avro
开源协议	Apache	BSD-style	Apache
schema 表达	IDL	IDL	JSON，也支持 IDL
是否需要代码动态生成	需要	需要	可选
是否自动生成 RPC 接口	是	是	是
是否自动生成 RPC 实现	是	否	是

5.3 文件存储格式剖析

确定数据序列化方式后，接下来要决定采用何种文件存储格式。常见的存储格式包括行式存储和列式存储两种：行式存储以文本格式 Text File、key/value 二进制存储格式 Sequence File 为典型代表；列式存储以 ORC[⊖]、Parquet[⊜]和 Carbon Data[⊜]三种文件格式为代表。

5.3.1 行存储与列存储

数据（每一行由若干列构成）在行存储和列存储系统中组织方式如图 5-4 所示。行存储以行为单位进行存储，读写过程是一致的，都是连续读取或写入同一行的所有列；列存储写数据时将数据拆分成列，并以列为单位存储（相同列存储在一起），读数据时，分别读取对应的列，并拼装成行。

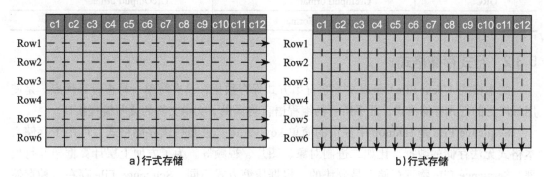

图 5-4 行列存储数据组织方式

行存储和列存储各有优缺点，表 5-2 从写性能、读性能、数据压缩等多个方面对它们进行了对比。

⊖ http://orc.apache.org/
⊜ http://parquet.apache.org/
⊜ http://carbondata.apache.org/

表 5-2　行列存储优缺点对比

对比方面	行存储	列存储
写性能	写入是一次完成，性能更高	把一行记录拆分成单列保存，写入次数明显比行存储多，实际花费时间比行存储多
读性能	读取少数几列时，需遍历其他无关列，IO 开销较大；读取整行数据时，依次顺序读即可，性能高	读取少数几列时，无需读取无关列，性能高；读取整行时，需分别读取所有列，并拼装成行，性能低
数据压缩	每行数据存储在一起，压缩比较低	以列为单位存储数据，这使得类型相同的数据存放在一起，对压缩算法友好，压缩比较高
典型代表	Text File、Sequence File 等	ORC、Parquet、Carbon Data 等

大数据应用场景下，通常需要在计算层并行处理文件，为了应对这种场景，Hadoop 将文件读取和写入模块抽象成 InputFormat 和 OutputFormat 组件，其中 InputFormat 可将数据文件逻辑上划分成多个可并行处理的 InputSplit，OuputFormat 可将数据以指定的格式写入输出文件。Hadoop 为常见的数据存储格式分别设计了 InputFormat 和 OutputFormat 实现，以方便像 MapReduce、Spark 等上层计算框架使用。表 5-3 分别给出了 Text、Sequence、ORC 和 Parquet 这 4 种文件格式的 InputFormat 和 OutputFormat 实现类。

表 5-3　不同文件存储格式的 InputFormat 与 OutputFormat 类

文件格式	InputFormat 实现类	OutputFormat 实现类
Text	TextInputFormat	TextOutputFormat
Sequence	SequenceFileInputFormat	SequenceFileOutputFormat
ORC	OrcInputFormat	OrcOutputFormat
Parquet	ParquetInputFormat	ParquetOutputFormat

5.3.2　行式存储格式

文本格式（Text File）是以文本字符串方式保存数据，具有简单、易查看等优点，是使用最广泛的行式存储格式，几乎所有的编程语言均提供了文本文件的读写编程接口。

Sequence File 是 Hadoop 中提供的简单 key/value 二进制行式存储格式，可用于存储文本格式无法存储的数据，比如二进制对象、图片、视频等。为了方便上层计算框架并行处理，Sequence File 物理存储上是分块的，根据压缩方式不同，Sequence File 存在三种存储格式，具体如下。

1. 未压缩的 Sequence File

未压缩的 Sequence File 组织方式如图 5-5 所示，由头部开始，顺序跟着一系列 record（一条行记录），为了便于对数据分块和按块压缩，每隔一定数目的 record 会写入一个同部位 SyncMark。头部中包含版本、key 对应类、value 对应类、是否压缩等信息；每条 record 以 key/value 的形式组织。

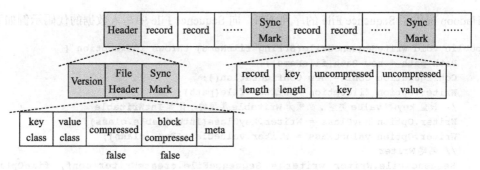

图 5-5　未压缩的 Sequence File 格式

2. 行级压缩的 Sequence File

行级压缩与未压缩的 Sequence File 类似，如图 5-6 所示，区别在于头部加入了压缩相关的信息（压缩标记位设为 true，并记录了压缩器类），而 record 中的 value 值是经压缩后存储的。

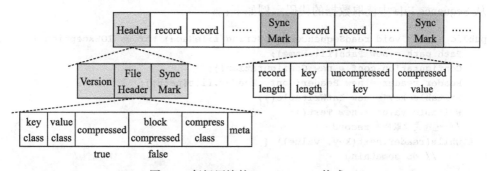

图 5-6　行级压缩的 Sequence File 格式

3. 块级压缩的 Sequence File

块级压缩的 Sequence File 是以块为单位组织 record 的，如图 5-7 所示，在每块数据中，所有 record 的 key 长度、key 值、value 长度和 value 值将分别被存放在一起，并一起压缩存储。

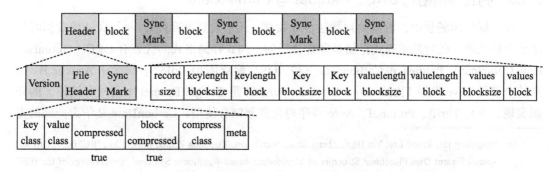

图 5-7　块级压缩的 Sequence File 格式

Hadoop 提供了 Sequence File 的序列 API，向 Sequence File 中写入数据的代码示例如下：

```java
public void writeSequenceFile(String fileName) throws IOException {
    Path path = new Path(fileName);
    Configuration conf = new Configuration();
    Writer.Option fileOption = Writer.file(path);
    // 设置 key 和 value 类型，必须为 Writable 类型的，比如 IntWritable
    Writer.Option keyClass = Writer.keyClass(IntWritable.class);
    Writer.Option valueClass = Writer.valueClass(Text.class);
    // 创建 Writer
    SequenceFile.Writer writer = SequenceFile.createWriter(conf, fileOption, keyClass, valueClass);
    for(int i = 0; i < 100; i++) {
        // 以 key/value 方式写入 record
        writer.append(new IntWritable(i), new Text(i + "abc"));
    }
    writer.close();
}
```

从 Sequence File 中读取数据的代码示例如下：

```java
public static void readSequenceFile(String fileName) throws IOException {
    Path path = new Path(fileName);
    Configuration conf = new Configuration();
    Reader reader = new Reader(conf, Reader.file(path));
    Writable key = new IntWritable();
    Writable value = new Text();
    // 迭代式读取所有 record
    while(reader.next(key, value)) {
        // do something
    }
    reader.close();
}
```

在实际应用时，Sequence File 中 record 的 value 值可以是普通字符串，也可以是 Java 对象，或 5.2 节提到的 Thrift，Protobuf 或 Avro 对象。

5.3.3 列式存储格式 ORC、Parquet 与 CarbonData

在实际应用场景中，数据的列数往往非常多（几十列到上百列），而每次处理数据时只用到少数几列，此时采用列式存储是非常合适的。列式存储格式的代表有 ORC（Optimized Row Columnar）、Parquet 和 Carbondata 三种，ORC 前身是 RC File[⊖]，诞生于 Apache Hive，支持全部的 Hive 类型（比如 map、list 等），Parquet 是 Google Dremel 中列式存储格式的开源实现，可与 Thrift、Protobuf、Avro 等序列化框架结合使用，CarbonData 是华为开源的支

[⊖] Yongqiang He, Rubao Lee, Yin Huai, Zheng Shao, Namit Jain, Xiaodong Zhang, Zhiwei Xu, "RCFile: A Fast and Space-efficient Data Placement Structure in MapReduce-based Warehouse Systems", Proceedings of the IEEE International Conference on Data Engineering (ICDE), 2011.

持索引的高效列式存储格式，它们均是 Apache 顶级项目。

1. ORC 文件

ORC 是专为 Hadoop 设计的自描述的列式存储格式（Apache Hive 0.11 版本引入），重点关注提高数据处理系统效率和降低数据存储空间，它支持复杂数据类型、ACID 及内置索引支持，非常适合海量数据的存储。

（1）支持复杂数据类型

ORC 是 Hortonworks 公司为提高 Hive 处理效率和降低数据存储空间而设计的存储格式，它支持 Hive 所有数据类型，包括 int、string、date 等基本类型，也包括 struct、list、map 和 union 等复杂数据类型，尤其是对复杂数据类型的支持使得 ORC 能够定义非结构化的数据。ORC 以列为单位存储数据，并根据列的类型进行编码，比如对整数列采用变长编码和差值编码，对字符串采用字典编码等，列式存储与数据编码的引入，使得 ORC 文件可达到很高的压缩比。Hortonworks 技术人员使用 TPC-DS Scale 500 数据集[⊖]对比测试 Text、RCFile、Parquet 以及 ORCFile 占用的磁盘空间，如图 5-8 所示。结果表明，相比于其他存储格式，ORCFile 能达到更高的压缩比[⊖]。尽管 ORC 已经独立成为一个 Apache 项目，但由于它提供的编程 API 对复杂数据集（比如多层嵌套数据）不够友好，目前定义和创建 ORC 文件主要是通过 HQL（Hive Query Language）完成的。

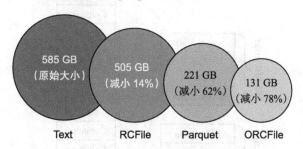

图 5-8　多种数据存储格式的压缩比对比

（2）支持 ACID

Hive 在 ORC File 基础上，基于"base file+delta file"的模型实现了对 ACID 的支持，即数据首先被写入一个 base file 中，之后的修改数据被写入一个 delta file，Hive 将定期合并这两个文件。但需要注意的是，Hive ORC ACID 并不是为 OLTP 场景设计的，它能较好地支持一个事务中更新上百万（甚至更多）条记录，但难以应对一小时内上百万个事务的场景。

（3）内置索引

ORC 提供了 file、stripe 以及 row 级别的索引，方便用户查找定位目标数据：

⊖ www.tpc.org/tpcds/。

⊖ 测试结果引用自：http://hortonworks.com/blog/orcfile-in-hdp-2-better-compression-better-performance/。

1) file 级别索引：文件级别的统计信息（如最大值，最小值等）；

2) stripe 级别索引：ORC 文件将数据划分成若干个固定大小的 stripe，每个 stripe 可定义记录内部数据统计信息；

3) row 级别索引：每个 stripe 内部每 10 000 行会生成数据索引信息和统计信息。

ORC 是按列存储数据的，支持投影操作，结合各级别索引，ORC 可轻易过滤掉查询无关的数据行和数据列。ORC 也允许用户根据自己的需要，在各级别索引中添加自定义信息。

ORC File 由 stripe、footer 和 postscript 三部分构成。

1) stripe 是数据存储单元，一定数目的行数据组成一个 stripe，每个 stripe 大小约为 250MB，stripe 是一个逻辑处理单元，可由一个任务单独处理。每个 stripe 包含索引域、数据域和尾部域三部分，其中索引域记录每列最大值、最小值等信息，数据域以列为单位组织数据，尾部域存储了每列数据在数据域中的位置、编码方式等。

2) footer 记录了 ORC File 文件主体的布局，包括 schema 信息、行总数、每行的统计信息等。

3) postscript 记录了 ORC 文件级别的元信息，包括 footer 长度、ORC 版本号、采用的压缩算法等。图 5-9 展示了 ORC File 的文件结构。

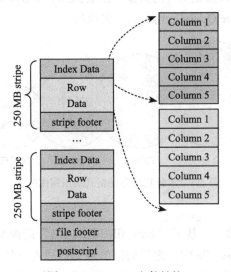

图 5-9 ORC File 文件结构

2. Parquet 文件

Parquet 是由 Twitter 实现并开源的，解决 Twitter 内部日益增长的数据存储和处理问题。据有关资料介绍⊖，当时 Twitter 的日增数据量达到压缩之后 100TB+，存储在 HDFS 上，采用各种计算框架（MapReduce、Spark 等）和分析工具（Hive 等）进行处理，其中最主要

⊖ Julien Le Dem, talk at Twitter open house in Seattle, "Parquet: an open columnar file format for Hadoop."

的是日志数据。日志数据结构是复杂的嵌套数据类型，例如一个典型的日志 schema 有 87 列，嵌套了 7 层。所以需要设计一种列式存储格式能支持复杂的嵌套类型数据，也能够适配主流数据处理框架，而 Parquet 正是在这种背景下实现的。

Parquet 灵感源于 Google Dremel⊖ 的列式存储格式，它使用 "record shredding and assembly algorithm" 来分解和组装复杂的嵌套数据类型，同时辅以按列的高效压缩和编码技术，从而达到降低存储空间，提高 IO 效率的目的。

Parquet 文件存储格式的设计与 ORC 较为类似，是一种自描述的列式存储格式，如图 5-10 所示，它先按照行切分数据，形成一个 Row Group，在每个 Row Group 内部，以列为单位存储数据。

- ❑ **Row Group**：一组行数据，内部以列为单位存储这些行。当向 Parquet 文件写入数据时，Row Group 中的数据会缓冲到内存中直到达到预定大小，之后才会刷新到磁盘上；当从 Parquet 文件读取数据时，每个 Row Group 可作为一个独立数据单元由一个任务处理，通常大小在 10MB 到 1GB 之间。
- ❑ **Column Chunk**：每个 Column Chunk 由若干个 Page 构成，读取数据时，可选择性跳过不感兴趣的 Page。
- ❑ **Data Page**：数据压缩的基本单元，数据读取的最小单元，通常一个 Page 大小在 8KB 到 100KB 之间。

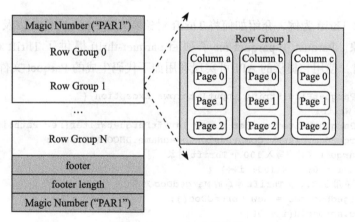

图 5-10 Parquet 文件结构

相比于 ORC File，Parquet 能更好地适配各种查询引擎（比如 Hive、Impala 等）、计算框架（比如 MapReduce、Spark 等）和序列化框架（比如 Thrift、Protobuf、Avro 等），如图 5-11 所示。为了实现该目标，Parquet 项目被分为三部分。

- ❑ **存储格式**：定义 Parquet 内部存储格式、数据类型等，这一部分的主要目的是提供一

⊖ Sergey Melnik, Andrey Gubarev, Jing Jing Long, Geoffrey Romer, Shiva Shivakumar, Matt Tolton, et al. "Dremel: Interactive Analysis of Web-scale Datasets". VLDB 2010.

种通用的，与语言无关的列式存储格式。该部分由项目 parquet-format 实现㊀。
- **对象模型转换器**：将外部对象模型映射成 Parquet 内部类型，该部分由 parquet-mr 实现㊁，目前已经支持 Hive、Pig、MapReduce、Cascading、Crunch、Impala、Thrift、Protobuf、Avro 等。
- **对象模型**：内存中数据表示形式，5.2 节提到的序列化框架，包括 Thrift、Protobuf、Avro 等，均属于对象模型。

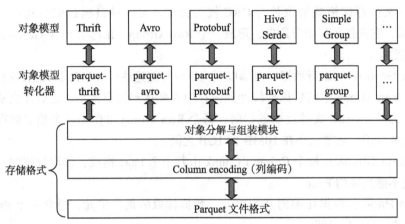

图 5-11　Parquet 构成

接下来，以 Thrift 为例，介绍如何将 Thrift 对象写入 Parquet 文件，以及如何从 Parquet 读出 Thrift 对象。Parquet 中 parquet-mr 子项目 parquet-thrift 提供了 Thrift 对象到 Parquet 内部类型的映射，使用它提供的 API 可实现利用如下代码生成的 Parquet 文件：

```
void writeParquetFile(String input) throws Exception {
    // 创建 Writer
    ThriftParquetWriter writer = new ThriftParquetWriter(new Path(input),
        MergedDoc.class, CompressionCodecName.UNCOMPRESSED);
    // 向 Parquet 文件中写入 100 个 Thrift 对象
    for(int i = 0; i < 100; i++) {
        // 使用 5.2.1 节 Thrift 生成的 MergedDoc 对象
        MergedDoc doc = new MergedDoc();
        doc.setDocId(i + 0L);
        doc.setUrl("http://dongxicheng.org/" + i);
        doc.setSegBody("hadoop hbase spark yarn");
        doc.setTitle("hadoop blog");
        doc.setPagerank(i);
        writer.write(doc);
    }
    writer.close();
}
```

㊀ https://github.com/apache/parquet-format
㊁ https://github.com/apache/parquet-mr

下面给出一段读取 Parquet 文件的代码，该代码只会读取 MergedDoc 中的 docId 和 url 两列：

```java
void readParquetFile(String input) throws Exception {
    // 定义要读取的列，是 MergeDoc 中列集合的一个子集，这里只读取 docId 和 url 两列
    MessageType schema =
        new MessageType("MergedDoc",
            new PrimitiveType(REQUIRED, INT64, "docId"),
            new PrimitiveType(REQUIRED, BINARY, "url")
    );
    JobConf conf = new JobConf();
    conf.set(ReadSupport.PARQUET_READ_SCHEMA, schema.toString());
    Path path = new Path(input);
    // 创建 Reader 对象
    ParquetReader reader =
        ThriftParquetReader.build(path).withConf(conf).build();
    // 迭代式读取每个 MergedDoc 对象，注意，未读取的列均为空或者默认值
    MergedDoc doc = (MergedDoc)reader.read();
    while (doc != null) {
        // 处理 MergeDoc
        .....
        doc = (MergedDoc)reader.read();
    }
    reader.close();
}
```

读者如果感兴趣，可自行尝试 Parquet 提供的与其他计算框架（比如 MapReduce、Spark 等）或数据模型（比如 Avro 或 Protobuf）集成的 API。

3. CarbonData 文件

CarbonData 是华为开源的一种新的高性能数据存储格式，针对当前大数据领域分析场景需求各异而导致的存储冗余问题，CarbonData 提供了一种新的融合数据存储方案，以一份数据同时支持"任意维度组合的过滤查询、快速扫描、详单查询等"多种应用场景，并通过多级索引、字典编码、列存储等特性提升了 IO 扫描和计算性能，实现百亿级数据秒级响应。相比 Parquet 和 ORC，CarbonData 的优势在于以下几点。

1）**独特的数据组织方式**：更加灵活的行列式存储格式，对于经常一起出现的列，可以将其设置为列组，设置为列组的列会按行的方式进行存储，然后与其他列或列组一起按列存储。

2）**多层次索引**：CarbonData 实现了文件和数据块级别的索引，同时引入多维主键和倒排索引实现行级别和列级别的索引。

3）**全局字典编码**：CarbonData 实现了字符串的全局字典编码，这样仅需要在磁盘上保存较小的整数而无需保存原始字符串，这大大增加了数据处理速度，并减少了存储空间。

4）**支持数据的更新与删除**：CarbonData 支持批量和离线数据更新和加载，以更好地支持 OLAP 场景。

CarbonData 文件中每一个存储单元称为一个 Blocklet，对应于 Parquet 的一个 Row Group。每个 Blocklet 内按列分为多个 Column Chunk，用以存储某列数据，而每个 Column Chunk 由连续的多个 Page 组成，每个 Page 中包含 32 000 行数据。

4. ORC、Parquet 和 CarbonData 对比

表 5-4 从列编码、嵌套结构、ACID 等多个维度对比了 ORC、Parquet 和 CarbonData 三种文件存储格式。

表 5-4 ORC、Parquet 和 CarbonData 对比

对比要素	Parquet	ORC	CarbonData
现状	Apache 顶级项目，自描述的列式存储格式		
主导公司	Twitter/Cloudera	Hortonworks	华为
开发语言	Java（Impala 提供了 C++ 实现）	Java/C++	Java
列编码	支持多种编码，包括 RLE、delta、字典编码等	与 Parquet 类似	与 Parquet 类似，但提供了更优的全局字典编码
嵌套式结构	通过与嵌套式数据模型 Protobuf、Thrift、Avro 等适配，完美支持嵌套式结构	使用 Hive 复杂数据结构，比如通过 list、struct、map 等实现嵌套，嵌套层数较多时过于烦琐。	支持 array 和 struct 两种复杂数据类型
ACID	不支持	支持粗粒度 ACID	支持
索引	支持 Row Group/Chunk/Page 级别索引	支持 File/Stripe/Row 级别索引	支持 Row Group/Chunk/Page/Row 级别索引，在行级别引入倒排索引
支持的计算引擎	Hive、Presto、Impala 和 Spark 等	Hive、Presto 和 Spark 等	Presto 和 Spark 等
查询性能	对 ORC 与 Parquet 而言，据 Netflix 公布的测试结果[⊖]，ORC 稍高；对 Paquet 与 Carbondata 而言，据华为公布的测试结果（参考 CarbonData 官网文档），CarbonData 更高效（但数据加载速度更慢）		
压缩能力	一般情况下，ORC 能达到更高的压缩比，同等规模数据占用的磁盘空间更小		

一般而言，ORC 通常作为数据表的数据格式应用在 Hive 和 Presto 等计算引擎中，它们对 ORC 读写进行了优化；而 Parquet 提供了非常易用的读写 API，用户可在应用程序（比如 Spark 或 MapReduce 等分布式程序）中直接读写 Parquet 格式的文件；而 CarbonData 在索引和数据更新等方面有良好的支持，可用在多维 OLAP 分析等场景中。

5.4 小结

本章讨论了数据存储相关的两个关键问题：数据序列化和文件存储格式。选择合适的数据序列化框架，能带来性能和存储空间上的优化，且有利于数据模型的演化，当前主流的开源序列化框架有 Thrift、Protobuf 和 Avro 三种，它们彼此不存在压倒性的优势，通常根据具体的应用场景决定哪种更加合适。文件存储格式分为行式存储和列式存储两种，列

⊖ http://techblog.netflix.com/2014/10/using-presto-in-our-big-data-platform.html

式存储以列为单位组织数据，辅以相应的数据编码，能提升数据存取效率、降低存储空间，当前主流的开源列式存储格式有 ORC、Parquet 和 CarbonData 三种，其中 ORC 源于 Hive，支持所有 Hive 数据类型，Parquet 源于 Google Dremel 系统，能与各种计算框架、查询引擎和数据模型进行友好的集成，而 CarbonData 则是华为开源的支持索引的列式存储格式。

5.5 本章问题

问题 1：已知一个 MediaContent 对象由多个 Image 对象以及一个 Media 对象构成，其中 Image 对象包含 url（图片来源 url）、图片 title、图片长和宽、图片大小 5 个属性；Media 对象包含 url（该 media 来源 url）、title、长和宽、版权信息 5 个属性。问题如下。

- 问题①：任选 Thrift、Protobuf 或 Avro 一种，使用对应的 IDL 给出 MediaContent 定义。
- 问题：在问题①基础上，使用对应的编译器生成任意一种语言的代码，完成 MediaContent 对象的序列化和反序列化程序。
- 问题③：在问题②基础上，实例化 10 000 个 MediaContent 对象（每个属性值可赋予任意值），并写入 Sequence File 文件。

问题 2：仿照 5.3.3 节给出的 Parquet Thrift 代码示例，实现 Parquet Protobuf 文件读写程序。

问题 3：（选做）ORC 和 Parquet 格式的文件可通过多种方式生成和读取，Apache Hive 和 Spark SQL 是两种常用的方式，请自学第 11 章和第 14 章完成以下任务。

- 使用 Apache Hive 分别创建一个 ORC 和 Parquet 格式的数据表：words_orc 和 words_parquet，它们包含两列字段：string 类型的 word 和 int 类型的 value，并向表中导入符合格式要求的数据。
- 使用 Spark SQL（DataFrame API）处理以上两种格式数据表中的数据。

第 6 章

分布式文件系统

在大数据场景中，大量数据是以文件形式保存的，典型代表是行为日志数据（用户搜索日志、购买日志、点击日志，以及机器操作日志等）。这些文件形式的数据具有价值高、数据大、流式产生等特点，需要一个分布式文件系统存储它们，该文件系统应具有良好的容错性、扩展性和易用的 API，而 HDFS（Hadoop Distributed File System）便是一个较为理想的解决方案。本章将从基本原理、架构以及访问方式等多个方面介绍 Hadoop 分布式文件系统 HDFS。

6.1 背景

在大数据场景中，每天新增的数据量可能多达 GB 级别，甚至 TB 级，新增文件数据可能多达十万级别，为了应对数据存储扩容问题，存在两种解决方案：纵向扩展（scale-up）和横向扩展（scale-out）。纵向扩展利用现有的存储系统，通过不断增加存储容量来满足数据增长的需求；横向扩展则是以网络互连的节点为单位扩大存储容量（集群）。由于纵向扩展存在价格昂贵、升级困难以及总存在物理瓶颈（理论上，由于物理硬件的制约，单台设备总存在瓶颈）等问题，目前大数据领域通常会采用横向扩展方案。横向扩展的难点在于如何构建一个分布式文件系统，解决以下这些问题。

- ❑ **因故障导致丢失数据**。横向扩展集群中采用的节点通常是普通的商用服务器，因机器故障、网络故障、人为失误、软件 Bug 等原因导致服务器宕机或服务挂掉是常见的现象，这就要求分布式文件系统能很好地处理各种故障（即良好的**容错性**）。
- ❑ **文件通常较大**。在大数据应用场景中，GB 级别的文件是很常见的，且这样的文件数量极多,这与传统文件系统的使用场景是很不同的,这就要求分布式文件系统在 IO 操作以及块大小方面进行重新设计。

- **一次写入多次读取**。一部分文件是通过追加方式(append-only)产生的,且一旦产生之后不会再随机修改,只是读取(且为顺序读取),也就是说,这些文件是不可修改的。在实际应用中,相当一部分文件拥有这种"一次写入多次读取"的特性,包括 OLAP 场景处理的数据、应用程序流式产生的数据、历史归档数据等。针对这种应用场景,文件追加成为重点性能优化和原子性保证的操作。

为了解决以上横向扩展方案中的几个问题,Google 构建了分布式文件系统 GFS(Google File System),并于 2003 年发表论文《The Google File System》介绍了 GFS 的产生背景、架构以及实现等,而 HDFS 正是 GFS 的开源实现。

6.2 文件级别和块级别的分布式文件系统

构建一个分布式文件系统是非常烦琐和复杂的事情,需要考虑元信息管理、网络通信、容错等问题。为了帮助读者理解 HDFS 的设计原理,本节从一个简单分布式文件系统说起,解释了基于文件级别的分布式系统是很难满足应用要求的,而更加实用的是采用块级别的设计思路。

6.2.1 文件级别的分布式系统

谈到构建一个分布式文件系统,很多人首先想到的是基于现有文件系统的主从架构(Master/Slaves):给定 N 个网络互联的节点,每个节点上装有 Linux 操作系统,且配有一定量的内存和硬盘,选出一个节点作为 Master,记录文件的元信息⊖,其他节点作为 Slave,存储实际的文件。为了确保数据的可靠性,我们将每个文件保存到三个不同节点上(即副本数为 3),具体如图 6-1 所示。

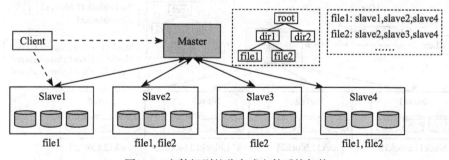

图 6-1 文件级别的分布式文件系统架构

⊖ 包括整个文件系统的目录树以及每个文件存放的节点位置等信息。

当客户端（Client）需要写入一个文件时，首先与 Master 通信，获取文件存放节点列表，如果该文件是合法的（比如不存在重名文件等），则 Master 根据一定的负载均衡策略将三个节点位置信息发回给客户端，这时客户端可与这三个 Slave 节点建立网络连接，将文件写入对应的三个节点，读文件过程类似。

该系统从一定程度上能够解决分布式存储问题，但存在以下两个不足。

1）难以负载均衡：该分布式文件系统以文件为单位存储数据，由于用户的文件大小往往是不统一的，这就难以保证每个节点上的存储负载是均衡的。

2）难以并行处理：一个好的分布式文件系统不仅能够进行可靠的数据存储，还应考虑如何供上层计算引擎高效的分析。由于数据是以文件为单位存储的，当多个分布在不同节点上的任务并行读取一个文件时，会使得存储文件的节点出口网络带宽成为瓶颈，从而制约上层计算框架的并行处理效率。

6.2.2 块级别的分布式系统

为了解决 6.2.1 节提到的文件级别分布式系统存在的不足，块级别的分布式文件系统出现了，这类系统核心思想是将文件分成等大的数据块（比如 128MB），并以数据块为单位存储到不同节点上，进而解决文件级别的分布式系统存在的负载均衡和并行处理问题，具体如图 6-2 所示。

- **Master**：负载存储和管理元信息，包括整个文件系统的目录树、文件的块列表，以及每个块存放节点列表等。
- **Slave**：存储实际的数据块，并与 Master 维持心跳信息，汇报自身健康状态以及负载情况等；
- **Client**：用户通过客户端与 Master 和 Slave 交互，完成文件系统的管理和文件的读写等。

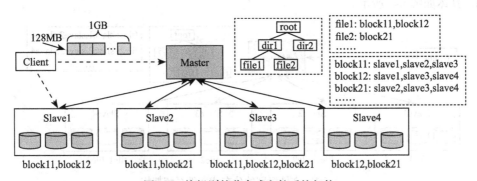

图 6-2 块级别的分布式文件系统架构

HDFS 正是一种块级别的分布式文件系统，接下来几节将从基本架构、关键特性、访问方式等几个方面介绍 HDFS。

6.3　HDFS 基本架构

HDFS 采用了主从架构，如图 6-3 所示，主节点被称为 NameNode，只有一个，管理元信息和所有从节点，从节点称为 DataNode，通常存在多个，存储实际的数据块，HDFS 各组件功能如下：

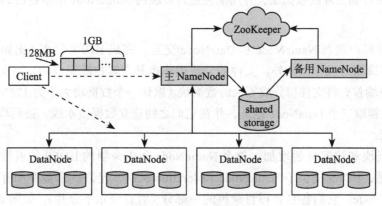

图 6-3　HDFS 基本架构

1. NameNode

NameNode 是 HDFS 集群管理者，负责管理文件系统元信息和所有 DataNode。

1）**管理元信息**：NameNode 维护着整个文件系统的目录树，各个文件的数据块信息等。

2）**管理 DataNode**：DataNode 周期性向 NameNode 汇报心跳以表明自己活着，一旦 NameNode 发现某个 DataNode 出现故障，会在其他存活 DataNode 上重构丢失的数据块。

一个 HDFS 集群中只存在一个对外服务的 NameNode，称为 Active NameNode，为了防止单个 NameNode 出现故障后导致整个集群不可用，用户可启动一个备用 NameNode，称为 Standby NameNode，为了实现 NameNode HA（High Availability，高可用），需解决好两者的切换和状态同步问题。

1）**主/备切换**：HDFS 提供了手动方式和自动方式完成主备 NameNode 切换，手动方式是通过命令显式修改 NameNode 角色完成的，通常用于 NameNode 滚动升级；自动模式是通过 ZooKeeper 实现的，可在主 NameNode 不可用时，自动将备用 NameNode 提升为主 NameNode，以保证 HDFS 不间断对外提供服务。

2）**状态同步**：主/备 NameNode 并不是通过强一致协议保证状态一致的，而是通过第三方的共享存储系统。主 NameNode 将 EditLog（修改日志，比如创建和修改文件）写入共享存储系统，备用 NameNode 则从共享存储系统中读取这些修改日志，并重新执行这些操作，以保证与主 NameNode 的内存信息一致。目前 HDFS 支持两种共享存储系统：NFS（Network File System）和 QJM（Quorum Journal Manager），其中 QJM 是 HDFS 内置的高可用日志存取系统，其基本原理是用 2N+1 台 JournalNode 存储 EditLog，每次写数据操作大多数（≥N+1）返回成功确认即认为该次写成功，该算法所能容忍的是最多有 N 台机器挂掉，如果多于 N 台挂掉，这个算法就失效。QJM 能够构建在普通商用机器之上，比 NFS 更加廉价，因此受众更广。

2. DataNode

DataNode 存储实际的数据块，并周期性通过心跳向 NameNode 汇报自己的状态信息。

3. Client

用户通过客户端与 NameNode 和 DataNode 交互，完成 HDFS 管理（比如服务启动与停止）和数据读写等操作。此外，文件的分块操作也是在客户端完成的。当向 HDFS 写入文件时，客户端首先将文件切分成等大的数据块（默认一个数据块大小为 128MB），之后从 NameNode 上领取三个 DataNode 地址，并在它们之间建立数据流水线，进而将数据块流式写入这些节点。

随着数据块和访问量的增加，单个 NameNode 会成为制约 HDFS 扩展性的瓶颈，为了解决该问题，HDFS 提供了 NameNode Federation 机制，允许一个集群中存在多个对外服务的 NameNode，它们各自管理目录树的一部分（对目录水平分片），如图 6-4 所示。需要注意的是，在 NameNode Federation 中，每个主 NameNode 均存在单点故障问题，需为之分配一个备用 NameNode。为了向用户提供统一的目录命名空间，HDFS 在 NameNode Federation 之上封装了一层文件系统视图 ViewFs，可将一个统一的目录命名空间映射到多个 NameNode 上。

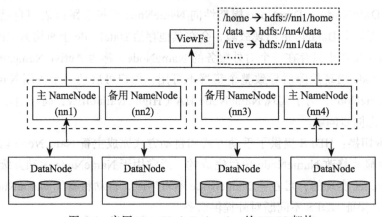

图 6-4 启用 NameNode Federation 的 HDFS 架构

6.4 HDFS 关键技术

HDFS 在实现时采用了大量分布式技术，本节将重点分析其中的几个关键技术，包括容错性设计、副本放置策略、异构存储介质以及中央化缓存管理等。

6.4.1 容错性设计

HDFS 内置了良好的容错性设计策略,以降低各种故障情况下数据丢失的可能性,接下来针对几个常见的分布式故障场景,分析 HDFS 对应的容错策略。

- **NameNode 故障**:NameNode 内存中记录了文件系统的元信息,这些元信息一旦丢失,将导致整个文件系统数据不可用。HDFS 允许为每个 Active NameNode 分配一个 Standby NameNode,以防止单个 NameNode 宕机后导致元信息丢失和整个集群不可访问。
- **DataNode 故障**:每个 DataNode 保存了实际的数据块,这些数据块在其他 DataNode 上存在相同的副本。DataNode 能通过心跳机制向 NameNode 汇报状态信息,当某个 DataNode 宕机后,NameNode 可在其他节点上重构该 DataNode 上的数据块,以保证每个文件的副本数在正常水平线上。
- **数据块损坏**:DataNode 保存数据块时,会同时生成一个校验码。当存取数据块时,如果发现校验码不一致,则认为该数据块已经损坏,NameNode 会通过其他节点上的正常副本重构受损的数据块。

6.4.2 副本放置策略

数据块副本放置策略直接决定了每个数据块多个副本存放节点的选择,一个良好的副本放置策略能权衡写性能和可靠性两个因素,在保证写性能较优的情况下,尽可能提高数据的可靠性。

副本放置策略与集群物理拓扑结构是直接相关的,一个典型的集群物理拓扑结构如图 6-5 所示,一个集群由多个机架构成,每个机架由 16～64 个物理节点组成,机架内部的节点是通过内部交换机通信的,机架之间的节点是通过外部节点通信的,由于机架间的节点通信需通过多层交换机,相比于机架内节点通信,读写延迟要高一些。相同机架内部的节点通常"绑定"在一起,多种资源可能是共享的,比如内部交换机、电源插座等,因此它们同时不可用的概率要比不同机架节点高很多。

考虑到集群物理拓扑结构的特点,HDFS 默认采用的三副本放置策略(HDFS 中副本放置策略是插拔式的,用户可嵌入自己的实现)如图 6-6 所示。

- **客户端与 DataNode 同节点**。这是一种常见的场景:上层计算框架处理 HDFS 数据时,每个任务实际上就是一个客户端,它们运行在与 DataNode 相同的计算节点上(HDFS 和 YARN 同节点部署)。在这种情况下,三副本放置策略如下:第一个副本写到同节点的 DataNode 上,另外两个副本写到另一个相同机架的不同 DataNode 上;
- **客户端与 DataNode 不同节点**。当 HDFS 之外的应用程序向 HDFS 写数据时,通常会出现这种情况,典型的场景有 Flume Sink,用户通过独立客户端 shell 命令行将文件上传到 HDFS 等。在这种情况下,HDFS 会随机选择一个 DataNode 作为第一个副本放置节点,其他两个副本写到另一个相同机架的不同 DataNode 上。

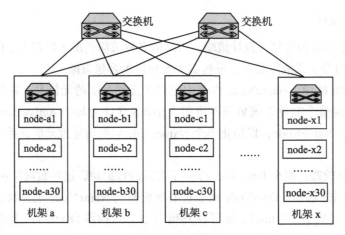

图 6-5　一个典型的集群物理拓扑结构

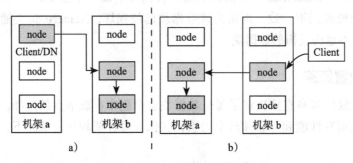

图 6-6　HDFS 副本放置策略

如果一个文件的副本数大于 3，则前三个副本的放置策略与前面介绍的相同，其他副本会被存放在从其他节点中随机选择不同 DataNode 上。

6.4.3　异构存储介质

随着 HDFS 的不断完善，它已经从最初只支持单存储介质（磁盘）的单一文件系统逐步演化成支持异构存储介质的综合分布式文件系统，这使得它能够更好地利用新型存储介质，比如 SSD，如图 6-7 所示，HDFS 支持多种常用存储类型，包括：

- ARCHIVE：高存储密度但耗电较少的存储介质，通常用来存储冷数据。
- DISK：磁盘介质，这是 HDFS 默认的存储介质。
- SSD：固态硬盘，是一种新型存储介质，目前被不少互联网公司使用。
- RAM_DISK[⊖]：数据被写入内存中，同时会往该存储介质中再（异步）写一份。

用户可通过配置参数设置挂载的每块盘的存储类型，比如 /grid/dn/disk 是磁盘，/grid/

⊖　https://issues.apache.org/jira/browse/HDFS-6581

dn/ssd 是固态硬盘，可通过以下方式设置：

```
<property>
<name>dfs.datanode.data.dir</name>
<value>[DISK]file:///grid/dn/disk,[SSD]file:///grid/dn/ssd</value>
</property>
```

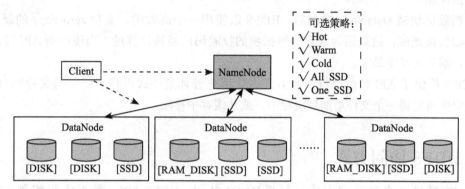

图 6-7　HDFS 异构存储介质示意图

异构存储介质的引入，使得 HDFS 变成了一个提供混合存储方式的文件系统，用户可以根据数据特点，选择合适的存储介质满足你应用需求。如表 6-1 所示，HDFS 提供了多种存储策略，每种策略包含名称、策略含义、创建文件时回退策略以及数据复制时回退策略等属性，当原始放置策略对应的存储空间不够时，HDFS 会尝试回退策略中的存储介质。HDFS 允许用户为每个文件单独设置存储策略。

表 6-1　HDFS 存储策略

存储策略名称	数据块放置策略（n 副本）	创建文件时回退策略	数据复制时回退策略
All_SSD	SSD: n	DISK	DISK
One_SSD	SSD: 1, DISK: n-1	SSD, DISK	SSD, DISK
Hot (default)	DISK: n	<none>	ARCHIVE
Warm	DISK: 1, ARCHIVE: n-1	ARCHIVE, DISK	ARCHIVE, DISK
Cold	ARCHIVE: n	<none>	<none>

6.4.4　集中式缓存管理

HDFS 允许用户将一部分目录或文件缓存在 off-heap 内存中，以加速对这些数据的访问效率，该机制被称为集中式缓存管理，它的引入带来许多显著的优势：

1）提高集群的内存利用率。当使用操作系统的缓存时，对一个数据块的重复读会导致所有的副本都会被放到缓冲区当中，造成内存浪费；当使用集中式缓存时，用户可以指定 n 个副本中的 m 个被缓存，可以节约 n−m 的内存。

2）防止那些被频繁使用的数据从内存中清除。当使用操作系统缓存时，操作系统使用自带的内存置换算法管理内存，此时容易让热数据不断写入内存，之后从内存中清除，导致数据访问的不稳定。

3）提高数据读取效率：
- DataNode 缓存统一由 NameNode 来管理，上层计算框架的调度器查询数据块的缓存列表，并通过一定的调度策略将任务尽可能调度到缓存块所在节点上，以提高数据读性能。
- 当数据块被 DataNode 缓存后，HDFS 以使用一个高效的、支持 zero-copy 的新 API 加快读速度，这是因为缓存中数据块的校验码已经被计算过，当使用新 API 时，客户端开销基本是零。

HDFS 提供了 API 和命令行两种方式，让用户管理集中式缓存系统中的文件和目录，你可以根据需要将一个文件增加到缓存中，或从缓存中移除。

6.5 HDFS 访问方式

HDFS 提供了多种访问方式，包括 HDFS Shell、HDFS API、数据收集组件（比如 Flume，Sqoop 等）以及上层计算框架等，大部分情况下，用户直接使用已有组件访问 HDFS 即可，不需要从零开始使用 HDFS API 开发程序。

6.5.1 HDFS shell

HDFS 提供了两类 shell 命令：用户命令和管理员命令，具体如下：

1. 用户命令

HDFS 提供了大量用户命令，常用的有文件操作命令 dfs，文件一致性检查命令 fsck 和分布式文件复制命令 distcp。

（1）文件操作命令

文件操作命令是与文件系统交互的命令，可以是 HDFS，也可以是其他 Hadoop 支持的文件系统，比如本地文件系统、HFTP 或 S3 等，语法如下：

```
$HADOOP_HOME/bin/hadoop fs <args>
```

所有命令均会接收文件 URI 作为参数，URI 语法为 "scheme://authority/path"，HDFS 的 schema 是 hdfs，本地文件系统的 schema 是 file，scheme 和 authority 是可选的，如果未设置，则使用配置文件中的默认值（由配置文件 core-site.xml 中的参数 fs.defaultFS 指定），比如 HDFS 中路径 "/home/dongxicheng" 可表示为 "hdfs://namenodehost/home/dongxicheng"，或者简写为 "/home/dongxicheng"（fs.defaultFS 被设置为 "hdfs://namenodehost"）。如果直接操作 HDFS 上的文件，也可以使用 "$HADOOP_HOME/bin/hdfs dfs <args>"。

大部分文件操作命令与 Linux 自带命令类似，实例如下：

在 HDFS 创建目录 /user/dongxicheng/input（其中 "-p" 参数表示递归创建目录）：

```
bin/hdfs dfs -mkdir -p /user/dongxicheng/input
```

将本地文件 README.txt 拷贝到 HDFS 目录 /user/dongxicheng/input 下：

```
bin/hdfs dfs -moveFromLocal README.txt /user/dongxicheng/input
```

删除目录 /user/dongxicheng/input（其中"-r"参数表示递归删除子目录）：

```
bin/hdfs dfs -rm -r /user/dongxicheng/input
```

更多文件操作命令，可参考 Hadoop 官方文档[○]。

（2）文件一致性检查命令 fsck

fsck 命令的用法如下：

```
bin/hdfs fsck <path>
            [-list-corruptfileblocks |
            [-move | -delete | -openforwrite]
            [-files [-blocks [-locations | -racks]]]
```

其中各参数含义如表 6-2 所示。

表 6-2 HDFS 命令 fsck 参数含义

参数	参数含义
path	要检查的目录或文件
-delete	删除损坏的文件
-files	打印要检查的文件
-files -blocks	打印文件块报告
-files -blocks -locations|-racks	打印文件块位置信息和节点拓扑信息
-move	将损坏文件移到垃圾桶
-openforwrite	打印已经打开正被写入的文件

【实例】打印文件 /user/dongxicheng/input/README.txt 数据块信息：

```
bin/hadoop fsck /user/dongxicheng/input/README.txt -files -blocks -locations -racks
```

（3）分布式文件复制命令 distcp

分布式文件复制命令 distcp 主要功能包括集群内文件并行复制和集群间文件并行复制。

【实例 1】将目录 /user/dongxicheng/ 从集群 nn1（NameNode 所在节点的 host）复制到集群 nn2 上，两个集群中 Hadoop 版本相同。

```
bin/hadoop distcp hdfs://nn1:8020/user/dongxicheng hdfs://nn2:8020/user/dongxicheng
```

【实例 2】将目录 /user/dongxicheng/ 从集群 nn1（NameNode 所在节点的 host）复制到

○ http://hadoop.apache.org/docs/stable/hadoop-project-dist/hadoop-common/FileSystemShell.html#rm

集群 nn2 上，nn2 中的 Hadoop 版本高于 nn1 版本（在集群 nn2 上执行该命令）。

```
bin/hadoop distcp hftp://nn1:8020/user/dongxicheng hdfs://nn2:8020/user/dongxicheng
```

关于 distcp 更详细介绍，可参考 Hadoop 官方文档[⊖]。

2. 管理员命令

管理员命令主要是针对服务生命周期管理的，比如启动/关闭 NameNode/DataNode，HDFS 份额管理等，比如启动和关闭 NameNode：

```
sbin/hadoop-daemon.sh start namenode
sbin/hadoop-daemon.sh stop namenode
```

限制目录 /user/xicheng.dong 最多使用空间为 2TB：

```
bin/dfsadmin -setSpaceQuota 2t /user/xicheng.dong
```

关于更多 HDFS 命令，有兴趣的读者，可参考管理员命令官方文档[⊖]。

6.5.2 HDFS API

HDFS 对外提供了丰富的编程 API，允许用户使用 Java，以及 Java 之外的几乎所有编程语言（Thrift 支持的语言）编写应用程序访问 HDFS。

对于 Java 而言，HDFS 提供了文件系统基础抽象类 FileSystem，本地文件系统对应的实现类为 LocalFileSystem，而 HDFS 的实现类是 DistributedFileSystem，FileSystem 提供的函数非常丰富。用户可通过以下两种静态工厂方法获取 FileSystem 实例：

```
public static FileSystem.get(Configuration conf) throws IOException
public static FileSystem.get(URI uri, Configuration conf) throws IOException
```

FileSystem 提供了丰富的文件操作函数，下面列举了几个常用 API：

```
// 递归创建所有目录（包括父目录），f 是完整的目录路径
public boolean mkdirs(Path f) throws IOException
// 创建指定 path 对象的一个文件，返回一个用于写入数据的输出流
public FSOutputStream create(Path f) throws IOException
// 将本地文件拷贝到目标文件系统
public boolean copyFromLocal(Path src, Path dst) throws IOException
// 检查文件或目录是否存在
public boolean exists(Path f) throws IOException
// 永久性删除指定的文件或目录，recursive 表示是否递归删除子目录
public boolean delete(Path f, Boolean recursive)
```

下面给出几个使用 Java API 编写的代码片段：

⊖ http://hadoop.apache.org/docs/stable/hadoop-distcp/DistCp.html
⊖ http://hadoop.apache.org/docs/stable/hadoop-project-dist/hadoop-hdfs/HDFSCommands.html

【实例 1】创建指定目录，具体代码如下：

```
// path 可以为 HDFS 路径: new Path("hdfs://namenodehost:8020/test/input")
// 或者本地路径: new Path("file:///test/input")
public void testMkdirPath(Path path) {
    FileSystem fs = null;
    try {
        fs = FileSystem.get (path.toUri(), conf, new Configuration());
        fs.mkdirs(myPath);
    } catch (Exception e) {
        System.out.println("Exception:" + e);
    } finally {
        if(fs != null)
            fs.close();
    }
}
```

【实例 2】删除指定目录，具体代码如下：

```
// path 定义与实例 1 相同
    public static void testDeletePath(Path path) {
        FileSystem fs = null;
        try {
            fs = FileSystem.get (path.toUri(), new Configuration());
            fs.delete(myPath, true);  // 递归删除 path 子目录
        } catch (Exception e) {
            System.out.println("Exception:" + e);
        } finally {
            if(fs != null)
                fs.close();
        }
    }
```

第 5 章提到了多种文件存储格式，包括 Text、Sequence File、ORC 以及 Parquet 等，它们均在 HDFS API 基础上，封装了针对自己特定存储格式的读写 API，用户访问这些格式的文件时，可直接使用它们提供的 API。

6.5.3 数据收集组件

本书第二部分介绍了数据收集系统 Flume 和 Sqoop，它们均可以将数据以预定格式导入 HDFS。

1. Flume

Flume 提供了 HDFS Sink，能够将收集到的数据直接写入 HDFS 中，且自带了灵活的配置参数、支持压缩、按时或按大小切分文件等，下面给出一段示例配置片段：

```
# 名称为 a1 的 agent,将数据写入 HDFS 的 /flume/events/ 目录下, 并以时间作为子目录名名,
# 每隔 10 分钟滚动生成一个新文件
```

```
a1.channels = c1
a1.sinks = k1
a1.sinks.k1.type = hdfs
a1.sinks.k1.channel = c1
a1.sinks.k1.hdfs.path = /flume/events/%y-%m-%d/%H%M/%S
a1.sinks.k1.hdfs.filePrefix = events-
a1.sinks.k1.hdfs.round = true
a1.sinks.k1.hdfs.roundValue = 10
a1.sinks.k1.hdfs.roundUnit = minute
```

关于 Flume HDFS Sink 更详尽的配置参数，可参考 Flume 官方文档[⊖]。

2. Sqoop

Sqoop 允许用户指定数据写入 HDFS 的目录、文件格式（支持 Text 和 SequenceFile 两种格式）、压缩方式（支持 LZO，Snappy 等主流压缩编码）等，详细介绍，请参考 2.3 节。

6.5.4 计算引擎

上层计算框架可通过 InputFormat 和 OutputFormat 两个可编程组件访问 HDFS 上存放的文件，其中 InputFormat 能够解析输入文件，将之逻辑上划分成多个可并行处理的 InputSplit，并进一步将每个 InputSplit 解析成一系列 key/value 对；OuputFormat 可将数据以指定的格式写入输出文件。Hadoop 为常见的数据存储格式分别设计了 InputFormat 和 OutputFormat 实现，以方便像 MapReduce，Spark 等上层计算框架使用，比如 Text 文件的实现是 TextInputFormat 和 TextOutputFormat，SequenceFile 的实现是 SequenceFileInputFormat 和 SequenceFileOutputFormat。

另一种访问 HDFS 数据的方式是 SQL，Hive，Impala 及 Presto 等查询引擎均允许用户直接使用 SQL 访问 HDFS 中存储的文件。更详细的 HDFS 访问方式，我们将在"第五部分 大数据计算引擎"介绍。

6.6 小结

HDFS 是一个分布式文件系统，具有良好的扩展性、容错性以及易用的 API。它的核心思想是将文件切分成等大的数据块，以多副本的形式存储到多个节点上。HDFS 采用了经典的主从软件架构，其中主服务被称为 NameNode，管理文件系统的元信息，而从服务被称为 DataNode，存储实际的数据块，DataNode 与 NameNode 维护了周期性的心跳，为了防止 NameNode 出现单点故障，HDFS 允许一个集群中存在主备 NameNode，并通过 ZooKeeper 完成 Active NameNode 的选举工作。HDFS 提供了丰富的访问方式，用户可以通过 HDFS shell，HDFS API，数据收集组件以及计算框架等存取 HDFS 上的文件。

⊖ http://flume.apache.org/FlumeUserGuide.html#hdfs-sink

6.7 本章问题

问题 1：存储在 HDFS 上的一个文件大小为 10MB，它会单独存储成一个数据块，请问，该数据块占用多少存储空间？如果一个目录下有 10 个文件，每个文件 10MB，则目录会存储成多少个数据块，共占用多少存储空间？（只需考虑默认情况，即数据块大小为 128MB，副本数为 3）

问题 2：HDFS 数据块默认大小是 128MB，试分析将数据块调成如此之大的好处是什么？

问题 3：HDFS 为什么建议数据存储三个副本，而不是一个、两个、四个或者更多？

提示：可从成本和故障率两个角度分析。可从概率角度分析故障率，假设 SATA 盘损坏率是每年 4%~7%，折算成日损坏率约为 0.0198%。

问题 4：HDFS 不适合存储大量小文件，请分析原因。

提示：可从小文件读写效率以及 NameNode 内存限制两个角度分析。

问题 5：尝试找出与下面功能相关的 HDFS 配置参数，并按要求进行调整，验证调整成功。

- 将 HDFS 所有文件副本数调整为 2，数据块大小为 512MB。
- 将指定 HDFS 上某个文件（比如 /home/xicheng/test.txt）的副本数调整成 2。
- 修改垃圾桶保留文件时间为 2 周。
- 将 DataNode 磁盘空间的 10% 留给非 HDFS 文件使用。
- 设置 DataNode 可接受的最多损坏磁盘数目为 2。
- 允许将集群中某一个 DataNode 加入黑名单。

问题 6：程序设计题

1）使用 HDFS Java API 编写程序，将本地某个文件的内容写入 HDFS 某一目录下（提示：使用 FileSystem.open 函数）；

2）任选一个非 Java 语言重新实现前一个程序。

第 7 章

分布式结构化存储系统

在大数据场景中,除了直接以文件形式保存的数据外,还有大量结构化和半结构化的数据,这类数据通常需要支持更新操作,比如随机插入和删除,这使得分布式文件系统 HDFS 很难满足要求。为了方便用户存取海量结构化和半结构化数据,HBase 应运而生。它是一个分布式列存储系统,具有良好的扩展性、容错性以及易用的 API。HBase 是构建在分布式文件系统 HDFS 之上的、支持随机插入和删除的列簇式存储系统,它可被简单理解为一个具有持久化能力的分布式多维有序映射表。尽管 HBase 随机读写性能较高,但数据扫描速度较慢,难以适用于 OLAP 场景,为此,Cloudera 提出了 Kudu 项目,它能很好地兼顾吞吐率和延迟。本章将从产生背景、数据模型、基本架构以及访问等多个方面介绍 HBase 和 Kudu。

7.1 背景

长久以来,传统关系型数据库(比如 MySQL)因其易懂的关系模型、高效的查询引擎和易用的查询语言而被广泛应用于大量数据存储和处理场景中,但在一些互联网应用场景中,数据量膨胀速度过快,基于关系型数据库的方案很难满足系统扩展性需求。据有关资料显示[⊖],Facebook 在 2010 年时,MySQL 实例数目已经达到 4000(在业务层进行数据分片)。为了更好地应对海量数据的扩容问题,需要引入扩展性极好的分布式存储系统,相比于关系型数据库,这类系统具有以下几个特点:

⊖ Carol McDonald, "Getting Started With HBase", MapR Technologies, Sep 8th, 2014.

- **极好的扩展性**：随着数据量的增加，架构应支持自动水平扩展以满足存储要求。
- **弱化 ACID 需求**：关系型数据库的一个优点是支持 ACID，而在不少大数据应用场景中，对事务的要求较低，可选择性支持。
- **良好的容错性**：大数据存储应用倾向于选择成本较低的横向扩展方案，这就要求数据存储软件具有良好的故障自动处理能力。

HBase 便是为了满足以上几个特点而设计的分布式结构化存储系统，它是 Google BigTable[⊖] 的开源实现，具有良好的扩展性和容错性，非常适合存储海量结构化或半结构化数据。

7.2 HBase 数据模型

本节将从两个方面介绍 HBase 数据模型：逻辑数据模型和物理数据存储，其中逻辑数据模型是用户从数据库所看到的模型，它直接与 HBase 数据建模相关；物理数据模型是面向计算机物理表示的模型，描述了 HBase 数据在储存介质（包括内存和磁盘）上的组织结构。

7.2.1 逻辑数据模型

类似于数据库中的 database 和 table 逻辑概念，HBase 将之称为 namespace 和 table，一个 namespace 中包含一组 table，HBase 内置了两个默认的 namespace：

- hbase：系统内建表，包括 namespace 和 meta 表。
- default：用户建表时未指定 namespace 的表都创建在此。

HBase 表由一系列行构成，每行数据有一个 rowkey，以及若干 column family 构成，每个 column family 可包含无限列，具体如图 7-1 所示。

- **rowkey**：HBase 表中的数据是以 rowkey 作为标识的，rowkey 类似于关系型数据库中的"主键"，每行数据有一个 rowkey，唯一标识该行，是定位该行数据的索引。同一张表内，rowkey 是全局有序的。rowkey 是没有数据类型的，以字节数组（byte[]）形式保存。
- **column family**：Hbase 表中数据是按照 column family 组织的，每行数据拥有相同的 column family。column family 属于 schema 的一部分，定义表时必须指定好，但每个 column family 可包含无数个动态列。column family 是访问控制的基本单位，同一 column family 中的数据在物理上会存储在一个文件中。column family 名称的类型是

⊖ Fay Chang, Jeffrey Dean, Sanjay Ghemawat, Wilson C. Hsieh, Deborah A. Wallach, Mike Burrows, et al. "Bigtable: A Distributed Storage System for Structured Data". In: Proceedings of the 7th USENIX Symposium on Operating System Design and Implementation (OSDI). 2006

字符串，由一系列符合 Linux 路径名称规则的字符构成。
- column qualifier：column family 内部列标识，Hbase 每列数据可通过 family:qualifier（比如 CF1:col1）唯一标识，qualifier 不属于 schema 的一部分，可以动态指定，且每行数据可以有不同的 qualifier。跟 rowkey 一样，column qualifier 也是没有数据类型的，以字节数组（byte[]）形式存储。
- cell：通过 rowkey，column family 和 column qualifier 可唯一定位一个 cell，它内部保存了多个版本的数值，默认情况下，每个数值的版本号是写入时间戳。cell 内的数值也是没有数据类型的，以数组形式保存。
- timestamp：cell 内部数据是多版本的，默认将写入时间戳作为版本号，用户可根据自己的业务需求设置版本号（数据类型为 long）。每个 column family 保留最大版本数可单独配置，默认是 3，如果读数据时未指定版本号，HBase 只会返回最新版本的数值；如果一个 cell 内数据数目超过最大版本数，则旧的版本将自动被剔除。

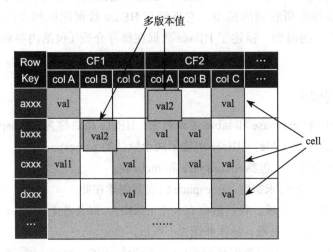

图 7-1　HBase 逻辑数据模型

可从另外一个角度理解 HBase 的逻辑数据模型：将 HBase 表看成一个有序多维映射表，比如，图 7-1 中所示数据可表示成一个图 7-2 所示的多维映射表。

HBase 也可以看作一个 key/value 存储系统，其中，rowkey 是 key，其他部分是 value，也可以将 [row key, column family, column qualifier, timestamp] 看做 key，Cell 中的值对应 value，举例如下：

```
axx → {CF1:{col A:{timestamp1:val}},
       CF2:{col A: {timestamp1:val1, timestamp2:val2}, col C:{timstamp1:val}}}
axx, CF1, col A, timestamp1 → val
axx, CF2, col A, timestamp1 → val1
axx, CF2, col A, timestamp2 → val2
axx, CF2, col C, timestamp1 → val
```

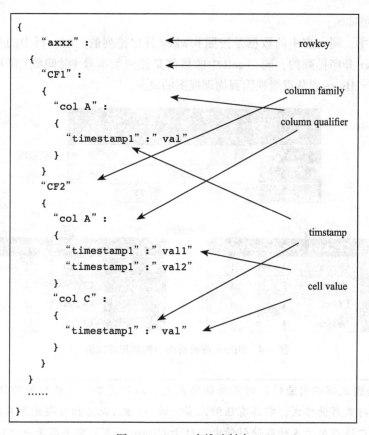

图 7-2　HBase 多维映射表

7.2.2　物理数据存储

HBase 是列簇式存储引擎，它以 column family 为单位存储数据，每个 column family 内部数据是以 key value 格式保存的，key value 组成如下：

`[row key, column family, column qualifier, timestamp] => value`

数据在存储介质中按照图 7-3 所示的形式保存。

key	CF	qualifier	timestamp	value
xicheng	data	city	1444093415238	Beijing
xicheng	data	country	1444093416123	China
smith	data	city	1444093417431	Los Angeles

图 7-3　HBase 物理存储方式

从保存格式上可以看出，每行数据中不同版本的 cell value 会重复保存 rowkey、column family 和 column qualifier，因此，为了节省存储空间，这几个字段值在保证业务易理解的前提下，应尽可能短。

在 HBase 中，同一表中的数据是按照 rowkey 升序排列的，同一行中的不同列是按照 column qualifier 升序排列的，同一 cell 中的数值是按照版本号（时间戳）降序排列的，图 7-4 所示为一个 HBase 表从逻辑视图到物理视图的映射。

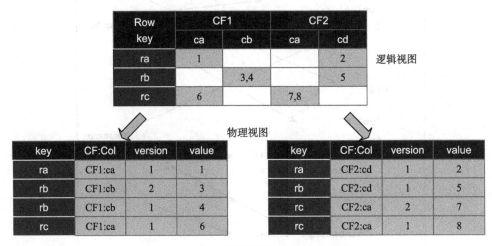

图 7-4　HBase 逻辑视图到物理视图映射

> **HBase 是列式存储引擎吗？** 列式存储格式是指以列为单位存储数据的数据存储格式，相比于传统的行式存储格式，它具有压缩比高、读 IO 少（此处指可避免无意义的读 IO）等优点，目前被广泛应用于各种存储引擎中。对于 HBase 而言，它并不是一个列式存储引擎，而是列簇式存储引擎，即同一列簇中的数据会单独存储，但列簇内数据是行式存储的。为了将 HBase 改造成列式存储引擎，进一步提高读写性能，Cloudera 公司开源了分布式数据库 Kudu⊖。

7.3　HBase 基本架构

为了将数据表分布到集群中以提供并行读写服务，HBase 按照 rowkey 将数据划分成多个固定大小的有序分区，每个分区被称为一个"region"，这些 region 会被均衡地存放在不同节点上。HBase 是构建在 HDFS 之上的，所有的 region 均会以文件的形式保存到 HDFS 上，以保证这些数据的高可靠存储。

7.3.1　HBase 基本架构

HBase 采用了经典的 master/slave 架构，如图 7-5 所示，与 HDFS 不同的是，它的

⊖　http://getkudu.io/

master 与 slave 不直接互连,而是通过引入 ZooKeeper 让两类服务解耦,这使得 HBase master 变得完全无状态,进而避免了 master 宕机导致整个集群不可用,HBase 各个服务功能如下:

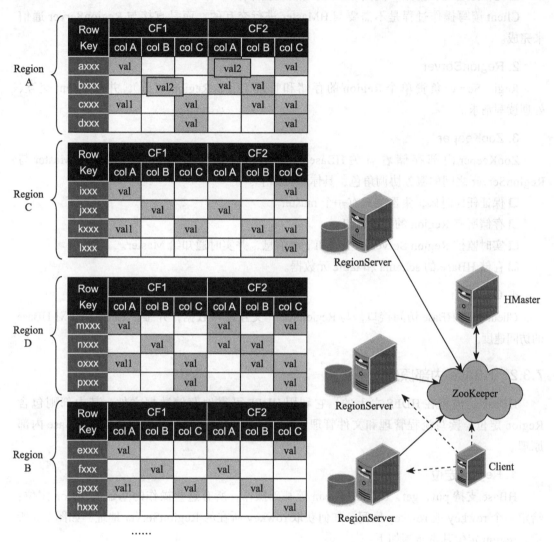

图 7-5　HBase 基本架构

1. HMaster

HMaster 可以存在多个,主 HMaster 由 ZooKeeper 动态选举产生,当主 HMaster 出现故障后,系统可由 ZooKeeper 动态选举出的新 HMaster 接管。HMaster 本身是无状态的(所有状态信息均保存在 ZooKeeper 中),主 HMaster 挂掉后,不会影响正常的读写服务。HMaster 主要有以下职责:

- **协调 RegionServer**：包括为 RegionServer 分配 region，均衡各 RegionServer 的负载，发现失效的 RegionServer 并重新分配其上的 region。
- **元信息管理**：为用户提供 table 的增删改查操作。

Client 读写操作过程是不需要与 HMaster 进行交互的，而是直接与 RegionServer 通信来完成。

2. RegionServer

RegionServer 负责单个 Region 的存储和管理（比如 Region 切分），并与 Client 交互，处理读写请求。

3. ZooKeeper

ZooKeeper 内部存储着有关 HBase 的重要元信息和状态信息，担任着 Master 与 RegionServer 之间的服务协调角色，具体职责如下：
- 保证任何时候，集群中只有一个 master。
- 存储所有 Region 的寻址入口。
- 实时监控 Region Server 的上线和下线信息，并实时通知给 Master。
- 存储 HBase 的 schema 和 table 元数据。

4. Client

Client 提供 HBase 访问接口，与 RegionServer 交互读写数据，并维护 cache 加快对 HBase 的访问速度。

7.3.2 HBase 内部原理

HBase 是构建在 HDFS 之上的，它利用 HDFS 可靠地存储数据文件，其内部则包含 Region 定位、读写流程管理和文件管理等实现，本节则从以下几个方面剖析 HBase 内部原理。

1. Region 定位

HBase 支持 put，get，delete 和 scan 等基础操作，所有这些操作的基础是 region 定位：给定一个 rowkey 或 rowkey 区间，如何获取 rowkey 所在的 RegionServer 地址？如图 7-6 所示，region 定位基本步骤如下：

1）客户端与 ZooKeeper 交互，查找 hbase:meta 系统表[⊖]所在的 RegionServer，hbase:meta 表维护了每个用户表中 rowkey 区间与 Region 存放位置的映射关系，具体如下：

```
rowkey: table name, start key, region id
```

⊖ HBase 0.96.0 之前版本存在两个系统表，分别为 -ROOT- 和 .META.，其中 -ROOT- 表记录了 .META. 表的位置信息，但考虑到 .META. 表只有一个 region 足够，从 0.96.0 版本开始，-ROOT- 表被移除，.META. 表被重命名为 hbase：meta。

```
value:   RegionServer 对象（保存了 RegionServer 位置信息等）
```

2）客户端与 hbase:meta 系统表所在 RegionServer 交互，获取 rowkey 所在的 RegionServer。

3）客户端与 rowkey 所在的 RegionServer 交互，执行该 rowkey 相关操作。

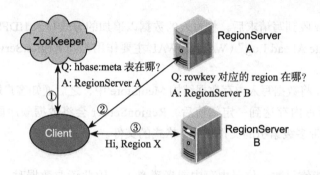

图 7-6　HBase Region 定位流程

需要注意的是，客户端首次执行读写操作时才需要定位 hbase:meta 表的位置，之后会将其缓存到本地，除非因 region 移动导致缓存失效，客户端才会重新读取 hbase:meta 表位置，并更新缓存。

2. RegionServer 内部关键组件

RegionServer 内部关键组件如图 7-7 所示，其主要功能如下：

- BlockCache：读缓存，负责缓存频繁读取的数据，采用了 LRU 置换策略。
- MemStore：写缓存，负责暂时缓存未写入磁盘的数据，并在写入磁盘前对数据排序。每个 region 内的每个 column family 拥有一个 MemStore。

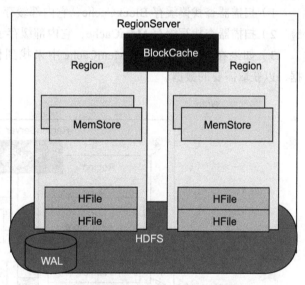

图 7-7　RegionServer 内部关键组件

- HFile：一种支持多级索引的数据存储格式，用于保存 HBase 表中实际的数据。所有 HFile 均保存在 HDFS 中。
- WAL：即 Write Ahead Log，保存在 HDFS 上的日志文件，用于保存那些未持久化到 HDFS 中的 HBase 数据，以便 RegionServer 宕机后恢复这些数据。

3. RegionServer 读写操作

HBase 中最重要的两个操作是写操作和读操作，如图 7-8 所示。

（1）写流程

为了提到 HBase 写效率，避免随机写性能低下，RegionServer 将所有收到的写请求暂时写入内存，之后再顺序刷新到磁盘上，进而将随机写转化成顺序写以提升性能，具体流程如下：

1）RegionServer 收到写请求后，将写入的数据以追加的方式写入 HDFS 上的日志文件，该日志被称为"Write Ahead Log"（WAL）。WAL 主要作用是当 RegionServer 突然宕机后重新恢复丢失的数据。

2）RegionServer 将数据写入内存数据结构 MemStore 中，之后通知客户端数据写入成功。

当 MemStore 所占内存达到一定阈值后，RegionServer 会将数据顺序刷新到 HDFS 中，保存成 HFile（一种带多级索引的文件格式）格式的文件。

（2）读流程

由于写流程可能使得数据位于内存中或者磁盘上，因此读取数据时，需要从多个数据存放位置中寻找数据，包括读缓存 BlockCache、写缓存 MemStore，以及磁盘上的 HFile 文件（可能有多个），并将读到的数据合并在一起返回给用户，具体流程如下：

1）扫描器查找读缓存 BlockCache，它内部缓存了最近读取过的数据。

2）扫描器查找写缓存 MemCache，它内部缓存了最近写入的数据。

3）如果在 BlockCache 和 MemCache 中未找到目标数据，HBase 将读取 HFile 中的数据，以获取需要的数据。

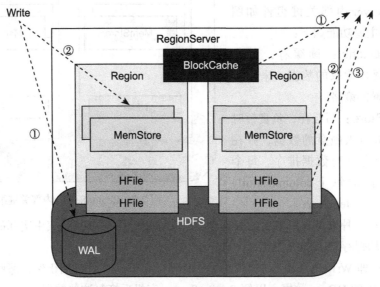

图 7-8　HBase 读写流程

4. MemStore 与 HFile 组织结构

MemStore 负责将最近写入的数据缓存到内存中，它是一个有序 Key/Value 内存存储格式，每个 colum family 拥有一个 MemStore，它的格式如图 7-9 所示。

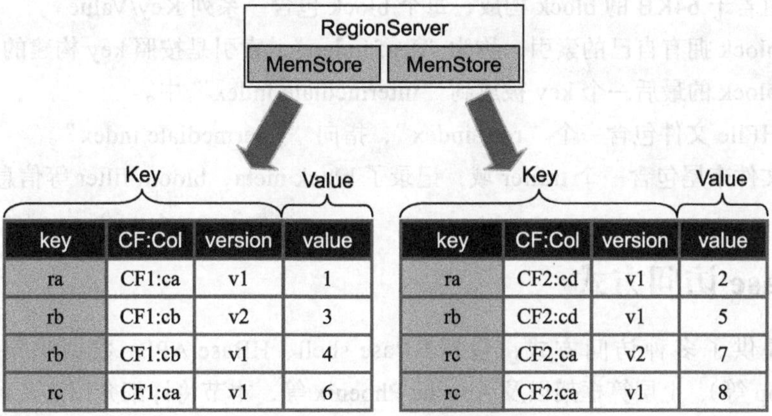

图 7-9　HBase MemStore 格式

MemStore 中的数据量达到一定阈值后，会被刷新到 HDFS 文件中，保存成 HFile 格式[一]。HFile 是 Google SSTable（Sorted String Table，Google BigTable 中用到的存储格式）的开源实现，它是一种有序 Key/Value 磁盘存储格式，带有多级索引，以方便定位数据，HFile 中的多级索引类似于 B+ 树。

HFile 格式如图 7-10 所示。

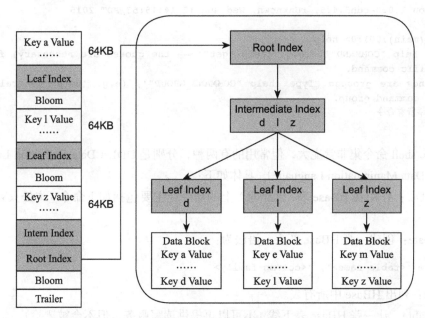

图 7-10　HFile 存储格式

———————
㊀ http://hbase.apache.org/book.html#_hfile_format_2

- 数据按照 key 以升序排列。
- 文件由若干 64KB 的 block 构成，每个 block 包含一系列 Key/Value。
- 每个 block 拥有自己的索引，称为"leaf index"，索引是按照 key 构建的。
- 每个 block 的最后一个 key 被放到"intermediate index"中。
- 每个 HFile 文件包含一个"root index"，指向"intermediate index"。
- 每个文件末尾包含一个 trailer 域，记录了 block meta，bloom filter 等信息。

7.4 HBase 访问方式

HBase 提供了多种访问方式，包括 HBase shell、HBase API、数据收集组件（比如 Flume，Sqoop 等）、上层算框架以及 Apache Phoenix 等，本节将详细介绍这几种访问方式。

7.4.1 HBase shell

HDFS 提供了丰富的 shell 命令集让用户更加容易地管理 HBase 集群，你可以通过 "$HBASE_HOME/bin/hbase shell"命令进入交互式命令行，并输入"help"查看所有命令：

```
xicheng.dong@hbase-001:~$ bin/hbase shell
HBase Shell; enter 'help<RETURN>'for list of supported commands.
Type "exit<RETURN>" to leave the HBase Shell
Version 1.0.0-cdh5.4.5, rUnknown, Wed Aug 12 14:15:53 PDT 2015

hbase(main):001:0> help
Type 'help "COMMAND"', (e.g. 'help "get"' -- the quotes are necessary) for help
on a specific command.
Commands are grouped. Type 'help "COMMAND_GROUP"', (e.g. 'help "general"') for
help on a command group.
// 列举所有命令
……
```

HBase shell 命令集非常庞大，但常用的有两种，分别是 DDL（Data Definition Language）和 DML（Data Manipulation Language），具体如下：

1）DDL：作用在 HBase 表（元信息）上的命令，主要包括如下命令（本处只列举出部分命令）。

- create：创建一张 HBase 新表，语法为：

```
create '<table name>', '<column family>'
```

- list：列出 HBase 中所有表。
- disable：让一张 HBase 表下线（不可以再提供读写服务，但不会被删除）。
- describe：列出一张 HBase 的描述信息。
- drop：删除一张 HBase 表。

注意，创建 HBase 表时只需要指定它所包含的 column family，无需指定具体的列。

【实例1】员工信息表中包含两个 column family：personal（记录员工基本信息，比如名字、性别、家庭住址等）和 office（记录员工工作信息，比如电话号码、工作地点、薪水等），则可使用 create 命令创建该表（命名为 employee）：

```
hbase(main):001:0> create 'employee', 'personal', 'office'
0 row(s) in 0.8550 seconds

=> Hbase::Table - employee
```

通过 describe 命令查看表 employee 的详细描述：

```
hbase(main):002:0> describe 'employee'
Table employee is ENABLED
employee
COLUMN FAMILIES DESCRIPTION
{NAME => 'office', DATA_BLOCK_ENCODING => 'NONE', BLOOMFILTER => 'ROW',
REPLICATION_SCOPE => '0', VERSIONS => '1', COMPRESSION => 'NONE', MIN_VERSIONS =>
'0', TTL => 'FOREVER',
   KEEP_DELETED_CELLS => 'FALSE', BLOCKSIZE => '65536', IN_MEMORY => 'false',
BLOCKCACHE => 'true'}
{NAME => 'personal', DATA_BLOCK_ENCODING => 'NONE', BLOOMFILTER => 'ROW',
REPLICATION_SCOPE => '0', VERSIONS => '1', COMPRESSION => 'NONE', MIN_VERSIONS =>
'0', TTL => 'FOREVER
', KEEP_DELETED_CELLS => 'FALSE', BLOCKSIZE => '65536', IN_MEMORY => 'false',
BLOCKCACHE => 'true'}
2 row(s) in 0.0320 seconds
```

2）DDL：作用在数据上的命令，主要包括如下命令（本处只列举出部分命令）。

❑ put：往 HBase 表中的特定行写入一个 cell value，语法为：

```
put 'table name', 'rowkey', 'column family:column qualifier', 'value'
```

❑ get：获取 HBase 表中一个 cell 或一行的值，语法为：

```
get 'table name', 'rowkey'[, {COLUMN => 'column family:column qualifier'}]
```

❑ delete：删除一个 cell value，语法为：

```
delete 'table name', 'rowkey', 'column family:column qualifier', '<timestamp>'
```

❑ deleteall：删除一行中所有 cell value，语法为：

```
delete 'table name', 'rowkey'
```

❑ scan：给定一个初始 rowkey 和结束 rowkey，扫描并返回该区间内的数据，语法为：

```
scan 'table name'[,{filter1, filter2,…}]
```

比如：

```
scan 'hbase:meta', {COLUMNS => 'info:regioninfo', LIMIT => 10}
```

❑ count：返回 HBase 表中总的记录条数，语法为：

```
count 'table name'
```

【实例 2】往【实例 1】中创建好的 employee 表中插入两个员工信息，将下面 shell 命令写入文本文件 add_employee.txt 中：

```
put 'employee', '00001', 'personal:name', 'xicheng.dong'
put 'employee', '00001', 'personal:gender', 'man'
put 'employee', '00001', 'office:phone', '13510248888'
put 'employee', '00001', 'office:salary', '88888'
put 'employee', '00002', 'personal:name', 'smith'
put 'employee', '00002', 'personal:gender', 'man'
put 'employee', '00002', 'personal:address', 'Beijing'
put 'employee', '00002', 'office:salary', '99999'
```

以非交互式模式执行 add_employee.txt 中所有命令：

```
$HBASE_HOME/bin/hbase shell ./add_employee.txt
```

使用 scan 命令查看表中数据：

```
hbase(main):022:0> scan 'employee'
ROW              COLUMN+CELL
 00001           column=office:phone, timestamp=1444204101888, value=13510248888
 00001           column=office:salary, timestamp=1444204101895, value=88888
 00001           column=personal:gender, timestamp=1444204101882, value=man
 00001           column=personal:name, timestamp=1444204101841, value=xicheng.dong
 00002           column=office:salary, timestamp=1444204101922, value=99999
 00002           column=personal:address, timestamp=1444204101916, value=Beijing
 00002           column=personal:gender, timestamp=1444204101910, value=man
 00002           column=personal:name, timestamp=1444204101900, value=smith
2 row(s) in 0.0380 seconds
```

7.4.2 HBase API

对应于 HBase shell，HBase 也提供了两类编程 API，一类是 HBase 表操作 API，对应 Java 类 org.apache.hadoop.hbase.client.HBaseAdmin；另一类是数据读写 API，对应 Java 类 org.apache.hadoop.hbase.client.HTable。注意，这两个类的构造函数已在 0.99.x 版本过期，推荐使用 Java 类 org.apache.hadoop.hbase.client.Connection 中的 getAdmin() 和 getTable() 两个方法获取这两个类对象。

1. HBase 表操作 API

所有表操作 API 均封装在 Java 类 org.apache.hadoop.hbase.client.HBaseAdmin 中，部分 API 如表 7-1 所示。

表 7-1 HBase 表操作相关 API

API 定义	功能
void　　createTable(HTableDescriptor desc)	创建一个新的 HBase 表
void createTable(HTableDescriptor desc, byte[][] splitKeys)	创建一个新的 HBase 表，并进行预分区
String[]　　getTableNames()	获取所有 HBase 表名
void　　disableTable(String tableName)	让一张 HBase 表下线
void　　deleteTable(String tableName)	删除一张表

【实例 3】用 Java API 创建【实例 1】中的 employee 表：

```
public void createHBaseTable() throws Exception {
    Configuration conf = HBaseConfiguration.create();
    // 下面 API 已经过期，不建议使用，建议用 Connection.getAdmin()
    // HBaseAdmin admin = new HBaseAdmin(conf);
    Connection connection = ConnectionFactory.createConnection(conf);
    HBaseAdmin admin = (HBaseAdmin)connection.getAdmin();

    // 给出 employee 表的描述
    HTableDescriptor tableDescriptor = new
        HTableDescriptor(TableName.valueOf("employee"));
    // 增加两个 column family
    tableDescriptor.addFamily(new HColumnDescriptor("personal"));
    tableDescriptor.addFamily(new HColumnDescriptor("office"));
    // 创建表
    admin.createTable(tableDescriptor);
    admin.close();
    connection.close();
}
```

2. 数据读写 API

所有数据读写 API 均封装在 Java 类 org.apache.hadoop.hbase.client.HTable 中，部分 API 如表 7-2 所示。

表 7-2 HBase 数据读写相关 API

API 定义	功能
void　　put(Put put)	将 Put 对象指定的数据写入 HBase 表
Result　　get(Get get)	获取 Get 对象指定的数据
void　　delete(Delete delete)	删除 Delete 对象指定的数据
ResultScanner　　getScanner(byte[] family)	扫描获取某个 column family 下所有数据

【实例 4】用 Java API 将【实例 2】中的数据写入 employee 表中：

```
public static void addEmployee() throws Exception {
Configuration conf = HBaseConfiguration.create();
```

```java
// 构建 employee 表对应的 HTable 句柄
Connection connection = ConnectionFactory.createConnection(conf);
HTable table = (HTable)connection.getTable(TableName.valueOf("employee"));

// 构建 Put 对象,并将对应的数据写入 HBase 表中
Put put = new Put("00001".getBytes());
put.addImmutable("personal".getBytes(), "name".getBytes(), "xicheng.dong".getBytes());
put.addImmutable("personal".getBytes(), "gender".getBytes(), "man".getBytes());
put.addImmutable("office".getBytes(), "salary".getBytes(), "88888".getBytes());
table.put(put);
put = new Put("00002".getBytes());
put.addImmutable("personal".getBytes(), "name".getBytes(), "smith".getBytes());
put.addImmutable("personal".getBytes(), "gender".getBytes(), "man".getBytes());
put.addImmutable("office".getBytes(), "salary".getBytes(), "99999".getBytes());
put.addImmutable("office".getBytes(), "address".getBytes(), "Beijing".getBytes());
table.put(put);
table.flushCommits();

table.close();
connection.close();
```

7.4.3 数据收集组件

本书"第二部分 数据收集"介绍了数据收集系统 Flume 和 Sqoop,它们均可以将数据以预定格式导入 HBase。

1. Flume

Flume 提供了 HBase Sink,能够将收集到的数据直接写入 HBase 中,且自带了灵活的配置参数,可设置超时时间、批大小、序列化方式等,下面给出一段示例配置片段。

【实例5】Flume 名称为 a1 的 Agent,将数据写入 HBase 表 user 中的名为 bahavior 列簇中。

```
# 名称为 a1 的 agent,将数据写入 HBase 表 user 中的名为 bahavior 列簇中
a1.channels = c1
a1.sinks = k1
a1.sinks.k1.type = hbase
a1.sinks.k1.table = user
a1.sinks.k1.columnFamily = behavior
a1.sinks.k1.serializer = org.apache.flume.sink.hbase.RegexHbaseEventSerializer
a1.sinks.k1.channel = c1
```

关于 Flume HBase Sink 更详尽的配置参数,可参考 Flume 官方文档[⊖]。

⊖ http://flume.apache.org/FlumeUserGuide.html#hbasesinks

2. Sqoop

Sqoop 允许用户指定数据写入 HBase 的表名，列簇名等，下面给一个实例。

【实例 6】使用 Sqoop1 将 MySQL 数据库中 user 表导入到 HBase 表 user 中的名为 bahavior 列簇中。

```
sqoop import --connect jdbc:mysql://mysqlhost/default \
    --username xicheng --password xxx --table user \
    --hbase-table user  --column-family behavior \
    --hbase-create-table
```

7.4.4 计算引擎

HBase 提供了 TableInputFormat 和 TableOutputFormat 两个组件供各类计算引擎并行读取或写入 HBase 中的数据，其中，TableInputFormat 以 HBase Region 为单位划分数据，每个 Region 会被映射成一个 InputSplit，可被一个任务处理；TableOutputFormat 可将数据插入到 HBase 中。

用户也可以直接使用 SQL 访问 HBase 中的数据，查询引擎 Hive，Impala 及 Presto 等对 HBase 有良好的支持。由于 HBase 中存储的并非标准关系型数据，因此，使用 SQL 查询引时需将 HBase 中的表映射到一个关系型数据表中。更详细的 HBase 访问方式，我们将在"第五部分 大数据计算引擎"介绍。

7.4.5 Apache Phoenix

Apache Phoenix[⊖]是一种 SQL On HBase 的实现方案，它基于 HBase 构建了一个分布式关系型数据库，能够将 SQL 转化成一系列 HBase scan 操作，并以 JDBC 结果集的方式将结果返回给用户。Apache Phoenix 具有以下特点：

❑ 嵌入式的 JDBC 驱动，实现了大部分的 java.sql 接口。
❑ 完善的查询支持，可以使用多个谓词以及优化的扫描键。
❑ DDL 支持：通过 CREATE TABLE、DROP TABLE 及 ALTER TABLE 来添加 / 删除列。
❑ DML 支持：用于数据查询的 SELECT（支持 group by、sort、join 等），用于逐行插入的 UPSERT VALUES，用于相同或不同表之间大量数据传输的 UPSERT SELECT，用于删除行的 DELETE。
❑ 支持二级索引。
❑ 支持用户自定义函数。
❑ 通过客户端的批处理实现有限的事务支持。
❑ 与 MapReduce、Spark、Flume 等开源系统集成。

⊖ http://phoenix.apache.org/

❏ 紧跟 ANSI SQL 标准。

Apache Phoenix 自带查询优化引擎，结合使用 HBase Coprocessor[⊖]，相比于直接使用 HBase API，能够达到更低的访问延迟和更高的性能，目前被不少互联网公司使用。

7.5 HBase 应用案例

为了让读者进一步了解 HBase 在实际生产环境中的应用方法，本节介绍了两个经典的 HBase 实际应用案例，分别是社交关系数据存储和时间序列数据库 OpenTSDB。

7.5.1 社交关系数据存储

互联网领域很大一类应用是社交关系数据，国内的新浪微博和微信、国外的 Twitter 和 Facebook 等，均是典型的代表。社交关系数据主要维护了 Follower-followed 用户关系，即用户关注与被关注信息，目前有专门的图数据库非常适合存储这些数据，但通过介绍 HBase 的方案，可帮助读者更深入的理解 HBase 数据建模方法和应用技巧。

对于社交关系数据的存储，通常有以下几个功能需求：

1）读数据要求：

❏ 查看用户 A 关注了哪些用户。

❏ 查看哪些用户关注了用户 A。

❏ 判断用户 A 是否关注了用户 B。

2）写数据要求：

❏ 用户 A 增加了一个新的关注者。

❏ 用户 A 取消了对用户 B 的关注。

为了实现上述功能，对照 HBase 的数据模型，可很容易想到如图 7-11 所示的数据模型（记为模型 A）。

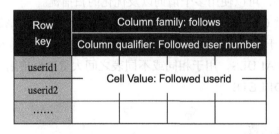

图 7-11　数据模型 A 示意图

在该数据模型中，rowkey 被设置为 userid 以方便查找和定位，column family 为 follows，其内部的每一列保存了一个关注者的信息，图 7-12 给出了一个模型 A 实例。

⊖ http://hbase.apache.org/book.html#cp

	Column family: follows			
bob	1:mary	2:tom		
tom	1:smith	2:lily	3:lucy	4:bob
……				

图 7-12　数据模型 A 的一个实例

模型 A 能够能够很好地解决读数据要求中的第一条和第三条，但第二条非常低效，需要遍历整张表查找哪些用户关注了某个特定用户，另外，为特定用户增加一个新的关注者也非常困难：难以高效地确定应为新关注者赋予什么编号，一种解决思路是增加一列 counter，记录最小可用编号值，但这将引入事务问题：counter 值的更新无法保证原子性，用户需在应用层解决这一问题。

为了解决模型 A 存在的问题，我们改用图 7-13 所示的模型 B，与模型 A 不同的是，用户 ID 被用作列名，每列对应的 cell 值为任意数值。该模型能够很好地解决大多数需求，唯独第二个读要求："查看哪些用户关注了用户 A"，这是由于 HBase 仅提供了基于 rowkey 的索引，因此，为了查找哪些用户关注了用户 A，需要遍历整个表。

	Column family: follows			
bob	mary:1	tom:1		
tom	smith:1	lily:1	lucy:1	bob:1
……				

图 7-13　数据模型 B 示意图

为了进一步优化模型 B，可考虑以下两种方案：
1）构造第二张表，保存逆序关系，即用户 X 以及关注 X 的用户列表。
2）在同一张表中保存用户 X 关注的用户列表以及关注 X 的用户列表。
以方案 2 为例，可得到图 7-14 所示的模型 C。

	Column family: f
	Column qualifier: Followed user's name
Follower+	
followed	
……	

图 7-14　数据模型 C 示意图

在该模型中，column family 名称被改为 "f" 以减少数据存储空间和网络传输数据量，同时将前面的"宽表"改为"窄表"，即表中的 rowkey 由用户 ID 与被关注用户 ID 组合而成，column family 中只有一列，图 7-15 给出了一个模型 C 实例。

	Column family: f
bob+mary	Mary Bill:1
bob+tom	Tom Will:1
tom+smith	Smith Bill:1
tom+lily	Lily Smith:1
……	

图 7-15　数据模型 C 的一个实例

为了规整化 rowkey，避免 rowkey 长度导致每次请求返回的数据量不一（造成调试困难），可将用户 ID 映射成等长的 hash 值，组装成 rowkey，比如 "md5(userID1)+md5(userID2)"。

7.5.2　时间序列数据库 OpenTSDB

OpenTSDB[⊖] 是基于 Hbase 构建的分布式、可伸缩的时间序列数据库（Time Series Database），它的一个典型应用场景是实时采集、存储和展示各类监控指标（metric）信息（比如集群中的网络设备、操作系统、应用程序的监控信息），具有扩展性好，能够永久存储所有监控指标等优点。

1. OpenTSDB 数据模型

为了规范化指标数据，OpenTSDB 对指标数据进行了规范化，在 OpenTSDB 中，一条指标数据由以下几个属性构成：

❑ metric：metric 名称，比如 CPU 利用率。
❑ tags：用来描述 metric 的标签，由 tagk 和 tagv 组成，即 tagk=tagv。
❑ value：metric 的实际值。
❑ timestamp：时间戳，描述 value 对应的时间点。

在实际应用中，一条 MySQL 数据库相关的 metric 数据形式如下（表示某个时刻作用在某个表上的慢查询的数目）：

```
metric: mysql.slow_queries
timestamp: 1454557420
value: 100
tags: schema=userdb
```

监控系统最主要读需求是，将一段时间内的 metric 数据取出，并通过曲线图形化展示出来，如图 7-16 所示。

⊖　http://opentsdb.net/

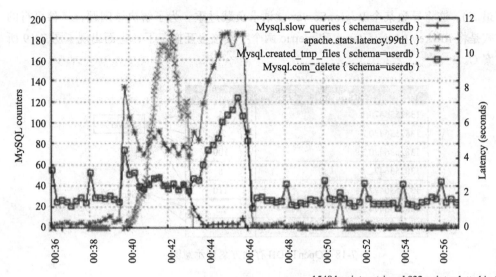

图 7-16　图形化展示 metric 信息

2. OpenTSDB 存储方式

OpenTSDB 采用 HBase 存储 metric 数据，如果仅考虑 metric、timestamp 和 value 三个属性，一种可行的存储方案（记为方案 A）如下，把 HBase 当做一个简单的 key/value 存储系统，其中 key 是由 timestamp 和 metric 组合而成，如图 7-17 所示。

rowkey	value
1382536470,mysql.create_tmp_files	5
1382536470,mysql.com_delete	20
1382536470,mysql.slow_queries	100
1382536472,mysql.create_tmp_files	8
1382536472,mysql.slow_queries	110
1382536474,mysql.com_delete	25
……	……

图 7-17　OpenTSDB 存储方案 A 示意图

方案 A 能够满足读写需求，通过一个简单的 HBase scan 操作即获取某一时间端内的特定 metric 数值，但由于该方案直接以字符串的方式保存 metric 名称，会造成大量存储空间的浪费。为了对其进行优化，可对 metric 进行数值编码，直接将编码后的数字保存到 rowkey 中，进而产生图 7-18 所示的方案 B。

在实际应用中，方案 B 仍存在性能问题：HBase 自动按照 rowkey 排序，这使得最近的 metric 数据被紧挨着存储在同一个 RegionServer 上，考虑到数据局部性特点（最新的数据访问频率最高)，这将导致某个 RegionServer 读请求负载过重。为了解决该问题，一种可行的优化方式是将 rowkey 中 timestamp 和 metric 两个字段位置互换一下，进而出现了图 7-19 所示的方案 C。

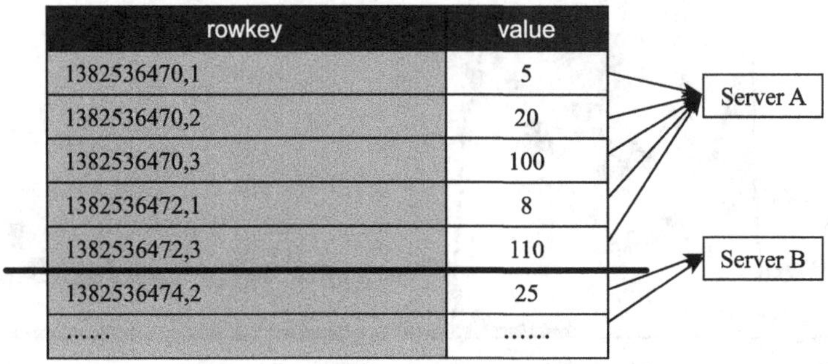
rowkey
value
1382536470,1
5
1382536470,2
20
1382536470,3
100
1382536472,1
8
1382536472,3
110
1382536474,2
25
……
……
Server A
Server B

图 7-18　OpenTSDB 存储方案 B 示意图

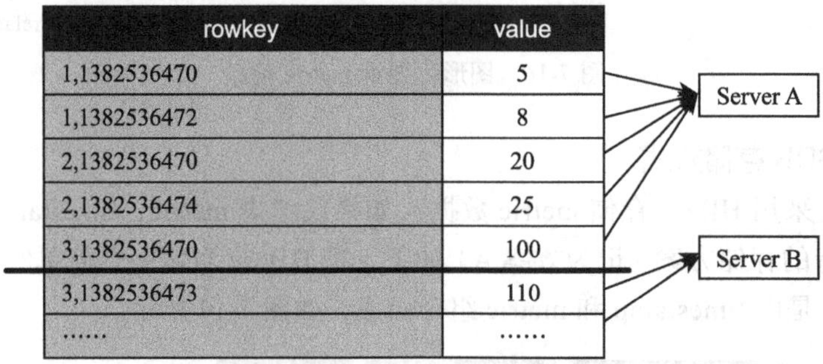
rowkey
value
1,1382536470
5
1,1382536472
8
2,1382536470
20
2,1382536474
25
3,1382536470
100
3,1382536473
110
……
……
Server A
Server B

图 7-19　OpenTSDB 存储方案 C 示意图

方案 C 能够很好地均衡各个 RegionServer 的读负载，可提高读性能，但每次读取一个时间区间内的 metric 数值时，需要扫描多行数据，这明显要慢于只读一行或若干行的情况，为了进一步提高性能，可将多行数据压缩存储到一行中（记为方案 D)，如图 7-20 所示。

rowkey	+10	+17	+23	+39		+3600
1,1382608800	5		4	8	……	9
1,1382612400	8	5	9		……	20
……	……	……	……	……	……	……

图 7-20　OpenTSDB 存储方案 D 示意图

在方案 D 中，每行数据保存了特定 metric 在一个小时内的数值，其中 rowkey 中的 timestamp 为整点时间戳，而各列名则为相对于该整点时刻的偏移量，通过这种方式，在节省存储空间（时间偏移量占用空间要小于时间戳）的同时，可加快数据读性能（主要读请求为区间扫描）。在方案 D 基础上，将 tags 编码后，保存到 rowkey 尾部，则形成了

OpenTSDB 完整的数据存储方式。

3. OpenTSDB 基本架构

OpenSTDB 架构如图 7-21 所示，各模块功能如下：
- Server：OpenTSDB 的代理，通过 Collector 收集数据，推送数据。
- TSD：是对外通信的无状态服务器，对数据进行汇总和存取。
- HBase：TSD 收到数据后，通过异步客户端将数据写入到 HBase。

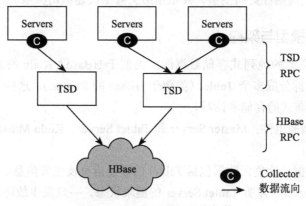

图 7-21　OpenTSDB 基本架构

7.6　分布式列式存储系统 Kudu

Hadoop 生态系统发展到现在，存储层主要由 HDFS 和 HBase 两个系统把持着，一直没有太大突破。在追求高吞吐的批处理场景下，我们选用 HDFS；在追求低延迟，有随机读写需求的场景下，我们选用 HBase。那么是否存在一种系统，能结合两个系统的优点，同时支持高吞吐率和低延迟呢？Kudu 的出现正是为了解决这一难题。

7.6.1　Kudu 基本特点

Kudu 是 Cloudera 开源的列式存储引擎，专门为了对快速变化的数据进行快速分析，填补了以往 Hadoop 存储层的空缺。Kudu 具有以下几个特点：
- C++ 语言开发。
- 可以高效处理类 OLAP 负载。
- 可以与 MapReduce、Spark 以及 Hadoop 生态系统中其他组件进行友好集成。
- 可与 Impala 集成，替代目前 Impala 常用的 HDFS+Parquet 组合。
- 灵活的一致性模型。
- 顺序写和随机写并存的场景下，仍能达到良好的性能。
- 高可用，使用 Raft 协议保证数据高可靠存储。

❏ 结构化数据模型。

Kudu 的出现，有望解决目前 Hadoop 生态系统难以解决的一大类问题，比如：

1）流式实时计算结果的实时更新与查询。

2）时间序列相关应用，具体要求有：

❏ 查询海量历史数据。

❏ 查询个体数据，并要求快速返回。

3）预测模型中，周期性更新模型，并根据历史数据快速做出决策。

7.6.2 Kudu 数据模型与架构

Kudu 是一个强类型的纯列式存储数据库。类似于 HBase，Kudu 的表是由很多数据子集构成的，表被水平拆分成多个 Tablet（类似于 HBase 的 Region），这些 Tablet 被散布到不同机器上，以实现分布式的存储和读写。

Kudu 有两种类型的组件：Master Server 和 Tablet Server。Kudu Master 与 HBase Master 类似，主要功能包括：

❏ 负责管理元数据，这些元数据包括 Tablet 的描述信息及位置信息。

❏ 管理 Tablet Server，监听 Tablet Server 的健康状态，一旦发生故障便触发容错；对于副本数过低的 Tablet，启动复制任务来提高其副本数。

Master 的所有信息都在 cache 中，因此速度非常快，每次查询都在百毫秒级别。Kudu 支持多个 Master，但只有一个 Active Master，其余只是作为灾备，不提供服务，一旦 Active Master 出现故障，其他 Master 将采用 Raft 一致性协议重新选举产生新的 Active Mater。

Tablet Server 用于存储实际的 Tablet 数据，通常每个 Tablet 有 3 个副本存放在不同的 Tablet Server 上。同一个 Tablet 的副本分为 leader 和 follower 两种类别：每个 Tablet 只能有一个 leader 副本，这个副本为用户提供修改操作，然后将修改结果同步给 follower；而 follower 只提供读服务，不提供修改服务；Tablet 副本之间使用 Raft 协议来实现高可用，当 leader 所在的节点发生故障时，follower 会重新选举 leader。

7.6.3 HBase 与 Kudu 对比

表 7-3 从数据模型、软件架构、储存方式等方面对比了 HBase 和 Kudu。

表 7-3　HBase 与 Kudu 的异同

	HBase	Kudu
开发语言	Java	Java 与 C++（核心模块）
数据模型	典型的 KV 系统，无模式	强类型的结构化表
软件架构	利用 ZooKeeper 进行 Master 选举；数据存储到 HDFS 上以达到容错的目标	Master 使用 Raft 协议实现高可用，底层数据存储使用 Raft 实现多副本

(续)

	HBase	Kudu
存储方式	列簇式存储	纯列式存储
数据分区	一致性哈希	hash 或 range
索引	不支持二级索引	不支持二级索引
数据一致性	强一致	snapshot 和 external consistency

总结起来，HBase 是一个强一致的 KV 系统，其扩展性和伸缩性是其最大的优点，通常用于海量数据更新和随机读取的场景；而 Kudu 则是一个实现了多种一致性协议的结构化存储引擎，它通常与 Impala 结合使用，可用于实时 OLAP 分析（流式导入实时分析）的场景。

7.7 小结

HBase 是一个基于 HDFS 构建的分布式数据库系统，具有良好的扩展性、容错性以及易用的 API。它的核心思想是将表中数据按照 rowkey 排序后，切分成若干 region，并存储到多个节点上。HBase 采用了经典的主从软件架构，其中主服务被称为 HMaster，负责管理从节点、数据负载均衡及容错等，它是无状态的，所有元信息保存在 ZooKeeper 中，从服务被称为 RegionServer，负责 Region 的读写，HMaster 和 RegionServer 之间通过 ZooKeeper 进行服务协调。HBase 提供了丰富的访问方式，用户可以通过 HBase shell、HBase API、数据收集组件、计算引擎以及 Apache Phoenix 等存取 HBase 上的文件。为了解决 HBase 扫描速度慢的问题，兼顾高吞吐率和低访问延迟两个特性，Apache 引入了分布式列式存储数据库 Kudu，它能够对快速变化的数据进行快速的分析，填补了以往 Hadoop 存储层的空缺。

7.8 本章问题

问题 1：能否使用 HFile 读写 API 直接读取 HBase 存储在 HDFS 上的数据表，这与通过 HBase API 读取数据有什么区别？

问题 2：HBase 表中的数据在 HDFS 上是以 HFile 文件格式存储的，请问在文件中保存表中每个 cell 中数据时，会存储以下哪几个信息，并说明这么做的好处和坏处。

```
rowkey, column family, column qualifier, timestamp, value
```

问题 3：HBase 提供了 coprocessor（协处理器）以加快速度的读写速度，试说明 coprocessor 原理。

问题 4：asynchbase[⊖]是一个高性能异步非阻塞的 HBase 编程库，试采用该库编写一段

⊖ https://github.com/OpenTSDB/asynchbase

HBase 读写程序，并比较与 HBase 自带编程 API 的异同。

问题 5：如图 7-22 所示，对应微博用户的粉丝列表，HBase 存在两种不同的存储方式，即"宽表"和"窄表"，"宽表"将用户的粉丝列表保存到一行中，而"窄表"则拆成多行存储。试比较采用"宽表"和"窄表"的优缺点（可从存储空间、读写性能、事务等方面比较）。

	Column family:follows			
bob	1:mary	2:tom		
tom	1:smith	2:lily	3:lucy	4:bob
……				

	Column family:follows
bob:1	mary
bob:2	tom
tom:1	smith
tom:2	lily
tom:3	lucy
tom:4	bob
……	

图 7-22 粉丝列表的两种存储方式

问题 6：某电子商务网站为用户提供了历史账单查询功能，允许用户根据时间段查询购买过的商品。考虑到历史账单数据量过大，该网站采用了以下策略存储这些数据：

❑ 一年内的账单数据：具有数据量小、查询频繁等特点，将其存储到 MySQL 集群中；

❑ 一年前的账单数据：具有数据量大、查询次数少等特点，将其存储到 HBase 集群中。

请根据以上需求描述设计 HBase 表（用于存储一年前的账单数据）结构，试说明 rowkey，column family 以及 column 该如何设计。

注：用户查询模式举例，ID 为 123456 的用户查询 2015 年 1 月 1 日到 2016 年 1 月 1 日期间购买过的商品，商品信息包括订单号、商品 ID、商品名称、店家 ID、店家名称、交易金额。

第四部分 *Part 4*

分布式协调与资源管理篇

- 第 8 章　分布式协调服务 ZooKeeper
- 第 9 章　资源管理与调度系统 YARN

Chapter 8 第 8 章

分布式协调服务 ZooKeeper

在分布式系统中，服务（或组件）之间的协调是非常重要的，它构成了分布式系统的基础。分布式系统中的 leader 选举、分布式锁、分布式队列等，均需要通过协调服务（Coordination Service）实现。然而，由于分布式环境的复杂性，尤其是在网络故障、死锁、竞争等已变为常见现象的情况下，实现一个鲁棒的协调服务是极其困难的事情。为了实现一个通用的分布式协调服务，避免每个分布式系统从头实现造成不必要的工作冗余，Hadoop 生态系统提供了 ZooKeeper。ZooKeeper 通过引入类似于文件系统的层级命名空间，并在此基础上提供了一套简单易用的原语，能够帮助用户轻易地实现前面提到 leader 选举、分布式锁、分布式队列等功能。ZooKeeper 已被大量开源系统采用，包括 HDFS（leader 选举问题）、YARN（leader 选举问题）、HBase（leader 选举与分布式锁等）等。本章将从产生背景、数据模型、基本架构、程序设计以及应用案例等方面介绍 ZooKeeper。

8.1 分布式协调服务的存在意义

分布式协调服务是分布式应用中不可缺少的，通常担任协调者的角色，比如 leader 选举、负载均衡、服务发现、分布式队列和分布式锁等，接下来以 leader 选举和负载均衡为例，说明分布式协调服务的存在意义及基本职责。

8.1.1 leader 选举

在分布式系统中，常见的一种软件设计架构为 master/slave，如图 8-1 所示，其中 master 负责集群管理，slave 负责执行具体的任务（比如存储数据、处理数据），第 6 章、

第 7 章介绍的 HDFS、HBase 和 Kudu 时均采用了该架构。这种架构存在一个明显缺陷：master 是单点。为了避免 master 出现故障导致整个集群不可用，常见的优化方式是引入多 master，比如双 master：active master 和 standby master，其中 active master 对外提供服务，而 standby master 则作为备用 master，一直处于"待命"状态，一旦 active master 出现故障，自己则切换为 active master。

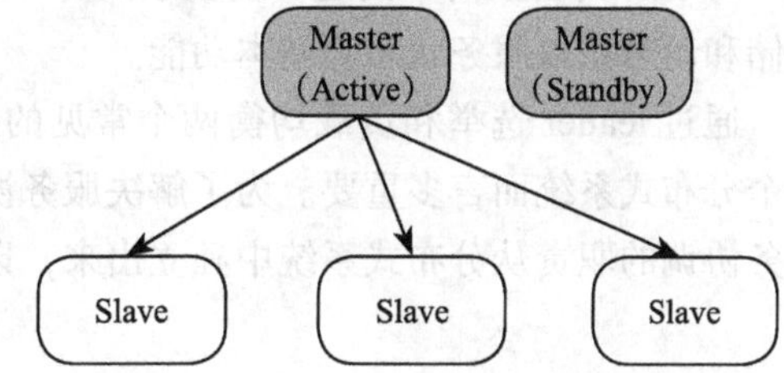

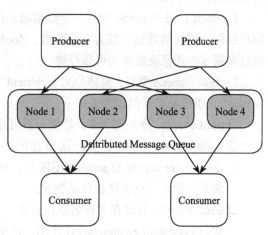

图 8-1 master/salves 软件设计架构

引入双 master 需要解决如下两个难题：

1）如何选举出一个 master 作为 active master？不能引入不可靠的第三方组件进行选举，否则又再次引入了一个存在单点故障的服务。一种常见的解决思路是实现 Paxos 一致性协议⊖，让多个对等的服务通过某个方式达成一致性，从而选举出一个 master。

2）如何发现 active master 出现故障，如何让 standby master 安全切换为 active master？该问题的难点在于如何避免出现脑裂（split-brain），即集群中同时存在两个 active master，造成数据不一致或集群出现混乱的现象。

几乎所有采用 master/slave 架构的分布式系统均存在以上问题，为了避免每个分布式系统单独开发这些功能造成工作冗余，构造一个可靠的协调服务势在必行。该协调服务需具备 leader（master）选举和服务状态获取等基本功能。

8.1.2 负载均衡

如图 8-2 所示，在类似于 Kafka 的分布式消息队列中，生产者将数据写入分布式队列，消费者从分布式消息队列中读取数据进行处理，为了实现该功能，需要从架构上解决以下两个问题：

1）生产者和消费者如何获知最新的消息队列位置？

消息队列是分布式的，通常由一组节点构成，这些节点的健康状态是动态变化的，比如某个节点因机器故障变得对外不可用，

图 8-2 消息队列中的负载均衡

如何让生产者和消费者动态获知最新的消息队列节点位置是必须要解决的问题。

2）如何让生产者将数据均衡地写入消息队列中各个节点？

消息队列提供了一组可存储数据的节点，需让生产者及时了解各个存储节点的负载，

⊖ Leslie Lamport. Paxos Made Simple. ACM SIGACT News, 2001.

以便智能决策将数据均衡地写入这些节点。

为了解决以上两个问题，需要引入一个可靠的分布式协调服务，它具备简单的元信息存储和动态获取服务状态等基本功能。

通过 leader 选举和负载均衡两个常见的分布式问题，我们可以了解到，协调服务对于一个分布式系统而言多重要。为了解决服务协调这一类通用问题，ZooKeeper 出现了，它将服务协调的职责从分布式系统中独立出来，以减少系统的耦合性和增强扩充性。

8.2 ZooKeeper 数据模型

考虑到分布式协调服务内部实现的复杂性，ZooKeeper 尝试将尽可能简单的数据模型和 API 暴露给用户，以屏蔽协调服务本身的复杂性。ZooKeeper 提供了类似于文件系统的层级命名空间，而所有分布式协调功能均可以借助作用在该命名空间上的原语实现。在用户看来，ZooKeeper 非常类似于一个分布式文件系统。

1. 层级命名空间

图 8-3 给出了一个典型的 ZooKeeper 层级命名空间，整个命名方式类似于文件系统，以多叉树形式组织在一起。其中，每个节点被称为"znode"，它主要包含以下几个属性：

1）data：每个 znode 拥有一个数据域，记录了用户数据，该域的数据类型为字节数组。ZooKeeper 通过多副本方式保证数据的可靠存储。

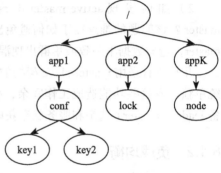

图 8-3 ZooKeeper 层级命名空间

2）type：znode 类型，具体分为 persistent、ephemeral、persistent_sequential 和 ephemeral_sequential 四种基本类似，含义如下：

- persistent：持久化节点，能够一直可靠地保存该节点（除非用户显式删除）。
- ephemeral：临时节点，该节点的生命周期与客户端相关，只要客户端保持与 ZooKeeper server 的 session 不断开，该节点会一直存在，反之，一旦两者之间连接断开，则该节点也将被自动删除。
- sequential：自动在文件名默认追加一个增量的唯一数字，以记录文件创建顺序，通常与 persistent 和 ephemeral 连用，产生 persistent_sequential 和 ephemeral_sequential 两种类型。

3）version：znode 中数据的版本号，每次数据的更新会导致其版本加一。

4）children：znode 可以包含子节点，但由于 ephemeral 类型的 znode 与 session 的生命周期是绑定的，因此 ZooKeeper 不允许 ephemeral znode 有子节点。

5）ACL：znode 访问控制列表，用户可单独设置每个 znode 的可访问用户列表，以保证 znode 被安全访问。

ZooKeeper能够保证数据访问的原子性，即一个znode中的数据要么写成功，要么写失败。

2. Watcher

Watcher是ZooKeeper提供的发布/订阅机制，用户可在某个znode上注册watcher以监听它的变化，一旦对应的znode被删除或者更新（包括删除、数据域被修改、子节点发生变化等），ZooKeeper将以事件的形式将变化内容发送给监听者。需要注意的是，watcher一旦触发后便会被删除，除非用户再次注册该watcher。

3. Session

Session是Zookeeper中的一个重要概念，它是客户端与ZooKeeper服务端之间的通信通道。同一个session中的消息是有序的。Session具有容错性：如果客户端连接的ZooKeeper服务器宕机，客户端会自动连接到其他活着的服务器上。

8.3 ZooKeeper基本架构

如图8-4所示，ZooKeeper服务通常由奇数个ZooKeeper实例构成，其中一个实例为leader角色，其他为follower角色，它们同时维护了层级目录结构的一个副本，并通过ZAB（ZooKeeper Atomic Broadcast）协议维持副本之间的一致性。ZooKeeper将所有数据保存到内存中，具有吞吐率高、延迟低等优点。ZooKeeper读写数据的路径如下：

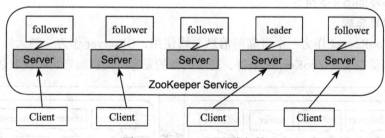

图8-4 ZooKeeper基本架构

- **读路径**：任意一个ZooKeeper实例均可为客户端提供读服务。ZooKeeper实例数目越多，读吞吐率越高。
- **写路径**：任意一个ZooKeeeper实例均可接受客户端的写请求，但需进一步转发给leader协调完成分布式写。ZooKeeper采用了ZAB协议（可认为是一个简化版的Paxos协议），该协议规定，只要多数ZooKeeper实例写成功，就认为本次写是成功的。这意味着，如果一个集群中存在2N+1个ZooKeeper实例，只要其中N+1个实例写成功，则本次写操作是成功的，从容错性角度看，这种情况下，集群的最大容忍失败实例数目为N。由于ZAB协议要求多数写成功即可返回，因此2N+1和2N+2个节点的集群具备的容错能力是相同的（最大容忍失败实例数均为N），这是建议ZooKeeper部署奇数个实例的最主要原因（多一个节点并没有提高容错能力）。需要注意的是，ZooKeeper 实例数目越多，写延迟越高。

当 leader 出现故障时，ZooKeeper 会通过 ZAB 协议发起新一轮的 leader 投票选举，保证集群中始终有一个可用的 leader。

ZooKeeper 中多个实例中的内存数据并不是强一致的，它采用的 ZAB 协议只能保证，同一时刻至少多数节点中的数据是强一致的。为了让客户端读到最新的数据，需给对应的 ZooKeeper 实例发送同步指令（可通过调用 sync 接口实现），强制其与 leader 同步数据。

在 ZooKeeper 集群中，随着 ZooKeeper 实例数目的增多，读吞吐率升高，但写延迟增加。为了解决集群扩展性导致写性能下降的问题，ZooKeeper 引入了第三个角色：Observer。Observer 并不参与投票过程，除此之外，它的功能与 follower 类似：它可以接入正常的 ZooKeeper 集群，接收并处理客户端读请求，或将写请求进一步转发给 leader 处理。由于 Observer 自身能够保存一份数据提供读服务，因此可通过增加 Observer 实例数提高系统的读吞吐率。由于 Observer 不参与投票过程，因此它出现故障并不会影响 ZooKeeper 集群的可用性。Observer 常见应用场景如下：

- **作为数据中心间的桥梁**
- 由于数据中心之间的确定性通信延迟，将一个 ZooKeeper 部署到两个数据中心会误报网络故障和网络分区导致 ZooKeeper 不稳定。然而，如果将整个 ZooKeeper 集群部署到单独一个集群中，另一个集群只部署 Observer，则可轻易地解决网络分区问题，具体如图 8-5 所示。
- **作为消息总线**
- 可将 ZooKeeper 作为一个可靠的消息总线使用，Observer 作为一种天然的可插拔组件能够动态接入 ZooKeeper 集群，通过内置的发布订阅机制近实时获取新的消息。

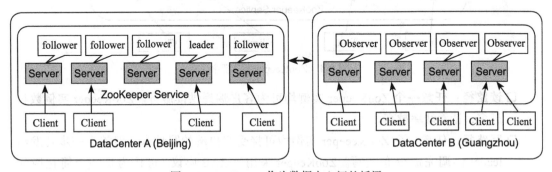

图 8-5　ZooKeeper 作为数据中心间的桥梁

8.4　ZooKeeper 程序设计

ZooKeeper 提供了一组简易的原语操作层级命名空间。用户可借助这些编程接口实现常见的分布式协调功能。

8.4.1 ZooKeeper API

ZooKeeper 提供了 Java 和 C 语言两种 API，本节以 Java 为主介绍 ZooKeeper API 使用方法。

Java API 主要存放在包 org.apache.zookeeper 中，最常用的类为 org.apache.zookeeper.ZooKeeper，它提供了一系列 ZooKeeper 访问接口，包括：

❑ String create(String path, byte[] data, List<ACL> acl, CreateMode createMode)

创建一个 znode，并设置数据域、ACL 以及 znode 类型（包含 EPHEMERAL、EPHEMERAL_SEQUENTIAL、PERSISTENT 和 PERSISTENT_SEQUENTIAL 四种类型）。

❑ Stat exists(String path, boolean watch)

判断一个 znode 是否存在，如果 watch 为 true，且该函数执行成功，则该函数将为该 znode 注册一个 watcher，它在 znode 被创建或删除时触发。

❑ List<String> getChildren(String path, boolean watch)

返回指定 znode 的子节点列表。如果 watch 为 true，且该函数执行成功，则该函数将为该 znode 注册一个 watcher，它在 znode 子节点被创建或删除时触发。

❑ Stat setACL(String path, List<ACL> acl, int version)

为指定 znode 的特定版本设置 ACL 访问控制列表。

❑ byte[] getData(String path, boolean watch, Stat stat)

返回指定 znode 的 Stat 状态和数据。如果 watch 为 true，且该函数执行成功，则该函数将为该 znode 注册一个 watcher，它在 znode 节点数据被修改或删除时触发。

❑ Stat setData(String path, byte[] data, int version)

为指定 znode 的特定版本（如果 version 为 −1，则匹配任意版本）设置数据。该函数执行成功后，会触发所有 getData 函数设置的 watcher。

❑ void delete(String path, int version)

删除指定 znode 的特定版本（如果 version 为 −1，则匹配任意版本）。

为了帮助大家详细了解这些 API，接下来给出两个案例：基于 ZooKeeper 的配置管理模块与服务发现模块设计与实现。

【实例 1】基于 ZooKeeper 的配置模块设计与实现

配置管理模块是很多分布式系统的基础，它的主要功能是将用户更新的配置文件实时同步到各个节点的服务上，以便它们近似实时的加载这些配置，典型架构如图 8-6 所示，配置管理模块的工作流程如下：

1）服务启动后，ConfigFetcher 模块与 ZooKeeper 服务通信，读取 znode 节点 /serviceA/conf 中保存的配置数据，并向该 znode 注册一个 watcher 以监听其数据的改动。

2）用户通过 ConfigUpdater 动态修改 znode 节点 /serviceA/conf 中的数据。

3）各个服务收到配置数据变动通知，读取新的配置数据。

接下来重点介绍各个服务中 ConfigFetcher 和 ConfigUpdater 两个模块的核心代码实现。

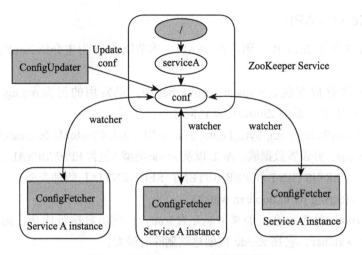

图 8-6　基于 ZooKeeper 的配置模块

ConfigUpdater 负责更新 ZooKeeper 中 /serviceA/conf 中保存的数据，代码如下：

```java
public class ConfigUpdater {
    private ZooKeeper zk;
    public ConfigUpdater() {
        try {
            // 建立与 Zookeeper Server 之间的通信连接
            zk = new ZooKeeper(ConfigConstants.connectString, ConfigConstants.sessionTimeout, null);
            // 创建 znode /serviceA/conf, 由于 Zookeeper 不支持递归创建 znode, 所以要依次创建
            if (zk.exists(ConfigConstants.zooRootDataPath, null) == null) {
                // znode 类型为 PERSISTENT
                zk.create(ConfigConstants.zooRootDataPath, "".getBytes(),
                    ZooDefs.Ids.OPEN_ACL_UNSAFE, CreateMode.PERSISTENT);
                zk.create(ConfigConstants.zooDataPath, "".getBytes(),
                    ZooDefs.Ids.OPEN_ACL_UNSAFE, CreateMode.PERSISTENT);
            }
        } catch (KeeperException | InterruptedException e) {} // 异常处理略掉
    }
    public void updateData() {
        // 随机产生一个数值
        String uuid = UUID.randomUUID().toString();
        byte[] zoo_data = uuid.getBytes();
        try {
            // 更新 znode 中数据
            zk.setData(ConfigConstants.zooDataPath, zoo_data, -1);
        } catch (KeeperException | InterruptedException e) {} // 异常处理略掉
    }
}
```

ConfigFetcher 负责动态获取 ZooKeeper 中 /serviceA/conf 中保存的数据，代码如下：

```java
public class ConfigFetcher implements Watcher, Runnable {
```

```java
    private byte[] zoo_data = null;
    private ZooKeeper zk;
        public ConfigFetcher() {
            try {
                zk = new ZooKeeper(ConfigConstants.connectString, ConfigConstants.sessionTimeout, null);
                // 第一次连接Zookeeper，获取配置数据，并注册watcher
                zk.getData(ConfigConstants.zooDataPath, this, null);
            } catch (Exception e) { }
        }

    @Override
    public void run() {
    try {
    synchronized(this) {
            while(true) {
                wait();
            }
        }
    } catch (InterruptedException e) { }
    }

    @Override
        public void process(WatchedEvent event) {
            // 如果获得znode节点被修改事件，则重新获取数据
            if (event.getType() == Event.EventType.NodeDataChanged) {
                try {
                    printData();
                } catch (KeeperException | InterruptedException e) { }
            }
        }

    public void printData() throws KeeperException, InterruptedException {
        // 如果配置发生变化，则获取新的数据，并重新注册watcher
        zoo_data = zk.getData(ConfigConstants.zooDataPath, this, null);
        String zString = new String(zoo_data);
        System.out.printf("\nCurrent Data @ ZK Path %s: %s", ConfigConstants.zooDataPath, zString);
    }
```

【**实例2**】基于 ZooKeeper 的服务发现模块设计与实现

服务发现模块是很多分布式系统的基础，它的主要功能是通过提供一个中央化的服务注册中心，让各个服务可以彼此发现对方的位置。典型的应用包括 Kafka Broker 之间的服务发现、Storm supervisor 之间的服务发现，Impala 中 Impalad 之间的服务发现等。典型的服务发现模块架构如图 8-7 所示，该图展示了多个 Worker 之间如何通过 ZooKeeper 发现彼此的存在，一般流程如下：

1) 注册。Worker 启动后，向 ZooKeeper 注册，方式为：在 /workerlist 下面创建一个以 workerId（比如 host+port）为名称的 ephemeral 类型的 znode，其中的数据域为该 worker 相

关的位置信息，比如 Host、Port、启动时间等，此外，Worker 还需在 /workerlist 上注册一个 watcher 以监听其子节点（即其他 worker）的变化。

2）获取 worker 列表。Worker 从 ZooKeeper 上读取其他 worker 位置信息，并建立连接通道。

3）动态调整 worker 列表。Worker 根据 ZooKeeper 动态发送的其他 Worker 状态变化数据，建立或关闭连接通道。

接下来我们重点介绍各个 Worker 中 ServiceRecovery 模块的核心代码实现。

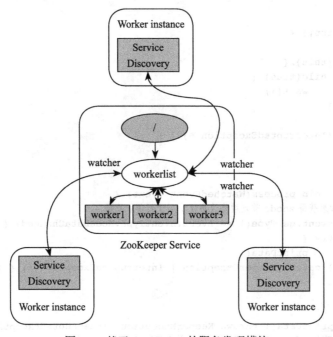

图 8-7　基于 ZooKeeper 的服务发现模块

```
public class ZookeeperServiceDiscovery implements Runnable {
    private static String membershipRoot = "/workerlist";
    private Set<String> workerlist;
    private ZooKeeper zk;
private boolean alive = true;

    public ZookeeperServiceDiscovery(String serviceId, String connectString) {
        Watcher childrenWatcher = new Watcher() {
@Override
    public void process(WatchedEvent event) {
        if (event.getType() == Watcher.Event.EventType.NodeChildrenChanged) {
            try {
// 获取新的 worker 列表，并重新注册 watcher
                List<String> children = zk.getChildren(membershipRoot, this);
                Set<String> curList = new HashSet<>(children);
```

```
                workerlist = curList;
    } catch (Exception e) {
            }
        }
    };
    zk = new ZooKeeper(connectString, ConfigConstants.sessionTimeout, null);
    // 如果根节点不存在，则先创建根节点
    if (zk.exists(membershipRoot, true) == null) {
        zk.create(membershipRoot, "workerlist".getBytes(), ZooDefs.Ids.OPEN_ACL_UNSAFE, CreateMode.PERSISTENT);
    }
    // 所有worker节点均为EPHEMERAL类型的
    zk.create(membershipRoot + "/" + serviceId,
            serviceId.getBytes(), ZooDefs.Ids.OPEN_ACL_UNSAFE, CreateMode.EPHEMERAL)

    // 注册watcher
    List<String> children = zk.getChildren(membershipRoot, childrenWatcher);
    Set<String> curList = new HashSet<>(children);
    workerlist = curList;
}
// 获取当前活着的Worker列表
public Set<String> getWorkerlist(){
    return workerlist;
}

@Override
public void run() {
    try {
        synchronized (this) {
            while (alive) {
                wait();
            }
        }
    } catch (InterruptedException e) {}
}
```

8.4.2 Apache Curator

Curator[①]是 Netflix 公司开源的一个 ZooKeeper 客户端，与 ZooKeeper 提供的原生客户端相比，Curator 的抽象层次更高，它提供了连接失败重试、Watcher 自动重新注册等功能，简化了 ZooKeeper 客户端的开发量。Curator 提供了一系列简易的 ZooKeeper 组件：

- ❑ Recipes：基于 ZooKeeper 实现了一系列常用分布式通用模块和组件，包括 leader 选举、共享锁、共享信号量、分布式计数器、分布式队列等。
- ❑ Framework：基于 ZooKeeper 封装的高层 API，简化了 ZooKeeper 连接管理的复杂

---

① http://curator.apache.org/

度，支持自动重新连接、Watcher 管理、新型 fluent 风格的 API 等。
- **Curator RPC Proxy**：基于 Thrift RPC 实现了 ZooKeeper 多语言编程接口，方便非 Java 和 C 语言工程师开发应用程序。
- **Utilities**：提供了一系列工具类，包括快速构建一个用于测试的 ZooKeeper 实例、一组 ZooKeeper 实例等；

接下来介绍如何使用 Curator CuratorFramework 开发的示例程序。

1. 创建 CuratorFramework

使用 Curator 的第一步是创建 CuratorFramework 客户端对象，用户可以指定重试策略：
- **ExponentialBackoffRetry**：重试指定的次数，且每一次重试之间停顿时间以指数方式逐渐增加。
- **RetryNTimes**：指定最大重试次数的重试策略。
- **RetryOneTime**：仅重试一次。
- **RetryUntilElapsed**：一直重试直到达到规定的时间。

下面代码阐述了如何创建一个使用默认值的 CuratorFramework 实例：

```
public static CuratorFramework createSimple(String connectionString) {
    // 使用 ExponentialBackoffRetry 重试策略。第一次重试等待1秒，第二次等待2秒，第三次等待4秒。
    ExponentialBackoffRetry retryPolicy = new ExponentialBackoffRetry(1000, 3);
    // 创建 CuratorFramework 实例，使用默认值，只需指定 Zookeeper 连接字符串以及重试策略
    return CuratorFrameworkFactory.newClient(connectionString, retryPolicy);、
}
```

下面代码阐述了如何创建一个可指定连接超时时间和会话超时时间的 CuratorFramework 实例：

```
public static CuratorFramework createWithOptions(String connectionString,
RetryPolicy retryPolicy, int connectionTimeoutMs, int sessionTimeoutMs) {
    return CuratorFrameworkFactory.builder()
            .connectString(connectionString)
            .retryPolicy(retryPolicy)
            .connectionTimeoutMs(connectionTimeoutMs)
            .sessionTimeoutMs(sessionTimeoutMs)
            .build();
}
```

2. 访问 ZooKeeper

下面代码阐述了如何使用 CuratorFramework 提供的 API 访问 ZooKeeper：

```
public static void create(CuratorFramework client, String path, byte[] payload) throws Exception {
    // 创建给定 znode，并设置给定的数据
    client.create().creatingParentsIfNeeded().forPath(path, payload);
}
```

```java
public static void setData(CuratorFramework client, String path, byte[] payload)
throws Exception {
    // 为给定的 znode 设置数据
    client.setData().forPath(path, payload);
}

public static void delete(CuratorFramework client, String path) throws Exception {
    // 删除给定 znode
    client.delete().deletingChildrenIfNeeded().forPath(path);
}
```

3. leader 选举功能实现

Curator 提供了两个 leader 选举模块的实现，分别是 LeaderLatch 和 LeaderSelector，以 LeaderSelector 为例说明如何借助 Curator 快速实现一个 leader 选举算法。

首先继承 LeaderSelectorListenerAdapter 类，实现其内部的方法 takeLeadership，该方法在当前实例被选举为 leader 时调用，之后可直接使用 LeaderElectionClient 实例化对象竞选 leader。

```java
public class LeaderElectionClient extends LeaderSelectorListenerAdapter
implements Closeable {
    private final String name;
    // leader 选举模块关键类 LeaderSelector，它能够代理当前实例通过 Zookeeper 参与 leader 选举，
    // 一旦选举成功后，则会调用锁注册 Listener 的 takeLeadership 方法，执行 leader 应该做的事情。
    // 如果 leader 出现问题，会自动释放领导权，由其他实例再次竞选产生新的 leader。
    private final LeaderSelector leaderSelector;

    // 初始化 LeaderSelector
    public LeaderElectionClient(CuratorFramework client, String path, String name) {
        this.name = name;
        leaderSelector = new LeaderSelector(client, path, this);
        // 保证在此实例释放领导权之后还可能再次获得领导权
        leaderSelector.autoRequeue();
    }
    // 开始参与 leader 选举
    public void start() throws IOException {
        leaderSelector.start();
    }

    @Override
    public void close() throws IOException {
        // 退出 leader 选举
        leaderSelector.close();
    }

    @Override
    public void takeLeadership(CuratorFramework client) throws Exception {
        try {
```

```
                // 当前实例被选为 leader，执行 leader 应该做的事情，比如初始化
//……
        } catch (InterruptedException e) {}    // 忽略异常处理
    }
}
```

除 leader 选举之外，Curator 还实现了共享锁、共享信号量、分布式计数器、分布式队列等常用分布式模块和组件，感兴趣的读者可参考 Curator 官方文档[○]自行尝试这些功能。

8.5 ZooKeeper 应用案例

本节从原理和实现角度介绍如何使用 ZooKeeper 解决常见的分布式问题，包括 leader 选举、分布式队列、负载均衡等。

8.5.1 leader 选举

基于 ZooKeeper 实现 leader 选举的基本思想是，让各个参与竞选的实例同时在 ZooKeepeer 上创建指定的 znode，比如 /current/leader，谁创建成功则谁竞选成功，并将自己的信息（host、port 等）写入该 znode 数据域，之后其他竞选者向该 znode 注册 watcher，以便当前 leader 出现故障时，第一时间再次参与竞选，具体如图 8-8 所示。

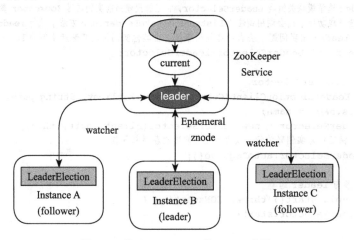

图 8-8　基于 ZooKeeper 的 leader 选举

基于 ZooKeeper 的 leader 选举流程如下：

1）各实例启动后，尝试在 ZooKeeper 上创建 ephemeral 类型 znode 节点 /current/leader，假设实例 B 创建成功，则将自己的信息写入该 znode，并将自己的角色标注为 leader，开始执行 leader 相关的初始化工作。

○ http://curator.apache.org/curator-recipes/index.html

2）除 B 之外的实例得知创建 znode 失败，则向 /current/ leader 注册 watcher，并将自己角色标注为 follower，开始执行 follower 相关的初始化工作。

3）系统正常运行，直到实例 B 因故障退出，此时 znode 节点 /current/leader 被 ZooKeeper 删除，其他 follower 收到节点被删除的事情，重新转入步骤 1，开始新一轮的 leader 选举。

在 Hadoop 生态系统中，HBase、YARN 和 HDFS 等系统，采用了类似的机制解决 leader 选举问题。

8.5.2 分布式队列

在分布式计算系统中，常见的做法是，用户将作业提交给系统的 Master，并由 Master 将之分解成子任务后，调度给各个 Worker 执行。该方法存在一个问题：Master 维护了所有作业和 Worker 信息，一旦 Master 出现故障，则整个集群不可用。为了避免 Master 维护过多状态，一种改进方式是将所有信息保存到 ZooKeeper 上，进而让 Master 变得无状态，这使得 leader 选举过程更加容易，典型架构如图 8-9 所示。

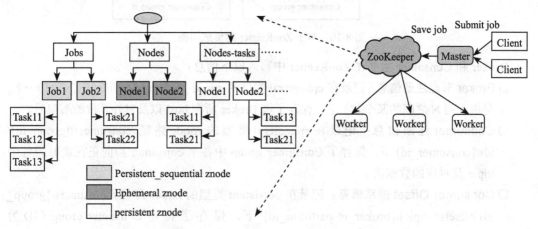

图 8-9　基于 ZooKeeper 的分布式队列

该方案的关键是借助 ZooKeeper 实现一个分布式队列，并借助 ZooKeeper 自带的特性，维护作业提交顺序、作业优先级、各节点（Worker）负载情况等。借助 ZooKeeper 的 PersistentSequentialZnode 自动编号特性，可轻易实现一个简易的 FIFO（First In First Out）队列，在这个队列中，编号小的作业总是先于编号大的作业提交。

Hadoop 生态系统中 Storm 便借助 ZooKeeper 实现了分布式队列，以可靠地保存拓扑信息和任务调度信息。

8.5.3 负载均衡

分布式系统很容易通过 ZooKeeper 实现负载均衡，典型的应用场景是分布式消息队列，图 8-10 描述了 Kafka 是如何通过 ZooKeeper 解决负载均衡和服务发现问题的。在 Kafka

中，各个 Broker 和 Consumer 均会向 ZooKeeper 注册，保存自己的相关信息，组件之间可动态获取对方的信息。

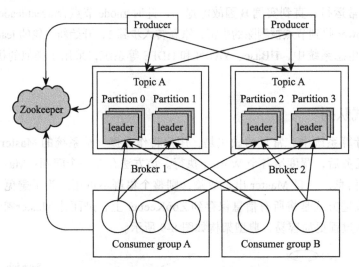

图 8-10　基于 ZooKeeper 的负载均衡

Broker 和 Consumer 主要在 ZooKeeper 中写入以下信息：
- **Broker 节点注册信息**：记录在 ephemeral 类型的 znode 路径 /brokers/ids/[0...N]（[0…N] 是指 0 到 N 之间的某个数）下，保存了该 Broker 所在 host 以及对外开放的端口号。
- **Consumer 注册信息**：记录在 ephemeral 类型的 znode 路径 /consumers/[group_id]/ids/[consumer_id] 下，保存了 Consumer group 中各个 consumer 当前正在读取的各个 topic 及对应的数据流。
- **Consumer Offset 追踪信息**：记录在 persistent 类型的 znode 路径 /consumers/[group_id]/offsets/[topic]/[broker_id-partition_id] 下，保存了特定 Consumer group（ID 为 [group_id]）当前读到的特定主题（[topic]）中特定分片（[broker_id-partition_id]）的偏移量值。

8.6　小结

服务协调是分布式系统的基础，它能够解决 leader 选举、服务发现、分布式队列、分布式锁等常见的分布式问题，但实现一个可靠的服务协调组件是极其困难的一件事情。为此，ZooKeeper 出现了，它通过引入一致性协议 ZAB，能够让多个对等的服务达成一致，从而实现数据多副本存储。ZooKeeper 通过引入类似于文件系统的层级命名空间，并在此基础上提供了一套简单易用的原语，能够帮助用户轻易地实现前面提到的 leader 选举等问题。为了简化 ZooKeeper 编程方式，Apache Curator 在 ZooKeeper API 基础上进行了更高层次的封装，提供了连接失败重试、Watcher 自动重新注册等功能，此外，Curator 也提供了常用协调组件的实现，包括 leader 选举、服务发现、分布式队列、分布式锁等，这大大减少了用户开发分布式系统的工作量。

8.7 本章问题

问题 1：ZooKeeper 内部采用了 ZAB 协议，只要有一半 ZooKeeper 实例写成功，一次写操作便会返回。然而，客户端通过 ZooKeeper 读取数据时，任何一个 ZooKeeper 实例均可以提供读服务，这可能导致客户端读到的数据不是最新的，该如何解决该问题？

问题 2：8.5.1 节介绍的 leader 选举算法可能存在以下问题：当存在大量参与选举的实例（比如 10000 个）时，可能产生羊群效应（herd effect），即当 leader 出现故障需重新选举时，ZooKeeper 要同时向各个实例发送（znode 被删除）事件，导致 ZooKeeper 出口占用带宽陡然上升，导致系统不稳定。试回答，在这种特殊常见下，该如何消除羊群效应？

问题 3：能否将 ZooKeeper 当做一个通用的分布式文件系统使用，为什么？

第 9 章 资源管理与调度系统 YARN

为了能够对集群中的资源进行统一管理和调度，Hadoop 2.0 引入了数据操作系统 YARN。YARN 的引入大大提高了集群的资源利用率，并降低了集群管理成本。首先，YARN 能够将资源按需分配给各个应用程序，这大大提高了资源利用率，其次，YARN 允许各类短作业和长服务混合部署在一个集群中，并提供了容错、资源隔离及负载均衡等方面的支持，这大大简化了作业和服务的部署和管理成本。本章将从产生背景、设计思想、基本架构、资源调度器等方面讲解 YARN。

9.1 YARN 产生背景

由于 MRv1（MapReduce version 1）在扩展性、可靠性、资源利用率和多框架等方面存在明显不足，Apache 开始尝试对 MapReduce 进行升级改造[⊖]，进而诞生了更加先进的下一代 MapReduce 计算框架 MRv2（MapReduce version 2）。由于 MRv2 将资源管理模块构建成了一个独立的通用系统 YARN，这直接使得 MRv2 的核心从计算框架 MapReduce 转移为资源管理系统 YARN。

9.1.1 MRv1 局限性

YARN 是在 MRv1 基础上演化而来的，它克服了 MRv1 架构中的各种局限性。在正式介绍 YARN 之前，我们先要了解 MRv1 的一些局限性，这可概括为以下几个方面：

- **可靠性差**：MRv1 采用了 master/slave 结构，其中，master 存在单点故障问题，一旦它出现故障将导致整个集群不可用。

⊖ https://issues.apache.org/jira/browse/MAPREDUCE-279

- **扩展性差**：在 MRv1 中，JobTracker（master）同时兼备了资源管理和作业控制两个功能，这成为系统的一个最大瓶颈，严重制约了 Hadoop 集群扩展性。
- **资源利用率低**：MRv1 采用了基于槽位的资源分配模型，槽位是一种粗粒度的资源划分单位，通常一个任务不会用完槽位对应的资源，且其他任务也无法使用这些空闲资源。此外，Hadoop 将槽位分为 Map Slot 和 Reduce Slot 两种，且不允许它们之间共享，常常会导致一种槽位资源紧张而另外一种闲置（比如一个作业刚刚提交时，只会运行 Map Task，此时 Reduce Slot 闲置）。
- **无法支持多种计算框架**：随着互联网高速发展，MapReduce 这种基于磁盘的离线计算框架已经不能满足应用要求，从而出现了一些新的计算框架，包括内存计算框架、流式计算框架和迭代式计算框架等，而 MRv1 不能支持多种计算框架并存。

为了克服以上几个缺点，Apache 开始尝试对 Hadoop 进行升级改造，进而诞生了更加先进的下一代 MapReduce 计算框架 MRv2。正是由于 MRv2 将资源管理功能抽象成了一个独立的通用系统 YARN，直接导致下一代 MapReduce 的核心从单一的计算框架 MapReduce 转移为通用的资源管理系统 YARN。为了让读者更进一步理解以 YARN 为核心的软件栈，我们将之与以 MapReduce 为核心的软件栈进行对比，如图 9-1 所示，在以 MapReduce 为核心的协议栈中，资源管理系统 YARN 是可插拔替换的，

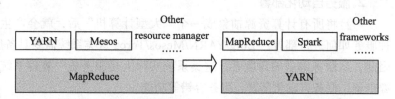

图 9-1 以 MapReduce 为核心和以 YARN 为核心的软件栈对比

比如选择 Mesos 替换 YARN，一旦 MapReduce 接口改变，所有的资源管理系统的实现均需要跟着改变；但以 YARN 为核心的协议栈则不同，所有框架都需要实现 YARN 定义的对外接口以运行在 YARN 之上，这意味着 Hadoop 2.0 可以打造一个以 YARN 为核心的生态系统。

9.1.2 YARN 设计动机

YARN 作为一个通用的资源管理系统，其目标是将短作业和长服务混合部署到一个集群中，并为它们提供统一的资源管理和调度功能。YARN 是大数据系统发展到一定阶段的必然产物，除了 YARN 之外，目前市面上存在很多其他资源管理系统，典型代表有 Google 的 Borg[⊖]与 Omega[⊜]，Twitter 的 Mesos[⊕]和腾讯的 Torca[®]。概括起来，这类系统的动机是解

⊖ A. Verma, L. Pedros, M. Korupolu, D. Oppenheimer, E. Tune and J. Wilkes. Large-scale cluster management at Google with Borg. In Proc. European Conf. on Computer Systems (EuroSys), Bordeaux, France, 2015.

⊜ M. Schwarzkopf, A. Konwinski, M. Abd-El-Malek, and J. Wilkes. Omega: flexible, scalable schedulers for large compute clusters. In Proc. European Conf. on Computer Systems (EuroSys), Prague, Czech Republic, 2013.

⊕ Mesos: A Platform for Fine-Grained Resource Sharing in the Data Center. B. Hindman, A. Konwinski, M. Zaharia, A. Ghodsi, A.D. Joseph, R. Katz, S. Shenker and I. Stoica, NSDI 2011, March 2011.

® http://djt.qq.com/bbs/thread-29998-1-1.html

决以下两类问题。

1. 提高集群资源利用率

在大数据时代，为了存储和处理海量数据，需要规模较大的服务器集群或者数据中心，一般说来，这些集群上运行着数量众多类型纷杂的应用程序和服务，比如离线作业、流式作业、迭代式作业、Crawler Server、Web Server 等，传统的做法是，每种类型的作业或者服务对应一个单独的集群，以避免相互干扰。这样，集群被分割成数量众多的小集群：Hadoop 集群、HBase 集群、Storm 集群、Web Server 集群等，然而，由于不同类型的作业/服务需要的资源量不同，因此，这些小集群的利用率通常很不均衡，有的集群满负荷、资源紧张，而另外一些则长时间闲置、资源利用率极低，而由于这些集群之间资源无法共享，因此造就了不同时间段不同集群资源利用率不同。为了提高资源整体利用率，一种解决方案是将这些小集群合并成一个大集群，让它们共享这个大集群的资源，并由一个资源统一调度系统进行资源管理和分配，这就诞生了类似于 YARN 的系统。从集群共享角度看，这类系统实际上将公司的所有硬件资源抽象成一台大型计算机，供所有用户使用。

2. 服务自动化部署

一旦将所有计算资源抽象成一个"大型计算机"后，就会产生了一个问题：公司的各种服务如何进行部署？Borg/YARN/Mesos/Torca 这类系统需要具备服务自动化部署的功能，因此，从服务部署的角度看，这类系统实际上是服务统一管理系统，这类系统提供服务资源申请、服务自动化部署、服务容错等功能。

9.2 YARN 设计思想

在 Hadoop 1.0 中，JobTracker 由资源管理（由 TaskScheduler 模块实现）和作业控制（由 JobTracker 中多个模块共同实现）两部分组成，具体如图 9-2 所示。第一代 Hadoop MapReduce 之所以在可扩展性、资源利用率和多框架支持等方面存在不足，正是由于第一代 Hadoop 对 JobTracker 赋予的功能过多而造成负载过重，此外，从设计角度上看，第一代 Hadoop 未能够将资源管理相关的功能与应用程序相关的功能分开，造成第一代 Hadoop 难以支持多种计算框架。

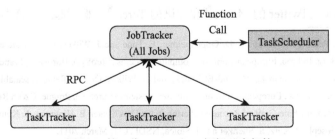

图 9-2 第一代 MapReduce 框架基本架构

下一代 MapReduce 框架的基本设计思想是将 JobTracker 的两个主要功能，即资源管理和作业控制（包括作业监控、容错等），分拆成两独立的进程，如图 9-3 所示。资源管理进程与具体应用程序无关，它负责整个集群的资源（内存、CPU、磁盘等）管理，而作业控制进程则是直接与应用程序相关的模块，且每个作业控制进程只负责管理一个作业。这样，通过将原有 JobTracker 中与应用程序相关和无关的模块分开，不仅减轻了 JobTracker 的负载，也使得 Hadoop 支持更多的计算框架。

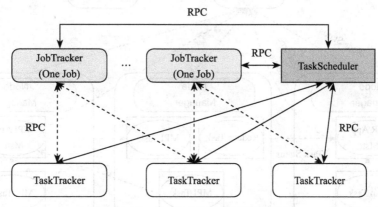

图 9-3　下一代 MapReduce 框架基本架构

从资源管理的角度看，下一代 MapReduce 框架衍生出了一个资源统一管理平台，它使得 Hadoop 不再局限于仅支持 MapReduce 一种计算模型，而是可无限融入多种计算框架，并且对这些框架进行统一管理和调度。

9.3　YARN 的基本架构与原理

9.3.1　YARN 基本架构

YARN 总体上采用 master/slave 架构，其中，ResourceManager 为 master，NodeManager 为 slave，ResourceManager 负责对各个 NodeManager 上的资源进行统一管理和调度。当用户提交一个应用程序时，需要提供一个用以跟踪和管理这个程序的 ApplicationMaster，它负责向 ResourceManager 申请资源，并要求 NodeManager 启动可以占用一定资源的任务。由于不同的 ApplicationMaster 被分布到不同的节点上，因此它们之间不会相互影响。在本节中，我们将对 YARN 的基本组成结构进行介绍。

图 9-4 描述了 YARN 的基本组成结构，YARN 主要由 ResourceManager、NodeManager、ApplicationMaster（图中给出了 MapReduce 和 MPI 两种计算框架的 ApplicationMaster，分别为 MR AppMstr 和 MPI AppMstr）和 Container 等几个组件构成。

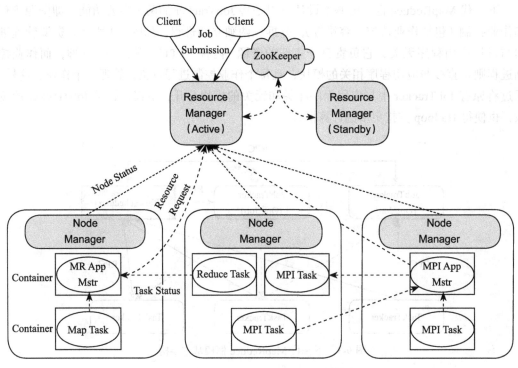

图9-4　Apache YARN 的基本架构

1. ResourceManager（RM）

RM 是一个全局的资源管理器，负责整个系统的资源管理和分配。它主要由两个组件构成：调度器（Scheduler）和应用管理器（Applications Manager，ASM）。

- 调度器：调度器主要功能是根据资源容量，队列等方面的限制条件（如每个队列分配一定的资源，最多执行一定数量的作业等），将系统中的资源分配给各个应用程序。YARN 中的调度器是一个"纯调度器"，它不再从事任何与具体应用程序相关的工作，比如不负责监控或者跟踪应用的执行状态等，也不负责重新启动因应用执行失败或者硬件故障而产生的失败任务，这些均交由应用程序相关的 ApplicationMaster 完成。调度器仅根据各个应用程序的资源需求进行资源分配，而资源分配单位用一个抽象概念"资源容器"（Resource Container，简称 Container）表示，Container 是一个动态资源分配单位，它将内存、CPU、磁盘、网络等资源封装在一起，从而限定每个任务使用的资源量。在 YARN 中，资源调度器是一个可插拔的组件，用户可根据自己的需要设计新的调度器，YARN 提供了多种直接可用的调度器，比如 Fair Scheduler 和 Capacity Scheduler。
- 应用程序管理器：应用程序管理器负责管理整个系统中的所有应用程序，包括应用程序提交、与调度器协商资源以启动 ApplicationMaster、监控 ApplicationMaster 运行状态并在失败时重新启动它等。

为了避免单个 ResourceManager 出现单点故障导致整个集群不可用，YARN 引入主备 ResourceManager 实现了 HA，当 Active ResourceManager 出现故障时，Standby ResourceManager 会通过 ZooKeeper 选举，自动提升为 Active ResourceManager。

2. ApplicationMaster（AM）

用户提交的每个应用程序均包含一个独立的 AM，其主要功能包括：
- 与 RM 调度器协商以获取资源（用 Container 表示）。
- 将得到的资源进一步分配给内部的任务。
- 与 NM 通信以启动/停止任务。
- 监控所有任务的运行状态，并在任务运行失败时重新为任务申请资源以重启任务。

当前 YARN 源代码中自带了两个 AM 实现，一个是用于演示 AM 编写方法的实例程序 distributedshell，它可以申请一定数目的 Container 运行一个 shell 命令或者 shell 脚本，另一个是运行 MapReduce 应用程序的 AM——MRAppMaster。很多开源的计算框架和服务为了能够运行在 YARN 上，也提供了自己的 ApplicationMaster 实现，包括 Open MPI、Spark、HBase、Impala 等[⊖]。

3. NodeManager（NM）

NM 是每个节点上的资源管理器，一方面，它会定时地向 RM 汇报本节点上的资源使用情况和各个 Container 的运行状态，另一方面，它接收并处理来自 AM 的任务启动/停止等各种请求。在一个集群中，NodeManager 通常存在多个，由于 YARN 内置了容错机制，单个 NodeManager 的故障不会对集群中的应用程序运行产生严重影响。

4. Container

Container 是 YARN 中的基本资源分配单位，是对应用程序运行环境的抽象，并为应用程序提供资源隔离环境。它封装了多维度的资源，如内存、CPU、磁盘、网络等，当 AM 向 RM 申请资源时，RM 为 AM 返回的资源便是用 Container 表示的。YARN 中每个任务均会对应一个 Container，且该任务只能使用该 Container 中描述的资源。需要注意的是，Container 不同于 MRv1 中的 slot，它是一个动态资源划分单位，是根据应用程序的需求动态生成的。Container 最终是由 ContainerExecutor 启动和运行的，YARN 提供了三种可选的 ContainerExecutor：

- **DefaultContainerExecutor**：默认 ContainerExecutor 实现，直接以进程方式启动 Container，不提供任何隔离机制和安全机制，任何应用程序最终均是以 YARN 服务启动者的身份运行的。
- **LinuxContainerExecutor**：提供了安全和 Cgroups 隔离的 ContainerExecutor，它以

⊖ http://wiki.apache.org/hadoop/PoweredByYarn

应用程序提交者的身份运行 Container，且使用 Cgroups 为 Container 提供 CPU 和内存隔离⊖的运行环境。
- **DockerContainerExecutor**：基于 Docker⊜ 实现的 ContainerExecutor，可直接在 YARN 集群中运行 Docker Container。Docker 是基于 Linux Container 技术构建的非常轻量级的虚拟机，目前被广泛应用在服务部署、自动化测试等场景中。

9.3.2 YARN 高可用

YARN 提供了恢复机制，这使得 YARN 在服务出现故障或人工重启时，不会对正在运行的应用程序产生任何影响。本节将从 ResourceManager HA、ResourceManager Recovery 和 NodeManager Recovery 三个方面讨论 YARN 高可用方面的设计。

1. ResourceManager HA

ResourceManager 负责集群中资源的调度和应用程序的管理，是 YARN 最核心的组件。由于 YARN 采用了 master/slave 架构，这使得 ResourceManager 成为单点故障。为了避免 ResourceManager 故障导致整个集群不可用，YARN 引入了 Active/Standby ResourceManager，通过冗余方式解决 ResourceManager 单点故障。

当 Active ResourceManager 出现故障时，Standby ResourceManager 可通过 ZooKeeper 选举成为 Active ResourceManager，并通过 ResourceManager Recovery 机制恢复状态。

2. ResourceManager Recovery

ResourceManager 内置了重启恢复功能，当 ResourceManager 就地重启，或发生 Active/Standby 切换时，不会影响正在运行的应用程序运行。ResourceManager Recovery 主要流程如下：

1）**保存元信息**：Active ResourceManager 运行过程中，会将应用程序的元信息，状态信息以及安全凭证等数据持久化到状态存储系统（state-store）中，YARN 支持三种可选的 state-store，分别是：
- 基于 ZooKeeper 的 state-store：ZooKeeper 是 ResourceManager HA 必选的 state-store，尽管 Resource Restart 可选择其他 state-store，但只有 ZooKeeper 能防止脑裂（split-brain）现象，即同时存在多个 Active ResourceManager 状态信息的情况。
- 基于 FileSystem 的 state-store：支持 HDFS 和本地文件系统两种方式，但不能防止脑裂。
- 基于 LevelDB⊜ 的 state-store：基于 LevelDB 的 state-store 比前两种方案更加轻量级。LevelDB 能更好地支持原子操作，每次更新占用更少的 IO 资源，生成的文件数目

⊖ https://issues.apache.org/jira/browse/YARN-3
⊜ http://www.docker.com/
⊜ http://leveldb.org/

更少。

2）**加载元信息**：一旦 Active ResourceManager 重启或出现故障，新启动的 ResourceManager 将从存储系统中重新加载应用程序的相关数据，在此过程中，所有运行在各个 NodeManager 的 Container 仍正常运行。

3）**重构状态信息**：新的 ResourceManager 重启完成后，各个 NodeManager 会向它重新注册，并将所管理的 Container 汇报给 ResourceManager，这样 ResourceManager 可动态重构资源分配信息、各个应用程序以及其对应 Container 等关键数据；同时，ApplicationMaster 会向 ResourceManager 重新发送资源请求，以便 ResourceManager 重新为其分配资源。

3. NodeManager Recovery

NodeManager 内置了重启恢复功能，当 NodeManager 就地重启时，之前正在运行的 Container 不会被杀掉，而是由新的 NodeManager 接管，并继续正常运行。

以上几种高可用机制的实现，使得 YARN 成为一个通用的资源管理系统，这使得在一个集群中混合部署短作业和长服务变得可能。

9.3.3 YARN 工作流程

运行在 YARN 上的应用程序主要分为两类：短作业和长服务，其中，短作业是指一定时间内（可能是秒级、分钟级或小时级，尽管天级别或者更长时间的也存在，但非常少）可运行完成并退出的应用程序，比如 MapReduce 作业、Spark 作业等；长服务是指不出意外，永不终止运行的应用程序，通常是一些在线服务，比如 Storm Servive（主要包括 Nimbus 和 Supervisor 两类服务）、HBase Service（包括 Hmaster 和 RegionServer 两类服务）[⊖]等，而它们本身作为一个框架或服务提供了访问接口供用户使用。尽管这两类应用程序作用不同，一类直接运行数据处理程序，一类用于部署服务（服务之上再运行数据处理程序），但运行在 YARN 上的流程是相同的。

当用户向 YARN 中提交一个应用程序后，YARN 将分两个阶段运行该应用程序：第一个阶段是启动 ApplicationMaster；第二个阶段是由 ApplicationMaster 创建应用程序，为它申请资源，并监控它的整个运行过程，直到运行成功。如图 9-5 所示，YARN 的工作流程分为以下几个步骤：

1）**提交应用程序**：用户通过客户端与 YARN ResourceManager 通信，以提交应用程序，应用程序中需包含 ApplicationMaster 可执行代码、启动命令和资源需求、应用程序可执行代码和资源需求、优先级、提交到的队列等信息。

2）**启动 ApplicationMaster**：ResourceManager 为该应用程序分配第一个 Container，并与对应的 NodeManager 通信，要求它在这个 Container 中启动应用程序的 ApplicationMaster，之后 ApplicationMaster 的生命周期直接被 ResourceManager 管理。

⊖ 关于"HBase On YARN"可阅读：http://hortonworks.com/blog/hoya-hbase-on-yarn-application-architecture/。

3）ApplicationMaster 注册：ApplicationMaster 启动后，首先，向 ResourceManager 注册，这样，用户可以直接通过 ResourceManage 查看应用程序的运行状态，然后，它将初始化应用程序，并按照一定的策略为内部任务申请资源，监控它们的运行状态，直到运行结束，即重复步骤 4～7。

4）资源获取：ApplicationMaster 采用轮询的方式通过 RPC 协议向 ResourceManager 申请和领取资源。

5）请求启动 Container：一旦 ApplicationMaster 申请到资源后，则与对应的 NodeManager 通信，请求为其启动任务（NodeManager 会将任务放到 Container 中）。

6）启动 Container：NodeManager 为任务设置好运行环境（包括环境变量、jar 包、二进制程序等）后，将任务启动命令写到一个脚本中，并通过 ContainerExecutor 运行该脚本启动任务。

7）Container 监控：ApplicationMaster 可通过两种方式获取各个 Container 的运行状态，以便在任务失败时重新启动任务：

❑ ApplicationMaster 与 ResourceManager 间维护了周期性心跳信息，每次通信可获取自己分管的 Container 的运行状态。

❑ 各个 Container 可通过某个 RPC 协议向 ApplicationMaster 汇报自己的状态和进度（视具体应用程序而定，比如 MapReduce 和 YARN 均实现了该方式）。

8）注销 ApplicationMaster：应用程序运行完成后，ApplicationMaster 向 ResourceManager 注销，并退出执行。

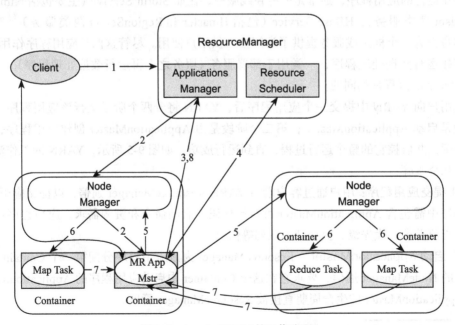

图 9-5　Apache YARN 的工作流程

9.4 YARN 资源调度器

资源调度器是 Hadoop YARN 中最核心的组件之一，它是 ResourceManager 中的一个插拔式服务组件，负责整个集群资源的管理和分配。Hadoop 最初是为批处理作业而设计的，当时（MRv1）仅提供了一种简单的 FIFO（First In First Out）调度机制分配任务。但随着 Hadoop 的普及，单个 Hadoop 集群中的用户量和应用程序种类不断增加，适用于批处理场景的 FIFO 调度机制不能很好地利用集群资源，也难以满足不同应用程序的服务质量要求，因此，设计适用于多用户的资源调度器势在必行。

9.4.1 层级队列管理机制

在学习 Capacity Scheduler 和 Fair Scheduler 之前，我们先要了解 Hadoop 的用户和资源管理机制，这是任何 Hadoop 可插拔资源调度器的基础。

在 Hadoop 0.20.x 版本或者更早的版本，Hadoop 采用了平级队列组织方式，在这种组织方式中，管理员将用户和资源分到若干个扁平队列中，在每个队列中，可指定一个或几个队列管理员管理这些用户和资源，比如杀死任意用户的应用程序，修改任意用户应用程序的优先级等。

随着 Hadoop 应用越来越广泛，扁平化的队列组织方式已不能满足实际需求，从而出现了层级队列组织方式。如图 9-6 所示，在一个 Hadoop 集群中，管理员将所有计算资源划分给了两个队列，每个队列对应了一个"组织"，其中有一个组织叫"Engineering"，占用系统总资源的 60%，它内部包含两个子队列"Development"和"QA"，分别占用 80% 和 20% 的资源；另一个组织叫"Marketing"，占用系统总资源的 40%，它内部也包含两个子队列"Sales"和"Advertising"，分别占用 30% 和 70% 的资源。

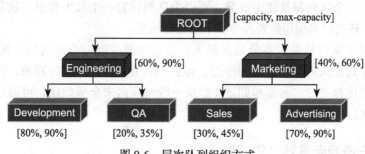

图 9-6 层次队列组织方式

在实际生产环境中，对于"Engineering"队列而言，管理员可能想更有效地控制这 60% 资源，比如将大部分资源分配给"Development"队列的同时，能够让"QA"有最少资源保证，当"Development"中 80% 基础资源有剩余时，可优先共享给同父队列"QA"，但为了防止"QA"一次性获得全部资源以至于"Development"需要资源时无法第一时间回收它们，可将"QA"最多可获得资源设为 35%，为此，一种可能的配置方式

如下:

```
ROOT {
Engineering min=60%, max=90% {
Development min=80%, max=90%
QA min=20%, max=35%
}
Marketing min=40%, max=60% {
Sales min=30%, max=45%
Advertising min=70%, max=90%
    }
}
```

这就是层级队列组织方式，该队列组织方式具有以下特点:

1) 子队列:
- 队列可以嵌套，每个队列均可以包含子队列。
- 用户只能将应用程序提交到最底层的队列，即叶子队列。

2) 最少容量:
- 每个子队列均有一个"最少容量比"属性，表示可以使用父队列的容量百分比。
- 调度器总是优先选择当前资源使用率最低的队列，并为之分配资源。比如同级的两个队列 Q1 和 Q2，他们的最少容量均为 30，而 Q1 已使用 10，Q2 已使用 12，则调度器会优先将资源分配给 Q1。
- 最少容量不是"总会保证的最低容量"，如果一个队列的最少容量为 20，而该队列中所有队列仅使用了 5，那么剩下的 15 可能会分配给其他需要的队列。
- 最少容量的值为不小于 0 的数，但也不能大于"最大容量"。

3) 最大容量:
- 为了防止一个队列超量使用资源，可以为队列设置一个最大容量，这是一个资源使用上限，任何时刻使用的资源总量不能超过该值。
- 默认情况下队列的最大容量是无限大，这意味着，当一个队列只分配了 20% 的资源，所有其他队列没有应用程序时，该队列可能使用 100% 的资源，而当其他队列有应用程序提交时，再逐步归还（如果一段时间内未全部归还，可通过抢占的方式强制回收）。

9.4.2 多租户资源调度器产生背景

Hadoop 最初的设计目的是支持大数据批处理作业，如日志挖掘、Web 索引等作业，为此，Hadoop 仅提供了一个非常简单的调度机制：FIFO，即先来先服务，在该调度机制下，所有作业被统一提交到一个队列中，Hadoop 按照提交顺序依次运行这些作业。

但随着 Hadoop 的普及，单个 Hadoop 集群的用户量越来越大，不同用户提交的应用程序往往具有不同的服务质量要求（Quality Of Service，简称 QoS），典型的应用有以下几种：

- **批处理作业**：这种作业往往耗时较长，对完成时间一般没有严格要求，典型应用有数据挖掘、机器学习等。
- **交互式作业**：这种作业期望能及时返回结果，支持类 SQL 的交互式查询语言，典型应用有数据交互式分析，参数化报表生成等。
- **生产性作业**：这种作业要求有一定量的资源保证，典型应用有统计值计算、垃圾数据分析等。

此外，这些应用程序对硬件资源的需求量也是不同的，如过滤、统计类作业一般为 CPU 密集型作业，而数据挖掘、机器学习作业一般为 I/O 密集型作业。考虑到以上应用程序特点，简单的 FIFO 调度策略不仅不能满足多样化需求，也不能充分利用硬件资源。

为了克服单队列 FIFO 调度器的不足，多用户多队列调度器诞生了。当前主要有两种多用户资源调度器设计思路：第一种是在一个物理集群上虚拟多个 Hadoop 集群，这些集群各自拥有全套独立的 Hadoop 服务，典型的代表是 HOD（Hadoop On Demand）调度器[○]；另一种是扩展 Hadoop 调度器，使之支持多个队列多用户，这种调度器允许管理员按照应用需求对用户或者应用程序分组，并为不同的分组分配不同的资源量，同时通过添加各种约束防止单个用户或者应用程序独占资源，进而能够满足各种 QoS 需求，典型代表是 Yahoo！的 Capacity Scheduler 和 Facebook 的 Fair Scheduler。本节将重点介绍这两种多租户资源调度器。

9.4.3 Capacity/Fair Scheduler

本节将从概念、特点以及使用方式等方面介绍 Capacity Scheduler 和 Fair Scheduler 两种调度器，并从多个维度对比它们的异同。

1. Capacity Scheduler

Capacity Scheduler[○] 是 Yahoo！开发的多租户调度器，它以队列为单位划分资源，每个队列可设定一定比例的资源最低保证和使用上限，同时，每个用户也可设定一定的资源使用上限以防止资源滥用，而当一个队列的资源有剩余时，可暂时将剩余资源共享给其他队列。总之，Capacity Scheduler 主要有以下几个特点：

- **容量保证**：管理员可为每个队列设置资源最低保证和资源使用上限，而所有提交到该队列的应用程序共享这些资源。
- **灵活性**：如果一个队列中的资源有剩余，可以暂时共享给那些需要资源的队列，而一旦该队列有新的应用程序提交，则其他队列释放资源后会归还给该队列。
- **多重租赁**：支持多用户共享集群和多应用程序同时运行，为防止单个应用程序、用户或者队列独占集群中的资源，管理员可为之增加多重约束（比如单个用户最多使用的资源量）。

○ http://hadoop.apache.org/docs/r1.0.4/hod_scheduler.html
○ http://hadoop.apache.org/docs/stable/capacity_scheduler.html

- **安全保证**：管理员可通过 ACL 限制每个队列的访问控制列表，普通用户可为自己的应用程序指定其他哪些用户可管理它（比如杀死它）。
- **动态更新配置文件**：管理员可根据需要动态修改各种资源调度器相关配置参数而无需重启集群。

Capacity Scheduler 允许用户在配置文件 capacity-scheduler.xml 中设置队列层级关系、队列资源占用比等信息，以图 9-6 展示的队列组织方式为例，Capacity Scheduler 的配置方式如表 9-1 所示。

表 9-1 Capacity Scheduler 配置

	属性名	属性值
队列层级关系	yarn.scheduler.capacity.root.queues	Engineering,Marketing
	yarn.scheduler.capacity.root.Engineering.queues	Development,QA
	yarn.scheduler.capacity.root.Marketing.queues	Sales,Advertising
队列 root.Engineering 及其子队列配	yarn.scheduler.capacity.root.Engineering.capacity	60
	yarn.scheduler.capacity.root.Engineering.maximum-capacity	90
	yarn.scheduler.capacity.root.Engineering.Development.capacity	80
	yarn.scheduler.capacity.root.Engineering.Development.maximum-capacity	90
	yarn.scheduler.capacity.root.Engineering.QA.capacity	20
	yarn.scheduler.capacity.root.Engineering.QA.maximum-capacity	35
队列 root.Marketing 及其子队列配	yarn.scheduler.capacity.root.Marketing.capacity	40
	yarn.scheduler.capacity.root.Marketing.maximum-capacity	60
	yarn.scheduler.capacity.root.Marketing.Sales.capacity	30
	yarn.scheduler.capacity.root.Marketing.Sales.maximum-capacity	45
	yarn.scheduler.capacity.root.Marketing.Advertising.capacity	70
	yarn.scheduler.capacity.root.Marketing.Advertising.maximum-capacity	90

在 capacity-scheduler.xml 中，以属性名 / 属性值格式保存，比如上表 9-1 前两行可写成：

```
<configuration>
    <property>
        <name>yarn.scheduler.capacity.root.queues</name>
        <value>Engineering,Market</value>
    </property>
    <property>
        <name>yarn.scheduler.capacity.root.Engineering.queues</name>
        <value>Development,QA</value>
    </property>
    <!-- 其他属性配置 -->
</configuration>
```

2. Fair Scheduler

Fair Scheduler[⊖] 是 Facebook 开发的多用户调度器，同 Capacity Scheduler 类似，它以队

⊖ http://hadoop.apache.org/docs/stable/fair_scheduler.html

列为单位划分资源，每个队列可设定一定比例的资源最低保证和使用上限，同时，每个用户也可设定一定的资源使用上限以防止资源滥用；当一个队列的资源有剩余时，可暂时将剩余资源共享给其他队列。当然，Fair Scheduler 也存在很多与 Capacity Scheduler 不同之处，主要体现在以下几个方面：

- **资源公平共享**：在每个队列中，Fair Scheduler 可选择按照 FIFO、Fair 或 DRF 策略为应用程序分配资源，其中 Fair 策略是一种基于最大最小公平算法[⊖]实现的资源多路复用方式，默认情况下，每个队列内部采用该方式分配资源。这意味着，如果一个队列中有两个应用程序同时运行，则每个应用程序可得到 1/2 的资源；如果三个应用程序同时运行，则每个应用程序可得到 1/3 的资源。
- **调度策略配置灵活**：Fair Scheduler 允许管理员为每个队列单独设置调度策略（当前支持 FIFO、Fair 和 DRF 三种）。
- **提高小应用程序响应时间**：由于采用了最大最小公平算法，小作业可以快速获取资源并运行完成。
- **应用程序在队列间转移**：用户可动态将一个正在运行的应用从一个队列转移到另外一个队列中。

Fair Scheduler 允许用户在配置文件 fair-scheduler.xml 中设置队列层级关系、队列资源占用比等信息，以图 9-6 展示的队列组织方式为例，Fair Scheduler 配置方式如下：

```
<allocations>
<queue name="Engineering">
<minResources>1000000 mb, 500 vcores</minResources>
<maxResources>1500000 mb, 750 vcores</maxResources>
<maxRunningApps>200</maxRunningApps>
<queue name="Development">
<minResources>800000 mb, 400 vcores</minResources>
<maxResources>900000 mb, 450 vcores</maxResources>
    </queue>
    <queue name="QA">
<minResources>200000 mb, 100 vcores</minResources>
<maxResources>350000 mb, 175 vcores</maxResources>
    </queue>
</queue>
<!-- 其他属性配置 -->
</allocations>
```

注意，Fair Scheduler 没有采用百分比的方式表示资源，取而代之的是实际的资源数量。

3. Capacity Scheduler 与 Fair Scheduler 对比

随着 Hadoop 版本的演化，Fair Scheduler 和 Capacity Scheduler 的功能越来越完善，包括层级队列组织方式、资源抢占、批量调度等，也正因为如此，两个调度器同质化越来越严重，

⊖ Max-Min Fairness (Wikipedia)：http://en.wikipedia.org/wiki/Max-min fairness.

目前看来，两个调度器从设计到支持的特性等方面已非常接近，而由于 Fair Scheduler 支持多种调度策略，可以认为 Fair Scheduler 具备了 Capacity Scheduler 具有的所有功能。

表 9-2 从多个方面对比了这两个调度器的异同。

表 9-2 Capacity Scheduler 与 Fair Scheduler 比较

	Capacity Scheduler	Fair Scheduler
目标	提供一种多用户共享 Hadoop 集群的方法，以提高资源利用率和降低集群管理成本。	
设计思想	资源按比例分配给各个队列，并添加各种严格的限制防止个别用户或者队列独占资源	基于最大最小公平算法将资源分配给各个资源池或者用户
是否支持动态加载配置文件	是	
是否支持负载均衡		
是否支持资源抢占		
是否支持批量调度		
Container 请求资源粒度	最小资源量的整数倍，比如 Container 请求量是 1.5GB，最小资源量是 1GB，则 Container 请求自动被归一化为 2GB	有专门的内存规整化参数控制，粒度更小，比如 Container 请求量是 1.5GB，规整化值是 128MB，则 Container 请求不变
本地性任务调度优化	基于跳过次数的延迟调度	
队列间资源分配方式	资源使用率低者优先	Fair、FIFO 或 DRF
队列内部资源分配方式	FIFO⊖或者 DRF	Fair、FIFO 或 DRF

Fair Scheduler 最初是为了引入公平调度策略而提出的，它扩展了面向单类型资源的 max-min 公平分配算法，让其支持多资源类型，这是很多公司选择 Fair Scheduler 的原因，但随着 Capacity Scheduler 也引入这一资源分配算法，两者差异性已并不明显。

9.4.4 基于节点标签的调度

从 2.6.0 版本开始，YARN 引入了一种新的调度策略：基于标签的调度机制。该机制的主要引入动机是更好地让 YARN 运行在异构集群中，进而更好地管理和调度混合类型的应用程序。

1. 什么是基于标签的调度

故名思议，基于标签的调度是一种调度策略，就像基于优先级的调度一样，是调度器中众多调度策略中的一种，可以跟其他调度策略混合使用。该策略的基本思想是：用户可为每个 NodeManager 打上标签，比如 highmem，highdisk 等，以作为 NodeManager 的基本属性；同时，用户可以为调度器中的队列设置若干标签，以限制该队列只能占用包含对应标签的节点资源，这样，提交到某个队列中的作业，只能运行在特定的一些节点上。通过打标签，用户可将 Hadoop 分成若干个子集群，进而使得用户可将应用程序运行到符合某种特征的节点上，比如可将内存密集型的应用程序（比如 Spark）运行到大内存节点上。

⊖ 从 2.8.0 版本开始，Capacity Scheduler 支持队列内部定制化调度机制，可从 FIFO 和 Fair 中二选一。

2. 标签调度的应用场景

为了更好地解释基于标签调度的应用场景，本节给出一个简单的应用案例。

公司 A 最初 Hadoop 集群共有 20 个节点，硬件资源是 32GB 内存，4TB 磁盘；后来，随着 Spark 计算框架的流行，公司希望引入 Spark 技术，而为了更好地运行 Spark 程序，公司特地买了 10 个大内存节点，内存是 64GB。为了让 Spark 与 MapReduce 等不同类型的程序"和谐"地运行在一个集群中，公司 A 规定：Spark 程序只运行在后来的 10 个大内存节点上，而之前的 MapReduce 程序既可以运行在之前的 20 个节点上，也可以运行在后来的 10 个大内存节点上，如图 9-7 所示。

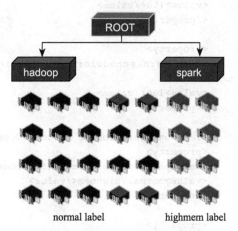

图 9-7　公司 A 计算资源情况

如何实现这种独特的任务调度方式呢？有了基于标签的调度机制后，这是一件非常容易的事情，流程如下：

1）为 20 个旧节点打上 normal 标签，为 10 个新节点打上 highmem 标签。

❑ 设置系统级别 label：

```
yarn rmadmin -addToClusterNodeLabels "normal, highmem"
```

❑ 为节点打 label，比如节点 node1 的 label 为 normal（必须属于系统级别 label），则使用命令：

```
yarn rmadmin -replaceLabelsOnNode "node1-address,normal"
```

2）在 Capacity Scheduler⊖ 中，创建两个队列，分别是 hadoop 和 spark，其中 hadoop 队列可使用的标签是 normal 和 highmem，其中 normal 默认为 label，而 spark 则是 highmem，并配置两个队列的 capacity 和 max-capacity 等属性。资源容量配置如下：

```
capacity(hadoop) = 50 #hadoop 队列可使用的无 label 资源比例为 50%
capacity(hadoop, label=normal) = 100 #hadoop 队列可使用的 normal 标签资源比例为 100%
capacity(hadoop, label= highmem) =10 #hadoop 队列可使用的 highmem 标签资源比例为 10%
capacity(spark) = 50 #spark 队列可使用的无标签资源比例为 50%
capacity(spark, label= highmem) =90 #spark 队列可使用的 highmem 标签资源比例为 90%
```

由于系统中没有未打标签的节点，所以每个队列中无标签资源比例暂时不会用到。以上配置转换成 Capacity Scheduler 配置文件标准语法如下：

```
<configuration>
<property>
```

⊖ 截至本书出版时，Fair Scheduler 尚不支持基于标签的调度策略。

```xml
<name>yarn.scheduler.capacity.root.queues</name>
<value>hadoop,spark</value>
</property>

<property>
<name>yarn.scheduler.capacity.root.accessible-node-labels.normal.capacity</name>
<value>100</value>
</property>

<property>
<name>yarn.scheduler.capacity.root.accessible-node-labels.highmem.capacity</name>
<value>100</value>
</property>

<!-- configuration of queue-hadoop -->
<property>
<name>yarn.scheduler.capacity.root.hadoop.accessible-node-labels</name>
<value>normal,highmem</value>
</property>

<property>
<name>yarn.scheduler.capacity.root.hadoop.capacity</name>
<value>50</value>
</property>

<property>
<name>yarn.scheduler.capacity.root.hadoop.accessible-node-labels.normal.capacity</name>
<value>100</value>
</property>

<property>
<name>yarn.scheduler.capacity.root.hadoop.accessible-node-labels.highmem.capacity</name>
<value>10</value>
</property>

<property>
<name>yarn.scheduler.capacity.root.hadoop.default-node-label-expression</name>
<value>normal</value>
</property>

<!-- configuration of queue-spark -->
<property>
<name>yarn.scheduler.capacity.root.spark.accessible-node-labels</name>
<value>highmem</value>
</property>

<property>
```

```xml
<name>yarn.scheduler.capacity.root.spark.capacity</name>
<value>50</value>
</property>

<property>
<name>yarn.scheduler.capacity.root.spark.accessible-node-labels.highmem.
capacity</name>
<value>90</value>
</property>

<property>
<name>yarn.scheduler.capacity.root.spark.default-node-label-expression</name>
<value>highmem</value>
</property>
</configuration>
```

3) 将 Spark 作业提交到 spark 队列中，MapReduce 作业提交到 hadoop 队列中（需指定使用的哪种 label 资源，否则 spark 资源永远无法得到使用，默认是 normal）。

```
# 提交 Spark 作业到 spark 队列中
spark-submit --queue spark --class xxx...
# 提交 MapReduce 作业到 hadoop 队列中
hadoop jar x.jar -Dmapreduce.job.queuename=hadoop...
```

9.4.5 资源抢占模型

在资源调度器中，每个队列可设置一个最小资源量和最大资源量，其中，最小资源量是资源紧缺情况下每个队列需保证的资源量，而最大资源量则是极端情况下队列也不能超过的资源使用量。资源抢占发生的原因则完全是由于"最小资源量"这一概念，通常而言，为了提高资源利用率，资源调度器（包括 Capacity Scheduler 和 Fair Scheduler）会将负载较轻的队列的资源暂时分配给负载重的队列（即最小资源量并不是硬资源保证，当队列不需要任何资源时，并不会满足它的最小资源量，而是暂时将空闲资源分配给其他需要资源的队列），仅当负载较轻的队列突然收到新提交的应用程序时，调度器才进一步将本属于该队列的资源分配给它，但由于此时资源可能正被其他队列使用，因此调度器必须等待其他队列释放资源后，才能将这些资源"物归原主"，这通常需要一段不确定的等待时间。为了防止应用程序等待时间过长，调度器等待一段时间后若发现资源并未得到释放，则进行资源抢占。

举例说明，如图 9-8 所示，整个集群资源总量为 100（为了简便，没有区分 CPU 或者内存），且被分为三个队列，分别是 QueueA、QueueB 和 QueueC，它们的最小资源量和最大资源量（由管理员配置）分别是（10, 15），（20, 35）和（60, 65），某一时刻，它们尚需的资源量和正在使用的资源量分别是（0, 5），（10, 30）和（60, 65），即队列 QueueA 负载较轻，部分资源暂时不会使用，它将不会使用的 5 个资源共享给了其他两个队列（QueueB 和 QueueC 分别得到 2 个和 3 个），而队列 QueueB 和 QueueC 除了使用来自队列 QueueA 的资源外,还使用了整个系统共享的 10 个资源(100-10-20-60=10),某一时刻,队列 QueueA 突然增加了一批应用程序,此时共需要 20 个资源,则资源调度器需要从 QueueB 和 QueueC 中抢占 5 个本该属于 QueueA 的资源。需要注意的是,为了避免资源浪费,资源调度器通常会等待一段时间后才会强制回收资源,而在这段等待时间内,QueueB 和 QueueC 可能已经释放了本该属于 QueueA 的资源。

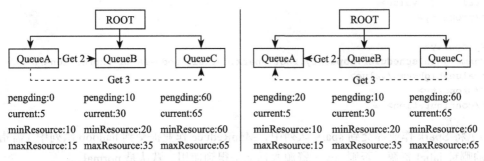

图 9-8 资源抢占发生时机

9.5 YARN 资源隔离

资源隔离是指为不同任务提供可独立使用的计算资源以避免它们相互干扰。当前存在很多资源隔离技术,比如硬件虚拟化、虚拟机、Cgroups[⊖]、Linux Container[⊜]等。

YARN 对内存资源和 CPU 资源采用了不同的资源隔离方案。对于内存资源,它是一种限制性资源,它的量的大小直接决定的应用程序的死活,为了能够更灵活地控制内存使用量,YARN 提供了两种可选方案:线程监控方案和基于轻量级资源隔离技术 Cgroups 的方案[⊖]。默认情况下,YARN 采用了进程监控的方案控制内存使用,即每个 NodeManager 会启动一个额外的监控线程监控每个 Container 的内存资源使用量,一旦发现它超过约定的资源量,则会将其杀死。采用这种机制的另一个原因是 Java 中创建子进程采用了"fork()+exec()"的方案,子进程启动瞬间,它使用的内存量与父进程一致,从外面看来,一个进程使用内存量可能瞬间翻倍,然后又降下来,采用线程监控的方法可防止这种情况下导致 swap 操作;另一种可选的方案则基于轻量级资源隔离技术 Cgroups,Cgroups 是 Linux 内核提供的弹性资源隔离机制,可以严格限制内存使用上限,一旦进程使用的资源量超过事先定义的上限值,则可将其杀死[⊜]。对于 CPU 资源,它是一种弹性资源,它的大小不

⊖ http://en.wikipedia.org/wiki/Cgroups
⊜ http://lxc.sourceforge.net/
⊖ https://issues.apache.org/jira/browse/YARN-3
⊜ 参考 https://issues.apache.org/jira/browse/YARN-3 中的补丁 MAPREDUCE-4334-v2.patch。

会直接影响应用程序的死活，因此采用了 Cgroups。具体可参考 YARN-2[⊖]。

1. CPU 隔离机制

相比于线程监控，Cgroups 是一种更加严格和有效的资源限制方法，相比于虚拟机（Virtual Machine，VM），Cgroups 是一种轻量级资源隔离方案，且已被越来越广泛的使用。YARN 采用了 Cgroups 对 CPU 资源进行隔离。

YARN 引入了"虚拟 CPU"这一术语，它是由物理 CPU 映射产生的，比如一个物理 CPU 代表 4 个虚拟 CPU，一台机器可用 CPU 个数为 8，则该值可配成 32。YARN 不让管理员和用户配置可用物理 CPU 个数，而是直接配置虚拟 CPU 个数。虚拟 CPU 的引入，带来了很多好处，包括：允许用户更细粒度的设置 CPU 资源量，比如你想让自己的一个任务在**最差情况下**使用一个 CPU 的 50%，可在提交应用程序时设置 CPU 虚拟个数为 2（假设物理 CPU 和虚拟 CPU 映射关系为 1:4）；从一定程度上解决了 CPU 异构问题，可以根据物理 CPU 的性能高低为它们设置不同的虚拟 CPU 个数。

默认情况下，NodeManager 未启用任何 CPU 资源隔离机制，如果想启用该机制，需使用 LinuxContainerExecutor，它能够以应用程序提交者的身份创建文件、运行 Container 和销毁 Container，相比于 DeafultContainerExecutor 采用 NodeManager 启动者的身份执行这些操作，LinuxContainerExecutor 的这种方式要安全得多。

LinuxContainerExecutor 的核心设计思想是，赋予 NodeManager 启动者以 root 权限，进而使它拥有足够的权限以任意用户身份执行一些操作，从而使得 NodeManager 执行者可以将 Container 使用的目录和文件的拥有者修改为应用程序提交者，并以应用程序提交者的身份运行 Container，防止所有 Container 以 NodeManager 执行者身份运行带来的各种安全风险，比如防止用户在 Container 中执行一些只有 NodeManager 用户有权限执行的命令（杀死其他应用程序的命令、关闭或者杀死 NodeManager 进程等）。

2. DockerContainerExecutor

从 2.6.0 版本开始，YARN 引入了一种新的 ContainerExecutor：DockerContainerExecutor（DCE）。它的引入，使得 NodeManager 能够将 YARN Container 直接运行在 Docker Container 中。DCE 允许应用程序拥有定制的软件环境，比如不同于 NodeManager 节点所部署的 Perl、Python 或 Java 版本，且为之提供隔离的运行环境。

9.6 以 YARN 为核心的生态系统

YARN 发展到今天，已经变成了一个数据操作系统（Data Operating System），很多应用程序或服务不再基于传统的操作系统（比如 Linux）开发和部署，而是基于 YARN 这样的数据操作系统，这意味着，很多新的计算框架或者应用程序脱离了 YARN 将不再能够单独运

⊖ https://issues.apache.org/jira/browse/YARN-2

行，典型的代表是 DAG 计算框架 Tez 和 Spark（Spark 也可以运行在 Mesos 上）。

为了方便用户将应用程序或服务运行到 YARN 上，Apache Slider[一]和 Twill[二]两个项目诞生了，它们的主要定位如下：

- **Apache Slider**：通过 Apache Slider，用户可将现有服务，在不经任何代码修改的情况下，直接部署到 YARN 上。目前 Apache Slider 内置了对 Storm 和 HBase 的支持。
- **Apache Twill**：提供了一套简化版编程模型，方便用户在 YARN 之上开发、部署和管理应用程序。

总结起来，支持运行在 YARN 上的计算框架和服务主要有：

- **MapReduce**：MapReduce 是一个非常经典的离线计算框架，在 MRv1 中，MapReduce 应用程序需运行在由 JobTracker 和 TaskTracker 组成的运行时环境中，而在 YARN 中，不再有 JobTracker 和 TaskTracker 这样的服务组件，取而代之的是 ApplicationMaster，它只负责应用程序相关的管理，比如任务切分和调度、任务监控和容错等，而资源相关的调度和管理交给 YARN 完成。
- **Tez**：Hortonworks 开源的 DAG 计算框架，在 MapReduce 基础上扩展而来的，重用了 MapReduce 大量代码，仅支持运行在 YARN 上，不可单独运行，已被广泛应用于 Hive、Pig 等引擎中。
- **Storm**：流式实时计算框架，运行时环境由 Nimbus 和 Supervisor 等组件组成，通过 Apache Slider，可将 Storm 直接运行在 YARN 上。
- **Spark**：Spark 是一个通用 DAG 内存计算引擎，尤其适合数据挖掘、机器学习等方面的应用，相比于 MapReduce 框架，Spark 更加高效易用。Spark 设计之初，就考虑到如何与其他资源管理系统集成，因此可直接运行在 YARN 和 Mesos 等资源管理系统上。
- **HBase**：构建在 HDFS 之上的数据库系统，运行时环境由 HMaster 和 RegionServer 等组件构成，通过 Apache Slider，可将 HBase 直接运行在 YARN 上。
- **Giraph**：开源图算法库，最初版本是基于 MRv1 实现的，随着 Hadoop 2.0 的成熟，正尝试将所有图算法运行在 YARN 之上（不再基于 MapReduce）[三]。
- **OpenMPI**：非常经典的高性能并行编程接口，目前正尝试将其运行在 YARN 上[四]。

最终，YARN 之上可以运行各种应用类型的框架，包括离线计算框架 MapReduce、实时计算框架 Storm、DAG 计算框架 Tez 等，真正实现一个集群多种用途，这样的集群，我们通常称为轻量级弹性计算平台，说它轻量级，是因为 YARN 采用了 Cgroups 轻量级隔离方案，说它弹性，是因为 YARN 能根据各种计算框架或者应用的负载和需求调整它们各自

[一] http://slider.apache.org/

[二] http://twill.apache.org/

[三] https://issues.apache.org/jira/browse/GIRAPH-13

[四] https://issues.apache.org/jira/browse/MAPREDUCE-2911

占用的资源，实现集群资源共享、资源弹性收缩。在不久的将来，普遍采用的部署方案应该如图9-9所示。

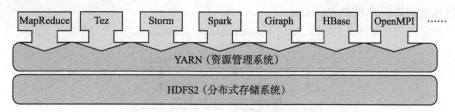

图9-9 以 YARN 为核心的生态系统

当然，随着 YARN 朝着资源管理系统方向更好地发展，最终 Web Server、MySQL Server 这种长服务，均可以部署到 YARN 之上，这样，YARN 将变为一个服务统一部署和管理平台，最终形成一个以 YARN 为核心的生态系统。

9.7 资源管理系统 Mesos

Mesos⊖是诞生于 UC Berkeley 的一个研究项目，它的设计动机是解决编程模型和计算框架在多样化环境下，不同框架间的资源隔离和共享问题。尽管它的直接设计动机与 YARN 稍有不同，但它的架构和实现策略与 YARN 类似。当前部分公司在使用 Mesos 管理集群资源，比如国外的 Twitter、国内的豆瓣⊖等。

9.7.1 Mesos 基本架构

如图 9-10 所示，Apache Mesos 由以下四个组件组成，接下来我们将详细对这些组件进行介绍。

1. Mesos Master

Mesos Master 是整个系统的核心，负责管理整个系统中的资源和接入的各种框架（Framework），并将 Mesos Slave 上的资源按照某种策略分配给框架。为了防止 Mesos Master 出现故障后导致集群不可用，Mesos 允许用户配置多个 Mesos Master，并通过 ZooKeeper 进行管理，当主 Mesos Master 出现故障后，ZooKeeper 可马上从备用 Master 中选择一个提升为新的主 Mesos Master。

2. Mesos Slave

Mesos Slave 负责接收并执行来自 Mesos Master 的命令，并定时将任务执行状态汇报给 Mesos Master。Mesos Slave 将节点上的资源使用情况发送给 Mesos Master，由 Mesos

---

⊖ http://mesos.apache.org/
⊖ https://github.com/douban/dpark

Master 中的 Allocator 模块决定将资源分配给哪个 Framework，需要注意的是，当前 Mesos 仅考虑了 CPU 和内存两种资源。为了避免任务之间相互干扰，同 YARN 一样，Mesos Slave 采用了轻量级资源隔离机制 Cgroups。

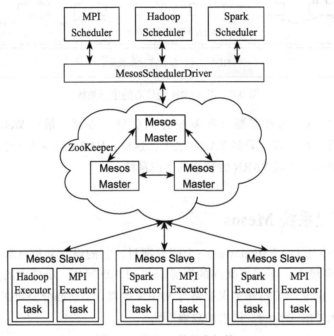

图 9-10　Mesos 的基本架构

3. Framework Scheduler

Framework 是指外部的框架，如 MPI、MapReduce、Spark 等，这些框架可通过注册的方式接入 Mesos，以便 Mesos 进行统一管理和资源分配。Mesos 要求接入的框架必须有一个调度器模块 Framework Scheduler，该调度器负责框架内部的任务调度。一个 Framework 在 Mesos 上工作流程为：首先通过自己的调度器向 Mesos 注册，并获取 Mesos 分配给自己的资源，然后再由自己的调度器将这些资源分配给框架中的任务。也就是说，同 YARN 一样，Mesos 系统采用了双层调度框架：第一层，由 Mesos 将资源分配给框架；第二层，框架自己的调度器将资源分配给内部的各个任务。当前 Mesos 支持三种语言编写的调度器，分别是 C++、Java 和 Python，为了向各种调度器提供统一的接入方式，Mesos 内部采用 C++ 实现了一个 MesosSchedulerDriver（调度器驱动器），Framework 的调度器可调用该 Driver 中的接口与 Mesos Master 交互，完成一系列功能（如注册、资源分配等）。

4. Framework Executor

Framework Executor 主要用于启动框架内部的任务。由于不同的框架，启动任务的接口或者方式不同，当一个新的框架要接入 Mesos 时，通常需要指定专有的 Executor，以告诉 Mesos 如何启动该框架中的任务。为了给各种框架提供统一的执行器编写方式，Mesos 内部采用 C++ 实现了一个 MesosExecutorDiver（执行器驱动器），Framework 可通过该驱动器的相关接口告诉 Mesos 启动任务的方法。

9.7.2　Mesos 资源分配策略

Mesos 中最核心的问题是如何构建一个兼具良好扩展性和性能的调度模型以支持各种计算框架。由于不同框架可能有不同的调度需求（这往往跟它的编程模型、通信模型、任务依赖关系和数据放置策略等因素相关），因此，为 Mesos 设计一个好的调度模型是一个极具挑战性的工作。

一种可能的解决方案是构建一个具有丰富表达能力的中央调度器，该调度器接收来自不同框架的详细需求描述，比如资源需求、任务调度顺序和组织关系等，然后为这些任务构建一个全局的调度序列。但是，在真实系统中，由于每种计算框架具有不同的调度需求，且有些框架的调度需求非常复杂，因此，提供一个具有丰富表达能力的 API 以捕获所有框架的需求是不太可能的，也就是说，该方案过于理想化，在真实系统中很难实现。

Mesos 提供了一种简化的方案：将资源调度的控制授权给各个框架。Mesos 负责按照一些简单的策略（比如 FIFO、Fair 等）将资源分配给各个框架，而框架内部调度器则根据一些个性化的需求将得到的资源进一步分配给各个作业。考虑到 Mesos 缺少对各个框架的实际资源需求的了解，为保证框架能高效地获取到自己需要的资源，它提供了三个机制。

1. 资源拒绝

如果 Mesos 为某个框架分配的资源不符合它的要求，则框架可以拒绝接受该资源直到出现满足自己需求的资源。该机制使得框架在复杂的资源约束条件下，还能够保证 Mesos 设计简单和具有良好的扩展性。

2. 资源过滤

每次发生资源调度时，Mesos Master 均需要与 Framework Scheduler 进行通信，如果有些框架总是拒绝某些节点上的资源，那么由于额外的通信开销会使得调度性能变得低效。为避免不必要的通信，Mesos 提供了资源过滤机制，允许框架只接收来自"剩余资源量大于 L 的 Mesos Slave"或者"位于特定列表中的 Mesos Slave"上的资源。

3. 资源回收

如果某个框架在一定的时间内没有为分配的资源返回对应的任务，则 Mesos 将回收为其分配的资源，并将这些资源重新分配给其他框架。

为了支持多维资源调度，Mesos 采用了主资源公平调度算法（Dominant Resource Fairness，DRF），该算法扩展了最大最小公平（max-min fairness）算法，使其能够支持多维资源的调度。

9.7.3 Mesos 与 YARN 对比

尽管 YARN 和 Mesos 诞生于不同的公司和研究机构，但它们的架构却大同小异，表 9-3 给出了它们内部基本组件的对应关系。

表 9-3 YARN 和 Mesos 基本组件对应关系

YARN	Mesos	功能
Resource Manager	Mesos Master	负责**整个集群**的资源管理和调度。
Node Manager	Mesos Slave	负责单个节点的资源管理（资源隔离、资源使用汇报等）、任务管理
	Framework-executor	（启动、杀死等）和任务运行进度汇报等。
Application Master	Framework-scheduler	负责**单个应用程序**的管理和资源的二次调度（将资源分配给内部的各个任务）。

表 9-4 所示从设计目标、容错性、在线升级、调度模型、调度算法、资源隔离等方面对比了 Mesos 和 YARN。

表 9-4 Mesos 与 YARN 对比

	Mesos	YARN
设计目标	提供一个通用的资源管理平台供上层框架使用，使用户可专注于应用程序逻辑相关的实现而无需关注资源分配和调度。	
主服务容错性	使用 ZooKeeper 实现多 Master	使用 ZooKeeper 实现多 Master
在线升级	Master 和 Slave 均可在线升级	Master 可在线升级，但 Slave 不可以
调度模型	均采用双层调度模型，且为细粒度资源调度模型，即将 CPU、内存等资源直接分配给应用程序，目前均只支持内存和 CPU 两种资源。	
调度算法	基于 DRF 进行多类别资源调度	提供了多种调度算法，包括 Capacity Scheduler 和 Fair Scheduler 等，同时也实现了基于 DRF 的调度算法
资源隔离	均采用 Cgroups 进行资源隔离	
支持的框架	目前均支持 MapReduce、Storm、Spark 等框架，并不断加入更多框架。	
HDFS 依赖	不依赖 HDFS	依赖 HDFS，将一些状态信息存储在 HDFS 上
社区活跃度	较为活跃	非常活跃

总结起来，YARN 起源于大数据领域，目前已经形成了良好的生态系统，与其他大数据系统结合紧密，而 Mesos 源自于集群化服务部署，因而更加适合服务部署与管理。

9.8 资源管理系统架构演化

Google 在论文 "Omega: flexible, scalable schedulers for large compute clusters" [1] 中介绍了 Google 经历的三代资源调度器的架构，如图 9-11 所示，分别是中央式调度器架构（类似于 Hadoop JobTracker，但是支持多种类型作业调度）、双层调度器架构（类似于 Mesos 和

---

[1] M. Schwarzkopf, A. Konwinski, M. Abd-El-Malek, and J. Wilkes. Omega: flexible, scalable schedulers for large compute clusters. In Proc. European Conf. on Computer Systems (EuroSys), Prague, Czech Republic, 2013.

YARN）和共享状态架构（Omega），并分别讨论了这几个架构的优缺点，重点剖析了最新资源管理系统 Omega 的相关实现。本节解读 Google 的这篇论文，并结合开源界相关系统的演化，阐述资源管理系统架构的演化过程。

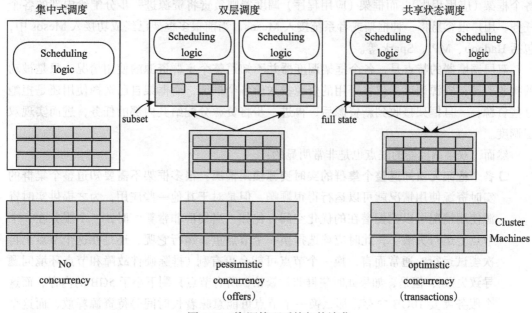

图 9-11　资源管理系统架构演化

9.8.1　集中式架构

集中式调度器（Monolithic scheduler）的特点是，资源的调度和应用程序的管理功能全部放到一个进程中完成，开源界典型的代表是 MRv1 JobTracker 的实现。这种设计方式的缺点很明显，扩展性差：首先，集群规模受限，其次，新的调度策略难以融入现有代码中，比如之前仅支持 MapReduce 作业，现在要支持流式作业，而将流式作业的调度策略嵌入到中央式调度器中是一项很难的工作。

Omega 论文中提到了一种对集中式调度器的优化方案：将每种调度策略放到单独一个路径（模块）中，不同的作业由不同的调度策略进行调度。这种方案在作业量和集群规模比较小时，能大大缩短作业响应时间，但由于所有调度策略仍在一个集中式的组件中，整个系统扩展性并没有变得更好。

9.8.2　双层调度架构

为了解决集中式调度器的不足，双层调度器（Two-level scheduler）是一种很容易想到的解决之道。可将它看作一种分而治之的机制或者策略下放机制：双层调度器仍保留一个经简化的集中式资源调度器，但具体任务相关的调度策略则下放到各个应用程序调度器中完成。这种调度器的典型代表是 Mesos 和 YARN。Omega 论文重点介绍了 Mesos，Mesos 是 Twitter 开源的资源管理系统，正如 9.7.1 节的介绍，Mesos 调度器由两部分组成，分别是资源调度器和框架（应用程序）调度器，其中，资源调度器负责将集群中的资源分配给各个框架（应用程序），而框架（应用程序）调度器则负责将资源进一步分配给内部的各个任务，用户很容易将一种框架或者系统接入 Mesos，当前很多框架已经成功接入 Mesos 中，包括 Hadoop、MPI、Spark 等。

双层调度器的特点是，各个框架调度器并不知道整个集群资源的使用情况，只是被动的接收资源；资源调度器仅将可用的资源推送给各个框架，而框架自己选择使用还是拒绝这些资源；一旦框架接收到新资源后，再进一步将资源分配给其内部的任务，进而实现双层调度。

然而，双层调度器的缺点也是非常明显的：

- **各个框架无法知道整个集群的实时资源使用情况**：很多框架不需要知道整个集群的实时资源使用情况就可以运行得很顺畅，但是对于其他一些应用，为之提供实时资源使用情况可以挖掘潜在的优化空间，比如，当集群非常繁忙时，一个服务在一个节点上运行失败了，此时应该选择换一个节点重新运行它呢，还是在这个节点上再次尝试运行？通常而言，换一个节点可能会更有利（排除硬件故障和节点环境问题导致失败），但是，如果此时集群非常繁忙，所有节点只剩下小于 5GB 的内存，而这个服务需要 10GB 内存，那么换一个节点可能意味着长时间等待资源释放，而这个等待时间是无法确定的。
- **采用悲观锁，并发粒度小**：在数据库领域，悲观锁与乐观锁的争论一直不休，悲观锁通常采用锁机制控制并发，这会大大降低性能，而乐观锁则采用多版本并发控制，典型代表是 MySQL InnoDB，这种机制通过多版本方式控制并发，可大大提升性能。在 YARN/Mesos 中，在任意一个时刻，Mesos 资源调度器只会将某些资源推送给一个框架，等到该框架返回资源使用情况后，才能够将资源再次推动给其他框架，因此，YARN/Mesos 资源调度器中实际上有一个全局锁，这大大限制了系统的并发性。

9.8.3 共享状态架构

为了克服双层调度器的以上两个缺点，Google 开发了下一代资源管理系统 Omega，Omega 是一种基于共享状态的调度器（Shared State Scheduler），该调度器将双层调度器中的集中式资源调度模块简化成了一些持久化的共享数据（状态）和针对这些数据的验证代码，而这里的"共享数据"实际上就是整个集群的实时资源使用信息。一旦引入共享数据后，共享数据的并发访问方式就成为该系统设计的核心，而 Omega 则采用了传统数据库中基于多版本的并发访问控制方式（也称为"乐观锁"），这大大提升了 Omega 的并发性。

由于 Omega 不再有集中式的调度模块，因此，不能像 Mesos 或者 YARN 那样，在一个统一模块中完成以下功能：对整个集群中的所有资源分组，限制每类应用程序的资源使用量，限制每个用户的资源使用量等，这些全部由各个应用程序调度器自我管理和控制，根据论文所述，Omega 只是将优先级这一限制放到了共享数据的验证代码中，即当同时有多个应用程序申请同一份资源时，优先级最高的那个应用程序将获得该资源，其他资源限制全部下放到各个子调度器。

引入多版本并发控制后，限制该机制性能的一个因素是资源访问冲突的次数，冲突次数越多，系统性能下降得越快，而 Google 通过实际负载测试证明，这种方式的冲突次数是完全可以接受的。

Omega 论文中谈到，Omega 是从 Google 现有系统上演化而来的。也就是从类似于 YARN 或者 Mesos 的系统改造而来的，经过前面的介绍后，有心的读者会发现，可以很容易将 YARN 或者 Mesos 改造成一个类 Omega 的系统，有兴趣的读者可以尝试一下完成这项工作。

9.9 小结

为了能够对集群中的资源进行统一管理和调度，Hadoop 2.0 引入了数据操作系统 YARN。YARN 的引入，大大提高了集群的资源利用率，并降低了集群管理成本。YARN 采用了经典的 master/slave 架构，其中 master 被称为 ResourceManager，负责集群资源的管理和调度，slave 被称为 NodeManager，负责单个节点的资源管理。YARN 中每个应用程序拥有一个 ApplicationMaster，负责应用程序级别的资源申请、资源分配、Container 启动以及容错等。YARN 提供两种多租户资源调度器，分别是 Yahoo！开源的 Capacity Scheduler 和 Facebook 开源的 Fair Scheduler，它们均能够将集群中的资源划分成若干队列，并为每个队列分配一定量的资源，以便多个用户共享集群资源。为了能够为应用程序运行提供独立的运行环境，YARN 提供了基于 Cgroup 和 Docker 两种轻量级资源隔离方案。YARN 发展到今天，已经变成了一个数据操作系统（Data Operating System），众多类型的应用程序和服务均支持直接运行和部署到 YARN 上，包括 MapReduce、Spark、HBase、Storm、Tez 等。

9.10 本章问题

问题 1：试描述将一个 MySQL 部署到 YARN 上的流程，如果是包含主备两个实例的 MySQL 呢？

问题 2：在 YARN 中启用 Capacity Scheduler，并配置如图 9-12 所示的队列组织结构。在上述基础上，完成以下两个任务：

❑ 尝试将 YARN 中的 DistributedShell 应用程序提交到 Crawler 队列中。

❑ 调整 Crawler 队列的 capacity 为 25，Indexing 队列的 capacity 为 75，并动态加载该配置。

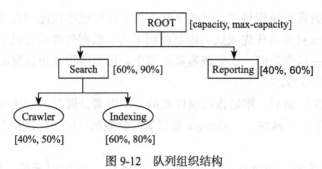

图 9-12　队列组织结构

问题 3：Apache Twill（http://twill.apache.org/）是一个开源项目，能帮助用户更容易地开发运行在 YARN 上的程序。试完成以下功能：

- 使用 Twill 编写程序，将一个 Thrift Server 运行在 YARN 上，对应的 Thrift 文件描述为：

```
// calculator.thrift
service Calculator {
    i32 add(1:i32 num1, 2:i32 num2)
}
```

- 编写客户端程序访问运行在 YARN 上的这个 Thrift Server。

问题 4：Apache Slider（http://slider.incubator.apache.org/）是一个开源项目，能帮助用户将已有的服务或应用程序部署到 YARN 上。尝试使用 Slider 在 YARN 上部署一套 HBase 集群。

第五部分 *Part 5*

大数据计算引擎篇

- 第 10 章　批处理引擎 MapReduce
- 第 11 章　DAG 计算引擎 Spark
- 第 12 章　交互式计算引擎
- 第 13 章　流式实时计算引擎

第 10 章
批处理引擎 MapReduce

MapReduce 是一个经典的分布式批处理计算引擎，被广泛应用于搜索引擎索引构建、大规模数据处理等场景中，具有易于编程、良好的扩展性与容错性以及高吞吐率等特点。它主要由两部分组成：编程模型和运行时环境。其中，编程模型为用户提供了非常易用的编程接口，用户只需像编写串行程序一样实现几个简单的函数即可实现一个分布式程序，而其他比较复杂的工作，如节点间的通信、节点失效、数据切分等，全部由 MapReduce 运行时环境完成，用户无需关心这些细节。在本章中，我们将从产生背景、设计目标、编程模型和基本架构等方面对 MapReduc 引擎进行介绍。

10.1 概述

10.1.1 MapReduce 产生背景

Hadoop 最早起源于 Nutch[⊖]。Nutch 是一个开源的网络搜索引擎，由 Doug Cutting 于 2002 年创建。Nutch 的设计目标是构建一个大型的全网搜索引擎，包括网页抓取、索引、查询等功能，但随着抓取网页数量的增加，遇到了严重的可扩展性问题，即：不能解决数十亿网页的存储和索引问题。之后，两篇谷歌发表的论文为该问题提供了可行的解决方案：一篇是 2003 年发表的关于谷歌分布式文件系统（Google File System，简称 GFS）的论文，该论文描述了谷歌搜索引擎网页相关数据的存储架构，该架构可解决 Nutch 遇到的网页抓取和索引过程中产生的超大文件存储需求的问题，但由于谷歌仅开源了思想而未开源代码，

[⊖] http://nutch.apache.org/

Nutch 项目组便根据论文完成了一个开源实现，即：Nutch 的分布式文件系统（NDFS）；另一篇是 2004 年发表的关于谷歌分布式计算框架 MapReduce 的论文[一]，该论文描述了谷歌内部最重要的分布式计算框架 MapReduce 的设计艺术，该框架可用于处理海量网页的索引问题，同样，由于谷歌未开源代码，Nutch 的开发人员完成了一个开源实现。由于 NDFS 和 MapReduce 不仅适用于搜索领域，2006 年初，开发人员便将其移出 Nutch，成为 Lucene[二] 的一个子项目，称为 Hadoop。大约同一时间，Doug Cutting 加入雅虎公司，且公司同意组织一个专门的团队继续发展 Hadoop，于同年 2 月，Apache Hadoop 项目正式启动以支持 MapReduce 和 HDFS 的独立发展。2008 年 1 月，Hadoop 成为 Apache 顶级项目，迎来了它的快速发展期。

10.1.2 MapReduce 设计目标

通过上一节关于 Hadoop MapReduce 产生历史的介绍可以知道，Hadoop MapReduce 诞生于搜索领域，主要解决搜索引擎面临的海量数据处理扩展性差的问题。它的实现很大程度上借鉴了谷歌 MapReduce 的设计思想，包括简化编程接口、提高系统容错性等。总结 Hadoop MapReduce 设计目标，主要有以下几个：

- **易于编程**。传统的分布式程序设计（如 MPI）非常复杂，用户需要关注的细节非常多，比如数据分片、数据传输、节点间通信等，因而设计分布式程序的门槛非常高。MapReduce 的一个重要设计目标便是简化分布式程序设计。它将与并行程序逻辑无关的设计细节抽象成公共模块并交由系统实现，而用户只需专注于自己的应用程序逻辑实现，这样简化了分布式程序设计且提高了开发效率。
- **良好的扩展性**。随着业务的发展，积累的数据量（如搜索公司的网页量）会越来越大，当数据量增加到一定程度后，现有集群可能已经无法满足其计算和存储需求，这时候管理员可能期望通过添加机器以达到线性扩展集群能力的目的。
- **高容错性**。在分布式环境下，随着集群规模的增加，集群中的故障次数（这里的"故障"包括磁盘损坏、机器宕机、节点间通信失败等硬件故障和用户程序 bug 产生的软件故障）会显著增加，进而导致任务失败和数据丢失的可能性增加，为避免这些问题，MapReduce 通过计算迁移或者数据迁移等策略提高集群的可用性与容错性。
- **高吞吐率**。一个分布式系统通常需要在高吞吐率和低延迟之间做权衡，而 MapReduce 计算引擎则选择了高吞吐率。MapReduce 通过分布式并行技术，能够利用多机资源，一次读取和写入海量数据。

[一] 论文：J. Dean and S. Ghemawat, "Mapreduce: simplified data processing on large clusters," in Proceedings of the 6th conference on Symposium on Opearting Systems Design & Implementation

[二] http://lucene.apache.org/

10.2 MapReduce 编程模型

10.2.1 编程思想

类似于编程语言中的入门程序"hello world",在分布式计算领域,也有一个入门级的程序:wordcount,它需要解决的问题是:给定一个较大(可能是 GB 甚至 TB 级别)的文本数据集,如何统计出每个词在整个数据集中出现的总频率?该问题在数据量不大的情况下,可很容易通过单机程序解决。但当数据量达到一定程度后,必须采用分布式方式解决,一种可行的方案是分布式多线程:将数据按照文件切分后,分发到 N 台机器上,每台机器启动多个线程(称为 map thread)统计给定文件中每个词出现的频率,之后再启动另外一些线程(称为 reduce thread)统计每个词在所有文件中出现的总频率。该方案是可行的,但需要用户完成大量开发工作,包括:

- **数据切分**:将输入文件切分成等大的小文件,分发到 N 台机器上,以便并行处理。
- **数据传输**:map thread 产生的中间结果需通过网络传输给 reduce thread,以便进一步对局部统计结果进行汇总,产生全局结果。
- **机器故障**:机器故障是很常见的,需要设计一定的机制保证某台机器出现故障后,不会导致整个计算任务失败。
- **扩展性**:需考虑系统扩展性问题,即当增加一批新机器后,整个计算过程如何能快速应用新增资源。

总之,自己实现分布式多线程的方法是可行的,但编程工作量极大,用户需花费大量时间处理与应用程序逻辑无直接关系的分布式问题。为了简化分布式数据处理,MapReduce 模型诞生了。

MapReduce 模型是对大量分布式处理问题的总结和抽象,它的核心思想是分而治之,即将一个分布式计算过程拆解成两个阶段:

第一阶段:Map 阶段,由多个可并行执行的 Map Task 构成,主要功能是,将待处理数据集按照数据量大小切分成等大的数据分片,每个分片交由一个任务处理。

第二阶段:Reduce 阶段,由多个可并行执行的 Reduce Task 构成,主要功能是,对前一阶段中各任务产生的结果进行规约,得到最终结果。

MapReduce 的出现,使得用户可以把主要精力放在设计数据处理算法上,至于其他的分布式问题,包括节点间的通信、节点失效、数据切分、任务并行化等,全部由 MapReduce 运行时环境完成,用户无需关心这些细节。以前面的 wordcount 为例,用户只需编写 map() 和 reduce() 两个函数,即可完成分布式程序的设计,这两个函数作用如下:

- **map() 函数**:获取给定文件中一行字符串,对其分词后,依次输出这些单词。
- **reduce() 函数**:将相同的词聚集在一起,统计每个词出现的总频率,并将结果输出。

以上两个函数与"回调函数"类似,MapReduce 框架将在合适的时机主动调用它们,并处理与之相关的数据切分、数据读取、任务并行化等复杂问题。

10.2.2 MapReduce 编程组件

为了简化程序设计，MapReduce 首先对数据进行了建模。MapReduce 将待处理数据划分成若干个 InputSplit（简称 split），它是一个基本计算单位。考虑到 HDFS 以固定大小的 block（默认是 128MB）为基本单位存储数据，split 与 block 存在一定的对应关系，具体如图 10-1 所示。split 是一个逻辑概念，它只包含一些元数据信息，比如数据起始位置、数据长度、数据所在节点等，它的划分方法完全受用户程序控制，默认情况下，每个 split 对应一个 block。但需要注意的是，split 的多少决定了 map task 的数目，因为每个 split 会交由一个 map task 处理。

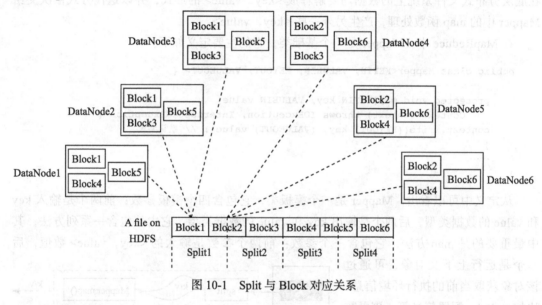

图 10-1　Split 与 Block 对应关系

数据在 MapReduce 引擎中是以 <key，value> 形式流动的：首先，每个 split 中的数据会被转换成一系列 <key，value>，交由用户的 map() 函数处理，该函数进一步产生另外一系列 <key，value>，之后，经（按照 key）排序分组后，交给用户编写的 reduce() 函数处理，最终产生结果。

总结起来，MapReduce 编程模型实际上是一种包含 5 个步骤的分布式计算方法：

1）**迭代（iteration）** 遍历输入数据，并将之解析成 <key，value> 对。

2）将输入 <key，value> 对**映射（map）** 成另外一些 <key，value> 对。

3）依据 key 对中间数据进行**分组（grouping）**。

4）以组为单位对数据进行**归约（reduce）**。

5）**迭代（iteration）** 将最终产生的 <key，value> 保存到输出文件中。

MapReduce 将计算过程分解成以上 5 个步骤带来的最大好处是组件化与并行化。为了实现 MapReduce 编程模型，Hadoop 设计了一系列对外编程接口，用户可通过实现这些接口完成应用程序的开发。

Hadoop MapReducer 对外提供了 5 个可编程组件，分别是 InputFormat、Mapper、Partitioner、Reducer 和 OutputFormat，其中 Mapper 和 Reducer 跟应用程序逻辑相关，因此必须由用户编写（一个 MapReduce 程序可以只有 Mapper 没有 Reducer），至于其他几个组件，MapReduce 引擎内置了默认实现，如果这些默认实现能够满足用户需求，则可以直接使用。

1. Mapper

Mapper 中封装了应用程序的数据处理逻辑，为了简化接口，MapReduce 要求所有存储在底层分布式文件系统上的数据均要解释成 <key，value> 的形式，并以迭代方式依次交给 Mapper 中的 map 函数处理，产生另外一些 <key，value>。

在 MapReduce 中，Mapper 是一个基础类，它的主要定义如下：

```
public class Mapper<KEYIN, VALUEIN, KEYOUT, VALUEOUT> {
    ……
    protected void map(KEYIN key, VALUEIN value,
        Context context) throws IOException, InterruptedException {
    context.write((KEYOUT) key, (VALUEOUT) value);    // 默认实现
    }
    ……
}
```

从定义中可以看出，Mapper 是一个模板类，它包含四个模板参数：前两个是输入 key 和 value 的数据类型，后两个是输出 key 和 value 的数据类型，它内部包含一系列方法，其中最重要的是 map 方法，它包含三个参数：前两个参数是输入的 <key，value> 数值，后一个是运行上下文对象，可通过该对象获取当前的执行环境信息，比如 taskid、配置信息等。该函数会被多个 Map Task 并行调用，具体如图 10-2 所示。

在 MapReduce 中，key/value 对象可能被写入磁盘，或者通过网络传输到不同机器上，因此它们必须是可序列化的。为简化用户开发工作量，MapReduce 对常用的基本类型进行了封装，使其变得可序列化，包括 IntWritable、FloatWritable、LongWritable、

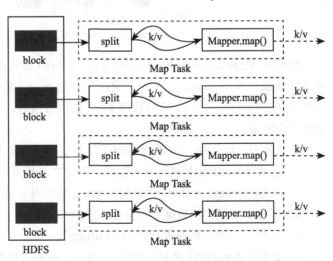

图 10-2　Mapper.map() 被调用关系

BytesWritable、Text 等。用户可以通过继承 Writable 类实现自己的可序列化类。

2. Reducer

Reducer 主要作用是，基于 Mapper 产生的结果进行规约操作，产生最终结果。Map 阶段产生的数据，按照 key 分片后，被远程拷贝给不同的 Reduce Task。Reduce Task 按照 key 对其排序，进而产生一系列以 key 为划分单位的分组，它们迭代被 Reducer 函数处理，进而产生最终的 <key, value> 对。

与 Mapper 类似，Reducer 是一个基础类，它的主要定义如下：

```
public class Reducer<KEYIN,VALUEIN,KEYOUT,VALUEOUT> {
……
protected void reduce(KEYIN key, Iterable<VALUEIN> values, Context context
) throws IOException, InterruptedException {
      for(VALUEIN value: values) {
          context.write((KEYOUT) key, (VALUEOUT) value);
      }
}
……
}
```

类似于 Mapper，Reducer 也是一个模板类，四个参数含义与 Mapper 一致，但需要注意的是，Reducer 的输入 key/value 数据类型与 Mapper 的输出 key/value 数据类型是一致的。它内部包含一系列方法，其中最重要的是 reduce 方法，它包含三个参数：输入 key 以及其对应的所有 value、运行上下文对象。该函数将被多个 Reduce Task 并行调用，具体如图 10-3 所示。

下面以 MapReduce 中的 "hello world" 程序——WordCount 为例介绍程序设计方法。在 MapReduce 中，可以这样编写（伪代码），其中 Map 部分如下：

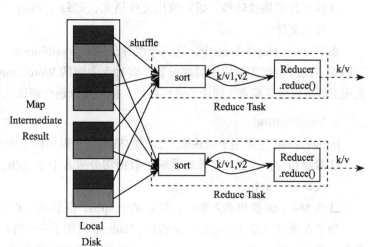

图 10-3　Reducer.reduce() 被调用关系

```
// key: 字符串偏移量
// value: 一行字符串内容
map(String key, String value, Context context) :
    // 将字符串分割成单词
    words = SplitIntoTokens(value);
    for each word w in words:
      context.EmitIntermediate(w, "1");
```

Reduce 部分如下：

```
// key：一个单词
// values：该单词出现的次数列表
reduce(String key, Iterator values, Context context):
   int result = 0;
   for each v in values:
      result += StringToInt(v);
   context.Emit(key, IntToString(result));
```

用户编写完 MapReduce 程序后，按照一定的规则指定程序的输入和输出目录，并提交到 Hadoop 集群中。作业在 Hadoop 中执行过程如图 10-4 所示，Hadoop 会将输入数据切分成若干个 split，并将每个 split 交给一个 Map Task 处理：Map Task 以迭代方式从对应的 split 中解析出一系列 <key，value>，并调用 map() 函数处理。待数据处理完后，Reduce Task 将启动多线程远程拷贝各自对应的数据，然后使用基于排序的方法将 key 相同的数据聚集在一起，并调用 reduce() 函数处理，将结果输出到文件中。

细心的读者可能注意到，上面的程序还缺少三个基本的组件，功能分别是：

- **输入数据格式解析**：解析输入文件的格式。将输入数据切分成若干个 split，且将 split 解析成一系列 <key，value> 对；
- **Map 输出结果分片**：确定 map() 函数产生的每对 <key，value> 发给哪个 reduce() 处理；
- **输出数据格式转换**：指定输出文件格式，即每个 <key，value> 对以何种形式保存到输出文件中。

在 Hadoop MapReduce 中，这三个组件分别是 InputFormat、Partitioner 和 OutputFormat，它们均由用户根据实际应用需求设置，而对于上面的 WordCount 例子，Hadoop 采用的默认实现正好可以满足要求，因而不必再提供。接下来分别介绍这三个组件。

3. InputFormat

InputFormat 主要用于描述输入数据的格式，它提供以下两个功能：

- **数据切分**：按照某个策略将输入数据切分成若干个 split，以便确定 Map Task 个数以及对应的 split。
- **为 Mapper 提供输入数据**：给定某个 split，能将其解析成一系列 <key，value> 对。

为了方便用户编写 MapReduce 程序，Hadoop 自带了一些针对数据库和文件的 InputFormat 实现，具体如图 10-5 所示。通常而言，用户需要处理的数据均以文件形式存储在 HDFS 上，所以我们重点针对文件的 InputFormat 实现进行讨论。

如图 10-5 所示，所有基于文件的 InputFormat 实现的基类是 FileInputFormat，并由此派生出针对文本文件格式的 TextInputFormat、KeyValueTextInputFormat 和 NLineInputFormat，针对二进制文件格式的 SequenceFileInputFormat 等。整个基于文件的 InputFormat 体系的设计思路是，由公共基类 FileInputFormat 采用统一的方法对各种输入文件进行切分，比如按照某个固定大小等分，而由各个派生 InputFormat 自己提供机制进一步解析

InputSplit。对应到具体的实现是，基类 FileInputFormat 提供 getSplits 实现，而派生类提供 getRecordReader 实现。接下来重点介绍两种常用的 InputFormat：TextInputFormat 和 SequenceFileInputFormat。

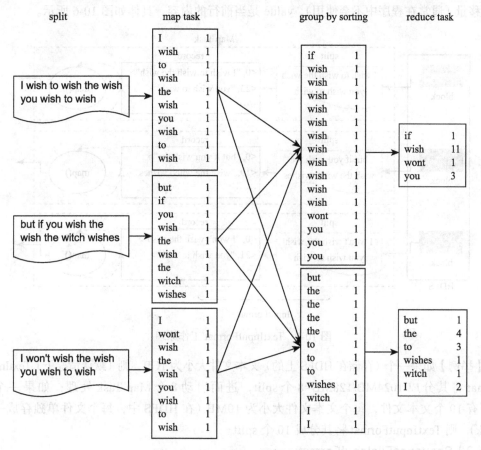

图 10-4　WordCount 程序运行过程

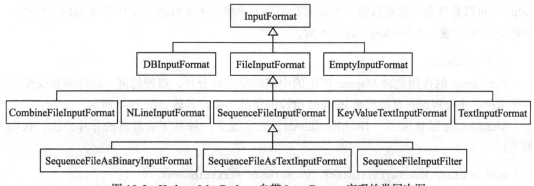

图 10-5　Hadoop MapReduce 自带 InputFormat 实现的类层次图

（1）TextInputFormat

专门针对文本文件格式的 InputFormat，它按照数据量大小将输入文件或目录切分成 split，并以行为单位将 split 转换成一系列 <key，value> 对，其中 key 是当前行所在文件中的偏移量（通常在程序中不会使用），value 是当前行的内容，具体如图 10-6 所示。

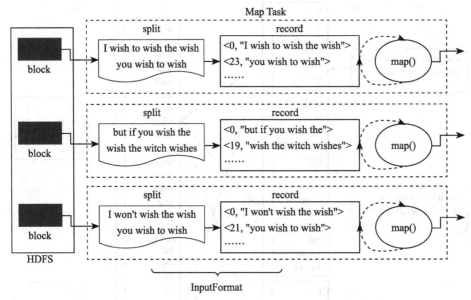

图 10-6　TextInputFormat 工作原理

【举例】如果一个（存储在 HDFS 上的）文本文件大小为 1GB，则（默认情况下）TextInputFormat 将其分成 1024MB/128MB=8 个 split，进而启动 8 个 Map Task 处理；如果一个目录下有 10 个文本文件，每个文本文件大小为 10MB（在 HDFS 中，每个文件单独存成一个 block），则 TextInputFormat 将其分成 10 个 split。

（2）SequenceFileInputFormat

专门针对二进制文件格式的 InputFormat，以 key/value 方式组织数据，其中 key 和 value 均可以是任意二进制数据，它按照数据量大小将输入文件或目录切分成 split，并进一步将 split 拆分成一系列 <key，value> 对。

4. Partitioner

Partitioner 的作用是对 Mapper 产生的中间结果进行分片，以便将同一组的数据交给同一个 Reducer 处理，它直接影响 Reduce 阶段的负载均衡，具体如图 10-7 所示。

MapReduce 默认采用了 HashPartitioner，它实现了一种基于哈希值的分片方法，代码如下：

```
public class HashPartitioner<K, V> extends Partitioner<K, V> {
    public int getPartition(K key, V value, int numReduceTasks) {
```

```
            return (key.hashCode() & Integer.MAX_VALUE) % numReduceTasks;
        }
    }
```

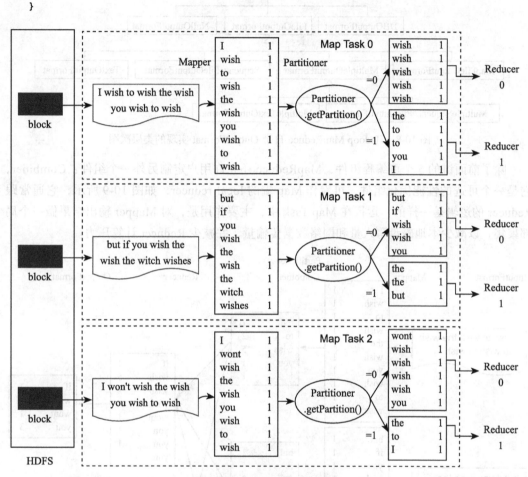

图 10-7 Partitioner 工作原理

HashPartitioner 能够将 key 相同的所有 <key，value> 交给同一个 Reduce Task 处理，适用于绝大部分应用场景，比如 WordCount。用户也可按照自己的需求定制 Partitioner。

5. OutputFormat

OutputFormat 主要用于描述输出数据的格式，它能够将用户提供 key/value 对写入特定格式的文件中。

Hadoop 自带了很多 OutputFormat 实现，它们与 InputFormat 实现相对应，具体如图 10-8 所示，所有基于文件的 OutputFormat 实现的基类为 FileOutputFormat，并由此派生出一些基于文本文件格式、二进制文件格式的或者多输出的实现。

综上所述，Hadoop MapRecuer 对外提供了 5 个可编程组件，分别是 InputFormat、Mapper、Partitioner、Reducer 和 OutputFormat，用户可根据自己的应用需求定制这些组件。

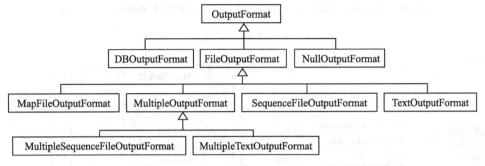

图 10-8　Hadoop MapReduce 自带 OutputFormat 实现的类层次图

除了前面讲的 5 个可编程组件，MapReduce 还允许用户定制另外一个组件：Combiner，它是一个可选的性能优化组件，可看作 Map 端的 local reducer，如图 10-9 所示，它通常跟 Reducer 的逻辑是一样的，运行在 Map Task 中，主要作用是，对 Mapper 输出结果做一个局部聚集，以减少本地磁盘写入量和网络数据传输量，并减少 Reducer 计算压力。

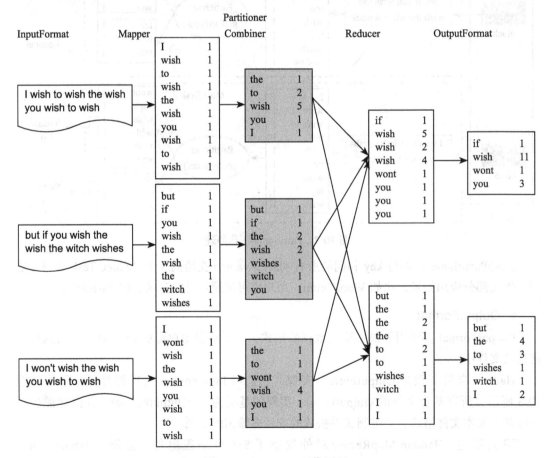

图 10-9　Combiner 工作原理

10.3 MapReduce 程序设计

Hadoop 同时提供了新旧两套 MapReduce API，新 API 在旧 API 基础上进行了封装，使得其在扩展性和易用性方面更好。总结新旧版 MapReduce API 主要区别如下：

- **存放位置**。旧版 API 放在 org.apache.hadoop.mapred 包中，而新版 API 则放在 org.apache.hadoop.mapreduce 包及其子包中。
- **接口变为抽象类**。接口通常作为一种严格的"协议约束"，它只有方法声明但没有方法实现，且要求所有实现类（不包括抽象类）必须实现接口中的每一个方法。接口的最大优点是允许一个类实现多个接口，进而实现类似 C++ 中的"多重继承"。抽象类则是一种较宽松的"约束协议"，它可为某些方法提供默认实现，而继承类则可选择是否重新实现这些方法，正是因为这一点，抽象类在类衍化方面更有优势，也就是说，抽象类具有良好的向后兼容性，当需要为抽象类添加新的方法时，只要新添加的方法提供了默认实现，用户之前的代码就不必修改了。

考虑到抽象类在 API 衍化方面的优势，新 API 将 InputFormat、OutputFormat、Mapper、Reducer 和 Partitioner 由接口变为抽象类。

- **上下文封装**。新版 API 将变量和函数封装成各种上下文（Contex）类，使得 API 具有更好的易用性和扩展性。首先，函数参数列表经封装后变短，使得函数更容易使用；其次，当需要修改或添加某些变量或函数时，只需修改封装后的上下文类即可，用户代码无须修改，这样保证了向后兼容性，具有良好的扩展性。

由于新版和旧版 API 在类层次结构、编程接口名称及对应的参数列表等方面存在较大差别，所以两种 API 不能够兼容。编者建议大家直接使用新版 API 进行程序开发，本书所有实例程序均采用新版 API。

10.3.1 MapReduce 程序设计基础

Hadoop 内核是采用 Java 语言开发的，提供 Java API 是自然而然的事情。一般而言，用户可按照以下几个步骤开发 MapReduce 应用程序：

1）实现 Mapper、Reducer 以及 main 函数。通过继承抽象类 Mapper 和 Reducer 实现自己的数据处理逻辑，并在 main 函数中创建 Job，定制作业执行环境。

2）本地调试。在本地运行应用程序，让程序读取本地数据，并写到本地，以便调试。

3）分布式执行。将应用程序提交到 Hadoop 集群中，以便分布式处理 HDFS 中的数据。

接下来介绍几个 Java 程序设计实例，帮助大家理解 MapReduce 应用程序开发流程。

【实例 1】构建倒排索引：

倒排索引（Inverted index），也常被称为反向索引，是一种索引方法，通常用于快速全文搜索某个词语所在的文档或者文档中的具体存储位置。它是文档检索系统中最常用的数据结构，也是搜索引擎中最核心的技术之一。目前主要有两种不同的反向索引形式：

❑ 一条记录的水平反向索引（或者反向档案索引）包含每个引用单词的文档的列表。

❑ 一个单词的水平反向索引（或者完全反向索引）又包含每个单词在一个文档中的位置。

第二种方式提供了更多的兼容性（比如短语搜索），但是需要更多的时间和空间来创建。本实例主要介绍第一种方式。

以英文为例，下面是要被索引的文本：

```
T0 = "I wish to wish the wish you wish to wish"
T1 = "but if you wish the wish the witch wishes"
T2 = "I won't wish the wish you wish to wish"
```

我们就能得到下面的反向索引：

```
"I":     {0, 2}
"wish":  {0,1,2}
"to":    {0, 2}
"the":   {0, 1, 2}
"you":   {0, 1, 2}
"but":   {1}
"if":    {1}
"witch": {1}
"wont":  {2}
```

检索的条件 "I"、"wish" 和 "you" 将对应这个集合：{0, 2} ∩ {0, 1, 2} ∩ {0, 1, 2}={0, 2}。

采用 MapReduce 实现倒排索引需实现三个基本组件：Mapper、Combiner 和 Reducer，如图 10-10 所示，具体如下：

1）Mapper：Mapper 过程分析输入的 <key, value> 对，得到倒排索引中需要的三个信息：单词、文档 URI 和词频（作为权重），其中，单词和文档 URI 为输出 key，词频作为 value。

2）Combiner：统计词频，输出 key 为单词，输出 value 为文档 URI 和词频。

3）Reducer：将相同 key 值的 value 值组合成倒排索引文件所需的格式。

将上面过程转化成代码，则程序框架如下所示：

```
public class InvertedIndex {
        public static class InvertedIndexMapper extends Mapper<Object, Text, Text, Text> { … }
        public static class InvertedIndexCombiner extends Reducer<Text, Text, Text, Text> { … }
        public static class InvertedIndexReducer extends Reducer<Text, Text, Text, Text> { … }
        // 每个 Map Reduce 作业包含一个 main 函数
        public static void main(String[] args) throws Exception {
        Configuration conf = new Configuration();
        // 使用 GenericOptionsParser 类的主要作用是允许用户通过 -D 传入参数，比如：
        // hadoop jar InvertedIndex.jar com.example.InvertedIndex -Dmapreduce.job.queuename=test ……
        String[] otherArgs = new GenericOptionsParser(conf, args).getRemainingArgs();
        if (otherArgs.length < 2) {
        System.err.println("Usage: InversedIndex [<in>...] <out>");
        System.exit(2);
        }
```

```java
Job job = Job.getInstance(conf, "InversedIndex"); // 创建 Job 对象
job.setJarByClass(InvertedIndex.class);
job.setMapperClass(InvertedIndexMapper.class); // 设置 Mapper
job.setCombinerClass(InvertedIndexCombiner.class); // 设置 Combiner
job.setReducerClass(InvertedIndexReducer.class); // 设置 Reducer
job.setMapOutputKeyClass(Text.class); // 设置 Mapper 输出 Key 的数据类型
job.setMapOutputValueClass(Text.class); // 设置 Mapper 输出 Value 的数据类型
job.setOutputKeyClass(Text.class); // 设置最终输出结果中 Key 的数据类型
job.setOutputValueClass(Text.class); // 设置最终输出结果中 Value 的数据类型
// 设置输入目录
for (int i = 0; i < otherArgs.length - 1; ++i) {
    FileInputFormat.addInputPath(job, new Path(otherArgs[i]));
}
// 设置输出目录
FileOutputFormat.setOutputPath(job,
    new Path(otherArgs[otherArgs.length - 1]));
System.exit(job.waitForCompletion(true)? 0 : 1);
    }
}
```

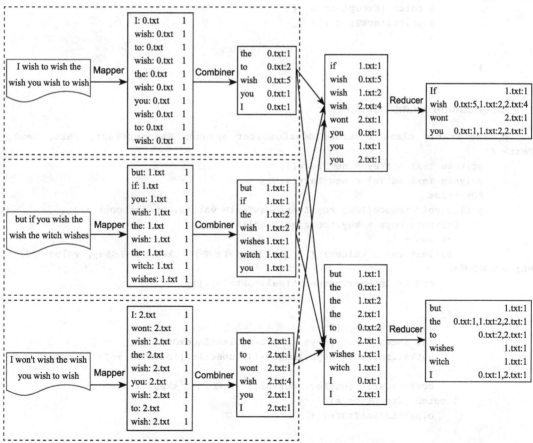

图 10-10 利用 MapReduce 实现倒排索引

下面分别介绍 InvertedIndexMapper、InvertedIndexCombiner 和 InvertedIndexReducer 三个内部类的实现。

InvertedIndexMapper 实现：

```
public static class InvertedIndexMapper extends Mapper<Object, Text, Text, Text> {
    private Text outKey = new Text();
    private Text outVal = new Text("1");
    @Override
    public void map (Object key, Text value, Context context) {
        StringTokenizer tokens = new StringTokenizer(value.toString()); // 将当前行分解成单词
        FileSplit split = (FileSplit) context.getInputSplit(); // 获取当前行所在的文件
        while(tokens.hasMoreTokens()) { // 依次输出每个单词
            String token = tokens.nextToken();
            try {
                outKey.set(token + ":" + split.getPath()); // 将单词与文件路径作为key
                context.write(outKey, outVal); // 输出一个<key, value>
            } catch (Exception e) {
                e.printStackTrace();
            }
        }
    }
}
```

InvertedIndexCombiner 实现：

```
public static class InvertedIndexCombiner extends Reducer<Text, Text, Text, Text> {
    private Text outKey = new Text();
    private Text outVal = new Text();
    @Override
    public void reduce(Text key,Iterable<Text> values,Context context) {
        String[] keys = key.toString().split(":");
        int sum = 0;
        for(Text val : values) { // 将当前map输出结果中,key相同的<key, value>中的value值累加起来
            sum += Integer.parseInt(val.toString());
        }
        try {
            outKey.set(keys[0]); // 将单词作为新的key
            int index = keys[keys.length-1].lastIndexOf('/');
            outVal.set(keys[keys.length-1].substring(index+1) + ":" + sum); // 将路径和词频作为value
            context.write(outKey, outVal); // 输出一个<key, value>
        } catch (Exception e) {
            e.printStackTrace();
        }
    }
}
```

InvertedIndexReducer 实现：

```java
public static class InvertedIndexReducer extends Reducer<Text, Text, Text, Text> {
    @Override
    public void reduce (Text key,Iterable<Text> values,Context context) {
        StringBuffer sb = new StringBuffer();
        for(Text text : values) { // 汇总当前单词出现的所有文件以及出现频率
            sb.append(text.toString() + ",");
        }
        sb.deleteCharAt(sb.length() - 1); // delete the last ","
        try {
            context.write(key, new Text(sb.toString())); // 输出最终结果
        } catch (Exception e) {
            e.printStackTrace();
        }
    }
}
```

MapReduce 应用程序设计完成后，可直接在 IDE 中运行，此时需设置两个本地目录作为程序的输入，分别是输入数据所在目录和输出数据存放目录。

通过本地运行确认程序逻辑正确后，可通过"hadoop jar"命令将 MapReduce 作业提交到 Hadoop 集群中，同时用"-D"指定作业运行参数，包括 Map Task 使用内存量、Reduce Task 个数等：

```
$HADOOP_HOME/bin/hadoop jar revertedIndex.jar \
    java.package.name.InvertedIndex \
 -D mapreduce.map.memory.mb=3096 \
 -D mapreduce.map.java.opts=-Xmx2560M \
 -D mapreduce.job.reduces=4 \
/input/data /output/data
```

【实例 2】SQL GroupBy 实现：

给定数据表 order，保存了交易数据，包括交易号 dealid、用户 ID、交易时间以及交易额等，定义如下：

```
create table order (
    dealid long NOT NULL,
    uid long NOT NULL,
    dealdate date NOT NULL,
amountlong NOT NULL
)
```

交易数据量比较大，为 TB 级别，保存在大量文本文件中，每行保存一条交易数据，不同字段通过","分割，形式如下：

```
00001,12054, 2015-01-01,1200
00002,12090, 2015-01-01,2500
00003,13000, 2015-01-02,800
……
```

请问，如何编写 MapReduce 程序得到以下 SQL 产生的结果：

```
select dealid, count(distinct uid) num from order group by dealid;
```

一种简单的方案是，在 Mapper 中，将 dealid 和 uid 分别作为 key 和 value 输出，在 Reducer 中，借助 Java 中的 Map 数据结构统计同一 dealid 中不同 uid 数目。该方法缺点是 Reducer 中内存使用量是不可控的，极有可能发生内存溢出。

另一种方案是借助 MapReduce 的排序功能完成 uid 的去重，计算过程如图 10-11 所示。

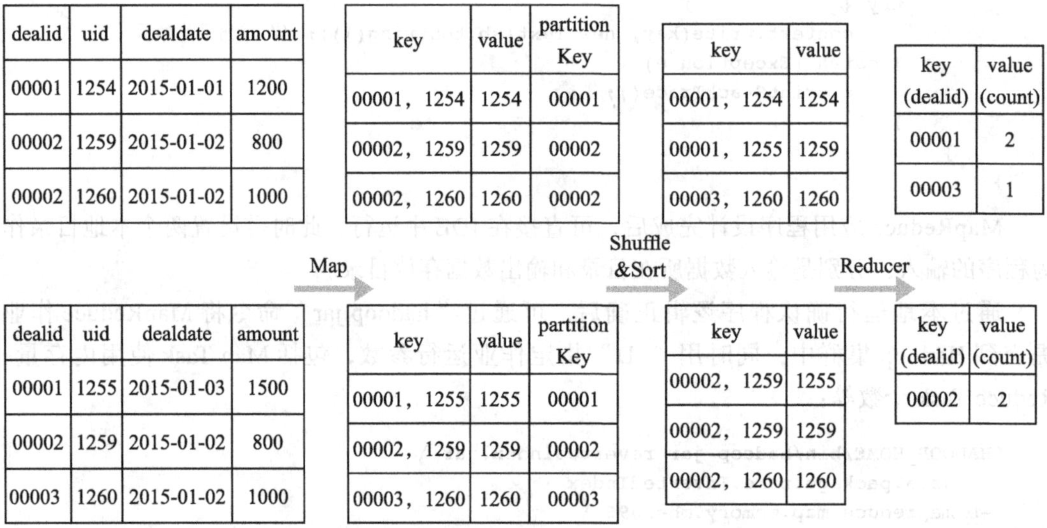

图 10-11 利用 MapReduce 实现 SQL GroupBy

将上面过程转化成代码，则程序框架如下所示：

```
public class SqlGroupBy {
    public static class SqlGroupByMapper extends Mapper<Object, Text, Text, IntWritable>{ … }
        public static class SqlGroupByPartitioner extends Partitioner<Text, IntWritable> { … }
        public static class SqlGroupByReducer extends Reducer<Text, IntWritable, Text, IntWritable> { … }
        public static void main(String[] args) throws Exception {
            Configuration conf = new Configuration();
            ……
            Job job = Job.getInstance(conf, "SqlGroupBy");
            job.setJarByClass(InvertedIndex.class);
            job.setMapperClass(SqlGroupByMapper.class);
            job.setPartitionerClass(SqlGroupByPartitioner.class);
            job.setReducerClass(SqlGroupByReducer.class);
            job.setMapOutputKeyClass(Text.class);
            job.setMapOutputValueClass(IntWritable.class);
            job.setOutputKeyClass(Text.class);
```

```
        job.setOutputValueClass(IntWritable.class);
        job.setNumReduceTasks(2);
        ……
        System.exit(job.waitForCompletion(true)? 0 : 1);
    }
}
```

下面分别介绍 SqlGroupByMapper、SqlGroupByPartitioner 和 SqlGroupByReducer 三个内部类的实现。

SqlGroupByMapper 实现：

```
public static class SqlGroupByMapper extends Mapper<Object, Text, Text, IntWritable> {
    private Text outKey = new Text();//可重用的 key 对象,防止重复创建对象
    private IntWritable outVal = new IntWritable(1); //可重用的 value 对象,防止重复创建对象
    private Counter corruptedDataCounter;  //分布式计数器,统计非法数据条数
    private Counter goodDataCounter; //分布式计数器,统计合法数据条数
    @Override
    public void setup(Mapper.Context context) {
    corruptedDataCounter = context.getCounter("dealCounters", "corruptedData");
        goodDataCounter = context.getCounter("dealCounters", "goodData");
    }
    @Override
    public void map (Object key, Text value, Context context) {
    String[] dealData = value.toString().split("\\,");
        if(dealData.length < 0) {
    corruptedDataCounter.increment(1);
    return;
        }
    goodDataCounter.increment(1);
    outKey.set(dealData[0] + "+" + dealData[1]);
    try {
    context.write(outKey, outVal);
    } catch (Exception e) {
            e.printStackTrace();
        }
    }
}
```

SqlGroupByPartitioner 实现：

```
public static class SqlGroupByPartitioner extends Partitioner<Text, IntWritable> {
    public int getPartition(Text key, IntWritable VALUE, int numReduceTasks) {
        String[] dealIdAndUid = key.toString().split("\\+"); // 按照 dealId 分区
        return Integer.parseInt(dealIdAndUid[0]) % numReduceTasks;
    }
}
```

SqlGroupByReducer 实现：

```
public static class SqlGroupByReducer extends Reducer<Text, IntWritable, Text,
```

```
IntWritable> {
        private String lastDealIdAndUid[];
        private int distinctCount = 1;
        private Text outKey = new Text(); // 可重用的 key 对象，防止重复创建对象
        private IntWritable outVal = new IntWritable();// 可重用的 value 对象，防止重复创
建对象
        @Override
        public void reduce (Text key, Iterable<IntWritable> values, Context context) {
            String[] dealIdAndUid = key.toString().split("\\+");
            if(lastDealIdAndUid == null) {
                lastDealIdAndUid = dealIdAndUid;
            return;
        }
            if(lastDealIdAndUid[0].equals(dealIdAndUid[0])) {
                if(!lastDealIdAndUid[1].equals(dealIdAndUid[1]))
                    distinctCount++;
                return;
            }
            try {
                writeToFileSystem(context);
            } catch (Exception e) {
                e.printStackTrace();
            }
            lastDealIdAndUid = dealIdAndUid;
            distinctCount = 1;
        }
        @Override
        public void cleanup(Reducer.Context context) {
            writeToFileSystem(context); // 写入最后一行
        }
        private void writeToFileSystem(Context context) {
            outKey.set(lastDealIdAndUid[0]);
            outVal.set(distinctCount);
            try {
        context.write(outKey, outVal);
            } catch (Exception e) {
                e.printStackTrace();
        }
        }
    }
```

10.3.2 MapReduce 程序设计进阶

MapReduce 提供了很多高级功能，使用户更容易开发高效的分布式程序，这些功能包括数据压缩、多路输入/输出、组合主键以及 DistributedCache 等，本节将依次介绍这些功能。

1. 数据压缩

数据压缩能够通过一定的编码技术减少数据存储空间，是一种用 CPU 资源换取 IO 资

源的优化技术，它涉及两个优化指标：压缩比和压缩 / 解压效率，这两个指标是此消彼长的，一个压缩算法能够产生较大的压缩比，则压缩 / 解压效率则不会很高。通常根据需求来确定选择何种数据压缩算法，对于历史冷数据，通常会选用压缩比较高的算法，对于访问频率较低的非冷数据，则选用压缩比与压缩 / 解压效率比较折中的算法，对于频繁访问的热数据，则不会压缩。

什么是冷数据和热数据？ 冷热数据是根据最近访问时间确定的，一般而言，认为最近 X 天内未访问过的数据为冷数据，其中 X 的大小视公司情况而定，比如 100 或 365。可通过分析 NameNode 日志得到 HDFS 上的冷数据与热数据。

对于 MapReduce 这种分布式程序而言，另外一个特殊的压缩算法评测指标是可分解性（splitable）。一个压缩算法具备可分解性是指该压缩算法支持块级别的压缩，能够在文件内部以块形式压缩数据。采用可分解性压缩算法压缩的文件，能够被进一步划分成若干个 split，被任务并行处理，典型的代表有 LZO 和 Bzip2；另一种压缩算法仅支持文件级别的压缩，采用这种算法压缩的文件，不能进一步分解，只能被一个任务处理，典型的代表是 Gzip 和 Snappy，表 10-1 比较了这几种压缩算法。

表 10-1 压缩算法对比

压缩算法	压缩比	压缩 / 解压效率	是否 Splitable	是否为 Hadoop 自带	压缩器
Gzip	很高	比较慢	否	是	org.apache.hadoop.io.compress.GzipCode
Bzip2	最高	慢	是	是	org.apache.hadoop.io.compress.BZip2Codec
LZO	比较高	很快	是	否，需自己安装	com.hadoop.compression.lzo.LzoCodec com.hadoop.compression.lzo.LzopCodec
Snappy	比较高	很快	否	是	org.apache.hadoop.io.compress.SnappyCode

在 MapReduce 作业以下三个阶段可能涉及压缩 / 非压缩数据的读取和写入：Map 输入、Map 输出和 Reduce 输出，其中 Map 输出的结果为临时数据，建议通过压缩方式减少 IO 数据量，其他两个阶段与具体数据格式相关：

- 文本文件：如果数据采用 Gzip 或 Snappy 算法进行压缩，则文件将变得不可分解，因而一个文件只能被一个 Map Task 处理。
- SequenceFile：SequenceFile 是一种内部分块的 key/value 文件格式，采用任意算法压缩后，文件仍可以被划分成若干个 split，并由多个 Map Task 并行处理。

2. 多路输入 / 输出

多路输入 / 输出是将多种存储格式或者计算逻辑放到一种 MapReduce 作业中完成的手段，通常用于以下两种情况：

- 作业的输入 / 输出中包含多种不同格式的数据源，比如既有文本文件，也有 key/value 格式文件。

- 作业的多个输入数据源需要通过不同逻辑处理,并针对不同的处理逻辑,写入不同的文件。

MapReduce 提供了 MultipleInputs 和 MultipleOutputs 类,允许用户设置多路输入/输出源,并制定对应的 InputFormat 和 OutputFormat,下面分别介绍这两个类的使用方法。

(1)多路输入类 MultipleInputs

MultipleInputs 允许用户设置多路不同(或相同)格式的数据源,下面给出了示例代码:

```
Job job = Job.getInstance(conf, "example job");
……
    MultipleInputs.addInputPath(job, new Path("/path/to/here"), TextInputFormat.class, MyMapper.class);
    MultipleInputs.addInputPath(job, new Path("/path/to/there"), SequenceFileInputFormat.class, MyMapper.class);
```

用户可在程序中通过以下方法获取当前 Map Task 处理的数据路径:

```
Path inputPath = ((FileSplit) context.getInputSplit()).getPath();
```

(2)多路输出类 MultipleOutputs

MultipleOutputs 允许用户设置多路不同(或相同)格式的输出路径,下面给出了示例代码:

```
Job job = Job.getInstance(conf, "example job");
……
    // 利用 LazyOutputFormat 过滤空文件(没有输出结果的文件)
    LazyOutputFormat.setOutputFormatClass(job, TextOutputFormat.class);
    LazyOutputFormat.setOutputFormatClass(job, SequenceFileOutputFormat.class);
    // 设置输出目录下的子目录 even
    MultipleOutputs.addNamedOutput(job, "even", TextOutputFormat.class, LongWritable.class, Text.class);
    / 设置输出目录下的子目录 odd
    MultipleOutputs.addNamedOutput(job, "odd", SequenceFileOutputFormat.class, LongWritable.class, Text.class);
    // 设置输出目录
    FileOutputFormat.setOutputPath(job, new Path("/path/to/output"));
```

编写 Mapper 或 Reducer 可将不同类型的结果写入不同目录下,代码如下:

```
public class MyReducer extends Reducer<LongWritable, Text, LongWritable, Text> {
    private MultipleOutputs mos = null;
    @Override
    public void setup(Context context) throws IOException, InterruptedException {
        mos = new MultipleOutputs(context); // 实例化一个 MultipleOutputs 对象
    }
    @Override
    public void reduce(LongWritable key, Iterable<Text> values, Context context)
            throws IOException, InterruptedException {
        String outputName = "even";
```

```
            if(key.get() % 2 == 1) outputName = "odd";
            for(Text value: values) {
                mos.write(outputName, key, value, outputName + "/part"); // 将不同数据
写入不同子目录下
            }
        }
        @Override
        public void cleanup(Context context) throws IOException, InterruptedException {
            mos.close();  // 关闭句柄，释放资源
        }
}
```

最终输出结果存放目录组织方式为：

```
/path/to/output
    even
        part-r-00000
        part-r-00001
    odd
        part-r-00000
        part-r-00001
```

3. DistributedCache

DistributedCache 是 Hadoop 为方便用户进行应用程序开发而设计的数据分发工具，它能够将只读的文件自动分发到各个节点上进行本地缓存，以便 Task 运行时加载使用。DistributedCache 将文件分为三种：

- 普通文件：直接缓存到任务运行的节点，且不经过任何处理。
- jar 包：缓存到任务运行的节点，并自动加到程序运行环境的 CLASSPATH 中。
- 归档文件（后缀为 .zip、.jar、.tar、.tgz 或者 .tar.gz 的文件）：缓存到任务运行的节点，并自动解压到任务的工作目录下。

使用 Hadoop DistributedCache 通常有两种方法：调用相关 API 和设置命令行参数。

（1）调用相关 API

Hadoop DistributedCache 提供了丰富的 API 方便用户分发文件，主要如下：

```
// 添加压缩文件
void addCacheArchive(URI uri, Configuration conf)
// 添加普通文件
void addCacheFile(URI uri, Configuration conf)
// 将三方 jar 包或者动态库添加到 classpath 中
void addFileToClassPath(Path file, Configuration conf)
```

这些 API 使用示例如下：

```
JobConf job = new JobConf();
DistributedCache.addCacheFile(new URI("/data/public/blacklist.txt#blacklist"),
job);
```

```
DistributedCache.addCacheFile(new URI("/data/public/whitelist.txt# whitelist",
job);
    DistributedCache.addFileToClassPath(new Path("/data/private/third-party.jar "),
job);
    DistributedCache.addCacheArchive(new URI("/data/private/dictionary.zip", job);
```

（2）设置命令行参数

这是一种比较简单且灵活的方法，但前提是在程序中使用 GenericOptionsParser 类解析通用参数（主要包括 "-files"、"-libjars"、"-archives" 和 "-D"）。用户提交作业时，使用通用参数指定对应类型的文件即可。

Shell 命令 1：

```
$HADOOP_HOME/bin/hadoop jar xxx.jar \
    -files hdfs:///data/public/blacklist.txt#blacklist \
    -libjars=hdfs:///data/private/third-party.jar \
    -archiveshdfs:///data/private/dictionary.zip \
    ......
```

Shell 命令 2：

```
$HADOOP_HOME/bin/hadoop jar xxx.jar \
-D mapreduce.job.cache.files=/data/public/blacklist.txt#blacklist \
-D mapreduce.job.cache.archives=/data/private/dictionary.zip \
-D mapreduce.job.classpath.file=/data/private/third-party.jar \
......
```

10.3.3 Hadoop Streaming

Hadoop Streaming[⊖]是 Hadoop 为方便非 Java 用户编写 MapReduce 程序而设计的工具包，它允许用户将任何可执行文件或者脚本作为 Mapper/Reducer，这大大提高程序员的开发效率。

Hadoop Streaming 要求用户编写的 Mapper/Reducer 从标准输入中读取数据，并将结果写到标准数据中，这类似于 Linux 中的管道机制，具体如图 10-12 所示。

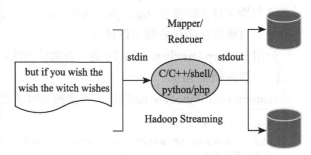

图 10-12　Hadoop Streaming 原理图

Hadoop Streaming 是一个 Java 版本的 MapReduce 应用程序框架，它对外提供了一系列可设置参数，用法如下：

```
hadoop jar $HADOOP_HOME/share/hadoop/tools/lib/hadoop-streaming-*.jar
[genericOptions] [streamingOptions]
```

⊖　http://hadoop.apache.org/docs/stable/hadoop-streaming/HadoopStreaming.html

其中 [genericOptions] 为通用参数，主要包含以下四个：
- -D property=value：以 <key,value> 方式指定属性及其值，比如 -Dmapreduce.job.queuname=test 可将作业提交到队列 test 中。
- -files：指定要分发的普通文件，这些文件会被自动分发到任务运行的节点上，并保存到任务当前工作目录下。
- -libjars：指定要分发的 jar 包，这些 jar 包会被自动分发到任务运行的节点上，并自动加到任务运行的 CLASSPATH 环境变量中。
- -archives：指定要分发的归档文件，可以是".tar.gz"、".tgz"、".zip"结尾的压缩文件，这些文件会被自动分发到任务运行的节点上，并自动解压到任务当前工作目录下。

streamingOptions 为 Hadoop Streaming 特有参数，主要有以下几个：
- -input：输入文件路径。
- -output：输出文件路径。
- -mapper：用户编写的 Mapper 程序，可以是可执行文件或者脚本。
- -reducer：用户编写的 Reducer 程序，可以是可执行文件或者脚本。
- -file：指定的文件会被自动分发到集群各个节点上，可以是 Mapper 或者 Reducer 要用的输入文件，如配置文件、字典等。
- -partitioner：用户自定义的 Partitioner 程序（必须用 Java 实现）。
- -combiner：用户自定义的 Combiner 程序。
- -numReduceTasks：Reduce Task 数目。

为了便于大家了解 Hadoop Streaming 使用方式，接下来介绍几个编程实例。

1. Hadoop Streaming 编程实例

（1）C++ 版 WordCount

采用 C++ 实现 WordCount 关键点是，在 Mapper 中，使用标准输入 cin 获取每行文本，经分词处理后，使用标准输出 cout 产生中间结果；在 Reducer 中，使用标准输入 cin 获取 Mapper 产生的中间结果，并统计每个词出现的频率，最后使用标准输出 cout 将结果写入 HDFS。

Mapper（mapper.cpp）实现的具体代码如下：

```cpp
int main() { //mapper 将会被封装成一个独立进程，因而需要有 main 函数
    string key;
    while(cin >> key) { // 从标准输入流中读取数据
// 输出中间结果，默认情况下 TAB 为 key/value 分隔符
        cout << key << "\t" << "1" << endl;
    }
    return 0;
}
```

Reducer（reducer.cpp）实现的具体代码如下：

```cpp
int main() { //reducer 将会被封装成一个独立进程,因而需要有 main 函数
    string cur_key, last_key, value;
    cin >> cur_key >> value;
    last_key = cur_key;
    int n = 1;
    while(cin >> cur_key) { // 读取 map task 输出结果
        cin >> value;
        if(last_key != cur_key) { // 识别下一个 key
            cout << last_key << "\t" << n << endl;
            last_key = cur_key;
            n = 1;
        } else { // 获取 key 相同的所有 value 数目
            n++; //key 值相同的,累计 value 值
        }
    }
    return 0;
}
```

分别编译这两个程序,生成的可执行文件分别是 wc_mapper 和 wc_reducer,使用以下命令提交作业:

```
$HADOOP_HOME/bin/hadoop jar $HADOOP_HOME/share/hadoop/tools/lib/hadoop-streaming-*.jar \
-files wc_mapper,wc_reducer \
-input /test/intput \
-output /test/output \
-mapper wc_mapper \
-reducer wc_reducer
```

由于 Hadoop Streaming 类似于 Linux 管道,这使得测试变得非常容易,用户可直接在本地使用下面的命令测试结果是否正确:

```
cat test.txt | ./wc_mapper | sort | ./wc_reducer
```

(2) Shell 版 WordCount

采用 Shell 版 WordCount 实现思路与 C++ 类似:使用标准输入获取输入数据,处理后,通过标准输出产生结果。

Mapper(mapper.sh)实现的具体代码如下:

```bash
#! /bin/bash
while read LINE; do
    for word in $LINE
    do
        echo "$word 1"
    done
done
```

Reducer(reducer.sh)实现的具体代码如下:

```bash
#! /bin/bash
```

```
count=0
started=0
word=""
while read LINE;do
    newword=`echo $LINE | cut -d ' ' -f 1`
    if [ "$word" != "$newword" ];then
        [ $started -ne 0 ] && echo "$word\t$count"
        word=$newword
        count=1
        started=1
    else
        count=$(( $count + 1 ))
    fi
done
echo "$word\t$count"
```

使用以下命令提交作业：

```
$HADOOP_HOME/bin/hadoop jar $HADOOP_HOME/share/hadoop/tools/lib/hadoop-streaming-*.jar \
    -files mapper.sh,reducer.sh \
    -input /test/intput \
    -output /test/output \
    -mapper "sh mapper.sh" \
    -reducer "sh reducer.sh"
```

用户可直接在本地使用下面的命令测试结果是否正确：

```
cat test.txt | sh mapper.sh | sort | reducer.sh
```

2. Hadoop Streaming 常用参数

Hadoop Streaming 以参数形式提供了大量功能，帮助用户简化分布式程序，主要参数如下：

1）定制化 Mapper/Reducer 的输入 / 输出 key 和 value：

❑ stream.map.input.field.separator：Mapper 输入的 key 与 value 分隔符，默认是 TAB。

❑ stream.map.output.field.separator：Mapper 输出的 key 与 value 分隔符。

❑ stream.num.map.output.key.fields：Mapper 输出 key 与 value 的划分位置。

下面这个作业指定了 Mapper 输出数据的分隔符为 "."，其中，第四个 "." 之前的所有字符为 key，其余字符为 value，如果某一行输出数据不足四个 "."，则所有输出字符串为 key，而 value 为空。

```
hadoop jar hadoop-streaming-*.jar \
    -D stream.map.output.field.separator=. \
    -D stream.num.map.output.key.fields=4 \
    -input myInputDirs \
    -output myOutputDir \
    -mapper /bin/cat \
    -reducer /bin/cat
```

类似的,Reducer 的输出字符串的分隔符以及 key/value 划分方式可通过参数 stream.reduce.output.field.separator 和 stream.num.reduce.output.key.fields 定制。

2)利用 KeyFieldBasedPartitioner 定制分区方法。可结合 Hadoop 自带 Parititioner 实现 org.apache.hadoop.mapred.lib.KeyFieldBasedPartitioner 以及参数 mapreduce.partition.keypartitioner.options 定制化分区方法,举例如下:

```
hadoop jar hadoop-streaming-2.7.1.jar \
    -D stream.map.output.field.separator=. \
    -D stream.num.map.output.key.fields=4 \
    -D map.output.key.field.separator=. \
    -D mapreduce.partition.keypartitioner.options=-k1,2 \
    -partitioner org.apache.hadoop.mapred.lib.KeyFieldBasedPartitioner
.......
```

在该实例中,Mapper 的输出数据被"."划分成若干个字段,其中,前四个字段为 key(有参数 stream.num.map.output.key.fields 指定),前两个字段为分区字段(由参数 mapreduce.partition.keypartitioner.options 指定),这种配置方式相当于将前两个字段作为 primary key,第三四个字段作为 secondary key,其余字段作为 value,这样,primary key 用来分区,两者结合用来排序。

3)定制化 Reduce Task 个数:可通过参数 mapreduce.job.reduces 定制化 Reduce Task 个数,如果该值设置为 0,表示该 MapReduce 作业只有 Map Task。下面这个作业将 Reduce Task 数目指定为 5:

```
hadoop jar hadoop-streaming-*.jar \
    -D mapreduce.job.reduces=5
    -input myInputDirs \
    -output myOutputDir \
    -mapper /bin/cat \
    -reducer /bin/cat
```

3. Hadoop Streaming 实现原理分析

Hadoop Streaming 工具包实际上是一个 Java 编写的 MapReduce 作业,当用户使用可执行文件或者脚本文件充当 Mapper 或者 Reducer 时,Java 端的 Mapper 或者 Reduer 充当了 wrapper 角色,它们将输入文件中的 key 和 value 直接传递给可执行文件或者脚本文件进行处理,并将处理结果写入 HDFS。

实现 Hadoop Streaming 的关键技术点是如何使用标准输入输出实现 Java 与其他可执行文件或者脚本文件之间的通信。为此,Hadoop Streaming 使用了 JDK 中的 java.lang.ProcessBuilder 类,该类提供了一整套管理操作系统进程的方法,包括创建、启动和停止进程(也就是应用程序)等。相比于 JDK 中的 Process 类,ProcessBuilder 允许用户对进程进行更多控制,包括设置当前工作目录、改变环境参数等。

对于 C++ 版 WordCount 而言,其 Mapper 执行过程如图 10-13 所示,Hadoop Streaming

使用 ProcessBuilder 以独立进程方式启动可执行文件 wc_mapper，并创建该进程的输入输出流，以便向其传递待处理的输入数据，并捕获输出结果。

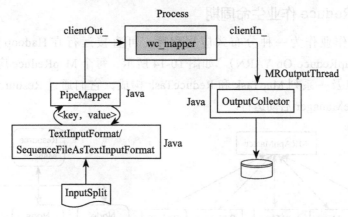

图 10-13　C++ 版 WordCount 作业的 Mapper 执行过程消息

由于 Hadoop Streaming 使用分隔符定位一个完整的 key 或 value，目前只能支持文本格式的数据，不支持二进制格式。在 0.21.0 版本之后，Hadoop Streaming 增加了对二进制文件的支持[⊖]，并添加了两种新的二进制文件格式："RawBytes" 和 "TypedBytes"，顾名思义，RawBytes 指 key 和 value 是原始字节序列，而 TypedBytes 指 key 和 value 可以拥有的数据类型，比如 boolean、list、map 等，由于它们采用的是长度而不是某一种分隔符定位 key 和 value，因而支持二进制文件格式。

RawBytes 传递给可执行文件或者脚本文件的内容编码格式为：

`<4 byte length><key raw bytes><4 byte length><value raw bytes>`

TypedBytes 允许用户为 key 和 value 指定数据类型，对于固定长度的基本类型，如 byte、bool、int、long 等，其编码格式为：

`<1 byte type code> <key bytes><1 byte type code><value bytes>`

对于长度不固定的类型，如 byte array、String 等，其编码格式为：

`<1 byte type code> <4 byte length><key raw bytes><1 byte type code><4 byte length><value raw bytes>`

当 key 和 value 大部分情况下为固定长度的基本类型时，TypedBytes 比 RawBytes 格式更节省空间。感兴趣的读者，可自行尝试这两种文件格式。

⊖ https://issues.apache.org/jira/browse/HADOOP-1722

10.4 MapReduce 内部原理

10.4.1 MapReduce 作业生命周期

MapReduce 作业作为一种分布式应用程序，可直接运行在 Hadoop 资源管理系统 YARN 之上（MapReduce On YARN）。如图 10-14 所示，每个 MapReduce 应用程序由一个 MRAppMaster 以及一系列 MapTask 和 ReduceTask 构成，它们通过 ResourceManager 获得资源，并由 NodeManager 启动运行。

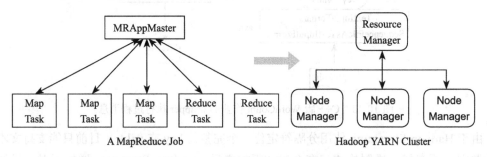

图 10-14　MapReduce 与 YARN

当用户向 YARN 中提交一个 MapReduce 应用程序后，YARN 将分两个阶段运行该应用程序：第一个阶段是由 ResourceManager 启动 MRAppMaster；第二个阶段是由 MRAppMaster 创建应用程序，为它申请资源，并监控它的整个运行过程，直到运行成功。如图 10-15 所示，YARN 的工作流程分为以下几个步骤：

1）用户向 YARN 集群提交应用程序，该应用程序包括以下配置信息：MRAppMaster 所在 jar 包、启动 MRAppMaster 的命令及其资源需求（CPU、内存等）、用户程序 jar 包等。

2）ResourceManager 为该应用程序分配第一个 Container，并与对应的 NodeManager 通信，要求它在这个 Container 中启动应用程序的 MRAppMaster。

3）MRAppMaster 启动后，首先向 ResourceManager 注册（告之所在节点、端口号以及访问链接等），这样，用户可以直接通过 ResourceManager 查看应用程序的运行状态，之后，为内部 Map Task 和 Reduce Task 申请资源并运行它们，期间监控它们的运行状态，直到所有任务运行结束，即重复步骤 4~7。

4）MRAppMaster 采用轮询的方式通过 RPC 协议向 ResourceManager 申请和领取资源。

5）一旦 MRAppMaster 申请到（部分）资源后，则通过一定的调度算法将资源分配给内部的任务，之后与对应的 NodeManager 通信，要求它启动这些任务。

6）NodeManager 为任务准备运行环境（包括环境变量、jar 包、二进制程序等），并将任务执行命令写到一个 shell 脚本中，并通过运行该脚本启动任务。

7）启动的 Map Task 或 Reduce Task 通过 RPC 协议向 MRAppMaster 汇报自己的状态和进度，以让 MRAppMaster 随时掌握各个任务的运行状态，从而可以在任务失败时触发相应的容错机制。

在应用程序运行过程中,用户可随时通过 RPC 向 MRAppMaster 查询应用程序的当前运行状态。

8)应用程序运行完成后,MRAppMaster 通过 RPC 向 ResourceManager 注销,并关闭自己。

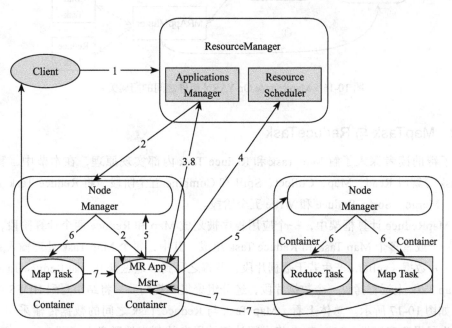

图 10-15　MapReduce On YARN 的工作流程

ResourceManager、NodeManager、MRAppMaster 以及 MapTask/ReduceTask 管理关系如图 10-16 所示。ResourceManager 为 MRAppMaster 分配资源,并告之 NodeManager 启动它,MRAppMaster 启动后,会通过心跳维持与 ResourceManager 之间的联系;MRAppMaster 负责为 MapTask/ReduceTask 申请资源,并通知 NodeManager 启动它们,MapTask/ReduceTask 启动后,会通过心跳维持与 MRAppMaster 之间的联系,基于以上设计机制,接下来介绍 MapReduce On YARN 架构的容错性。

- YARN:YARN 本身具有高度容错性,具体容错机制的实现,可参考第 9 章介绍。
- MRAppMaster:MRAppMaster 由 ResourceManager 管理,一旦 MRAppMaster 因故障挂掉,ResourceManager 会重新为它分配资源,并启动之。重启后的 MRAppMaster 需借助上次运行时记录的信息恢复状态,包括未运行、正在运行和已运行完成的任务。
- MapTask/ReduceTask:任务由 MRAppMaster 管理,一旦 MapTask/ReduceTask 因故障挂掉或因程序 bug 阻塞住,MRAppMaster 会为之重新申请资源并启动之。

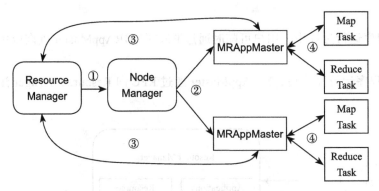

图 10-16　MapReduce On YARN 组件之间的归属关系

10.4.2　MapTask 与 ReduceTask

为了帮助读者深入了解 Map Task 和 Reduce Task 内部实现原理，在本节中，我们将 Map Task 分解成 Read、Map、Collect、Spill 和 Combine 五个阶段，将 Reduce Task 分解成 Shuffle、Merge、Sort、Reduce 和 Write 五个阶段。

在 MapReduce 计算框架中，一个应用程序被划成 Map 和 Reduce 两个计算阶段，它们分别由一个或者多个 Map Task 和 Reduce Task 组成。其中，每个 Map Task 处理输入数据集合中的一片数据（split），产生若干数据片段，并将之写到本地磁盘上，而 Reduce Task 则从每个 Map Task 上远程拷贝一个数据片段，经分组聚集和规约后，将结果写到 HDFS 中，整个过程如图 10-17 所示。总体上看，Map Task 与 Reduce Task 之间的数据传输采用了 pull 模型。为了提高容错性，Map Task 将中间计算结果存放到本地磁盘上，而 Reduce Task 则通过 HTTP 协议从各个 Map Task 端拉取（pull）相应的待处理数据。为了更好地支持大量 Reduce Task 并发从 Map Task 端拷贝数据，Hadoop 采用了 Netty⊖作为高性能网络服务器。

对于 Map Task 而言，它的执行过程可概述为：首先，通过用户提供的 InputFormat 将对应的 split 解析成一系列 <key，value>，并依次交给用户编写的 map() 函数处理；接着按照指定的 Partitioner 对数据分片，以确定每对 <key，value> 将交给哪个 Reduce Task 处理；之后将数据交给用户定义的 Combiner 进行一次本地规约（用户没有定义则直接跳过）；最后将处理结果保存到本地磁盘上。

对于 Reduce Task 而言，由于它的输入数据来自各个 Map Task，因此首先通过 HTTP 从各个已经运行完成的 Map Task 上拷贝对应的数据分片；待数据拷贝完成后，再以 key 为关键字对所有数据进行排序，通过排序，key 相同的记录被聚集到一起形成分组；然后将每组数据依次交给用户编写的 reduce() 函数处理，并把处理结果直接写到 HDFS 上。

⊖ http://netty.io/

第10章 批处理引擎MapReduce ❖ 207

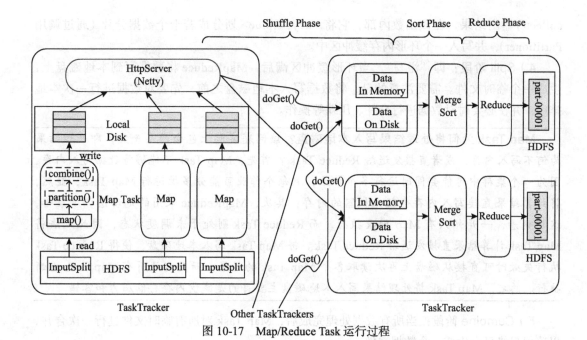

图 10-17 Map/Reduce Task 运行过程

1. MapTask 详细流程

Map Task 的整体计算流程如图 10-18 所示，共分为 5 个阶段，分别是：

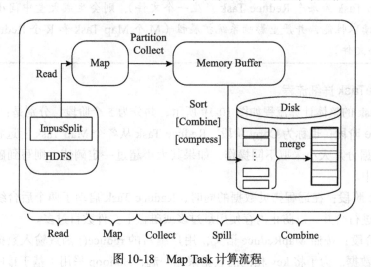

图 10-18 Map Task 计算流程

1）**Read 阶段**：Map Task 通过 InputFormat，从 split 中解析出一系列 <key, value>。

2）**Map 阶段**：将解析出的 <key, value> 依次交给用户编写的 map() 函数处理，并产生一系列新的 <key, value>。

3）**Collect 阶段**：在 map() 函数中，当数据处理完成后，一般会调用 OutputCollector.

collect() 输出结果，在该函数内部，它将 <key, value> 划分成若干个数据分片（通过调用 Partitioner），并写入一个环形内存缓冲区中。

4）Spill 阶段：即"溢写"，当环形缓冲区满后，MapReduce 将数据写到本地磁盘上，生成一个临时文件。需要注意的是，将数据写入本地磁盘之前，先要对数据进行一次本地排序，并在必要时对数据进行合并、压缩等操作。

Map Task 为何将处理结果写入本地磁盘？ 该问题实际上包含两层含义，即处理结果为何不写入内存，或者直接发送给 Reduce Task？首先，Map Task 不能够将数据写入内存，因为一个集群中可能会同时运行多个作业，且每个作业可能分多批运行 Map Task，显然，将计算结果直接写入内存会耗光机器的内存；其次，MapReduce 采用的是动态调度策略，这意味着，一开始只有 Map Task 执行，而 Reduce Task 则处于未调度状态，因此无法将 Map Task 计算结果直接发送给 Reduce Task。将 Map Task 写入本地磁盘，使得 Reduce Task 执行失败时可直接从磁盘上再次读取各个 Map Task 的结果，而无需让所有 Map Task 重新执行。总之，Map Task 将处理结果写入本地磁盘主要目的是减少内存存储压力和容错。

5）Combine 阶段：当所有数据处理完成后，Map Task 对所有临时文件进行一次合并，以确保最终只会生成一个数据文件。

每个 Map Task 为何最终只产生一个数据文件？ 如果每个 Map Task 产生多个数据文件（比如每个 Map Task 为每个 Reduce Task 产生一个文件），则会生成大量中间小文件，这将大大降低文件读取性能，并严重影响系统扩展性（M 个 Map Task 和 R 个 Reduce Task 可能产生 M*R 个小文件）。

2. ReduceTask 详细流程

Reduce Task 的整体计算流程如图 10-19 所示，共分为 5 个阶段，分别是：

1）Shuffle 阶段：也称为 Copy 阶段，Reduce Task 从各个 Map Task 上远程拷贝一片数据，并根据数据分片大小采取不同操作，如果其大小超过一定阈值，则写到磁盘上，否则直接放到内存中。

2）Merge 阶段：在远程拷贝数据的同时，Reduce Task 启动了两个后台线程对内存和磁盘上的文件进行合并，以防止内存使用量过多或磁盘上文件数目过多。

3）Sort 阶段：按照 MapReduce 语义，用户编写的 reduce() 函数输入数据是按 key 进行聚集的一组数据。为了将 key 相同的数据聚在一起，Hadoop 采用了基于排序的策略，由于各个 Map Task 已经实现对自己的处理结果进行了局部排序，因此 Reduce Task 只需对所有数据进行一次归并排序即可。

4）Reduce 阶段：在该阶段中，Reduce Task 将每组数据依次交给用户编写的 reduce() 函数处理。

5）Write 阶段：将 reduce() 函数输出结果写到 HDFS 上。

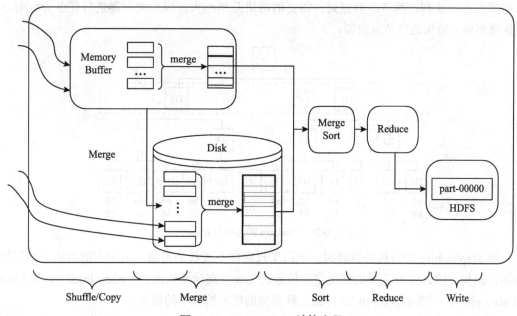

图 10-19　Reduce Task 计算流程

10.4.3　MapReduce 关键技术

MapReduce 在实现过程中用到了很多分布式优化技术，本节重点介绍数据本地性和推测执行两种技术。

1. 数据本地性（Data Locality）

MRAppMaster 从 ResourceManager 申请到（部分）资源后，会通过一定的调度算法将资源进一步分配给内部的任务。对于 Map Task 而言，一个重要的调度策略是数据本地性，即 MRAppMaster 会尽量将 Map Task 调度到它所处理的数据所在的节点。

在分布式环境中，为了减少任务执行过程中的网络传输开销，通常将任务调度到输入数据所在的计算节点，也就是让数据在本地进行计算，而 MapReduce 正是以"尽力而为"的策略保证数据本地性的。

为了实现数据本地性，MapReduce 需要管理员提供集群的网络拓扑结构。如图 10-20 所示，Hadoop 集群采用了三层网络拓扑结构，其中，根节点表示整个集群，第一层代表数据中心，第二层代表机架或者交换机，第三层代表实际用于计算和存储的物理节点。对于目前的 Hadoop 各个版本而言，默认均采用了二层网络拓扑图结构，即数据中心一层暂时未被考虑。

MapReduce 根据输入数据与实际分配的计算资源之间的距离将任务分成三类：node-local、rack-local 和 off-switch，分别表示输入数据与计算资源同节点、同机架和跨机架，当输入数据与计算资源位于不同节点上时，MapReduce 需将输入数据远程拷贝到计算资源所在的节点进行处理，两者距离越远，需要的网络开销越大，因此调度器进行任务分配时尽量选择离输入数据近的节点资源。

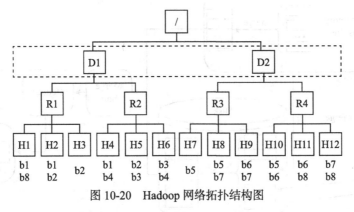

图 10-20　Hadoop 网络拓扑结构图

当 MapReduce 进行任务选择时，采用了自底向上查找的策略。由于当前采用了两层网络拓扑结构，因此这种选择机制决定了任务优先级从高到低依次为：node-local、rack-local 和 off-switch，下面结合图 10-20 介绍三种类型的任务被选中的场景：

在该场景中，HDFS 和 YARN 是混合部署的，除 master 角色外（NameNode 与 ResourceManager），其他每个节点上混合部署存储服务 DataNode 和计算服务 NodeManager。HDFS 之中已经存储了待处理目录的所有文件，这些文件的数据块分布已经在图中给出，比如数据块 b1 和 b8 存储在 H1 节点（位于机架 R1 中）上。假设某一时刻，MRAppMaster 从 ResourceManager 得到了来自节点 X 计算资源（Container），则它将根据一定的调度策略为之进一步分配给任务 Y：

1）场景 1：如果 X 是节点 H1，任务 Y 输入数据块为 b1，则该任务的数据本地性级别为 node-local。

2）场景 2：如果 X 是节点 H1，任务 Y 输入数据块为 b2，则该任务的数据本地性级别为 rack-local。

3）场景 3：如果 X 是节点 H1，任务 Y 输入数据块为 b4，则该任务的数据本地性级别为 off-switch。

MRAppMaster 会尽可能让任务运行在输入数据块所在的节点上，其次是输入数据块同机架的节点上，最后考虑其他机架上的节点。为了提高任务的数据本地性级别，MapReduce 采用了延迟调度的策略，即如果等待一段时间后，还未出现满足 node-local 要求的资源，则考虑满足 rack-local 需求的资源，如果等待一段时间后，还未出现满足 rack-local 需求的资源，则将任务随意调度到有空闲节点的资源上。

2. 推测执行（Speculative Execution）

在分布式集群环境下，因为程序 Bug、负载不均衡或者资源分布不均等原因，会造成同一个作业的多个任务之间运行速度不一致，有些任务的运行速度可能明显慢于其他任务（比如一个作业的某个任务进度只有 50%，而其他所有任务已经运行完毕），则这些任务会拖慢作业的整体执行进度。为了避免这种情况发生，MapReduce 采用了推测执行机制，它根据一定的法则推测出"拖后腿"的任务，并为这样的任务启动一个备份任务，让该任务与原始任务同时运行，最终选用最先成功运行完成任务的计算结果作为最终结果。

10.5 MapReduce 应用实例

MapReduce 能够解决的问题有一个共同特点：任务可以被分解为多个子问题，且这些子问题相对独立，彼此之间不会有牵制，待并行处理完这些子问题后，总的问题便被解决。在实际应用中，这类问题非常庞大，谷歌在论文中提到了一些 MapReduce 的典型应用，包括分布式 grep、URL 访问频率统计、Web 连接图反转、倒排索引构建、分布式排序等，这些均是比较简单的应用，下面介绍一些比较复杂应用：

1. Top K 问题

在搜索引擎领域中，常常需要统计最近最热门的 K 个查询词，这就是典型的 "Top K" 问题，也就是从海量查询中统计出现频率最高的前 K 个。该问题可分解成两个 MapReduce 作业，分别完成统计词频和找出词频最高的前 K 个查询词的功能，这两个作业存在依赖关系，第二个作业需要依赖前一个作业的输出结果。第一个作业是典型的 WordCount 问题。对于第二个作业，首先 map 函数中输出前 K 个频率最高的词，然后在 reduce 函数中汇总每个 Map 任务得到的前 K 个查询词，并输出频率最高的前 K 个查询词。

2. K-means 聚类

K-means 是一种基于距离的聚类算法，它采用距离作为相似性的评价指标，认为两个对象的距离越近，其相似度就越大，该算法解决的问题可抽象成：给定正整数 k 和 n 个对象，如何将这些数据点划分为 k 个聚类？

该问题采用 MapReduce 计算思路如下，首先随机选择 k 个对象作为初始中心点，然后不断迭代计算，直到满足终止条件（达到迭代次数上限或者数据点到中心点距离平方和最小），在第 i 轮迭代中，map 函数计算每个对象到中心点的距离，选择距每个对象（object）最近的中心点（center_point），并输出 <center_point, object> 对。reduce 函数计算每个聚类中对象的距离均值，并将这 k 个均值作为下一轮初始中心点。

3. 贝叶斯分类

贝叶斯分类是一种利用概率统计知识进行分类的统计学分类方法。该方法包括两个步骤：训练样本和分类。其实现由多个 MapReduce 作业完成，具体如图 10-21 所示。其中，训练样本可由三个 MapReduce 作业实现：第一个作业（ExtractJob）抽取文档特征，该作业只需要 Map 即可完成，第二个作业（ClassPriorJob）计算类别的先验概率，即统计每个类别中文档的数目,并计算类别概率;第三个作业(ConditionalProbilityJob)计算单词的条件概率,即统计 <label,word> 在所有文档中出现的次数并计算单词的条件该概率,后两个作业的具体实现类似于 WordCount。分类过程由一个作业(PredictJob)完成,该作业的 map 函数计算每个待分类文档属于每个类别的概率,reduce 函数找出每个文档概率最高的类别,并输出 <docid,label>(编号为 docid 的文档属于类别 label)。

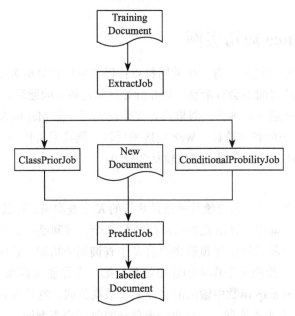

图 10-21 朴素贝叶斯分类算法在 MapReduce 上实现

前面介绍的是 MapReduce 可以解决的一些问题,为了便于读者更深刻理解 MapReduce,下面介绍一些 MapReduce 不能解决或者难以解决的问题:

- **Fibonacci 数值计算**:Fibonacci 数值计算时,下一个结果需要依赖于前面的计算结果,也就是说,无法将该问题划分成若干个互不相干的子问题,因而不能够用 MapReduce 解决。
- **层次聚类法**:层次聚类法是应用最广泛的聚类算法之一,按采用"自顶向下"和"自底向上"两种方式,可将其分为分解型层次聚类法和聚结型层次聚类法两种。层次聚类方法采用迭代控制策略,使聚类逐步优化。它按照一定的相似性(一般是距离)判断标准,合并最相似的部分或者分割最不相似的部分。以分解型层次聚类算法为例,其主要思想是,初始时,将每个对象归为一类,然后不断迭代,直到所有对象合并成一个大类(或者达到某个终止条件),在每轮迭代时,需计算两两对象间的距离,并合并距离最近的两个对象为一类。该算法需要计算两两对象间的距离,也就说每个对象和其他对象均有关联,因而该问题不能被分解成若干个子问题,进而不能够用 MapReduce 解决。

10.6 小结

MapReduce 最初源自于 Google，主要被用于搜索引擎索引构建，之后在 Hadoop 中得到开源实现。随着开源社区的推进和发展，已经成为一个经典的分布式批处理计算引擎，被广泛应用于搜索引擎索引构建、大规模数据处理等场景中，具有易于编程、良好的扩展性与容错性以及高吞吐率等特点。它为用户提供了非常易用的编程接口，用户只需像编写串行程序一样实现几个简单的函数即可实现一个分布式程序，而其他比较复杂的工作，如节点间的通信、节点失效、数据切分等，全部由 MapReduce 运行时环境完成，用户无需关心这些细节。MapReduce 为用户提供了 InputFormat、Mapper、Partitioner、Reducer 和 OutputFormat 等可编程组件，用户可通过实现这些组件完成分布式程序设计。为了方便非 Java 程序员编写程序，MapReduce 提供了 Hadoop Streaming 工具，用户可使用任意语言开发 Mapper 和 Reducer，大大提高了程序开发效率。

10.7 本章问题

问题 1：如何让 MapReduce 作业中每个 Map Task 处理一个完整输入文件？如何让每个 Map Task 处理多个输入文件？

问题 2：Combiner 组件是否是每个 MapReduce 作业必备的？什么情况下，不能设置 Combiner？

问题 3：尝试回答以下几个有关 MapReduce 计算引擎的问题。

- 每个 Map Task 只会产生一个数据文件，如果期间产生多个数据文件，最终会将其合并成一个。请问，Map Task 只产生一个数据文件的目的是什么？
- MapReduce 类似于"Distributed Sort"，它会在 Map 端和 Reduce 端同时排序，请问在 Map 端排序带来的好处是什么，在 Reduce 端排序的目的是什么？
- 对于一个 MapReduce 作业，当所有 Map Task 执行完成，Reduce Task 已经开始执行时，某个机器挂掉导致部分 Map Task 结果丢失，此时 MapReduce 将触发怎么样的容错？

问题 4：一个目录下包含 3 个采用 gzip 压缩的文件，其大小分别是 10MB、1GB 和 128MB，默认情况下，MapReduce 会启动几个 Map Task 处理该目录中的数据？

问题 5：尝试找出与下面功能相关的 MapReduce 配置参数，并按要求进行调整，验证调整成功。

- 使用 MapReduce 处理存储在 HDFS 上的文本文件时，默认每个 split 大小为 128MB，尝试将 split 大小增大为 256MB。
- 修改 Reduce Task 启动时机为 90%，即当所有 Map Task 中 90% 完成后，才开始启动 Reduce Task。

- ❏ 修改 Map Task 中间结果压缩算法为 snappy。
- ❏ 修改 MapReduce 作业运行模式为 local。
- ❏ 修改 Reduce Task 数据拷贝线程数目为 20。
- ❏ 启用 MapReduce 推测执行机制。
- ❏ 允许 MapReduce 作业处理嵌套式目录中的数据（比如输入目录是 /a，该目录下有多个二级目录，包括 /a/b，/a/c，/a/d 等，二级目录下才是数据文件）。

问题 6：如何调整 Map Task 和 Reduce Task 的内存和 CPU 两种资源使用量。对 Java 程序和 Streaming 程序，调整 Map/Reduce Task 内存时，如何合理设置以下两组参数：mapreduce.map.memory.mb/mapreduce.map.java.opts 和 mapreduce.reduce.memory.mb/mapreduce.reduce.java.opts。

问题 7：尝试通过 MapReduce 程序分析 NameNode 日志得到最近半年内未访问过的数据（冷数据）。

问题 8：如何使用 MapReduce 处理 SequenceFile、Parquet 两种格式的文件？

问题 9：仿照 SqlGroupby 实例，编写 MapReduce 程序得到以下 SQL 产生的结果：

```
select dealid, count(distinct uid), count(distinct dealdate) from order group by dealid
```

问题 10：下面命令构造了一个 Hadoop Streaming 作业（全部使用 Hadoop 自带的组件或功能，无需额外编写任何代码），主要功能为：将文本格式的文件转换成 SequenceFile 格式，并使用 gzip 压缩算法对输出文件进行块级别压缩，请补充完整：

```
$HADOOP_HOME/bin/hadoop jar $HADOOP_HOME/share/hadoop/tools/lib/hadoop-streaming-*.jar \
    -D mapreduce.output.fileoutputformat.compress= (    ) \
    -D mapreduce.output.fileoutputformat.compress.type= (    ) \
    -D mapreduce.output.fileoutputformat.compress.codec= (    ) \
    -input /text/intput \
    -output /sequence/output \
    -mapper (    ) \
    -numReduceTasks (    ) \
```

仿照以上示例，构造一个 Hadoop Streaming 作业，将 gzip 压缩的 SequenceFile 格式文件转换成文本文件。

问题 11：任选一种非 Java 语言，采用 Hadoop Streaming 实现"构建倒排索引"程序。

第 11 章 Chapter 11

DAG 计算引擎 Spark

Spark 是一个高性能 DAG（Directed Acyclic Graph）计算引擎，它通过引入 RDD（Resilient Distributed Datasets，弹性分布式数据集）模型，使得 Spark 具备类似 MapReduce 等数据流模型的容错特性，并且允许开发人员在大型集群上执行基于内存的分布式计算。Spark 尤其适合数据科学分析与计算，在迭代式计算和交互式计算方面具有独特优势。Spark 提供了丰富的编程接口，用户只需像编写串行程序一样调用这些函数接口即可实现一个分布式程序，而其他比较复杂的工作，如节点间的通信、节点失效、数据切分等，全部由 Spark 运行时环境完成，用户无需关心这些细节。

Spark 最原始的 API 是基于 RDD 实现的，这些 API 由一些低级别原语构成，虽然允许用户灵活控制自己的计算逻辑，但开发效率低下，为此，Spark 对其进行了更高级别的抽象，产生了 Dataset。由于 Dataset 具有更简洁的表达方式和更高效的执行引擎，因而得到了越来广泛的应用。在本章中，我们将介绍基于 RDD 的低级 API 与基于 Dataset 的高级 API 的使用方式，并从设计目标、编程模型和基本架构等方面对 Spark 计算引擎进行剖析。

11.1 概述

11.1.1 Spark 产生背景

Spark 是在 MapReduce 基础上产生的，借鉴了大量 MapReduce 实践经验，并引入多种新型设计思想和优化策略。在详细介绍 Spark 计算框架之前，我们先总结一下 MapReduce 计算框架存在的局限性。

1. MapReduce 引擎局限性

（1）仅支持 Map 和 Reduce 两种操作

MapReduce 提供的编程接口过于低层次，这意味着，开发者即使仅完成一些常用功能（比如排序、分组等），仍需编写大量代码，且可能需要实现多个 Mapper 和 Reducer 并进行组装，这大大增加了开发工作量。一个表明 MapReduce 是低层级抽象的应用是，一个典型的 SQL（比如 Hive 中的 HQL）可能需要转换成 2～5 个 MapReduce 作业进行处理。

（2）处理效率低效

- 任务调度和启动开销大：每个任务运行时需启动一个单独的 Java 虚拟机，用完便释放，资源难以复用，进而导致任务平均启动开销较大。
- 无法充分利用内存：Google MapReduce 论文发表在 2004 年，当时磁盘价格便宜而内存较为昂贵，因此，基于磁盘的 MapReduce 更能被大众接受，而硬件发展到今天，从价格方面考虑，"内存已经变为过去的磁盘"，因而更快的基于内存的新型计算框架会更加符合应用和时代的需求。
- Map 端和 Reduce 端均需要排序：正如第 10 章中介绍，MapReduce 引擎内置了 Map 端和 Reduce 端的排序，这对于大量不需要排序的应用而言，无疑增加了额外开销。
- 复杂功能磁盘 IO 开销大：对于复杂的 SQL，需转换成多个 MapReduce 作业计算完成，这些 MapReduce 作业之间通过 HDFS 发生数据交换，而读写 HDFS 需消耗大量磁盘和网络 IO。

（3）不适合迭代式和交互式计算

MapReduce 是一种基于磁盘的分布式计算框架，它追求的是高吞吐率而性能较为低效，这使得它不适合迭代式（比如机器学习）和交互式计算（比如点击日志分析）。

2. 编程不够灵活

MapReduce 计算框架对外提供了少量的编程接口以大大简化用户编码工作量，但实现一些复杂算法（比如迭代式计算）时，开发人员不易将问题转换成一系列符合 MapReduce 特征的阶段，进而使用 MapReduce 编程接口实现这些。由于 MapReduce 提供的模型过于简单苛刻，解决一些大数据处理问题时不够直观。

3. 计算框架多样化

随着 MapReduce 不断发展，其自身缺陷暴露得更加明显，尤其在流式实时计算和交互式计算方面。为了克服 MapReduce 这些不足，新型计算框架层出不穷，包括流式实时计算框架 Storm，交互式计算框架 Impala 等，这些计算框架给用户带来惊喜的同时，也让用户陷入运维和管理多套不同类型系统的麻烦。

Spark 是 UC Berkeley AMP 实验室于 2009 年启动的研究性项目，并于 2010 年贡献给开源社区⊖。借助开源社区的力量，迅速成为继 MapReduce 之后，又一个非常流行的分布式

⊖ 论文：Spark: Cluster Computing with Working Sets. Matei Zaharia, Mosharaf Chowdhury, Michael J. Franklin, Scott Shenker, Ion Stoica. HotCloud 2010. June 2010.

计算引擎。它的出现，为数据科学家和工程师提供了又一个可选的数据分析和挖掘工具。

11.1.2 Spark 主要特点

通过 11.1.1 节介绍，我们了解到，Spark 是在 MapReduce 基础上产生的，它克服了 MapReduce 存在的性能低下、编程不够灵活等缺点。Spark 作为一种 DAG 计算框架，其主要特点如下：

（1）性能高效

其性能高效主要体现在以下几个方面：

- **内存计算引擎**：Spark 允许用户将数据放到内存中以加快数据读取，进而提高数据处理性能。Spark 提供了数据抽象 RDD，它使得用户可将数据分布到不同节点上存储，并选择存储到内存或磁盘，或内存磁盘混合存储。
- **通用 DAG 计算引擎**：相比于 MapReduce 这种简单的两阶段计算引擎，Spark 则是一种更加通用的 DAG 引擎，它使得数据可通过本地磁盘或内存流向不同计算单元而不是（像 MapReduce 那样）借助低效的 HDFS。
- **性能高效**：Spark 是在 MapReduce 基础上产生的，借鉴和重用了 MapReduce 众多已存在组件和设计思想，包括基于 InputFormat 和 OutputFormat 的读写组件、Shuffle 实现、推测执行优化机制等，同时又引入了大量新颖的设计理念，包括允许资源重用、基于线程池的 Executor、无排序 Shuffle、通用 DAG 优化和调度引擎等。据有关测试结果表明，在相同资源消耗的情况下，Spark 比 MapReduce 快几倍到几十倍（具体提升多少取决于应用程序的类型）。

（2）简单易用

不像 MapReduce 那样仅仅局限于 Mapper、Partitioner 和 Reducer 等几种低级 API，Spark 提供了丰富的高层次 API，包括 sortByKey、groupByKey、cartesian（求笛卡尔积）等。为方便不同编程语言喜好的开发者，Spark 提供了四种语言的编程 API：Scala、Python、Java 和 R。从代码量方面比较，实现相同功能模块，Spark 比 MapReduce 少 2～5 倍。本章以 Scala 语言为主，介绍 Spark 程序设计相关知识。

（3）与 Hadoop 完好集成

Hadoop 发展到现在，已经成为大数据标准解决方案，涉及数据收集、数据存储、资源管理以及分布式计算等一系列系统，它在大数据平台领域的地位不可撼动。Spark 作为新型计算框架，将自己定位为除 MapReduce 等引擎之外的另一种可选的数据分析引擎，它可以与 Hadoop 进行完好集成：可以与 MapReduce 等类型的应用一起运行在 YARN 集群，读取存储在 HDFS/HBase 中的数据，并写入各种存储系统中，具体如图 11-1 所示。

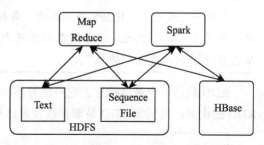

图 11-1　Spark 与 Hadoop 完美集成

总之，Spark 以上有别于 MapReduce 的特点，使得它在数据分析、数据挖掘和机器学习等方面得到广泛的应用，Spark 已经取代 MapReduce 成为应用最广泛的大数据计算引擎，而基于 MapReduce 实现的开源机器学习库 Mahout[⊖] 也已经迁移到 Spark 或 Flink 等新型 DAG 计算平台上。

11.2 Spark 编程模型

11.2.1 Spark 核心概念

本节介绍 Spark 中两个核心概念：RDD（Resilient Distributed Datasets）和 DAG（Directed Acyclic Graph）。

1. RDD

Spark 提出了一个数据集抽象概念 RDD，即弹性分布式数据集，它是一个只读的、带分区的数据集合，并支持多种分布式算子。RDD 是 Spark 计算引擎的核心，具有以下几个特点：

- 分布在集群中的只读对象集合，由多个 Partition 构成，这些 Partition 可能存储在不同机器上。
- RDD 可以存储在磁盘或内存中（多种存储级别），Partition 可全部存储在内存或磁盘上，也可以部分在内存中，部分在磁盘上。
- 通过并行"转换"操作构造：Spark 提供了大量 API 通过并行的方式构造和生成 RDD；
- 失效后自动重构：RDD 可通过一定计算方式转换成另外一种 RDD（父 RDD），这种通过转换而产生的 RDD 关系称为"血统"（lineage）。Spark 通过记录 RDD 的血统，可了解每个 RDD 的产生方式（包括父 RDD 以及计算方式），进而能够通过重算的方式构造因机器故障或磁盘损坏而丢失的 RDD 数据。

对 RDD 的"弹性"与"分布式"的理解？ 分布式数据集并不是一个新的概念，HDFS 中的任何一个文件便可认为是一个分布式数据集，它被拆分成多个数据块存储到不同节点上。但从一定程度上，HDFS 并不具有"弹性"，因为所有数据都存储在磁盘上。RDD 则不同，由于它可以将 Partition 存储在磁盘或内存，或部分磁盘部分内存（甚至根据内存大小动态置换），因此具有"弹性"。

RDD 只是一个逻辑概念，它可能并不对应磁盘或内存中的物理数据，而仅仅是记录了 RDD 的由来，包括父 RDD 是谁，以及自己是如何通过父 RDD 计算得到的。根据 Spark 官

⊖ http://mahout.apache.org/

方描述，RDD 由以下五部分构成：

❏ 一组 partition。
❏ 每个 partition 的计算函数。
❏ 所依赖的 RDD 列表（即父 RDD 列表）。
❏ （可选的）对于 key-value 类型的 RDD（每个元素是 key-value 对），则包含一个 Partitioner（默认是 HashPartitioner）。
❏ （可选的）计算每个 partition 所倾向的节点位置（比如 HDFS 文件的存放位置）。

作用在 RDD 上的操作（或称为"算子"）主要分为两类：transformation 和 action，如图 11-2 所示，他们的作用如下：

❏ **transformation**：即"转换"，其主要作用是将一种 RDD 转换为另外一类 RDD，比如通过"增加 1"的转换方式将一个 RDD[Int]⊖转换成一个新的 RDD[Int]，常用的 transformatin 操作包括 map，filter，groupByKey 等，具体会在"11.2.3 Spark 编程接口"一节中介绍；

❏ **action**：即"行动"，其主要作用是通过处理 RDD 得到一个或一组结果，比如将一个 RDD[Int] 中所有元素值加起来，得到一个全局和。常用的 action 包括 saveAsTextFile，reduce，count 等，具体会在"11.2.3 Spark 编程接口"一节中介绍。

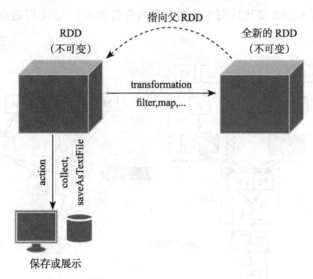

图 11-2　RDD 的 transformation 和 action 操作

之所以将 RDD 操作分为 transformation 和 action 两类，主要是因为它们的接口定义方式和执行方式是不同的：

1）接口定义方式不同，具体如下：

⊖ RDD[Int] 是一种 scala 表示方式，表示一个由整数构成的 RDD。

❑ Transformation：RDD[X] ➔ RDD[Y]（X 和 Y 所代表的的数据类型可能不同）

❑ Action：RDD[X] ➔ Z（Z 不是一个 RDD，可能是基本类型，数组等）

2）执行方式不同：Spark 程序是惰性执行（Lazy Execution）的，transformation 只会记录 RDD 的转化关系，并不会触发真正的分布式计算，而 action 才会触发程序的分布式执行。

2. DAG

Spark 是一个通用 DAG 引擎，这使得用户能够在一个应用程序中描述复杂的逻辑，以便于优化整个数据流（比如避免重复计算等），并让不同计算阶段直接通过本地磁盘或内存交换数据（而不是像 MapReduce 那样通过 HDFS）。下面给出了一个作用在 TB 级数据规模的表上的 SQL 语句：

```
SELECT g1.x, g1.avg, g2.cnt
FROM (SELECT a.x, AVERAGE(a.y) AS avg FROM a GROUP BY a.x) g1
JOIN (SELECT b.x, COUNT(b.y) AS avg FROM b GROUP BY b.x) g2
ON (g1.x = g2.x)
OBDER BY avg;
```

图 11-3 展示了该 SQL 语句分别翻译成 MapReduce 和 Spark 后产生的 DAG 数据流。如果翻译成 MapReduce，则会对应四个有依赖关系的作业，它们之间通过 HDFS 交换数据；而翻译成 Spark 则简单很多，只需要一个应用程序，其内部不同计算单元通过本地磁盘或内存交换数据（读写 HDFS 要比读写本地磁盘和内存慢很多），这使得磁盘和网络 IO 消耗更小，性能更加高效。

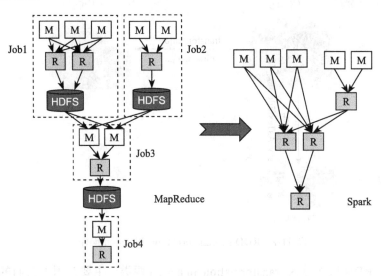

图 11-3　同一 SQL 被转化为 MapReduce 和 Spark 后的 DAG 对比

11.2.2　Spark 程序基本框架

每个 Spark 应用程序的运行时环境是由一个 Driver 进程和多个 Executor 进程构成的，

它们运行在不同机器上（也可能其中几个运行在同一个机器上，具体取决于资源调度器的调度算法），并通过网络相互通信。Driver 进程运行用户程序（main 函数），并依次经历逻辑计划生成、物理计划生成、任务调度等阶段后，将任务分配到各个 Executor 上执行；Executor 进程是拥有独立计算资源的 JVM 实例，其内部以线程方式运行 Driver 分配的任务。图 11-4 展示了一个 Spark 应用程序的运行时环境，该应用程序由 1 个 Driver 和 3 个 Executor（可能分布到不同节点上）构成，每个 Executor 内部可同时运行 4 个任务。

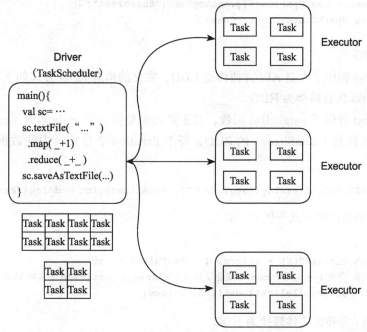

图 11-4　Spark 应用程序的运行时环境

11.2.3　Spark 编程接口

Spark 程序设计流程一般如下：

1）实例化 SparkContext 对象：SparkContext 封装了程序运行上下文环境，包括配置信息、数据块管理器、任务调度器等；

2）构造 RDD：可通过 SparkContext 提供的函数构造 RDD，常见的 RDD 构造方式分为两种：将 Scala 集合转换为 RDD 和将 Hadoop 文件转换为 RDD；

3）在 RDD 基础上，通过 Spark 提供的 transformation 算子（或称为 "操作符"）完成数据处理逻辑；

4）通过 action 算子将最终 RDD 作为结果直接返回或者保存到文件中。

Spark 提供了两大类编程接口，分别为 RDD 操作符以及共享变量，其中 RDD 操作符包括 transformation、action 以及 control API 三类，共享变量包括广播变量和累加器两种。

1. 构造 SparkContext

SparkContext 封装了程序运行上下文环境，包括配置信息、数据块管理器、任务调度器等，是 Spark 程序最核心的组件，每个应用程序有且仅有一个。创建 SparkContext 的方式如下：

```
// 创建配置对象 SparkConf，它首先读取 $SPARK_HOME/conf/spark-default.properties
// 中的默认配置信息，之后读取通过 "-conf" 参数指定的参数，并以 key/value 形式保存
val sparkConf = new SparkConf().setAppName("HBaseTest")
val sc = new SparkContext(sparkConf)
```

2. 构造 RDD

SparkContext 提供了大量 API 方便构造 RDD，常见的构造 RDD 方式如下：

（1）将 Scala 集合转换为 RDD

SparkContext 提供了 parallelize 函数，其主要功能是将一个 scala 集合（seq）转换为包含指定 Partition 数目（numSlices）的 RDD，每个 Partition 平分集合中的数据，parallelize 函数的定义如下：

```
def parallelize[T: ClassTag](seq: Seq[T], numSlices: Int = defaultParallelism)
```

parallelize 函数使用方式举例如下：

```
val slices = 10
val n = math.min(100000L * slices, Int.MaxValue).toInt
// 1 until n 产生 1~n 组成的 scala 集合，返回由 slices 个 Partition 构成的 RDD
val seqRdd = sc.parallelize(1 until n, slices)
```

（2）将本地/分布式文件转换为 RDD

SparkContext 提供了一系列函数方便用户将本地/分布式文件转化为 RDD。

1）将文本文件转换为 RDD，对应 API 如下：

```
def textFile(path: String, minPartitions: Int = defaultMinPartitions):
RDD[String]
```

其中第一个参数是文件路径，可以是本地路径、HDFS 路径或者其他 Hadoop 支持的文件系统（比如 amazon 的 S3）路径，第二个参数表示 RDD Partition 数目。

- 对于 HDFS 而言，默认情况下，每个 Partition 对应一个数据块（默认大小为 128MB）；
- 对于 HBase 而言，默认情况下，每个 Partition 对应一个 Region。

举例如下：

```
sc.textFile("file.txt") // 将本地（或 hdfs）文本文件转换成 RDD
sc.textFile("directory/*.txt") // 将某类文本文件转换成 RDD
sc.textFile("hdfs://nn:9000/path/file") // 将 hdfs 文件或目录转换为 RDD
```

2）将 SequenceFile 文件转换为 RDD，对应 API 如下：

```
def sequenceFile[K, V] (path: String, minPartitions: Int = defaultMinPartitions)
    (implicit km: ClassTag[K], vm: ClassTag[V], kcf: () =>
        WritableConverter[K], vcf: () => WritableConverter[V]): RDD[(K, V)]
```

举例如下：

```
sc.sequenceFile("file.txt") // 将本地 SequenceFile 文件转换成 RDD
sc.sequenceFile[String, Int] ("hdfs://nn:9000/path/file") // 将 hdfs 上指定的 SequenceFile
文件转换成 RDD
```

3）将任意格式文件转换为 RDD，可使用 MapReduce InputFormat，将任意格式文件转换为 RDD 定义如下：

```
def newAPIHadoopRDD[K, V, F <: NewInputFormat[K, V]](
    conf: Configuration = hadoopConfiguration, // Hadoop Configuration 对象
    fClass: Class[F], // InputFormat 对应的 Java 类
    kClass: Class[K], // Key 对应的 Java 类
    vClass: Class[V]): RDD[(K, V)] // Value 对应的 Java 类
```

比如，将 HBase 中的表转换为 RDD：

```
val conf = HBaseConfiguration.create() // 创建 HBase Configuration 对象
conf.set(TableInputFormat.INPUT_TABLE, "test") // 设置 HBase 表
val hBaseRDD = sc.newAPIHadoopRDD(conf, classOf[TableInputFormat],
    classOf[org.apache.hadoop.hbase.io.ImmutableBytesWritable],
    classOf[org.apache.hadoop.hbase.client.Result])
```

Spark 如何判断是本地文件还是 HDFS 文件？ Spark 引擎会在 CLASSPATH 中寻找 core-site.xml 文件，并读取 fs.defaultFS 属性值作为默认文件系统，该属性的默认值为 file://，即本地文件系统。

3. RDD transformation

transformation API 是惰性的，调用这些 API 并不会触发实际的分布式数据计算，而仅仅是将相关信息记录下来，直到遇到一个 action API（才会开始数据计算）。transformation API 使用方法举例如下：

```
// 创建 RDD
val nums = sc.parallelize(List(1, 2, 3))
// 对 RDD 中元素进行映射，生成新的 RDD
val squares = nums.map(x => x*x) // {1, 4, 9}
// 对 RDD 中元素进行过滤，生成新的 RDD
val even = squares.filter(_ % 2 == 0) // {4}
// 将 RDD 中的一个元素映射成多个，生成新的 RDD
nums.flatMap(x => 1 to x) // => {1, 1, 2, 1, 2, 3}
```

Spark 中有一种特殊的 RDD：Key/Value RDD，它包含的元素均为 <key, value> 类

型。Spark 专门为这种 RDD 提供了 transformation API，包括 reduceByKey，groupByKey，sortByKey 和 join 等，应用举例如下：

```
val pets = sc.parallelize(
 List(("cat", 1), ("dog", 1), ("cat", 2)))
pets.reduceByKey(_ + _) // => {(cat, 3), (dog, 1)}
pets.groupByKey() // => {(cat, Seq(1, 2)), (dog, Seq(1)}
pets.sortByKey() // => {(cat, 1), (cat, 2), (dog, 1)}
```

Spark 提供了大量的 transformation API，截至本书出版时，常用的 API 如表 11-1 所示。

表 11-1 Spark 常用 transformation API

API	功能
map(*func*)	将 RDD 中的元素，通过 func 函数逐一映射成另外一个值，形成一个新的 RDD
filter(*func*)	将 RDD 中使 func 函数返回 true 的元素过滤出来，形成一个新的 RDD
flapMap(*func*)	类似于 map 操作，但每个元素可映射成 0 到多个元素（func 函数应返回一个 Seq 而不是一个元素）
mapPartitions(*func*)	类似于 map 操作，但函数 func 是以 Partition（而不是元素）为单位运行的，因此 func 的类型是 Iterator<T> => Iterator<U> 而不是 T => U
sample(*withReplacement, fraction, seed*)	数据采样函数。采样率为 fraction，随机种子为 seed，*withReplacement* 表示是否支持同一元素采样多次
union(*otherDataset*)	求两个 RDD（目标 RDD 与指定 RDD）的并集，并以 RDD 形式返回
intersection(*otherDataset*)	求两个 RDD（目标 RDD 与指定 RDD）的交集，并以 RDD 形式返回
distinct(*[numTasks]*)	对目标 RDD 去重，并以 RDD 形式返回结果
groupByKey(*[numTasks]*)	针对 key/value 类型的 RDD，将 key 相同的 value 聚集在一起。默认任务并发度与父 RDD 相同，可显式设置 *[numTasks]* 大小
reduceByKey(*func, [numTasks]*)	针对 key/value 类型的 RDD，将 key 相同的 value 聚集在一起，并对每组 value 按照函数 func 规约，产生新的 RDD（与目标 RDD 的 key/value 类型相同），可显式设置任务并发度 *[numTasks]*
aggregateByKey(*zeroValue*)(*seqOp, combOp, [numTasks]*)	与 reduceByKey 类似，但目标 key/value 的类型与最终产生的 RDD 可能不同
sortByKey(*[ascending], [numTasks]*)	针对 key/value 类型的 RDD，按照 key 进行排序，若 ascending 为 true，则为升序，反之，降序
join(*otherDataset, [numTasks]*)	针对 key/value 类型的 RDD，对 <K, V> 类型的 RDD 和 <K, W> 类型的 RDD 按照 key 进行等值连接，产生新的 (K, (V, W)) 类型的 RDD
cogroup(*otherDataset, [numTasks]*)	分组函数，对 <K, V> 类型的 RDD 和 <K, W> 类型的 RDD 按照 key 进行分组，产生新的 (K, (Iterable<V>, Iterable<W>)) 类型的 RDD
cartesian(*otherDataset*)	求两个 RDD 的笛卡尔积
repartition(*numPartitions*)	将目标 RDD 的 partition 数目重新调整为 numPartition 个

4. RDD action

正如前面所提到的，transformation 算子具有惰性执行特性，它仅仅是记录一些元信息，直到遇到 action 算子才会触发相关 transformation 算子的执行。Spark 提供了大量 action API，包括 reduce、collect、saveAsTextFile 等，action API 使用方法举例如下：

```
// 创建新的 RDD
val nums = sc.parallelize(List(1, 2, 3))
// 将 RDD 保存为本地集合(返回到 driver 端)
nums.collect() // => Array(1, 2, 3)
// 返回前 K 个元素
nums.take(2) // => Array(1, 2)
// 计算元素总数
nums.count() // => 3
// 合并集合元素
nums.reduce(_ + _) // => 6
// 将 RDD 写到 HDFS 中
nums.saveAsTextFile("hdfs://nn:8020/output")
```

截至本书出版时，常用的 action API 如表 11-2 所示。

表 11-2 Spark 常用 action API

API	功能
reduce(*func*)	通过聚集函数 func (输入两个元素，输出一个) 对 RDD 进行规约。函数 func 必须具有交换性与关联性，这样才能并行计算
collect()	将 RDD 以数组形式返回给 Driver，通过将计算后的较小结果集返回
count()	计算 RDD 中元素个数
first()	返回 RDD 中第一个元素，类似于 take(1)
take(n)	以数组形式返回 RDD 前 n 个元素
saveAsTextFile(*path*)	将 RDD 存储到文本文件中，并依次调用每个元素的 toString 方法将之转化成字符串保存成一行
saveAsSequenceFile(*path*)	针对 key/value 类型的 RDD，将其保存成 SequenceFile 格式文件
countByKey()	针对 key/value 类型的 RDD，统计每个 key 出现的次数，并以 hashmap 形式返回
foreach(*func*)	将 RDD 中元素依次交给 func 处理

5. 共享变量

Spark 中所有 transformation 算子是通过分发到多个节点上的并行任务实现运行并行化的。当将一个自定义函数传递给 Spark 算子时 (比如 map 或 reduce)，该函数所包含的变量会通过副本方式传播到远程节点上。但所有针对这些变量的写操作只会更新到本地，不会分布式同步更新 (代价太高)。Spark 提供了两种受限的共享变量：广播变量和累加器。

(1) 广播变量

广播变量是一种能够分发到集群各个节点上的只读变量，它使得各 Executor (而不是各任务) 只需保存该变量的一个副本。Spark 实现了高效的广播算法保证广播变量得到高效的分发。下面给出了 Spark 广播变量创建和使用方法：

```
val arr = (0 until 100).toArray
val barr = sc.broadcast(arr) // 创建广播变量，对应的广播数据为数组 arr
val observedSizes = sc.parallelize(1 to 10, slices)
    .map(_ => barr.value.size) // 通过 .value 获取对应的数组
```

(2) 累加器

累加器类似于 MapReduce 中的分布式计数器，是一个整数值，能够在各个任务中单独修改，之后自动进行汇总得到全局值。累加器常用于追踪程序的运行状态，方便对 Spark 程序进行调试和监控。下面给出了 Spark 累加器的使用方法：

```
// 定义一个初始值为 0，名为 "total" 的累加器
val totalPoints = sc.accumulator(0, "total")
// 定义一个初始值为 0，名为 "hit" 的累加器
val hitPoints = sc.accumulator(0, "hit")
val count = sc.parallelize(1 until n, slices).map { i =>
    val x = random * 2 - 1
    val y = random * 2 - 1
    totalPoints += 1 // 更新累加器
    if (x*x + y*y < 1) hitPoints += 1 // 更新累加器
}.reduce(_ + _)
// 获取累加器值
val result = hitPoints.value/totalPoints.value
```

6. RDD 持久化

RDD 持久化是 Spark 非常重要的特性之一。用户可显式将一个 RDD 持久化到内存或磁盘中，以便重用该 RDD。RDD 持久化是一个分布式的过程，其内部的每个 Partition 各自缓存到所在的计算节点上。RDD 内存持久化能大大加快数据计算效率，尤其适合迭代式计算和交互式计算。

Spark 提供了 persist 和 cache 两个持久化函数，其中 cache 将 RDD 持久化到内存中，而 persist 则支持多种存储级别，具体如表 11-3 所示。

表 11-3 Spark RDD 存储级别

存储级别	含义解释
MEMORY_ONLY	将 RDD 以 Java 原生对象形式持久化到内存中。如果 RDD 不能完全放入内存中，则它的部分 Partition 将不被缓存到内存中，而是用时计算。这是默认的存储级别
MEMORY_AND_DISK	将 RDD 以 Java 序列化对象形式持久化到内存中。如果 RDD 不能完全放入内存中，则它的部分 Partition 将被放到磁盘上
MEMORY_ONLY_SER	将 RDD 以 Java 序列化对象形式持久化到内存中，即每个 Partition 对应一个字节数组。该方式更加节省内存空间，但读时更耗 CPU
MEMORY_AND_DISK_SER	与 MEMORY_ONLY_SER 类似，但无法存入内存的 Partition 将写入磁盘以避免每次用时重算
DISK_ONLY	将 RDD 保存到磁盘上
MEMORY_ONLY_2 MEMORY_AND_DISK_2	与以上存储级别类似，但在两个不同节点上各保存一个副本

Spark 持久化实例代码如下：

```
val data = sc.textFile("hdfs://nn:8020/input")
data.cache() // 将 data 持久化到内存中，等价于 data.persist(MEMORY_ONLY)
```

```
data.filter(_.contains("error")).count
data.filter(_.contains("hadoop")).count
data.filter(_.contains("hbase")).count
```

如图 11-5 中 a）所示，上面代码在执行第一个 action 算子（即 count）时，会将 data 持久化到内存中，之后三个 action 算子计算时直接从内存中读取数据（而无需从 HDFS 读取），相比于图 11-5 中 b）所示的无内存持久化方案，这大大减少了磁盘 IO。

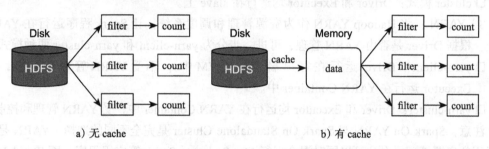

图 11-5　Spark RDD 无 cache 与有 cache 对比

除了 cache 和 persist 之外，Spark 还提供了另外一种持久化机制：checkpoint，它能将 RDD 写入文件系统（比如 HDFS），提供类似于数据库中快照的功能，相比于 cache 和 persist，区别在于：

- Spark 自动管理（包括创建和回收）cache 和 persist 持久化的数据，而 checkpoint 持久化的数据需由用户自己管理。
- checkpoint 会清除 RDD 的血统，避免血统过长导致序列化开销增大，而 cache 和 persist 不会清除 RDD 的血统。

RDD checkpoint 代码示例如下：

```
sc.checkpoint("hdfs://spark/rdd"); // 设置 RDD 存放目录
val data = sc.textFile("hdfs://nn:8020/input")
val rdd = data.map(…).reduceByKey(…)
rdd.checkpoint // 标记对 RDD 做 checkpoint，不会真正执行直到遇到第一个 action 算子
rdd.count // 第一个 action 算子，触发之前的代码执行
```

11.3　Spark 运行模式

"11.2.2 Spark 程序基本框架" 一节中提到，每个 Spark 程序由一个 Driver 和多个 Executor 组成，它们之间通过网络通信。用户可将程序的 Driver 和 Executor 两类进程运行在不同类型的系统中，进而产生了多种运行模式。多运行模式的支持，使得用户的同一份程序可运行到多个不同环境中。Spark 支持的运行模式包括：

1）local：本地模式，将 Driver 与 Executor 均运行在本地，方便调试。用户可根据需要设置多个 Executor，而 Executor 本身则以线程方式运行。

2）standalone：standalone 是指由一个 master 和多个 slave 服务组成的 Spark 独立集群运行环境，而 Spark 应用程序的 Driver 与 Executor 则运行在该集群环境中。根据 Driver 是否运行在 Spark 独立集群中，可进一步将之分为 client 和 cluster 两种模式：

- client 模式：Driver 运行在客户端，不受 master 管理和控制，但 Executor 运行在 slave 上，受 master 管理和控制；
- cluster 模式：Driver 和 Executor 均运行在 slave 上。

3）YARN：将 Hadoop YARN 作为资源管理和调度系统，让 Spark 程序运行在 YARN 之上。根据 Driver 是否由 YARN 管理，可进一步分为 yarn-client 和 yarn-cluster 两种模式：

- yarn-client：Driver 运行在客户端（统一 JVM 中），不受 YARN 管理和控制，但 Executor 运行在 YARN Container 中。
- yarn-cluster：Driver 和 Executor 均运行在 YARN Container 中，受 YARN 管理和控制。

注意，Spark On YARN 与 Spark On Standalone Cluster 是完全不同的选择，YARN 是一个通用的资源管理平台，可以同时混合运行 MapReduce、Spark 等应用程序，而 Standalone 集群是为 Spark 应用程序专门打造的，不能运行除 Spark 之外的其他类型的应用程序。

4）Mesos：将 Apache Mesos 作为资源管理和调度系统，让 Spark 程序运行在 Mesos 之上。

用户可通过设置 master URL 的方式，指定 Spark 应用程序的运行模式，比如以下命令使用 Spark 提供的应用程序提交脚本 spark-submit，在 local 模式下运行 jar 包 example.jar 中的 org.apache.spark.examples.SparkPi 程序：

```
./bin/spark-submit \
    --class org.apache.spark.examples.SparkPi \
    --master local \
    /path/to/examples.jar \
    100
```

其中，"--master"指定了 master URL。目前 Spark 支持 7 种不同的 master URL，具体如下：

- local：在本地启动一个线程（Executor）运行 Spark 程序。
- local[K]：在本地启动 K 个线程（Executor）运行 Spark 程序。
- local[*]：在本地启动与 CPU 核数相同的线程（Executor）运行 Spark 程序。
- spark://HOST:PORT：spark standalone 运行模式。指定 spark standalone 集群中的 master 地址，其中 PORT 默认为 7077。
- mesos://HOST:PORT：Mesos 运行模式。指定 Mesos Master 地址，或 Mesos ZooKeeper 地址（形式为：mesos://zk://....）。
- yarn-client：yarn-client 运行模式。
- yarn-cluster：yarn-cluster 运行模式。

其中 local 是最简单的运行模式，它允许用户直接将 Spark 程序运行在本地，方便调试和快速查看运行结果。该模式能够以多线程（每个线程中运行一个 Executor）方式模拟分布式执行过程，进而帮助用户尽可能发现分布式模式下潜在的程序缺陷。

本节重点介绍 standalone 和 YARN 两种运行模式。

11.3.1 Standalone 模式

Spark 自带了基于 master/slave 架构的分布式运行环境，其中，master 只有一个，负责集群中资源的管理和任务的调度，slave 可以有多个，负责运行 Spark 应用程序的 Driver 或 Executor。根据 Driver 是否运行在 Spark 集群中，可进一步将之分为 client 和 cluster 两种模式：

1. client 模式

如图 11-6 所示，在 client 模式中，Spark Driver 运行在客户端（客户端和 Driver 位于同一 JVM 中），而 Executor 运行在 slave 中，该模式便于程序的调试（main 函数运行在客户端）。一个 Spark 应用程序以 client 模式运行在 standalone 集群中的流程如下：

1）用户在 Spark 客户端机器上运行程序，之后 Spark Driver 在本地启动。

2）客户端向 Spark standalone 集群提交一个应用程序，并告之启动的 Executor 数目及对应的资源需求。

3）Master 收到请求后，按照一定的调度策略，找一些合适的 slave 节点启动 Executor。

4）Executor 启动后，与 Spark Driver 建立网络通信连接。

5）Spark Driver 开始分配和调度任务，并监控任务运行过程（失败会重新调度），直到所有任务运行完毕，应用程序退出。

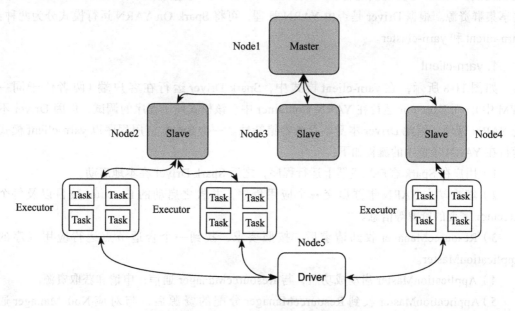

图 11-6　Spark standalone 的 client 模式原理

2. cluster 模式

如图 11-7 所示，在 cluster 模式中，Spark Driver 和 Executor 均运行在 slave 上，受 Spark master 和 slave 的管理。在该模式下，Driver 和 Executor 均具备良好的容错性，一旦它们因故障退出后，Master 会重新分配资源并将之启动起来。

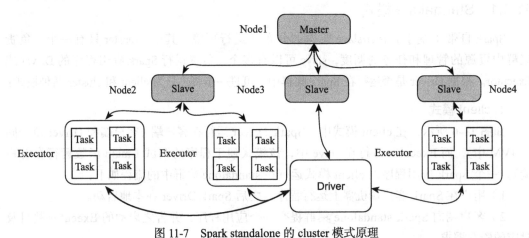

图 11-7 Spark standalone 的 cluster 模式原理

11.3.2 YARN 模式

YARN 是 Hadoop 中的资源管理和调度系统，能够对其上的各类应用程序进行统一管理和调度。Spark 可以直接运行在 YARN 上，以便于其他应用程序，比如 MapReduce 等，共享集群资源。根据 Driver 是否由 YARN 管理，可将 Spark On YARN 运行模式分为两种：yarn-client 和 yarn-cluster。

1. yarn-client

如图 11-8 所示，在 yarn-client 模式中，Spark Driver 运行在客户端（两者位于同一 JVM 中），而 Executor 运行在 YARN Container 中。该模式便于程序的调试，但因 Driver 不受 YARN 管理，因此 Driver 本身不具备容错特性。一个 Spark 应用程序以 yarn-client 模式运行在 YARN 集群中的流程如下：

1）用户在 Spark 客户端机器上运行程序，之后 Spark Driver 在本地启动。

2）客户端向 YARN 集群提交一个应用程序，并告之启动的 Executor 数目以及每个 Executor 需要的资源等信息。

3）ResourceManager 收到请求后，按照要求，找到一个合适节点运行应用程序的 ApplicationMaster。

4）ApplicationMaster 启动成功后，与 ResourceManager 通信，申请和获取资源。

5）ApplicationMaster 收到 ResourceManager 分配的资源后，与对应 NodeManager 通信，启动 Spark Executor。

6）Executor 启动后，与 Spark Driver 建立网络通信连接。

7）Spark Driver 开始分配和调度任务，并监控任务运行过程（失败会重新调度），直到所有任务运行完毕，应用程序退出。

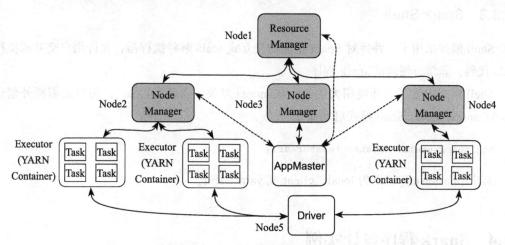

图 11-8　Spark yarn-client 模式的工作原理

2. yarn-cluster

如图 11-9 所示，在 yarn-cluster 模式中，Spark Driver 和 Executor 均运行在 YARN Container 中，且 Spark Driver 由 ApplicationMaster 启动，该模式下，Driver 和 Executor 均具备良好的容错性能：Driver 因故障退出后，由 YARN ResourceManager 重新调度与启动，Executor 因故障退出后，由 ApplicationMaster 向 ResourceManager 重新申请资源，并重新启动之。

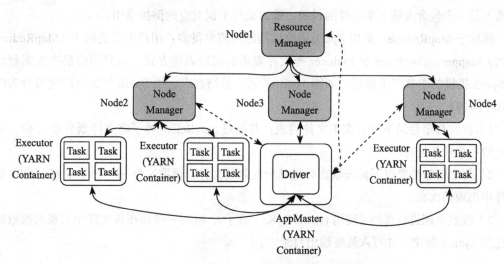

图 11-9　Spark yarn-cluster 模式的工作原理

Mesos 是一个与 YARN 类似的资源管理系统，Spark On Mesos 运行流程与 Spark On YARN 类似，在此不再赘述。

11.3.3 Spark Shell

Shell 模式采用了一种针对 Spark 定制的交互式 scala 解释执行器，允许用户交互式执行 scala 代码，非常方便调试 spark 程序。

Shell 模式内置了与环境相关的 SparkContext 对象，命名为 "sc"，用户无需额外创建 SparkContext 对象。Shell 模式启动命令为：

```
bin/spark-shell --master [master-url]
```

其中 [master-url] 可以为 local、client 或 yarn-client。

11.4 Spark 程序设计实例

本节重新使用 Spark API 实现 "10.3.1 MapReduce 程序设计基础" 一节中提到的两个大数据处理问题：构建倒排索引和 SQL GroupBy 实现，由于 Spark 提供了高级 API，使用 Spark 解决这两个问题显得非常方便。

11.4.1 构建倒排索引

构建倒排索引是一个经典的大数据问题，为了简化该问题，在本示例中，我们假设它的输入是一个包含大量文本文件的目录，输出是每个词对应的倒排索引。

相比于 MapReduce，采用 Spark 解决该问题则简单得多：用户无需受限于（MapReduce 中的）Mapper、Combiner 和 Reducer 等组件要求的固定表达方式，而只需将解决方案翻译成 Spark 提供的丰富算子即可。如图 11-10 所示，总结起来，用 Spark 解决该问题可分为以下几个步骤：

1）读取自定目录下所有文本文件列表，并通过 parallelize 算子将文件划分成 K 份，每份交给一个任务处理。

2）每个任务按照以下流程依次处理其分配到的文件：读取文件 → 分词 → 统计词在该文件中出现的次数。

3）按照单词进行规约（使用 reduceByKey 算子），将同一单词在各文件中出现的次数信息连接（join）起来，并写入最终输出目录中。

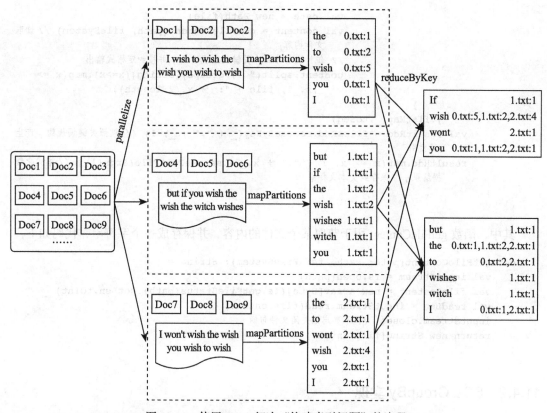

图 11-10 使用 Spark 解决"构建索引问题"的流程

以上处理步骤翻译成 Spark 代码如下:

```
object SparkInvertedIndex {
    def main(args: Array[String]) {
        val conf = new SparkConf()
        val sc = new SparkContext(conf)
        // 获取文件系统 (本地文件系统或 HDFS) 句柄
        val fileSystem = FileSystem.get(new Configuration())
        val inputPath = new Path(args(0))

        val TASK_NUMBER = 10 // 并发度,即启动 Task 数目
        // 产生指定目录下所有的文件列表,并等分成 TASK_NUMBER 份,每个 Task 处理一份
        val files = fileSystem.listStatus(inputPath).filter(_.isFile).map(_.getPath.
            toString)
        val filesRdd = sc.parallelize(files, TASK_NUMBER)
            .mapPartitions { // 使用 mapPartitions,只需初始化一次 FileSystem 句柄
                files =>
                    val fileSystem = FileSystem.get(new Configuration()) // 每 个
                        Task 内部获取一个 FileSystem 句柄
                    files.map {
                        file =>
```

```
                              val path = new Path(file)
                              val content = getFileContent(path, fileSystem) // 读取
                                 文件内容
                              // 统计文件中每个关键词出现次数，并按约定格式输出
                              content.split(" ").groupBy[String](x=>x).map(x =>
                                 (x._1, file + ":" + x._2.length))
                    }
                }.flatMap(_.toSeq)
        val resultRdd = filesRdd.reduceByKey(_ + "," + _, 1) // 按照关键词规约，产生
            倒排索引
        resultRdd.map(x => x._1 + ":" + x._2).saveAsTextFile(args(1)) // 格式化数
            据结果，并保存到文本文件中
    }
}
```

其中，函数 getFileContent 用于获取某个文件的内容，并保存成一个字符串，代码如下：

```
def getFileContent(path: Path, fs: FileSystem): String = {
    val inputStream = fs.open(path)
    val fileContent = new Array[Byte](fs.getFileStatus(path).getLen.toInt)
    val readLen = inputStream.read(fileContent)
    inputStream.close() // 不要忘记关闭文件句柄
    return new String(fileContent)
}
```

11.4.2 SQL GroupBy 实现

SQL GroupBy 问题可简单描述为：如何编写 Spark 程序得到以下 SQL 产生的结果：

`select dealid, count(distinct uid) num from order group by dealid;`

如图 11-11 所示，采用 Spark 实现该功能可分为以下几个步骤。

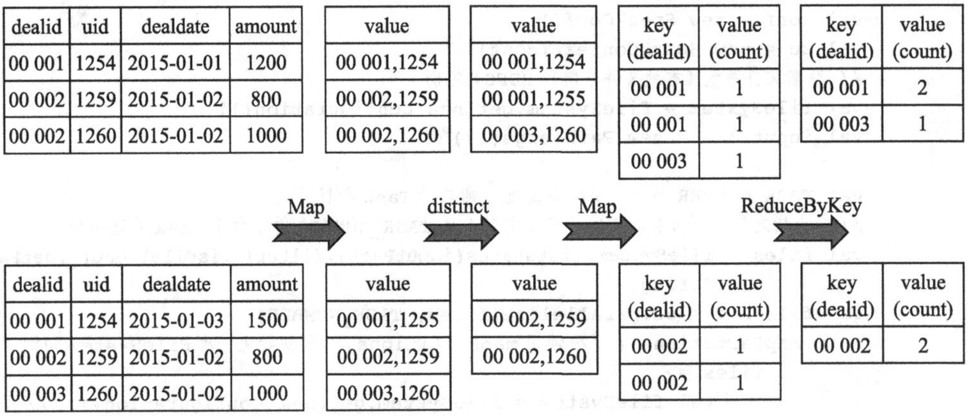

dealid	uid	dealdate	amount
00 001	1254	2015-01-01	1200
00 002	1259	2015-01-02	800
00 002	1260	2015-01-02	1000

value
00 001,1254
00 002,1259
00 002,1260

value
00 001,1254
00 001,1255
00 003,1260

key (dealid)	value (count)
00 001	1
00 001	1
00 003	1

key (dealid)	value (count)
00 001	2
00 003	1

Map → distinct → Map → ReduceByKey

dealid	uid	dealdate	amount
00 001	1254	2015-01-03	1500
00 002	1259	2015-01-02	800
00 003	1260	2015-01-02	1000

value
00 001,1255
00 002,1259
00 003,1260

value
00 002,1259
00 002,1260

key (dealid)	value (count)
00 002	1
00 002	1

key (dealid)	value (count)
00 002	2

图 11-11 使用 Spark 解决 "SQL GroupBy 问题" 的流程

1）将每条记录的 dealid 和 uid 两个字段提取出来，形成一个 RDD。

2）使用 distinct 算子对该 RDD 去重。

3）将生成的 RDD 转换成 <dealid, 1> 键值对，进而产生一个新的 key/value 类型的 RDD。

4）使用 reduceByKey 算子对 RDD 进行规约，汇总每个 dealid 对应的不同 uid 个数。

以上处理步骤翻译成 Spark 代码如下：

```
object SparkSqlGroupBy {
    def main(args: Array[String]): Unit = {
        if(args.length != 2) {
            System.err.println("Please set input & output path")
            System.exit(1)
        }
        val conf = new SparkConf()
        val sc = new SparkContext(conf)
        val inputRdd = sc.textFile(args(0))
            .map(_.split("\\,"))
            .map(dealData => dealData(0) + "+" + dealData(1)) //将每条记录的dealid
                和uid提取出来
            .distinct(2) // 启动两个任务去重
            .map{
                key =>
                    val kv = key.split("\\+")
                    (kv(0), 1) //产生<dealid,1>键值对
            }
        val countRdd = inputRdd.reduceByKey(_ + _) /规约,汇总每个dealid对应的不同
            uid个数
        countRdd.saveAsTextFile(args(1)) //将结果保存到文本文件中
    }
}
```

11.4.3 应用程序提交

尽管 Spark 提供了多种应用程序运行模式，但为了方便用户提交应用程序，Spark 为所有模式提供了统一的提交方式，其中具体的运行模式是通过 master URL 识别的。用户可通过 spark-submit 脚本提交应用程序，其语法如下：

```
./bin/spark-submit \
    --class <main-class>
    --master <master-url> \
    --deploy-mode <deploy-mode> \
    --conf <key>=<value> \
    ... # other options
<application-jar> \
    [application-arguments]
```

各参数含义解释如下：

- □ --class：应用程序的入口类，比如 com.hadoop123.example.SparkInvertedIndex。
- □ --master：master URL，指定了具体的 Spark 运行模式，具体参考 11.3 节。
- □ --deploy-mode：Spark Driver 部署模式，包括 cluster 和 client 两种，分别表示 Driver 运行在集群中和客户端。
- □ --conf：Spark 应用程序配置参数，以 key/value 键值对方式指定（比如：--conf spark.default.parallelism=8），Spark 所有配置参数，可参考官方文档：http://spark.apache.org/docs/latest/configuration.html。
- □ <application-jar>：应用程序的 bundled jar，包含用户程序及其依赖 jar 包，可以存放在本地文件系统中或者分布式文件系统 HDFS 上。
- □ [application-arguments]：用户应用程序的输入参数。

以下命令将 Spark 应用程序 com.hadoop123.example. SparkInvertedIndex 提交到 YARN 集群中（由参数"--master"指定），并要求：

1）Driver 运行在集群中，需 1 个 CPU（默认值），3GB 内存（由参数"--driver-memory"指定）。

2）启动 3 个 Executor（由参数"--num-executors"指定），每个 Executor 需 4 个 core（即同时可运行 4 个任务，由参数"--executor-cores"指定），8GB 内存（由参数"--executor-memory"指定）。

3）提交到 YARN 中的 spark 队列中（由参数"--queue"指定）。

以下 Spark 应用程序的运行时环境如图 11-12 所示。

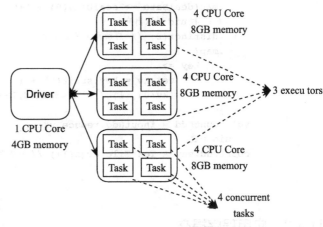

图 11-12　Spark 应用程序运行时环境

```
./bin/spark-submit \
    --class com.hadoop123.example.SparkInvertedIndex \
    --master yarn-cluster \
    --deploy-mode cluster \
    --driver-memory 3g \
    --num-executors 3 \
    --executor-memory 4g \
    --executor-cores 4 \
    --queue spark \
    SparkInvertedIndex.jar
```

11.5　Spark 内部原理

编写一个可运行的 Spark 程序比编写同样功能的 MapReduce 程序容易得多，但若在已有可运行代码基础上进一步改进和优化 Spark 程序则将大大增加了技术难度。这是因为 Spark 程序的并行化方式远没有 MapReduce 那样直观，深入了解 Spark 原理是有一定学习门槛的。本节将深入介绍 Spark 内部原理，帮助读者深层次理解 Spark，进而为编写出高效的 Spark 程序打下基础。

一个 Spark 应用程序从提交到最终运行，要经历三个阶段，分别是生成逻辑计划，生成物理计划和调度并执行任务。其中，前两个阶段是由 Driver 完成的，而第三个阶段则由 Driver 和 Executor 协同完成。本节将以这三个阶段为线索，详细介绍 Spark 应用程序内部运行原理。

11.5.1 Spark 作业生命周期

Spark 应用程序从提交到运行，依次会经历以下几个阶段：

1）**生成逻辑计划**：通过应用程序内部 RDD 之间的依赖关系，构造 DAG，其中 DAG 中每个点是一个 RDD 对象，边则是两个 RDD 之间的转换方式（计算法则）。简而言之，该阶段主要作用是将用户程序直接翻译成 DAG。

2）**生成物理计划**：根据前一阶段生成的 DAG，按照一定的规则进一步将之划分成若干 Stage，其中每个 Stage 由若干个可并行计算的任务构成。

3）**调度并执行任务**：按照依赖关系，调度并计算每个 Stage。对于给定的 Stage，将其对应的任务调度给多个 Executor 同时计算。

接下来以具体的一段 Spark 代码为例，介绍以上三个阶段的关键性原理和实现。

以下代码主要功能是对两个表（对应数据分别存放在目录"/input1"和"/input2"下）按照某个关键字连接（join）在一起，在此基础上，按照某列进行规约，最终将结果存入输出目录中。

```
val rdd1 = sc.textFile("/input1")
    .map { x =>
        val values = x.split("\\,")
        (values(0), (values(1), values(2)))
    }
val rdd2 = sc.textFile("/input2")
    .map { x =>
        val values = x.split("\\,")
        (values(0), (values(1), values(2)))}
val rdd3 = rdd1.join(rdd2)
    .map {value =>
        (value._2._1._1, value._2._2._2)}
    .reduceByKey(_ + "," + _)
rdd3.saveAsTextFile("/output")
```

1. 生成逻辑计划

图 11-13 中 a）展示了该代码片段生成的逻辑计划图。其中，算子 textFile、map、join、

reduceByKey 各自产生一个或多个 RDD，比如 reduceByKey 产生多个中间状态的 RDD，而为了简单起见，图 11-13 中 a）只是画出了最关键的 RDD。

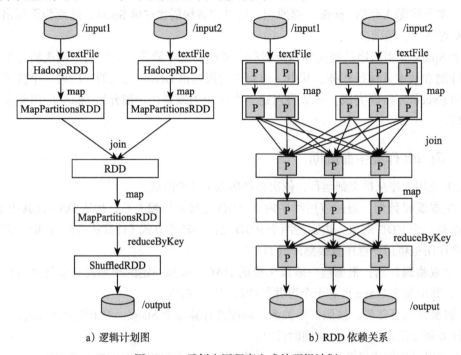

a）逻辑计划图　　　　　　　　　　b）RDD 依赖关系

图 11-13　示例应用程序生成的逻辑计划

"11.2.1 Spark 核心概念"一节中提到 RDD 是由若干个 Partition 构成的，因而，RDD 之间的依赖关系需精确到每个 RDD 内部每个 Partition 跟父 RDD 中 Partition 的依赖关系。图 11-13 中 b）给出了更细粒度的 RDD 依赖关系，每个 RDD 由若干个 Partition 构成，其中 Partition 数目的计算方式如下：

- 通过 HDFS 目录或 HBase 表生成的 RDD：默认情况下与 HDFS 上数据块数目或 HBase 表中 Region 数目一致，比如 HDFS 中目录"/input1"下所有文件由两个数据块构成，则对应的 Hadoop RDD 中包含两个 Partition。实际上，Spark 仍借助 MapReduce InputFormat 组件读取特定格式的数据，且允许用户自定义 InputFormat 实现，因而此类 RDD 中 Partition 数目本质上是由 InputFormat 决定的。
- 通过已有 RDD 转换而来的 RDD：取决于具体的算子类型，对于产生 Shuffle 依赖的算子（包括 reduceByKey、groupByKey、sortByKey、distinct、aggregateByKey、join、cogroup 和 repartition 等），则由用户自定义其产生的 RDD 中 Parirtition 数目（默认跟前一个相同），而其他类型的算子，则与父 RDD 中 Partition 数目一致。

2. 生成物理计划

一旦得到应用程序的逻辑计划图后，接下来要为其生成物理计划。该阶段按照一定的原则将逻辑计划划分成若干个有依赖关系的 stage，并为每个 stage 创建一系列可并行执行的任务。Spark 划分阶段的原则是以 Shuffle 依赖为界划分 stage，并将非 shuffle 依赖的 RDD 尽可能压缩到一个 stage 中。在每个 stage 中，可并发执行的 Task 数目是由 RDD 的 Partition 数目决定的。

图 11-14 展示了前面代码通过逻辑计划图生成的物理计划图。由于代码中包含两个生成 Shuffle 依赖的算子（join 和 reduceByKey），最终生成的逻辑计划图被划分为四个阶段，其中，前两个阶段分别并行读取两个输入文件，第三个阶段将两个文件中的数据连接在一起，生成一个新的 RDD，最后一个阶段对连接后的 key/value RDD 执行规约操作，最终将结果 RDD 写到输出目录中。

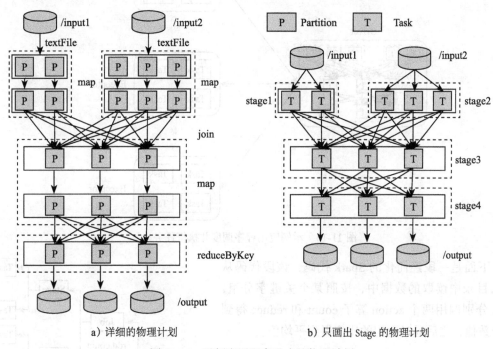

a）详细的物理计划　　　　　　　　b）只画出 Stage 的物理计划

图 11-14　示例应用程序生成的物理计划

3. 调度并执行任务

至此，Spark 的物理计划已经保存到 Driver 中，如图 11-15 所示，接下来 Driver 中的任务调度器将按照 Stage 依赖关系，对其内部的任务序列化后，调度到 Executor 上执行，同时监控任务的运行状态，一旦发现任务运行失败，则会重新执行失败的任务。

对于一个 Spark 应用程序（Application），通常它会由一个或多个作业（Job）构成，其中每个作业被划分成若干个阶段（Stage），而每个阶段内部进一步包含多个可并行执行的任务（Task）：

❑ Application：一个独立可执行的 Spark 应用程序，内部只包含一个 SparkContext 对象；

- **Job**：每个 Action 算子会产生一个 Job，因此一个 Application 内部产生多个 Job，用户可通过特殊的设置让没有依赖关系的 Job 并行执行；
- **Stage**：每个 Job 内部会产生多个 Stage，具体 Stage 划分策略见"生成物理计划"；
- **Task**：每个 Stage 可包含多个 Task，这些 Task 之间通常没有依赖关系，是相互独立的，可并行执行。在 Spark 中，只有两类 Task：ShuffledMapTask 和 ResultTask，同一个 Job 最后一个阶段中的 Task 为 ResultTask，其余为 ShuffledMapTask。

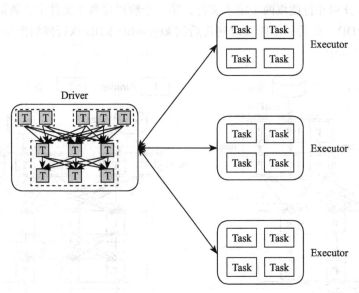

图 11-15　示例应用程序调度并执行任务

下面是一段经简化的 Spark 代码，该段代码从输入目录中读取的数据中，按照某个关键字分组，之后分别调用两个 action 算子 count 和 reduce 得到两个数值，之后通过它们的比值得到平均值。

```
val sc = new SparkContext(new SparkConf())
val rdd1 = sc.textFile("/input1")...
val rdd2 = rdd1.groupByKey()...
val count = rdd2.map(...).count
val sum = rdd2.map(...).reduce(_+_)
val avg = sum/count
```

以上代码最终在 Driver 内部被分解成如图 11-16 所示的组织方式，该 Application 由两个 Job 构成，每个 Job 包含的 Stage 是相同的。注意，这段代码存在一处明显可优化的地方：由于 count 和 sum 的计算均依赖于 rdd2，可尝试将 rdd2 缓存到内存中，以

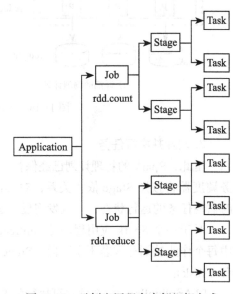

图 11-16　示例应用程序内部组织方式

防止重复计算。

11.5.2 Spark Shuffle

Shuffle 阶段是 Spark 应用程序最关键的计算和数据交换环节，Spark 中很多算子会产生 Shuffle 阶段，包括：*ByKey（比如 groupByKey、reduceByKey、aggregateByKey 和 sortByKey 等）、join、cogroup、cartesian 和 repartition 等，下面代码片段（为了方便起见，本节将该代码段称为 *SimpleReduceByKey*）给出了 reduceByKey 算子的使用方式，本节将以 *SimpleReduceByKey* 为例，剖析 Spark Shuffle 的实现方式。

```
// SimpleReduceByKey.scala
val sc = new SparkContext(new SparkConf())
val kvRdd = sc.textFile("/input").map(_.split("\\,")).map(x => (x(0) , x(1).
    toInt))
val resultRdd = kvRdd.reduceByKey(_ + _)
resultRdd.saveAsTextFile("/output")
```

图 11-17 中 a）给出了以上代码生成的逻辑计划图，其中 reduceByKey 算子会产生一个 Shuffle 阶段，其输入 RDD 为 kvRdd，输出 RDD 为 resultRdd，两者之间生成了两个临时 RDD（MapPartitionsRDD 和 ShuffleRDD），并通过网络进行数据交换。图 11-17 中 b）给出了相应的物理计划图，它本质上是一个两阶段执行过程，与 MapReduce 基本一致：第一类任务（称为"ShuffleMapTask"）并行从输入目录中读取与处理数据，之后启动另外一类任务（称为"ResultTask"）读取前一类任务的输出结果，并进行规约，将最终结果写到输出目录中。

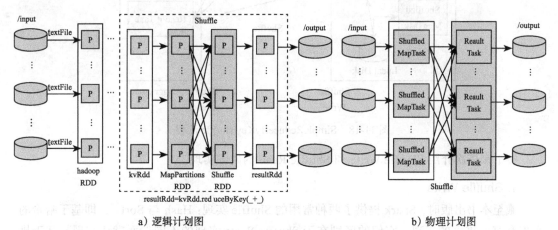

图 11-17 SimpleReduceByKey 生成的逻辑和物理计划图

Shuffle 是分布式计算中最重要的一个环节，它直接决定了计算的扩展性和性能。Shuffle 阶段可进一步划分成三部分：Shuffle Write、Shuffle Read 和 aggregate，图 11-18 以 *SimpleReduceByKey* 为例描述了 Shuffle 的关键流程：

- Shuffle Write：一批任务（ShuffleMapTask）将程序输出的临时数据写到本地磁盘。由于每个任务产生的数据要被下一个阶段的每个任务读取一部分，因此存入磁盘时需对数据分区；
- Shuffle Read：下一个阶段启动一批新任务（ResultTask），它们各自启动一些线程远程读取 Shuffle Write 产生的数据；
- aggregate：一旦数据被远程拷贝过来后，接下来需按照 key 将数据组织在一起，为后续计算做准备。

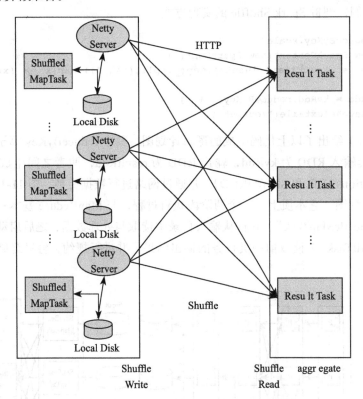

图 11-18　SimpleReduceByKey shuffle 流程

接下来依次介绍 Shuffle Write 和 Shuffle Read 的内部实现。

1. Shuffle Write

截至本书出版时，Spark 提供了两种常用的 Shuffle 实现：Hash 与 Sort[⊖]，即基于哈希的实现和基于排序的实现，它们的区别在于 Shuffle Write 实现的不同，而默认实现是基于排序的实现。

[⊖] Spark 还提供了第三种 Shuffle 实现：tungsten-sort，这种方式通过引入内存自管理提供性能，截至本书出版时，仅为 beta 版。

（1）基于哈希的实现

基于哈希的实现是 Spark 第一个 Shuffle 实现版本，它的基本思想是：ShuffleMapTask 在每个 core 上生成 R（R 指 Shuffle Read 端任务个数）个文件，数据直接通过哈希方式决定具体写入哪个文件，这些文件被该 core 上运行的每一轮任务公用，并以追加的形式不断增加。图 11-19 展示了 *SimpleReduceByKey* 基于哈希的 Shuffle 的实现原理，在该应用程序中，共启动了 2 个 Executor，每个 Executor 拥有 2 个 core（可同时运行 2 个任务），Shuffle Read 端共有 3 个任务。

基于哈希的 Shuffle 实现最大缺点是扩展性差，主要体现在以下两个方面：

1）产生过多临时文件：如果一个应用程序共启动了 C 个 Executor，且 shuffle Read 端启动 R 个 ResultTask 任务，则该应用程序共产生 C*R 个临时文件，很明显，应用程序产生的临时文件数目随着 Executor 数目和任务数目的增大而线性增加，文件数目过多会产生以下两个问题：

❑ 写性能低下：大量小文件会意味着大量随机写，性能低下。

❑ 操作系统资源消耗大：过多文件可能会耗光操作系统资源（比如 Inode 数）。

2）写缓存区内存过大。ShuffleMapTask 往磁盘上写数据时，先将数据写入内存缓冲区，当缓冲区满时，才会刷新到磁盘上。默认情况下，任务会为每个文件申请 32KB 大小的缓冲区，这样，当 Shuffle Read 端启动 R 个任务时，该应用程序在写文件缓冲区上消耗的内存大小为 R*32KB，很明显，该内存大小随着任务数目的增加而线性增加，这也制约了 Spark 处理数据的规模。

为了克服基于哈希的 Shuffle 实现存在的扩展性差的问题，Spark 借鉴 MapReduce 框架，引入了基于排序的 Shuffle 实现，这种实现方式已被 MapReduce 证实可处理规模更大的数据。

（2）基于排序的实现

从 Spark 1.2 版本开始，基于排序的实现变为默认的 Shuffle 实现。该实现方式借鉴了 MapReduce 框架的 Shuffle 实现，但与之又稍有不同，在 MapReduce 框架中，Map Task 先将数据写入一个环形内存缓冲区中，当缓冲区满时，按照 Partition 编号和 key 对数据排序，之后将排序产生的结果写到临时文件中，并重复以上过程，直到所有数据处理完后，再将产生的所有临时文件合并成一个大的数据文件，并生成一个对应的索引文件，记录分配给每个 Reduce Task 的数据分区位置；在 Spark 中，数据缓冲区满后，只会按照 Partition 编号排序（无需再次按照 key 排序），除此之外，整个流程与 MapReduce 基本一致，具体如图 11-20 所示。

2. Shuffle Read

在 Shuffle Read 阶段，每个 ResultTask[⊖] 将启动若干个线程，通过 HTTP 远程拷贝分配给自己的数据，并根据每片数据的大小决定写到内存还是磁盘中，具体如图 11-21 所示。

⊖ Shuffle Read 所在的 Task 可能是 ResultTask，也可能是 ShuffledMapTask，在 *SimpleReduceByKey* 中为 ResultTask。

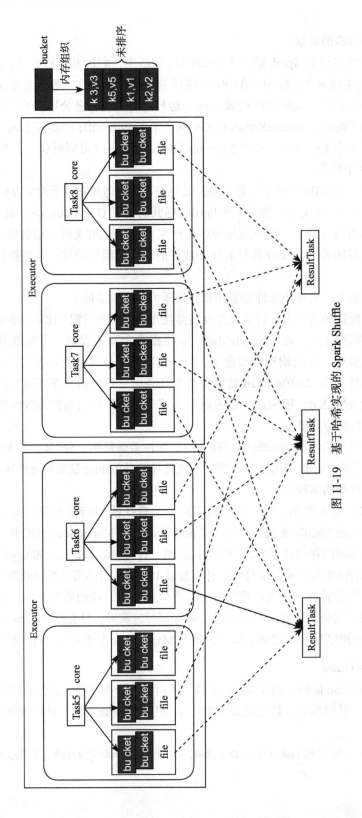

图 11-19 基于哈希实现的 Spark Shuffle

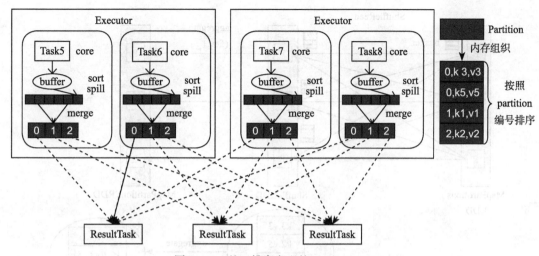

图 11-20　基于排序实现的 Spark Shuffle

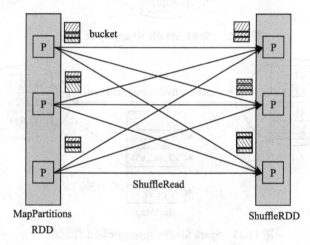

图 11-21　Spark Shuffle Read 工作原理

3. aggregate

aggregate 阶段主要作用是将 Shuffle Read 远程读取的 key/value 数据按照 key 聚集在一起，并调用用户自定义的聚集函数逐一处理聚集在一起的 value，整个过程如图 11-22 所示。

图 11-23 所示更进一步细化了 aggregate 过程的关键技术：内存哈希表，Spark 借助哈希表定位每个 key 对应的所有 value，并执行相应的聚集函数。

哈希表所占内存的大小是一定的，随着插入的数据越来越多，哈希表所占内存也会不断增加，一旦达到临界值后，Spark 按照 key 对哈希表中的数据排序，并溢写到磁盘上，生成一个临时文件，之后再创建一个新的哈希表，继续插入后面的数据，重复以上过程，直到所有数据均写到了哈希表中，具体过程如图 11-24 所示。

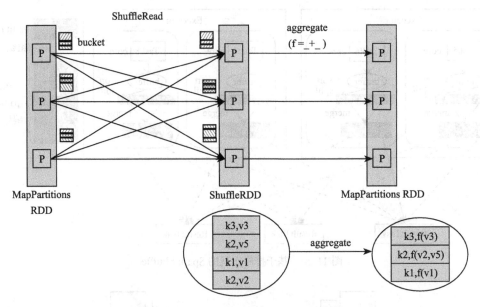

图 11-22　Spark Shuffle 中 aggregate 流程

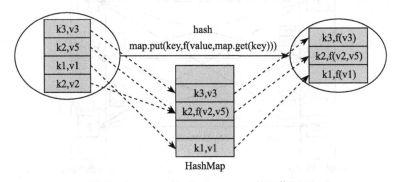

图 11-23　Spark Shuffle aggregate 的工作原理

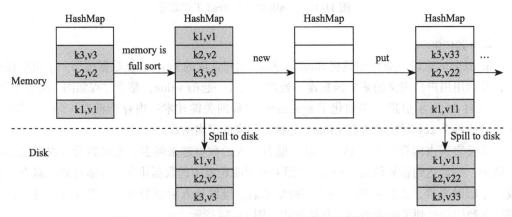

图 11-24　Spark Shuffle 中 aggregate 内存哈希表的应用

之后，Spark 采用归并排序的方式合并磁盘上的所有文件，排序和计算过程是流式进行的：依次取出同一个 key 对应的 value，并作用到用户自定义函数上，直到该 key 对应的所有 value 计算完毕，则输出一条结果，并重复以上过程，具体流程如图 11-25 所示。

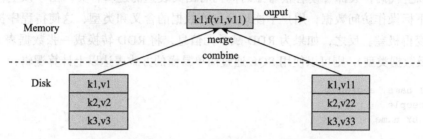

图 11-25　Spark Shuffle 中 aggregate 文件合并过程

表 11-4 对比了 MapReduce Shuffle、Spark hash-based Shuffle 和 Spark sort-based Shuffle 三种实现（假设 Shuffle Write 端启动 M 个任务，Shuffle Read 端启动 R 个任务，Spark 应用程序共有 C 个 core）。

表 11-4　MapReduce Shuffle、Spark hash-based Shuffle 和 sort-based Shuffle 对比

		MapReduce Shuffle	Spark hash Shuffle	Spark sort Shuffle
Shuffle Write	是否需要排序	依照 partition 编号和 key 两个关键字排序	不排序	依照 partition 编号排序
	生成文件数目	M 个任务，每个生成一个数据文件和一个索引文件，共 M*2 个文件	每个 core 生成 R 个文件，共 C*R 个文件	与 MapReduce Shuffle 一致
Shuffle Read		通过 HTTP 多线程拷贝数据		
Aggregate	是否排序	是	是	是
	如何聚集 key	归并排序	哈希表 + 归并排序	哈希表 + 归并排序

11.6　DataFrame、Dataset 与 SQL

RDD 是对分布式数据集的抽象，它是 Spark 引擎最底层的抽象，是 Spark 生态系统中其他所有组件的实现基础。但 RDD 存在明显的局限性：无元信息，即用户无法直观理解 RDD 中存储的数据含义和类型等信息，这使得：

1. 基于 RDD 编写的程序不易理解

由于 RDD 缺乏元信息，基于 RDD 的 Spark 程序只能通过下标方式引用数据，这使得程序不易理解，比如给定一个包含用户基本信息（比如姓名、年龄等）的数据集，如何统计相同姓名的用户的平均年龄？基于 RDD 的实现代码如下：

```
val data = sc.textFile("/data/input").split("\t")
data.map(x => (x(0), (x(1).toInt, 1)))
```

```
.reduceByKey((x, y) => (x._1 + y._1, x._2 + y._2))
.map(x._1, x._2._1 / x._2._2)
.collect()
```

对于以上代码，大部分读者很难短时间内看出其表达的逻辑含义。由于以上代码中使用了大量下标操作访问数据，用户不能理解每列数据的含义和类型，这使得程序扩展性和可测试性变得极差。反之，如果为 RDD 赋予元信息，将 RDD 转换成一张数据表（拥有表名和列名及数据类型），则可以使用 SQL 通过简单易懂的方式表达以上计算逻辑：

```
SELECT name, avg(age)
FROM people
GROUP BY name
```

2. 用户需自己优化程序

基于 RDD 的 API 是很底层的开发接口，用户可以随心所欲地控制代码逻辑，当然也需要负责程序优化。但当一个 Spark 程序变得复杂时，用户主动调优程序将变得困难，比如很难知道哪些中间 RDD 被重复访问而需要被缓存，很难知道哪些计算逻辑被重复调用等。由于 RDD 不包含元信息，Spark 引擎无法利用数据特征自动优化程序。如果为 RDD 赋予元信息，则 RDD 变成类似于关系型数据库中的数据表，进而可以引入类似关系数据库引擎的查询优化机制自动对代码逻辑进行优化。

为了解决以上问题，Spark SQL 诞生了。Spark SQL 是专门处理结构化数据的分析引擎，它构建在 Spark Core 之上，为 RDD 增加了元信息，进而使得分布式计算引擎有更多机会自动优化程序。Spark SQL 允许用户使用 SQL 或者 Dataset 处理分布式数据集，并根据需要灵活选择不同的 API 实现自己的逻辑。

11.6.1 DataFrame/Dataset 与 SQL 的关系

如图 11-26 所示，Spark SQL 主要由两层构成：SQL 与 DataFrame/Dataset 两种访问方式以及底层优化引擎 Catalyst。Spark SQL 可以将 SQL 或 DataFrame/Dataset 编写的应用程序，经 Catalyst 优化后，转化成底层的 RDD 表达方式，运行在集群中。

Spark SQL 对外提供的首要访问语言是 "SQL"，它的语法与 HQL 基本类似（注意，不是标准 SQL），并兼容不同的 Hive 版本，可直接处理 Hive Metastore 中的数据表。用户可通过命令行、标准的 JDBC/ODBC 等方式使用 Spark SQL。

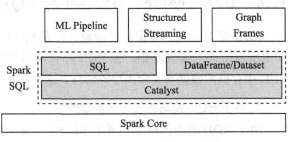

图 11-26 Spark SQL 关键组件

尽管 SQL 为数据分析人员提供了便利性，但它的表达能力和灵活性仍然是有限的,比如它难以表达机器学习需要的迭代计算和复杂数学运算。为了让用户更灵活地表达自己的计算逻辑,Spark SQL 借鉴 python panda 引入了一种新 DSL(Domain-Specific Language)——Dataset。它是构建在 RDD 基础上更高级别的分布式数据集抽象。Dataset 是由一组强类型的面向特定领域的 JVM 对象组成的分布式数据集合。它不仅具备 RDD 的优点(比如强类型、分布式等),也能够通过优化器(Catalyst)自动对程序进行调优。

DataFrame 是一种特定的 Dataset,它内部的每个元素是一条结构化的数据,可包含多个不同类型的字段。DataFrame 类似于关系型数据库中的数据表,它与 Dataset 的关系可表达为:

```
type DataFrame = Dataset[Row]
```

其中,Row 是由多列数据组成的一条记录。Dataset 可转换为一张临时数据表或永久数据表,进而通过 SQL 处理。由于 Dataset 中包括更丰富的结构化元信息,因而它的优化空间更大。Dataset 可通过多种数据源构造而成,包括文件、Hive、外部关系型数据库以及已存在的 RDD 等。此外,RDD、DataFrame 和 Dataset 之间可以相互转化,这为程序设计带来了极大的便利。

用户使用 SQL 或 DataFrame/Dataset 编写的应用程序经逻辑计划生成、物理计划生成及优化器 Catalyst 优化后,最终转化成底层基于 RDD 实现的分布式可执行代码,运行到集群中。Catalyst 是 Spark SQL 中的查询优化器,它采用了基于代价(cost-based)的优化模型为用户选择最优的查询执行计划,并借助代码生成(code generation)、向量化(vectorization)等一系列优化手段,为用户生成最优的执行代码。

11.6.2 DataFrame/Dataset 程序设计

本节将介绍 DataFrame/Dataset 的程序设计方法,涉及程序入口、构造 DataFrame/Dataset 以及常见的分布式操作(包括 transformation 和 action)等。

1. 程序入口

DataFrame/Dataset 的程序入口是 SparkSession,它类似于 Spark Core 中的 SparkContext,封装了应用程序的上下文信息,包括数据源交互方式、配置信息及运行环境等,每个 Spark SQL 程序有且仅有一个 SparkSession 对象。SparkSession 对象的构造方式如下:

```
import org.apache.spark.sql.SparkSession
val spark = SparkSession
    .builder() // 构造器
    .appName("SparkSQLExample") // 设置应用程序名称
    .config("spark.sql.shuffle.partitions", "100") // 调整应用程序配置参数
    .getOrCreate()
```

前面提到,SparkSQL 是运行在 Spark Core 之上的,因此 SparkSession 内部封装了一个 SparkContext 对象,用户可通过以下语句获取该对象:

```
val sc = spark.sparkContext
```

2. 构造 Dataset

Spark SQL 提供了丰富的 API 与各类数据源进行集成，不仅能够跟已有的 RDD 互操作，也支持主流的外部数据源，包括本地或分布式文件系统中的文件、Hive 以及外部关系型数据库等。在实际使用时，应用程序首先将外部数据源转换为 DataFrame，之后通过 Encoder 为其赋予强类型，变换成 Dataset，具体如图 11-27 所示。

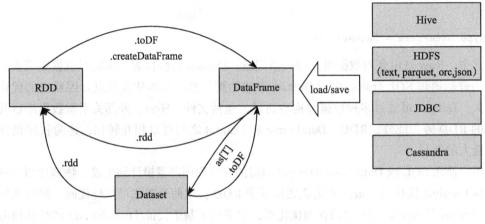

图 11-27　RDD、DataFrame 与 Dataset

（1）将 RDD 转换为 Dataset

Spark SQL 提供了两种方式将已存在的 RDD 变换成 Dataset：反射（自动方式）与显式指定模式（手动方式）。

1）**利用反射方式**：用户只需在应用程序中定义一个与 Dataset 中存储数据对应的 case class，而 Spark SQL 则利用反射方式自动将该类中的变量名转换为 Dataset 中的字段名，变量类型转换成字段类型，代码示例如下：

```
// 允许 RDD 到 DataFrame 间的隐式转换
import spark.implicits._
// 定义一个 case class
case class Person(name: String, age: Long)
val peopleDF = spark.sparkContext
    .textFile("/data/input/people.txt ")
    .map(_.split(","))
    .map(attributes => Person(attributes(0), attributes(1).trim.toLong))
    .toDF()
// 将无类型的 DataFrame[Row] 转化为强类型的 Dataset[Person]
val peopleDS = peopled.as[Person]
val names = people.map(_.name)   // names 是一个 Dataset[String]
```

2）**显式指定 RDD 模式**：用户可显式地为 RDD 赋予一个模式（StructType），其中指定每列（StructField）对应的列名以及每列的数据类型（DataType，具体包括 StringType、BooleanType、ArrayType 等），代码实例如下：

```
import org.apache.spark.sql.types._
val schemaString = "name age"  // 模式中每列的名称，在该实例中仅有两列

// 生成模式
val fields = schemaString.split(" ")
    .map(fieldName => StructField(fieldName, StringType, nullable = true))
val schema = StructType(fields)

// 将 RDD 中每条记录转化为 Row 对象
val rowRDD = spark.sparkContext.textFile("/data/input/people.txt")
    .map(_.split(","))
    .map(attributes => Row(attributes(0), attributes(1).trim))

// 为 RDD 赋予新的模式，变成一个 DataFrame，可进一步将其转换为强类型的 Dataset
val peopleDF = spark.createDataFrame(rowRDD, schema)
```

（2）将外部数据源转化为 Dataset

Spark SQL 对外部数据源交互部分进行了抽象，通过 Load/Save 方式加载或者保存数据集。以 Parquet 文件格式（默认数据格式）为例，可以使用以下代码读写：

```
// 读取 parquet 格式（一种自描述的文件格式）的文件，其中 spark 是 SparkSession 实例
val usersDF = spark.read.load("/data/input/users.parquet")
// 将 name 和 favorate_color 两列解析出来，保存称 parquet 格式的文件
usersDF.select("name", "favorite_color").write.save("output.parquet")
```

Spark SQL 内置了对多种数据源的支持，你可以显式指定全类名访问对应的数据源，比如使用 "org.apache.spark.sql.parquet" 访问 Parquet 格式的文件，也可以使用简写的名称，包括 json、parquet、jdbc（关系数据库）、orc、csv、text 和 table（Hive 表）等。以 json 文件格式为例：

```
// 支持的 format 包括：json、parquet、jdbc、orc、csv、text 等
val peopleDF = spark.read.format("json").load("/data/input/people.json")
peopleDF.select("name","age").write.format("parquet").save("test.parquet")
```

为了简化常用数据格式的读写，Spark SQL 对 parquet、orc、json、csv、jdbc 和 table 等提供了更为直接的 API。以 Parquet 为例：

```
val peopleDF = spark.read.json("/data/input/people.json")
// 以 parquet 文件形式保存 DataFrame，其他格式包括 orc、json、csv 和 jdbc 等
peopleDF.write.parquet("people.parquet")

// 读取 parquet 文件，并转化成新的 DataFrame
val parquetFileDF = spark.read.parquet("people.parquet")
```

```
// 将 DataFrame 注册成一张临时数据表，并使用 SQL 查询
parquetFileDF.createOrReplaceTempView("parquetFile")
val namesDF = spark.sql("SELECT name FROM parquetFile WHERE age BETWEEN 13 AND 19")
```

所有的读写 API 可附加选项，比如覆盖式写：

```
val peopleDF = spark.read.json("/data/input/people.json")
// 以覆盖方式保存结果，即如果目标文件已存在，则删除后再写。其他方式还有 "error"、"append"、"ignore" 等
peopleDF.write.mode("overwrite").parquet("people.parquet")
```

读取 CSV 格式数据时，也可以定制选项，比如自动从头部获取原信息且定制分隔符为"|"：

```
/*
文件 /data/input/users.csv 中数据组织方式如下，第一行为元信息（列名），其他为 "|" 分割的数据内容
userId|gender|age|occ|zipcode
1|F|1|10|48067
2|M|56|16|70072
*/
val csvDF = spark.read.option("header", "true").option("sep", "|").csv("/data/input/users.csv ")
csvDF.printSchema
/* 输出该 DataFrame 的模式定义如下：
root
 |-- userId: string (nullable = true)
 |-- gender: string (nullable = true)
 |-- age: string (nullable = true)
 |-- occ: string (nullable = true)
 |-- zipcode: string (nullable = true)
*/
```

Spark SQL 对于其他类似 MongoDB、Cassandra 数据源的支持，可使用第三方库：https://spark-packages.org/。

前面提到，DataFrame 类似一张关系型数据表，它包含元信息（列名与对应的数据类型）和数据。为了进一步简化 DataFrame 处理，可通过以下 API 将 DataFrame 注册成一张数据表（由 Spark 应用程序自己管理，与 Hive 等其他第三方系统无关），进而使用 SQL 对其进行处理：

- createOrReplaceTempView：将 DataFrame 注册成一张临时表，一旦创建该表的会话断开后，便自动清理该表。
- createOrReplaceGlobalView：将 DataFrame 注册成一张全局表，可以在一个应用程序周期内被多个会话访问，直到应用程序运行结束后则自动清理。

以前面的 peopleDF 为例，可将其注册成一张临时表，后续使用 SQL 进行处理：

```
peopleDF.createOrReplaceTempView("people") // 将其注册成一张临时数据表 people
val sqlDF = spark.sql("SELECT age, name FROM people") // 使用 SQL 处理数据表，并返回一个新 DF
sqlDF.show() // 打印新的 DF 中前几行数据
```

```
// +----+-------+
// | age|   name|
// +----+-------+
// |null|Michael|
// |  30|   Andy|
```

用户也可以通过 saveAsTable 函数以 "managed table" 方式将一个 DataFrame 永久地保存到 Hive 中。

3. 作用在 Dataset 之上的操作

同 RDD 类似，Dataset 也包含 transformation 和 action 两类操作，其中 transformation 作用是将一种 Dataset 变换为另一种 Dataset，而 action 则是处理一种 Dataset 产生一个或一组结果。Spark SQL 定义了两套 transformation，一套是 "untyped transformation"，专门针对 DataFrame 设计的；另一套是 "typed transformation"，是针对 Dataset 设计的，具体如表 11-5 所示。

表 11-5 Dataset/DataFrame 中的 transformation 和 action

untyped transformation (DF → DF)	typed transformation (DS → DS)	Action (DF/DS → console/output)
agg	map	collect
col	select	count
cube	filter	first
drop	flatMap	foreach
groupBy	mapPartitions	reduce
join	join	take
rollup	groupByKey	…
select	interset	
withColumn	repartition	
…	where	
	sort	
	…	

代码实例如下：

```
// 利用 SparkSession 将 parquet 文件读成 DataFrame
// 返回一个新的 DataFrame，表示员工信息，包含 name,gender,salary,age,deptId 等属性
val people = spark.read.parquet("...")
people.printSchema
/* people 的模式定义：
root
   |-- name: string (nullable = true)
   |-- gender: string (nullable = true)
   |-- salary: float (nullable = true)
   |-- age: integer (nullable = true)
   |-- deptId: integer (nullable = true)
```

```
*/
// 返回一个新的DataFrame，表示员工公寓信息，包含id、name等属性
val department = spark.read.parquet("...")
deparment.printSchema
/* department 的模式定义：
root
  |-- id: integer (nullable = true)
  |-- name: string (nullable = true)
*/
// 统计每个部门30岁以上员工平均薪水和最大年龄，等价的SQL语句如下：
// SELECT department.name, avg(people.salary), max(people.age) FROM people JOIN department
//     ON people.deptId = department.id WHERE people.age > 30 GROUP BY department.name

// 方法1：使用 DataFrame 提供的 transformation 和 action
val resultDf = people.filter("age > 30")
    .join(department, people("deptId") === department("id"))
    .groupBy(department("name"))
    .agg(avg(people("salary")), max(people("age")))

// 方法2：将数据集注册成临时表，直接用SQL产生结果：
people.createOrReplaceTempView("people") // 将其注册成一张临时数据表people
department.createOrReplaceTempView("department") // 将其注册成一张临时数据表department
    val resultDf2 = spark.sql("SELECT department.name, avg(people.salary), max(people.age) FROM people JOIN department ON people.deptId = department.id WHERE people.age > 30 GROUP BY department.name")
...
```

由于 Spark SQL 程序最终被转换为 RDD 表示形式运行在分布式环境（由 Driver/Executor 构成）中，因此其提交方式与 Spark RDD 程序一致，具体请参考 11.4.3 节。

11.6.3　DataFrame/Dataset 程序实例

为了方便大家了解如何使用 DataFrame/Dataset 解决实际问题，本节将介绍两个编程实例。

1.《哈姆雷特》剧本分析

（1）问题描述

分析话剧《哈姆雷特》作者的用词习惯，即统计剧本中每个词出现的频率，并将出现频率最高的前 20 个词输出。采用 Dataset API 实现。

（2）解题思路

可将剧本（文本文件）读成 DataFrame/Dataset，并利用 DataFrame/Dataset 的 transformation 进行一系列变换，得到最终结果。

方法 1：利用 Dataset API 进行计算。

```
val spark = SparkSession
```

```
    .builder()
        .appName("HamletAnalyse ")
    .getOrCreate()

// 导入隐式转换函数
import spark.implicits._
// 读取输入目录，并返回 Dataset
val ds = spark.read.textFile("/data/text")
// 对 Dataset 进行一系列处理，产生一个包含最终结果的 Dataset
// df2: org.apache.spark.sql.DataFrame = [value: string, count: bigint]
val ds2 = ds.flatMap(_.split("\\s+"))
    .filter(_.size > 0)
        .groupByKey(_.toLowerCase)
    .count
    .toDF("word", "count")
// 获得前 20 个出现频率最高的词
val top20 = ds2.orderBy(desc("count")).limit(20)
// 打印结果
top20.foreach(x => println(x))
```

方法 2：将数据集注册成临时表，利用 SQL 计算得到结果。

```
// 读取输入目录，并分词
val ds = spark.read.textFile("/data/text").flatMap(_.split("\\s+")).filter(_.size > 0).toDF("word")
// 将 Dataset 注册成临时表
ds.createOrReplaceTempView("hamlet")
// 使用 SQL 分析产生结果
val resultDf = spark.sql("select word, count(word) as c from hamlet group by word order by c desc limit 20")
// 打印结果
resultDf.collect().foreach(x => println(x))
```

2. 电影受众分析系统

（1）问题描述

已知电影评论数据集 movielen（下载地址：https://grouplens.org/datasets/movielens/），其中 "MovieLens 1M Dataset" 数据集中包含三个文件：

1）movies.dat：电影信息，包含 3 个字段（分隔符为 "::"），分别为如下。

❑ MovieID，电影 ID，数据类型：整型。

❑ Title，电影名称，数据类型：字符串。

❑ Genres，电影类型，数据类型：字符串。

2）users.dat：用户信息，包含 5 个字段（分隔符为 "::"），分别为如下。

❑ UserID，用户 ID，数据类型：整型。

❑ Gender，性别，数据类型：单字符。

❑ Age，年龄，数据类型：整型。

❑ Occupation,职业,数据类型:整型。

❑ Zip-code,邮政编码,数据类型:字符串。

3)ratings.dat:用户对电影的打分信息,包含 4 个字段(分隔符为"::"),分别为如下。

❑ UserID,用户 ID,数据类型:整型。

❑ MovieID,电影 ID,数据类型:整型。

❑ Rating,用户给电影的打分,数据类型:整型。

❑ Timestamps,时间戳,数据类型:长整型。

如何使用 Spark Dataset API 计算看过"Lord of the Rings,The(1978)"的用户的年龄和性别分布?

(2)解题思路

可将对应数据集读成 Dataset,并注册成临时表,使用 SQL 求解得到结果。

```
object MovieUserAnalyzer {
    // 定义 case class。注意:如果用到 RDD[cass class] 隐式转换为 DataFrame,需在 main 函数外面
定义这些类
    case class User(userID: Long, gender: String, age: Int, occupation: String,
zipcode: String)
    case class Rating(userID: Long, movieID: Long, rating: Int, timestampe: Long)

    def main(args: Array[String]) {
        var dataPath = "data/ml-1m"
        val spark = SparkSession
            .builder()
            .appName("MovieUserAnalyzer ")
            .getOrCreate()

        // 导入隐式转换函数
        import spark.implicits._
    // 读取用户数据集 users.dat,并注册成临时表 users
    val rawUserRdd = spark.sparkContext.textFile("ml-1m/users.dat")
    val userDataset = rawUserRdd.map(_.split("::")).map(x=>User(x(0).toLong, x(1),
x(2).toInt, x(3), x(4)))
    userDataset.createOrReplaceTempView("users")

    // 读取评分数据集 ratings.dat,并注册成临时表 ratings
    val rawRatingRdd = spark.sparkContext.textFile("ml-1m/ratings.dat")
    val ratingDataset = rawRatingRdd.map(_.split("::")).map(x => Rating(x(0).toLong,
                x(1).toLong, x(2).toInt, x(3).toLong))
    ratingDataset.createOrReplaceTempView("ratings")

    // 通过 SQL 处理临时表 users 和 ratings 中的数据,并输出最终结果
    val MOVIE_ID = "2116" // 为了简单起见(避免三个表连接操作),此处直接使用了 movieID
    spark.sql("select gender, age, count(*) from users as u join ratings as r " +
                s"on u.userid = r.userid where movieid = ${MOVIE_ID} group by gender,
age").collect().foreach(println(_))
```

```
            spark.close()
        }
    }
```

11.7 Spark 生态系统

如图 11-28 所示，借助高效的 Spark 计算引擎，Spark 已经逐步演化成以 Spark 内核为核心的生态系统。Spark 生态系统由一系列解决不同种类问题的系统和编程库构成，包括流式计算 Spark Streaming，SQL 引擎 Spark SQL，机器学习库 MLLib 以及图计算框架 GraphX。

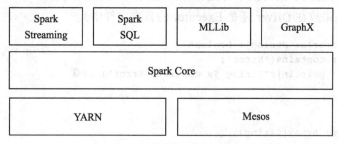

图 11-28　Spark 生态系统构成

- **Spark Streaming**：基于 Spark Core 实现的流式计算框架，其基本思想是将流式数据以时间为单位切割成较小的 RDD，并启动一个应用程序处理单位时间内的 RDD。简而言之，它将流式计算转化成微批处理（micro-batch），借助高效的 Spark 引擎进行快速计算。关于 Spark Streaming 的介绍，请参考"第 13 章 流式处理引擎"。
- **Spark SQL**：基于 Spark 实现的 SQL 引擎，能将 SQL 转换成 Spark 应用程序，提交到集群中运行。关于 Spark SQL 的介绍，请参考本章"第 11.6 节 DataFrame、Dataset 与 SQL"。
- **MLLib**：基于 Spark 实现的机器学习库，实现了常用的机器学习和数据挖掘算法，包括聚类算法、分类算法、推荐算法等。关于 Spark MLLib 的介绍，请参考"第 16 章 大数据机器学习库"。
- **GraphX**：基于 Spark 实现的图计算框架，提供了通用的图存储模式和图计算模式。

11.8 小结

Spark 是一个高性能内存处理引擎，它提供了基于 RDD 的数据抽象，能够灵活处理分布式数据集。Spark 大大简化了分布式应用程序的设计，它提供了丰富的高级编程接口，包括 RDD 操作符以及共享变量，其中 RDD 操作符包括 transformation、action 以及 control

API 三类，共享变量包括广播变量和累加器两种。Spark 应用程序的运行环境由一个 Driver 和多个 Executor 构成，可以运行在 Standalone、YARN 和 Mesos 等集群中。RDD API 是一种底层编程接口，当处理复杂数据集时开发效率低下，为此，Spark 又在 RDD API 基础上提供了高级数据抽象 DataFrame 和 Dataset。借助高效的 Spark 计算引擎，Spark 已经逐步演化成以 Spark 内核为核心的生态系统。Spark 生态系统使得 Spark 技术能够对应更多的数据分析场景。

11.9 本章问题

问题 1：试判定以下代码段中每处（共五处）println 语句是在 Driver 还是 Executor 中执行的（即打印结果放在 Driver 还是 Executor 的日志文件中）。

```
def containError(s: String): Boolean = {
val error = s.contains("Error")
    if(error) println(s"String $s contains Error") //①
    error
}

def main(args: Array[String]) {
    val sc = new SparkContext(new SparkConf())
    val rdd = sc.textFile("/input").filter(containError)
    val totalLength = rdd.map { s =>
        println(s"Current string: $s") //②
        s.length
    }.reduce(_ + _)
    println(s"Total length: $totalLength") //③
rdd.foreach(println) //④
    rdd.collect().foreach(println) //⑤
}
```

问题 2：下面是使用 Spark 编写的迭代式应用程序，该程序迭代一定轮数后会因堆栈溢出而退出，且随着迭代轮数增加，运行速度会越来越慢，如何解决以上问题？

```
val iteration = 2000
val sc = new SparkContext(new SparkConf())
var rdd = sc.parallelize(1 to 10000).cache()
for (i <- 1 to iteration) {
    rdd = rdd.map(_ + 1)
    val sum = rdd.reduce((num, sum) => num + sum)
}
```

问题 3：已知以下 Spark 代码片段：

```
val sc = new SparkContext(new SparkConf())
val rdd = sc.textFile("/home/data")
rdd.count()
```

```
rdd.reduce(_+_)
rdd.collect()
```

试回答以下问题：

- 该代码片段会从磁盘上读取几次数据目录 /home/data？
- 该代码片段会生成几个 job？
- 如果输入目录 /home/data 位于 HDFS（数据块大小为 128MB）之上，它包含三个文本文件，大小分别为 10MB、128MB 和 200MB，则在数据读取阶段，该应用程序会生成几个 task？
- 如果数据目录 /home/data 大小为 1TB，这段代码会产生什么问题？
- 如何优化这段代码？

问题 4：MapReduce 提供了 Partitioner 组件，以定制 Mapper 输出的每个 key/value 交给哪个 Reduce Task 处理，对于 Spark，如何为 reduceByKey 或 groupByKey 算子实现该功能？

问题 5：尝试找出与下面功能相关的 Spark 配置参数，并按要求进行调整，并验证调整成功。

- 对持久化的 RDD 启用压缩机制。
- 使用 Snappy 压缩 Shuffle 阶段产生的临时文件。
- 将 Executor 的内存调整为 5GB，core 数设置为 2。
- 启用任务推测执行（speculative execution）机制。

问题 6：尝试使用 Spark 将一个未压缩的文本文件压缩，压缩算法分别为 gzip、snappy 和 lzo，并重新读取这些压缩文件。

问题 7：仿照 SqlGroupby 实例，编写 Spark 程序得到以下 SQL 产生的结果：

```
select dealid, count(distinct uid), count(distinct dealdate) from order group by dealid
```

问题 8：程序设计题。已知电影数据集 movie_metadata.csv（下载地址：https://pan.baidu.com/s/1qXN8oOW），其包含 28 列，每列数据用 "," 分割，每列数据名称为："movie_title" "color" "num_critic_for_reviews" "movie_facebook_likes" "duration" "director_name" "director_facebook_likes" "actor_3_name" "actor_3_facebook_likes" "actor_2_name" "actor_2_facebook_likes" "actor_1_name" "actor_1_facebook_likes" "gross" "genres" "num_voted_users" "cast_total_facebook_likes" "facenumber_in_poster" "plot_keywords" "movie_imdb_link" "num_user_for_reviews" "language" "country" "content_rating" "budget" "title_year" "imdb_score" "aspect_ratio"。

每一列的数据含义可通过列名自行判断。

采用 spark 读取该文件的方式为：

```
// 将文件读成 RDD，并过滤掉第一行元信息
val rdd = sc.textFile("movie_metadata.csv").filter(!_.startsWith("color,director_
```

name"))
```
// 将每一行按照","分割
val movieRdd = rdd.map(_.split(","))
```

请根据以上提示，在 spark-shell 中利用 RDD API 编写代码片段实现以下功能：

- 请输出该数据集包含的所有不同国家的名称（用到 country 一列）。
- 请输出该数据集中包含的中国电影的数目（用到 country 一列）。
- 请输出最受关注的三部中国电影的电影名称、导演以及放映时间（用到 movie_title、director_name、num_voted_users、country 以及 title_year 五列）。
- 请使用 Spark SQL 的 Dataframe 和 Dataset API 实现以上功能。提示：

```
// 读取 csv 文件，并保存成 Dataframe
val df = spark.read.option("header","true").csv("movie_metadata.csv")
// 将 dataframe 注册成一张表，期中第一行中的字段为列名，类型统一为 string
df.createOrReplaceTempView("movie")
// 继续编写你的代码
```

- 将数据文件 movie_metadata.csv 分别保存成 orc 和 parquet 两种格式，并对比 csv、orc 和 parquet 这三种格式的数据占用的磁盘大小。

问题 9：采用 Dataset API 实现"构建倒排索引"。

问题 10：扩展 11.6.3 节中的"电影受众分析系统"，在 Hive 中创建用户表 user，将用户信息数据导入该表。试使用 DataFrame API 读取 Hive 中的用户表，按照年龄和姓名统计人数，并使用 DataFrame API 将结果写入另一个 Hive 表中。

问题 11：已知 HDFS 的 /input/data 目录下存放了 1 万个小文件，每个文件包含 10 000 个随机数（数值范围：0 ~ MAX_INT），如何使用 Spark 高效地处理该目录中的数据，统计出奇数和偶数的个数。提示：可使用以下代码产生这 1 万个小文件。

```
sc.parallelize(1 to 100000000, 10000).map(x => scala.util.Random.nextInt()).saveAsTextFile("/input/data")
```

问题 12：在 Spark On YARN 模式下，Spark 在以下两种情况下会因内存不足而退出，请分别说明如何解决。

- JVM 堆内存不足，Executor 退出前打印如下异常：

```
java.lang.OutOfMemoryError: Java heap space
```

- Executor 进程所用内存超出限制被 YARN 杀掉（Executor 未打印任何日志），NodeManager 中包含以下日志：

```
Container [pid=26783,containerID=container_1389136889967_0009_01_000002] is running beyond physical memory limits. Current usage: 4.2 GB of 4 GB physical memory used; 5.2 GB of 8.4 GB virtual memory used. Killing container.
```

第 12 章 *Chapter 12*

交互式计算引擎

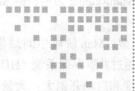

交互式处理（Interactive Processing）是操作人员和系统之间存在交互作用的信息处理方式。操作人员通过终端设备（如输入输出系统）输入信息和操作命令，系统接到后立即处理，并通过终端设备显示处理结果。在大数据领域中，交互式计算（处理）引擎是针对大数据具备交互式分析能力的分布式计算引擎，它常用于 OLAP（Online Analytical Processing，联机分析处理）场景。相比于批处理引擎（MapReduce 或 Hive），它对数据处理性能要求更高。为了实现高性能数据处理，交互式计算引擎通常采用 MPP（Massively Parallel Processing）架构，并充分使用内存加速。为了方便数据分析人员表达自己的查询意图，交互式计算引擎通常支持 SQL 或 JSON 等查询语言。当前比较主流的交互式计算引擎包括 ROLAP（Relational OLAP）类型的 SQL 查询引擎 Impala⊖ 和 Presto⊖，MOLAP（Multidimensional OLAP）类型的的 OLAP 查询引擎 Druid⊜ 和 Kylin⊛ 等。在本章中，我们将从设计目标、产生背景、基本架构以及访问方式等方面对常用的交互式计算引擎进行介绍。

12.1 概述

12.1.1 产生背景

在开源大数据领域，交互式计算引擎并不是从一开始就出现的。起初，大数据领域数

⊖ Impala 官网：http://impala.apache.org/
⊜ Presto 官网：https://prestodb.io/
⊜ Druid 官网：http://druid.io/
⊛ Kylin 官网：http://kylin.apache.org/

据处理引擎以 MapReduce 为主，但 MapReduce 引擎采用了批处理设计理念，数据处理性能低下：

- IO 密集型：Map 阶段中间结果写磁盘，Reduce 阶段写 HDFS，多个 MapReduce 作业之间通过共享存储系统（HDFS）交换数据。
- 任务调度和启动开销大：大量任务需要分布式调度到各个节点上，且每个任务需启动一个 Java 虚拟机运行。
- 无法充分利用内存：MapReduce 是十多年前提出的分布式技术，当时内存价格昂贵，所以设计理念是充分使用磁盘，而如今内存的价格越来越便宜，新型计算引擎可尝试通过内存加速。
- Map 端和 Reduce 端均需要排序：这是 MapReduce 设计理念决定的，使得 MapReduce 无法很好地应对交互式处理场景。

为了克服 MapReduce 的性能缺点，Google 提出了新型交互式计算引擎 Dremel，它构建于 Google 的 GFS（Google File System）等系统之上，支撑了 Google 的数据分析服务 BigQuery 等诸多服务。Dremel 的技术亮点主要有两个：一是采用了 MPP 架构，使用了多层查询树，使得任务可以在数千个节点上并行执行和聚合结果；二是实现了嵌套型数据的列存储，避免读取不必要的数据，大大减少网络和磁盘 IO。

受 Google Dremel 的启发，Cloudera 等公司开发了 Impala，Facebook 开发了 Presto，并将之开源。

12.1.2 交互式查询引擎分类

交互式计算引擎是具备交互式分析能力的分布式大数据计算引擎，它常用于 OLAP 场景。OLAP 有多种实现方法，根据存储数据的方式不同可以分为 ROLAP、MOLAP、HOLAP。

- ROLAP：基于关系数据库的 OLAP 实现（Relational OLAP）。它以关系数据库为核心，以关系型结构进行多维数据的表示和存储。它将多维结构划分为两类表：一类是事实表，用来存储数据和维度关键字；另一类是维度表，即对每个维度至少使用一个表来存放维度层次、成员类别等维度描述信息。ROLAP 的最大好处是可以实时地从源数据中获得最新数据更新，以保持数据实时性，缺点在于运算效率比较低，用户等待响应时间比较长。
- MOLAP：基于多维数据组织的 OLAP 实现（Multidimensional OLAP）。它以多维数据组织方式为核心，使用多维数组存储数据。多维数据在存储系统中形成"数据立方体（Cube）"的结构，此结构是经过高度优化的，可以最大程度地提高查询性能。MOLAP 的优势在于借助数据多维预处理显著提高运算效率，主要的缺陷在于占用存储空间大和数据更新有一定延滞。
- HOLAP：基于混合数据组织的 OLAP 实现（Hybrid OLAP），用户可以根据自己的业务需求，选择哪些模型采用 ROLAP，哪些采用 MOLAP。一般来说，将不常用或需要灵活定义的分析使用 ROLAP 方式，而常用、常规模型采用 MOLAP 实现。

本文介绍的 Impala 和 Presto 可用于 ROLAP 场景，而 Druid 和 Kylin 常用于 MOLAP 场景[⊖]。

12.1.3 常见的开源实现

在大数据生态圈中，主流的应用于 ROLAP 场景的交互式计算引擎包括 Impala 和 Presto，它们的特点如下：

1）Hadoop native：跟 Hadoop 生态系统有完好的结合，包括：
- 可直接与 Hive Metastore 对接，处理 Hive 中的表。
- 可直接处理存储在 HDFS 和 HBase 中的数据。

2）计算与存储分析：它们仅仅是查询引擎，不提供数据存储服务，所有要处理的数据都存储在第三方系统中，比如 Hive、HDFS 和 HBase 等。

3）MPP 架构：采用经典的 MPP 架构，具有较好的扩展性，能够应对 TB 甚至 PB 级数据的交互式查询需求。

4）嵌套式数据存储：支持常见的列式存储格式，比如 ORC（仅 Presto 支持）和 Parquet（Impala 和 Presto 均支持）。

主流的应用于 MOLAP 场景的交互式计算引擎包括 Druid 和 Kylin，它们的特点如下：
- 数据建模：将数据分为维度和度量两类，且所有查询必须针对以上两类列进行。
- 数据预计算：为了提高数据查询效率，MOLAP 引擎一般会根据维度和度量列，预先生成计算结果。

本章将从基本架构和访问方式等方面对 ROLAP（Impala 和 Presto）及 MOLAP（Druid 和 Kylin）两类 OLAP 引擎进行介绍。

12.2 ROLAP

12.2.1 Impala

Impala 最初是由 Cloudera 公司开发的，其最初设计动机是充分结合传统数据库与大数据系统 Hadoop 的优势，构造一个全新的、支持 SQL 与多租户、并具备良好的灵活性和扩展性的高性能查询引擎。传统数据库与大数据系统 Hadoop 各有优缺点：
- 传统关系型数据库对 SQL 这种最主流的数据分析语言有完好的支持，且支持多租

⊖ 也有人将 Druid 划归到 "HOLAP" 范畴，因为它不会进行预计算，因此是一种 "ROLAP"，但同时它采用列式存储，且为非关系模型，因为也是一种 "MOLAP"。

户，能很好地应对高并发场景，但灵活性和扩展性较差。
- 大数据系统 Hadoop 具备很好的灵活性（支持各种数据存储格式、各种存储系统等）和扩展性（数据规模和计算规模均可以线性扩展），但对 SQL 及并发的支持较弱。

Cloudera 结合传统数据库与大数据系统 Hadoop 各自优点，利用 C++ 语言构造了一个全新的高性能查询引擎 Impala。在 Cloudera 的测试中，Impala 的查询效率比 Hadoop 生态系统中的 SQL 引擎 Hive 有数量级的提升。从技术角度上来看，Impala 之所以能有好的性能，主要有以下几方面的原因：

- Impala 完全抛弃了 MapReduce 这个不太适合做 SQL 查询的范式，而是像 Dremel 一样借鉴了 MPP 并行数据库的思想，采用了全服务进程的设计架构，所有计算均在预先启动的一组服务中进行，可支持更好的并发，同时省掉不必要的 shuffle、sort 等开销。
- Impala 采用全内存实现⊖不需要把中间结果写入磁盘，省掉了大量的 I/O 开销。
- 充分利用本地读（而非远程网络读），尽可能地将数据和计算分配在同一台机器，减少了网络开销。
- 用 C++ 实现，做了很多针对底层硬件的优化，例如使用 SSE 指令。

1. 基本架构

Impala 采用了对等式架构，所有角色之间是对等的，没有主从之分。如图 12-1 所示，Impala 主要由三类服务组件构成，分别为 Catalogd、Statestored 和 Impalad，接下来依次介绍这几个组件。

- Catalogd：元信息管理服务。它从 hive metastore 中同步表信息，并将任何元信息的改变通过 catalogd 广播给各个 Impalad 服务。需要注意的是，在一个大数据数据仓库中，元数据一般很大，不同数据表的访问频度不同，为此，Catalogd 仅仅载入每张表的概略信息，更为详细的信息将由后台进程从第三方存储中延迟载入。
- Statestored：状态管理服务器。元数据订阅—发布服务，它是单一实例（存在单点故障问题），将集群元数据传播到所有的 Impalad 进程。MPP 数据库设计的一大挑战是实现节点间协调和元数据同步，Impala 对称的节点架构要求所有的节点必须都能够接收并执行查询，因此所有节点必须有系统目录结构的最新版本和集群成员关系的当前视图，而 Statestored 正是负责以上这些功能，即将所有元信息及其修改同步到各个 Impalad。
- Impalad，同时承担协调者和执行者双重角色。首先，对于某一查询，作为协调者，接收客户端查询请求并对其进行词法分析、语法分析、生成逻辑查询计划以及物理查询计划，之后将各个执行片段（segment）调度到 Impalad 上执行；其次，接收从其他 Impalad 发过来的单个执行片段，利用本地资源（CPU、内存等）处理这些片

⊖ Impala 也支持将中间结果数据写入磁盘，但需要显式启用该功能。

段,并进一步将查询结果返回给协调者。Impalad 一般部署在集群中运行 Datanode 进程的所有机器上,进而利用数据本地化的特点而不必通过网络传输即可在文件系统中读取数据块。

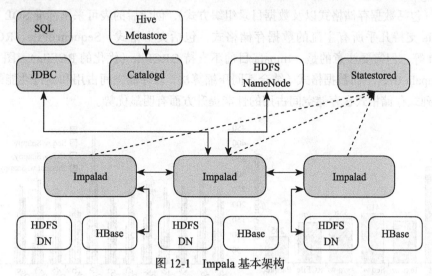

图 12-1 Impala 基本架构

Impala 前端负责将 SQL 编译为可执行的查询计划,它由 SQL 解析器、基于成本(cost-based)的优化器组成。它的查询编译阶段遵循经典的实现方式:分为查询解析、语义分析、查询计划/优化等几个模块。最大挑战来自查询计划器,它将执行计划为两个阶段:单点计划;计划并行和分割。

第一阶段,将解析树转换为单点计划树,这包括如下内容:HDFS/HBase 扫描、hashjoin、crossjoin、union、hash 聚集、sort、top-n 和分析评估等。它基于分析评估结果,进行谓词下推、相关列投影、分区剪枝、设置限制(limit)/偏移并完成一些基于成本的优化比如排序、合并分析窗口函数和 join 重排序等。

第二阶段,将单个节点的计划转换为分布式的执行计划,基本目标在于最小化数据移动和最大化本地数据扫描,它通过在计划节点间增加必要的交换节点实现分布式,通过增加额外的非交换节点最小化网络间的数据移动,在此阶段,生成物理的 join 策略。Impala 支持两种分布式 join 方式,表广播(broadcast)和哈希重分布(parittioned):表广播方式保持一个表的数据不动,将另一个表广播到所有相关节点;哈希重分布的原理是根据 join 字段哈希值重新分布两张表数据。

在 Impala 中,分布式计划中的聚集函数会被分拆为两个阶段执行。第一阶段:针对本地数据进行本地分组聚合以降低数据量,并进行数据重分布;第二阶段:进一步汇总之前的局部聚集结果计算出最终结果。

2. 访问方式

Impala 定位是为用户提供一套能与商业智能场景结合的查询引擎,它与其他查询引擎类似，支持多种商业标准：通过 JDBC/ODBC 访问，通过 Kerberos 或 LADP 进行认证，遵循标准 SQL 的角色授权等。为了更好地与 Hive Metastore 结合，它支持绝大部分 HQL（Hive Query Language）语法，用户可通过 CREATE TABLE 创建表，并提供数据逻辑模式，指定物理布局（包括数据存储格式以及数据目录组织方式），创建后的表可采用标准 SQL 查询。

Impala 支持几乎所有主流的数据存储格式，包括文本格式、SequenceFile、RCFile 以及 Parquet 等。但需要注意的是，Impala 目前不支持 ORCFile（优化的 RCFile）。图 12-2 展示了在 Impala 中，不同数据格式（结合不同压缩算法）对存储空间占用和运行性能的影响。很明显，列式存储格式在存储空间占用的性能提升方面有明显优势。

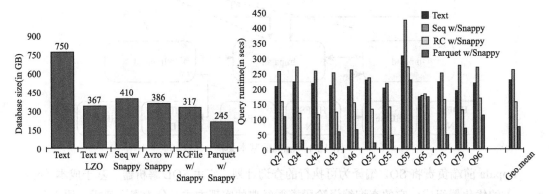

图 12-2 Impala 中不同数据格式（结合不同压缩算法）对存储空间占用和运行性能的影响

Impala 支持几乎所有的 SQL-92 中的 SELECT 语法以及 SQL-2003 中的分析型函数，支持几乎所有的标量数据类型，包括 INTEGER、FLOAT、STRING、CHAR、VARCHAR、TIMESTAMP 和 DECIMAL（最高达 38 精度）。此外，Impala 也支持用户自定义函数和自定义聚集函数。

由于 Impala 是传统关系型数据库与大数据系统 Hadoop 结合的产物，它在一些方面不同于传统关系型数据库：

1）由于 HDFS 存储系统自身的限制，Impala 目前不支持面向单行的 UPDATE 和 DELETE 操作，而只支持按批插入和删除：

❑ 按批插入可使用 INSERT INTO ... SELECT ... 语法。

❑ 按批删除可使用 ALTER TABLE DROP PARTITION 语法。

2）数据加载速度快，运行时类型校验：

❑ 往 Impala 表中加载数据的速度非常快，只需要在存储层拷贝或移动文件即可，而不会进行任何类型检查。

❑ Impala 采用运行时类型检查的方式，即 SQL 执行时动态检查每行的数据类型是否跟表模式匹配。

3）不支持事务：Impala 是面向 OLAP（OnLine Analytical Processing）应用场景的，以

只读型的数据分析为主，对 OLTP（OnLine Transaction Processing）场景没有直接支持。

12.2.2　Presto

Presto 是 Facebook 开源的交互式计算引擎，能够处理 TB 甚至 PB 级数据量。由于 Presto 能够与 Hive 进行无缝集成，因而已经成为非常主流的 OLAP 引擎。

1. 基本架构

如图 12-3 所示，Presto 查询引擎是一个 Master-Slave 的架构，由一个 Coordinator 服务，一个 Discovery Server 服务，多个 Worker 服务组成，它们的职责如下：

- Coordinator：协调者，接收客户端查询请求（SQL）并对其进行词法分析、语法分析、生成逻辑查询计划以及物理查询计划后，将各个任务调度到各个 Worker 上执行，并在 Worker 返回结果后对其进一步汇总。在一个 Presto 集群中，可以同时存在多个 Coordinator，以防止单点故障。
- Discovery Server：服务发现组件，各个 Worker 启动时会向 Discovery Server 注册，并将状态信息定期汇报给 Discovery Server，这样，Coordinator 可随时从 Discovery Server 中获取活跃的 Worker 列表。Discovery Server 是一个轻量级的服务，通常内嵌于 Coordinator 节点中。
- Worker：任务执行者，接收来自 Coordinator 任务，利用多线程方式并行执行，并将结果发送给 Coordinator。

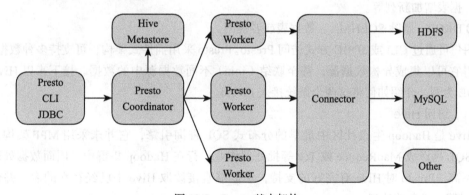

图 12-3　Presto 基本架构

Presto 是一个分布式查询引擎，并不提供数据的存储服务。为此，Presto 采用了插件化设计思路，支持多种数据源，包括 Hive、HDFS、MySQL、Cassandra、HBase 和 Redis 等，用户也可根据需要，通过 Connector 插件，将自己的数据存储系统接入 Presto 查询引擎。

2. 访问方式

Presto 是插件式架构，通过连接器（Connector）接入外部数据源。为了区分各个数据源中的数据，它在数据库之上又引入了一层命名空间：catalog，前面提到的 Hive、Cassandra

和 MySQL 等在 Presto 中均以 catalog 方式存在。不同的 catalog 中可以有多个数据库，每个数据库中进一步可以同时存在多张数据表。

Presto 支持大部分标准 SQL 语法，包括包括 SELECT、CREATE、DELETE、ALTER、DROP 等。

- SELECT，其基本语法如下：

```
[ WITH with_query [, ...] ]
SELECT [ ALL | DISTINCT ] select_expr [, ...]
[ FROM from_item [, ...] ]
[ WHERE condition ]
[ GROUP BY [ ALL | DISTINCT ] grouping_element [, ...] ]
[ HAVING condition ]
[ { UNION | INTERSECT | EXCEPT } [ ALL | DISTINCT ] select ]
[ ORDER BY expression [ ASC | DESC ] [, ...] ]
[ LIMIT [ count | ALL ] ]
```

支持五种 JOIN 操作，包括内连接、左外连接、右外连接、全外连接以及笛卡尔积，除此之外，它还支持 CUBE、ROLLUP 等数据仓库操作；

- CREATE：可创建 SCHEMA（可容纳类似数据表和视图等数据库对象的容器）、TABLE、VIEW。
- DELETE：删除数据库表特定的行，有些 connector 不支持该操作。
- ALTER：修改 SCHEMA 或数据表的元信息，包括重命名 SCHEMA 或数据表，为数据表增加新列等。
- DROP：删除 SCEHMA、数据表或者视图。

用户可通过 CLI 或 JDBC 方式访问 Presto。Presto 采用插件式架构，可支持多种数据源，这使得它可以集成异构数据源，甚至联结（join）不同数据源中的数据。接下来以 Hive 和 MySQL 为例，介绍如何将这两个系统接入 Presto。

（1）访问 Hive

Hive 是 Hadoop 生态社区中最早的分布式 SQL 查询引擎，它并未采用 MPP 架构，而是将 SQL 翻译成 MapReduce 或 Tez 等批处理作业运行在 Hadoop 集群中，因而数据处理效率并不高。Presto 对 Hive 有完好的支持，它能够直接读取 Hive 中已经存在的表，并使用 MPP 引擎进行高效处理。

Hive 主要由三个组件构成：

- **数据存储**：Hive 使用分布式文件系统 HDFS 或 S3 存储数据，并支持包括文本文件、SequenceFile、RCFile、ORCFile 以及 Parquet 等数据格式。
- **元信息管理**：Hive 中记录数据和表之间映射关系的元信息由 Hive Metastore 管理，它会将这些元信息数据保存到关系型数据库中（比如 MySQL）。
- **查询语言 HQL 与分布式计算引擎**：Hive 定义了一种类似于 SQL 的查询语言 HQL，它能将这种语言翻译成 MapReduce 或 Tez 分布式作业，并运行在 Hadoop 集群中。

Presto只用到了Hive中的前两个组件：数据存储和元信息管理，但并未使用HQL以及查询引擎，而是采用了自己定义的SQL查询语言和分布式查询引擎。

Hive支持多个Hadoop版本，包括Apache Hadoop 1.x，Apache Hadoop 2.x，CDH 4.x以及CDH 5.x等，以CDH 5.x为例，你可以在etc/catalog/下创建文件hive.properties以配置对应的Hive Connector，并在该文件中增加以下两个配置属性：connector名称和Hive Metastore地址：

```
#connector名称，如果是Apache Hadoop 2.x，则为hive-hadoop2,如果是 Cloudera CDH 5,则为hive-cdh5
connector.name=hive-cdh5
#hive metastore地址
hive.metastore.uri=thrift://example.net:9083
```

如果你有多个Hive实例，可在etc/catalog/下创建其他以".properties"结尾的配置文件，每个配置文件对应一个Hive的Connector。

一旦创建好Connector，重启Presto集群才可以启用它，之后便可以使用CLI或JDBC创建数据表，进而查询数据。

【实例】某公司收集到一批用户浏览网页的行为数据，以文本格式保存在HDFS上，如何使用Presto对这些数据进行高效的分析？

解决思路：在hive中创建一个名为web的SCHEMA，并创建一个ORC格式的分区表page_views，用以存储用户浏览网页的行为数据，该表包含以下五个字段（其中ds和country为分区字段）：

❑ view_time：用户浏览网页的时间。
❑ user_id：用户ID。
❑ page_url：网页的URL。
❑ ds：用户浏览网页的日志（精确到天）。
❑ country：用户所在的国家。

为了解决该数据分析问题，可以分成图12-4所示的五个步骤，由于Presto未提供数据加载的语句，所以该步骤需要在Hive中完成（实际上，前三步均可在Hive中完成，但为了演示Presto功能，前两步也在Presto中完成）。

图12-4　Presto数据处理流程

1）创建一张文本格式的分区数据表tmp_page_views：

```
CREATE SCHEMA hive.web;
CREATE TABLE hive.web.tmp_page_views (
    view_time timestamp,
    user_id bigint,
    page_url varchar,
    ds date,
    country varchar
)
WITH (
    format = 'TEXTFILE',
    partitioned_by = ARRAY['ds', 'country']
)
```

通过 WITH 语句设置了数据表的属性，包括存储格式（format）和分区字段（partitioned_by），用户可通过以下语句查看所有可设置的属性列表：

```
SELECT * FROM system.metadata.table_properties;
```

2）使用 Hive HQL 中的 LOAD 语句，在 Hive 中将数据导入数据表 tmp_page_views 中。

3）使用"CREATE TABLE … AS"语句，创建一个 ORC 表 page_views，它拥有跟 tmp_page_views 一样的元信息（除数据格式）和数据：

```
CREATE TABLE page_views
WITH (
format = 'ORC',
    partitioned_by = ARRAY['ds', 'country']
)
AS
SELECT * FROM tmp_page_views;
```

4）使用 SQL 查询表中的数据：

```
SELECT view_time, user_id
    FROM page_views
WHERE ds = DATE '2016-08-09' AND country = 'US';
```

5）删除临时数据表 tmp_page_views：

```
DROP TABLE hive.web.tmp_page_views;
```

（2）访问 MySQL

Presto 内置了 MySQL Connector，允许用户通过 Presto 引擎读取并分析外部 MySQL 数据库中的数据，甚至联结 MySQL 与其他数据源（比如 Hive）中的数据表。

用户可以在 etc/catalog 下创建一个配置文件，比如 mysqltest.properties，进而将 MySQL Connector 绑定到名为 mysqltest 的 catalog 下，mysqltest.properties 内容如下：

```
# connector 名称，一般为 "mysql"
connector.name=mysql
```

```
# JDBC 地址
connection-url=jdbc:mysql://example.net:3306
# 访问 MySQL 的用户名
connection-user=mysql-user
# 访问 MySQL 的密码
connection-password=mysql-secret
```

之后便可以使用 SQL 访问 MySQL：

```
# 显示 mysqltest 中所有的数据库
SHOW SCHEMAS FROM mysqltest;
# 显示数据库 mysqltest.web 下所有的数据表
SHOW TABLES FROM mysqltest.web;
SELECT * FROM mysqltest.web.clicks;
```

12.2.3 Impala 与 Presto 对比

Impala 与 Presto 均是为了克服 Hive 性能低下而提出来的 SQL 查询引擎，它们在设计架构和查询性能优化上做了大量工作。它们两个拥有很多相同特点，但也各有特色，它们的异同对比如表 12-1 所示。

表 12-1 Impala 与 Presto 异同对比

	Impala	Presto
主导公司	Cloudera	Facebook
开发语言	C++	Java
支持数据格式	文本文件、SequenceFile、RCFile、Avro 以及 Parquet（**不支持 ORCFile**）	文本文件、SequenceFile、RCFile、ORCFile 以及 Parquet
数据源	内置了对 Hive、HDFS、S3 以及 HBase 等数据源的支持	插件式设计架构，支持任意数据源，目前内置了对 Hive、HDS、S3、Cassandra、Kafka、MySQL、HBase 等数据源的支持
设计架构	MPP	MPP
内存/磁盘计算	默认采用基于内存的计算模式，但也存在内存不足的情况下，将数据写入磁盘	默认采用基于内存的计算模式，但也支持在内存不足的情况下，将数据写入磁盘
性能	各自有擅长的查询类型，不能一概而论认为一个引擎比另外一个性能更高。	

12.3 MOLAP

MOLAP 是一种通过预计算 cube 方式加速查询的 OLAP 引擎，它的核心思想是"空间换时间"，典型的代表包括 Druid 和 Kylin。

12.3.1 Druid 简介

Druid 是一个用于大数据实时查询和分析的高容错、高性能开源分布式 OLAP 系统，旨在快速处理大规模的数据,并能够实现快速查询和分析。

Druid 是基于列存储的,其设计之初主要目的是存储时间序列数据,因此数据强制按照时间分割成不同的数据段(segment),除了时间戳以外,一个数据段中还有维度(dimension)和度量 metric)两种类型的列。Druid 能够快速对数据进行过滤和聚合,它常用来给一些面向分析人员的应用提供查询引擎。有些大规模的 Druid 集群每秒钟能够插入数十亿条事件并提供上千次的查询。

Druid 整个架构由实时线和批处理线两部分构成,本质上是对 Lambda 架构的一种实现。如图 12-5 所示,Druid 系统主要由三个外部依赖:用于分布式协调的 ZooKeeper;存储集群数据信息和相关规则的 Metadata Storage;存放备份数据的 Deep Storage。Druid 节点类型比较多,可以从三个方面了解系统架构:首先从外部看,提供查询接口的节点是 Broker 节点,它根据具体的情况可能会将查询分发到实时(Real-time)节点或历史(Historical)节点,前者存放实时数据,后者存放历史数据;其次,从集群内部看,负责协调数据存储的是 Coordinator 节点,它读取 Metadata,通过 ZooKeeper 通知不同的 Historical 节点应当载入或丢弃哪些数据段;最后,从数据 Ingest 来看,可以将实时数据交给 Real-time 节点进行处理(real-time index),也可以直接将数据建好索引放到 Deep Storage 中,然后更新 Metadata(batch index),现在 Druid 提倡用 Indexing Service 来统一处理两种数据 Ingest 的情况。

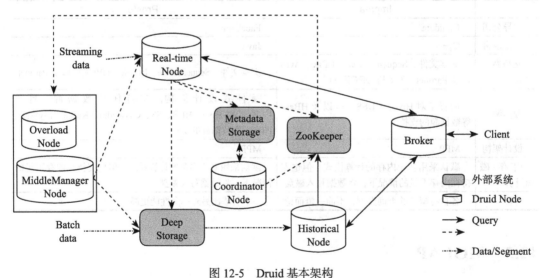

图 12-5　Druid 基本架构

12.3.2　Kylin 简介

Kylin 是 Hadoop 生态圈下的一个 MOLAP 系统,是 ebay 大数据部门从 2014 年开始研发的支持 TB 到 PB 级别数据量的分布式 OLAP 分析引擎。其特点包括:

- 可扩展的超快 OLAP 引擎。
- 提供 ANSI-SQL 接口。
- 交互式查询能力。
- 引入 MOLAP Cube 的概念以加速数据分析过程。
- 支持 JDBC/RESTful 等访问方式，与 BI 工具可无缝整合。

Kylin 的核心思想是利用空间换时间，它通过预计算，将查询结果预先存储到 HBase 上以加快数据处理效率。Kylin 实现过程中复用了大量开源系统，具体如图 12-6 所示：

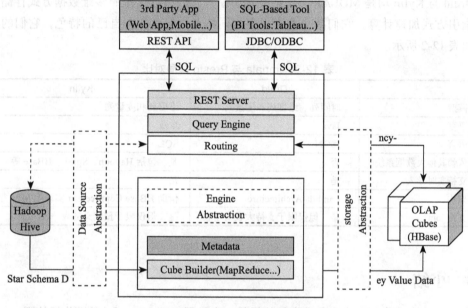

图 12-6　Kylin 基本架构

- **REST Server**：提供一些 RESTful 接口，例如创建 cube、构建 cube、刷新 cube、合并 cube 等 cube 相关操作，元数据管理、用户访问权限、系统配置动态修改等。
- **JDBC/ODBC 接口**：Kylin 提供了 JDBC 驱动，使用 JDBC 接口的查询和使用 RESTful 接口的查询内部实现流程是相同的。这类接口使得 Kylin 能够兼容各种可视化工具，包括 tableau 和 mondrian 等。
- **Query 引擎**：Kylin 使用一个开源的 Calcite 框架⊖实现 SQL 的解析，相当于 SQL 引擎层。
- **Routing**：该模块负责将 SQL 生成的执行计划转换成面向 cube 缓存的查询。cube 是通过预计算缓存在 HBase 中，这些查询只需从 HBase 直接获取结果返回即可，一般在秒级甚至毫秒级完成。

⊖ https://calcite.apache.org

- **Metadata**：Kylin 中包含大量的元数据信息，包括 cube 的定义，星状模型的定义，作业的信息、作业的输出信息，维度的存放目录信息等，元数据和 cube 都存储在 HBase 中。
- **Cube 构建引擎**：负责预计算方式构建 cube，这是通过 MapReduce/Spark 计算生成 HTable 然后加载到 HBase 中完成的。

12.3.3 Druid 与 Kylin 对比

Druid 与 Kylin 均是 MOLAP 类型的查询引擎，它们将数据按照多维数据方式存储，并通过索引方式加速计算。它们两个拥有很多相同特点，但也各有自己的特色，它们的异同对比如表 12-2 所示。

表 12-2 Impala 与 Presto 异同对比

	Druid	Kylin
数据模型	时间列、维度列和度量列	维度列和度量列
开发语言	Java	Java
查询语言	JSON	SQL
是否依赖其他大数据系统	否	是，包括 Hadoop、Spark、HBase 等
是否支持实时导入	是	是
设计架构	Lambda Architecture	借助 HBase Coprocessor 实现类 MPP 架构
是否支持 join	是，但仅限于支持大表与小表	是，但仅限于预定义的表

12.4 小结

交互式计算是分布式计算中最常见的场景，它常用于"OLAP"（联机分析处理，Online Analytical Processing）场景。当前比较主流的交互式计算引擎包括 ROLAP 类型的 SQL 查询引擎 Impala 和 Presto，MOLAP 类型的 OLAP 查询引擎 Druid 和 Kylin 等，本章从设计目标、产生背景、基本架构以及访问方式等方面对常用的交互式计算引擎 Impala 和 Presto 进行了介绍。

12.5 本章问题

问题 1：尝试搭建一个单机版的 Impala 和 Presto 环境，尝试创建一个 Parquet 格式的表，导入数据并对比两个引擎的查询效率。

问题 2：根据以下场景描述，从 Impala、Presto、Druid 和 Kylin 中选择可能最合适的引擎，并说明理由。

- 用户行为分析场景中，要对用户行为进行实时分析（要求毫秒级返回结果），数据条数为亿级别，分析维度 5～10 个。
- 市场营销部门要根据数据仓库中的表进行 ad-hoc 分析（要求 30 秒内返回结果），数据条数为亿级别，数据表的数目为百级别，每个表的维度为 100 多个。
- Hive 中存在约百级别的表，大部分表的文件存储格式为 ORCFile，在一些特别场景下，Hive 性能无法满足要求，工程人员想在不转换数据格式（原地分析）的情况下引入新的引擎加快数据分析效率。
- 在广告系统中，需要对广告交易数据进行 OLAP 分析，且要求尽可能快地查询到新产生的数据，数据维度约为 50 个，数据条数为亿级别，每个查询请求经谓词过滤后符合条件的约占总数据的 1‰。

第 13 章 流式实时计算引擎

流式数据在实际应用中非常常见,典型的流式数据包括点击日志、监控指标数据、搜索日志等。流式数据往往伴随实时计算需求,即对流式数据进行实时分析,以便尽可能快速地获取有价值的信息。在大数据领域,我们将针对流式数据进行实时分析的计算引擎称为流式实时计算引擎。这类引擎最大的特点是延迟低,即从数据产生到最终处理完成,整个过程用时极短,往往是毫秒级或秒级处理延迟。与批处理计算引擎类似,流式实时计算引擎也需具有良好的容错性、扩展性和编程简易性等特点。目前常用的流式实时计算引擎分为两类:面向行(row-based)和面向微批处理(micro-batch)。其中,面向行的流式实时计算引擎的代表是 Apache Storm,其典型特点是延迟低,但吞吐率也低;而面向微批处理的流式实时计算引擎的代表是 Spark Streaming,其典型特点是延迟高,但吞吐率也高。在本章中,我们将从设计目标、编程模型和基本架构等方面对常用的流式实时计算引擎进行介绍。

13.1 概述

13.1.1 产生背景

流式计算需求由来已久,一个流式计算过程可用图 13-1 所示概括,一条消息(msg1)到达后,依次经若干用户实现逻辑处理后,将最终结果写入外部系统。每条消息经用户逻辑处理后,会衍生出新的消息(比如 msg1 衍生出 msg2 或 msg3)。而对于流式计算而言,应保证消息的可靠性:每条消息进入系统后,可以依次完整经历用户定义的逻辑,最终产生期望的结果，而不应因任意故障导致消息处理中断后致使消息处理不完整。

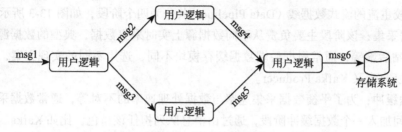

图 13-1　流式计算过程

传统的流式计算平台是通过"消息队列+工作进程"组合方式构建的，具体如图 13-2 所示。流式数据到达系统后，首先按照某种预定义分区策略，被放入若干消息队列中，由嵌入用户应用逻辑的工作进程从合适的消息队列中读取消息（这里的"消息"指一条流式数据），经处理后，衍生出的消息被重新放入消息队列，之后再由另外一类工作进程处理这些新产生的消息，……，重复以上过程，直到任意进入系统的消息（或者衍生出的消息），被所有工作进程处理一遍。

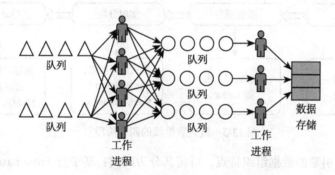

图 13-2　传统流式计算平台

这类系统能够解决流式处理问题，但存在以下几个缺点：
- 扩展性差：消息分区以及工作进程分布通过人工完成的，当机器规模增加时，整个系统扩展起来非常烦琐。
- 容错性差：当工作进程因硬件故障或软件 bug 而失败时，需要人工干预，重启对应的工作进程。当一个消息队列崩溃时，可能面临数据丢失的危险。
- 无法保证数据被处理完：流式处理应用场景通常对数据处理完整性有一定要求，即每条数据应至少被处理一次（at least once）或仅且仅被处理一次（exactly once）。

为了克服传统消息队列系统的不足，新型流式计算引擎诞生了。这类计算引擎为用户提供了简易的编程接口，用户可通过实现这些编程接口即可完成分布式流式应用程序的开发，而其他比较复杂的工作，如节点间的通信、节点失效、数据分片、系统扩展等，全部由运行时环境完成，用户无需关心这些细节。

13.1.2 常见的开源实现

当前比较主流的流式数据线（Data Pipeline）共分为四个阶段，如图 13-3 所示。

1）**数据采集**：该阶段主要负责从不同数据源上实时采集数据，典型的数据源包括移动客户端、网站后端等，通常根据后端数据缓存模块不同，选用不同的实现方案，可选的包括 Flume 以及自定义 Kafka Producer。

2）**数据缓冲**：为了平衡数据采集速率与数据处理速率的不对等，通常数据采集阶段和处理阶段之间加入一个数据缓冲阶段，通过由消息队列担任该角色，比如 Kafka。

3）**实时分析**：流式地从数据缓冲区获取数据，并快速完成数据处理，将结果写到后端的存储系统中。根据系统对延迟和吞吐率的要求不同，可选用不同的流式计算引擎，比如 Storm 或 Spark Streaming。

4）**结果存储**：将计算产生的结果存储到外存储系统中，根据应用场景不同，可选择不同的存储系统，比如大量可实时查询的系统，可存储到 HBase 中，小量但需可高并发查询的系统，可存入 Redis 中。

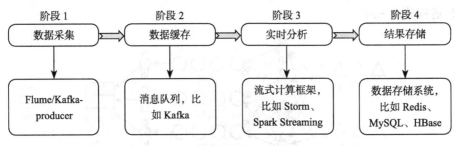

图 13-3　流式数据线的四个阶段

根据流式计算引擎的数据组织特点，可将其分为两类：基于行（row based）和基于微批处理（micro-batch based）。基于行的流式实时处理系统以行为单位处理数据，其主要优点是单条数据的处理延迟低，但系统吞吐率一般也较低，其典型代表是 Apache Storm；基于微批处理的流式实时处理系统则将流式处理转化为批处理，即以批为单位组织数据，它通常以时间为单位将流式数据切割成连续的批数据，并通过批处理的方式处理每批数据，这类系统的优点是吞吐率高，而缺点也很明显：单条数据处理延迟较高，其典型代表是 Spark Streaming。

本章将从设计目标、编程模型和基本架构等方面对 Apache Storm 和 Spark Streaming 两种流式实时计算引擎进行介绍。

13.2　Storm 基础与实战

本节将介绍 Storm 的基本概念、软件架构、程序设计方法以及内部原理。

13.2.1 Storm 概念与架构

本小节将介绍 Storm 基本概念，包括 Tuple、Stream、Topology、Bolt 和 Spout 等，并在此基础上进一步解析 Storm 的软件架构。

1. 概念

Storm 提出了几个新的概念，理解这些概念对于学习 Storm 非常重要。Storm 中核心概念如下：

1）**Tuple**：由一组可序列化的元素构成，每个元素可以是任意类型，包括 Java 原生类型、String、byte[]、自定义类型（必须是可序列化的）等。

2）**Stream**：无限的 Tuple 序列形成一个 Stream。每个 Stream 由一个唯一 ID、一个对 Tuple 中元素命名的 Schema 以及无限 Tuple 构成。

3）**Topology**：Storm 中的用户应用程序被称为"Topology"，这类似于 MapReduce 中的"Job"。它是由一系列 Spout 和 Blot 构成的 DAG，其中每个点表示一个 Spout 或 Blot，每个边表示 Tuple 流动方向。

4）**Spout**：Stream 的数据源，它通常从外部系统（比如消息队列）中读取数据，并发射到 Topology 中。Spout 可将数据（Tuple）发射到一个或多个 Stream 中。

5）**Bolt**：消息处理逻辑，可以是对收到的消息的任意处理逻辑，包括过滤、聚集、与外部数据库通信、消息转换等。Blot 可进一步将产生的数据（Tuple）发射到一个或多个 Stream 中。

在一个 Topology 中，每个 Spout 或 Blot 通常由多个 Task 构成，同一个 Spout 或 Blot 中的 Task 之间相互独立，它们可以并行执行，如图 13-4 所示。可类比 MapReduce Job 理解：一个 MapReduce Job 可看作一个两阶段的 DAG，其中 Map 阶段可分解成多个 Map Task，Reduce 阶段可分解成多个 Reduce Task，相比之下，Storm Topology 是一个更加通用的 DAG，可以有多个 Spout 和 Blot 阶段，每个阶段可进一步分解成多个 Task。

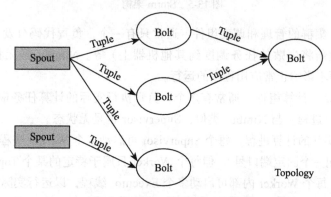

图 13-4　Storm 的 Topology 构成

6）**Stream Grouping**：Stream Grouping 决定了 Topology 中 Tuple 在不同 Task 之间是

的传递方式。Storm 主要提供了多种 Stream Grouping 实现,常用的有:
- **Shuffle Grouping**:随机化的轮训方式,即 Task 产生的 Tuple 将采用轮训方式发送给下一类组件的 Task。
- **LocalOrShuffle Grouping**:经优化的 Shuffle Grouping 实现,它使得同一 Worker 内部的 Task 优先将 Tuple 传递给同 Worker 的其他 Task。
- **Fields Grouping**:某个字段值相同的 Tuple 将被发送给同一个 Task,类似于 MapReduce 或 Spark 中的 Shuffle 实现。

2. Storm 基本架构

一个 Storm 集群由三类组件构成:Nimbus、Supervisor 和 ZooKeeper,如图 13-5 所示,它们的功能如下:

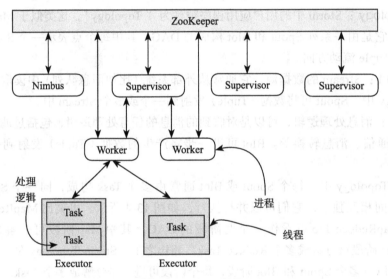

图 13-5　Storm 架构

1) **Nimbus**:集群的管理和调度组件,通常只有一个,负责代码分发、任务调度、故障监控及容错(重新将失败的任务调度到其他机器上)等。Nimbus 是无状态的,可通过 "kill -9" 杀掉它而不影响正常应用程序的运行。

2) **Supervisor**:计算组件,通常有多个,负责执行实际的计算任务根据 Nimbus 指令启动或停止 Worker 进程。与 Nimbus 类似,Supervisor 也是无状态的。

- **Worker**:实际的计算进程,每个 Supervisor 可启动多个 Worker 进程(需静态为每个 Worker 分配一个固定端口号),但每个 Worker 只属于特定的某个 Topology。
- **Executor**:每个 Worker 内部可启动多个 Executor 线程,以运行实际的用户逻辑代码 (Task)。每个 Executor 可以运行同类组件(同一个 Topology 内的 Spout 或 Bolt)中一个或多个 Task。

❑ Task：用户逻辑代码，由 Executor 线程根据上下文调用对应的 Task 计算逻辑。

3）ZooKeeper：Nimbus 与 Supervisor 之间的协调组件，存储状态信息和运行时统计信息，具体包括：

❑ Supervisor 的注册与发现，监控失败的 Supervisor。

❑ Worker 通过 ZooKeeper 向 Nimbus 发送包含 Executor 运行状态的心跳信息。

❑ Supervisor 通过 ZooKeeper 向 Nimbus 发送包含自己最新状态的心跳信息。

3. Topology 并发度

一个 Storm Topology 的并发度与 Worker、Executor 和 Task 三种实体的数目相关，用户可根据需要为 Topology 定制每种实体的数目。需要注意的是，这些实体的并发度也被称为"parallelism hint"，它们的数值只是初始值，而后续可根据需求进一步进行调整。三种实体的并发度设置方式具体如下：

1）Worker 进程的并发度，即在 Storm 集群中为 Topology 启动多少个 Worker，通常有两种设置方法：

❑ 在配置文件中通过配置项 TOPOLOGY_WORKERS 设置。

❑ 在代码中，通过函数 Config#setNumWorkers 设置。

2）Executor 线程的并发度，即每类组件（Spout 或 Bolt）启动的 Executor 数目，可通过函数 TopologyBuilder#setSpout() 和 TopologyBuilder#setBolt() 分别设置 Spout 和 Bolt 类型的 Executor 的数目。

3）Task 数目，即每类组件（Spout 或 Bolt）启动的 Task 数目，可通过函数 ComponentConfigurationDeclarer#setNumTasks() 设置。

以下代码创建了一个 Storm Topology，包含 KafkaSpout、SplitBolt 以及 MergeBolt 三类组件，并为每类组件设置了 Executor 和 Task 数目，该代码对应的 Topology 运行时环境如图 13-6 所示。

```
Config conf = new Config();
conf.setNumWorkers(2); // 使用 2 个 Worker 进程

topologyBuilder.setSpout("kafka-spout", new KafkaSpout(), 2); // 为 KafkaSpout 启动 2 个 Executor 线程

topologyBuilder.setBolt("split-bolt", new SplitBolt(), 2) // 为 SplitBolt 启动 2 个 Executor 线程
        .setNumTasks(4) // 设置 Task 数目为 4
        .shuffleGrouping("kafka-spout");

topologyBuilder.setBolt("merge-bolt", new MergeBolt(), 6) // 为 MergeBolt 启动 6 个 Executor 线程
        .shuffleGrouping("split-bolt");

StormSubmitter.submitTopology(
```

```
    "mytopology",
    conf,
    topologyBuilder.createTopology()
);
```

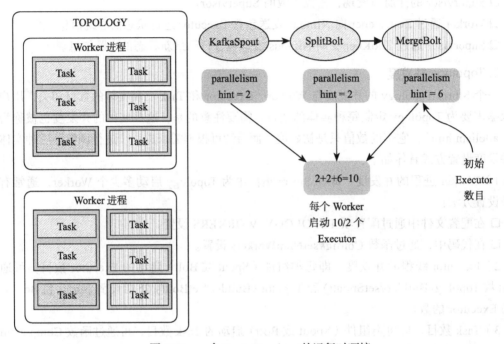

图 13-6　一个 Storm Topology 的运行时环境

一旦 Topology 运行起来后，用户可通过 Web UI 或 Shell 命令动态修改 Topology 的并发度，比如以下 Shell 命令将以上 Topology 的 Worker 数目增大为 4，kafka-spout Executor 数目增大为 4，merge-bolt Executor 数目增大为 8：

```
storm rebalance mytopology -n 4 -e kafka-spout=4 -e merge-bolt=8
```

13.2.2　Storm 程序设计实例

本节将介绍简化版的 Storm 程序设计实例：网站指标实时分析系统。在该系统中，用户行为数据（日志）被源源不断地发送到 Kafka 集群中，之后经 Storm Topology 处理后，写入 HBase 中，以供可视化模块展示实时统计系统，包括网站的 PV（Page View）和 UV（Unique visitor）等信息。

在该系统中，我们采用 JSON 格式保存用户访问日志，每条日志包含三个字段，分别是客户端地址（ip）、访问时间（timestamp）、访问的链接（url），以下是几条日志数据的示例：

```
{"ip":"10.10.10.1","timestamp":"20170822132730","url":"http://dongxicheng.org/
mapreduce-nextgen/voidbox-docker-on-hadoop-hulu"}
```

```
{"ip":"112.156.10.1","timestamp":"20170822132730","url":"http://dongxicheng.org/
framework-on-yarn/hadoop-spark-common-parameters/"}
    {"ip":"150.110.103.5","timestamp":"20170822132732","url":"http://dongxicheng.
org/mapreduce-nextgen/yarn-mesos-borg/"}
```

为了实现网站指标的实时统计，我们可以设计如图 13-7 所示的 Storm Topology。

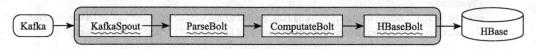

图 13-7　网站指标实时分析系统的 Storm Topology

该 Topology 包含 1 个 Spout 和 3 个 Bolt，它们的作用如下：

❑ **KafkaSpout**：从指定的 Kafka Topic 中读取数据，并以 Tuple 形式传递给后面的 Spout。
❑ **ParseBolt**：解析 JSON 数据，并提出 ip、timestamp 和 url 三个字段。
❑ **ComputateBolt**：以固定时间窗口为单位计算各个 URL 访问的 PV 和 UV。
❑ **HBaseBolt**：将计算得到的 PV 和 UV 值存入 HBase 中。

创建 Topology 主要代码如下：

```
TopologyBuilder builder = new TopologyBuilder();
...
// 定义时间窗口大小
BaseWindowedBolt.Duration duration = BaseWindowedBolt.Duration.minutes(10);
// 构建 Topology，依次设置 KafkaSpout、ParseBolt、CalculateBolt 和 CalculateBolt
builder.setSpout("kafka-spout", new KafkaSpout(spoutconf), 1);
builder.setBolt( "parse-bolt", new ParseBolt(),
4).shuffleGrouping("kafka-spout");
builder.setBolt( "calculate-bolt", new CalculateBolt().withWindow(duration,
duration), 1).shuffleGrouping("parse-bolt");
builder.setBolt( "hbase-bolt", new HBaseBolt(),
1).shuffleGrouping("calculate-bolt");
// 提交 Topology
StormSubmitter.submitTopology("StatisticsTopology", conf, builder.
createTopology());
```

ParseBolt 主要代码如下：

```
public class ParseBolt extends BaseBasicBolt {
    @Override
    public void prepare(Map map, TopologyContext topologyContext) {
    }

    @Override
    public void execute(Tuple tuple, BasicOutputCollector collector) {
        byte[] buffer = (byte[]) tuple.getValueByField("bytes");
        String strs = new String(buffer);
        // 从每个 Json 对象中解析出 ip,url 和 timestamp 三个属性
        JSONObject json = JSON.parseObject(strs);
```

```java
        String ip = (String) json.get("ip");
        String url = (String) json.get("url");
        String timestamp = (String) json.get("timestamp");
        collector.emit(new Values(url, ip, timestamp));
    }

    @Override
    public void declareOutputFields(OutputFieldsDeclarer outputFieldsDeclarer) {
        outputFieldsDeclarer.declare(new Fields("url", "ip", "timestamp"));
    }
}
```

CalculateBolt 主要代码如下：

```java
public class CalculateBolt extends BaseWindowedBolt {
    private OutputCollector collector;
    private Map<String, Metrics> results = new HashMap<String, Metrics>();

    @Override
    public void prepare(Map stormConf, TopologyContext context, OutputCollector collector) {
        this.collector = collector;
    }

    @Override
    public void execute(TupleWindow inputWindow) {
        if(inputWindow.get().isEmpty()) return;
        results.clear();
        String timestamp = inputWindow.get().get(0).getStringByField("timestamp");
        // 以时间窗口为单位，计算用户访问 PV 和 UV
        for(Tuple tuple: inputWindow.get()) {
            String url = tuple.getStringByField("url");
            String ip = tuple.getStringByField("ip");
            Metrics result = results.get(url);
            if(result == null) {
                result = Metrics.make(0, new HashSet<Integer>());
            }
            result.setPv(result.getPv() + 1);
            result.getUv().add(ipv4ToInt(ip));
        }
        // 将该时间窗口内用户访问的 PV 和 UV 发送到后端
        for(Map.Entry<String, Metrics> kv: results.entrySet()) {
            collector.emit(new Values(kv.getKey(), timestamp,
                kv.getValue().getPv(), kv.getValue().getUv()));
        }
    }

    @Override
    public void declareOutputFields(OutputFieldsDeclarer outputFieldsDeclarer) {
        outputFieldsDeclarer.declare(new Fields("url", "timestamp", "pv", "uv"));
    }
}
```

HBaseBolt 主要代码如下：

```java
public class HBaseBolt extends BaseBasicBolt {
    ...
    @Override
    public void execute(Tuple input, BasicOutputCollector collector) {
        String url = input.getStringByField("url");
        int pv = input.getIntegerByField("pv");
        int uv = input.getIntegerByField("uv");
        String timestamp = input.getStringByField("timestamp");
        Table table = null;
        try {
            // 将用户访问的 PV 和 UV 写入 HBase 中
            StringBuilder rowkey = new StringBuilder(url).append(":").append(timestamp);
            Put put = new Put(Bytes.toBytes(rowkey.toString()));
            put.addColumn(Bytes.toBytes("info"), Bytes.toBytes("pv"), Bytes.toBytes(pv));
            put.addColumn(Bytes.toBytes("info"), Bytes.toBytes("uv"), Bytes.toBytes(uv));
            table.put(put);
        } catch (IOException e) {
            throw new FailedException(e);
        } finally {
            try {
                table.close();
            } catch(IOException e) {
                e.printStackTrace();
            }
        }
    }
    ...
}
```

13.2.3 Storm 内部原理

Storm Topology 是由一个 Spout 和多个 Blot 构成的，每个 Spout 或 Blot 可通过任务并行化的方式运行在集群中。为了保证 Topology 可靠地运行在集群中，Storm 提供了一整套分布式运行时环境，该环境由 Nimbus、Supervisor 和 ZooKeeper 等组件构成。本节将分别从 Topology 和运行时环境两方面深入介绍 Storm 内部原理。

1. Topology 生命周期

如图 13-8 所示，可类比 MapReduce Job 学习 Storm Topology：MapReduce Job 分为 Map 和 Reduce 两个阶段，这两个阶段均通过任务并行化的方式运行，其中 Map 阶段启动多个 Map Task，Reduce 阶段启动多个 Reduce Task，Reduce Task 依赖于 Map Task 输出结果，但同类 Task 之间是彼此独立的，对于 Storm Topology 而言，它通常由一个 Spout 阶段和多个 Blot 阶段构成，这些阶段存在数据依赖关系，进而形成一个 DAG，它们也是通过任务并行化的方式运行，且各个阶段均可以启动多个独立的 Task 并行执行。

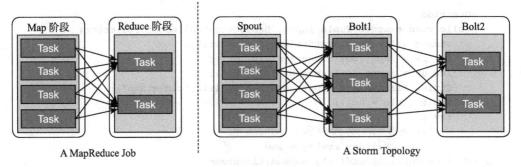

图 13-8　MapReduce 与 Storm 对比

如图 13-9 所示，Storm Topology 从提交到运行，依次经历以下几个步骤：

1）Storm 首先将 Topology JAR 包上传到 Nimbus 所在节点上，之后通过 RPC 函数将 Topology 提交给 Nimbus。

2）Nimbus 收到用户的 Topology 后，根据其配置信息初始化 Spout Task 和 Bolt Task，之后按照各节点资源（slot）使用情况将任务调度到各个节点上，并将分配结果写入 ZooKeeper 对应目录下。需要注意的是，Numbus 不会直接与 Supervisor 交互，而是通过 ZooKeeper 协调完成的。

3）Supervisor 周期性与 ZooKeeper 通信，获取 Numbus 分配的任务，之后启动 Worker 进程，并进一步将任务运行在 Executor 线程中。

4）Worker 周期性将运行状态写到 ZooKeeper 上，Supervisor 周期性将 Executor 的运行状态写到 ZooKeeper 上，而 Nimbus 则通过 ZooKeeper 监控各个组件健康状态，一旦发现某个组件出现故障则将其转移到其他节点上。

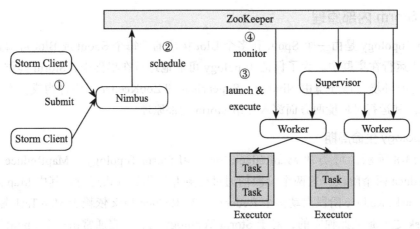

图 13-9　一个 Storm Topology 的运行过程

2. Storm 运行时环境

一个 Storm 集群由 Nimbus、Supervisor 和 ZooKeeper 三类组件构成，其中 Nimbus 负责任务调度和容错，Supervisor 负责启动实际的计算任务，而 ZooKeeper 是 Nimbus 和 Supervisor 之间的协调者。

（1）Nimbus

Nimbus 扮演 master 角色，每个 Storm 集群只有一个，基本职责包括：

1）处理来自客户端的请求，包括提交 Topology，杀死 Topology，调整 Topology 并发度等；

2）任务调度，Nimbus 内部的任务调度器是插拔式的，用户可根据自己需要修改调度器。默认情况下，Nimbus 调度器采用的调度策略如下：

- 在 slot 充足的情况下，能够保证所有 Topology 的 Task 被均匀地分配到整个集群的所有节点上。
- 在 slot 不足的情况下，会把 Topology 的所有的 Task 分配到仅有的 slot 上去，这时候并不是用户期望的理想状态，所以在 Nimbus 发现有多余 slot 的时候，它会重新将 Topology 的 Task 分配到空余的 slot 上去以达到理想状态。
- 在没有 slot 的时候，它什么也不做，直到集群中出现可用 slot。

3）组件容错：当 Worker、Executor 或 Task 出现故障时，Nimbus 调度器会重启它们，或直接转移到新的节点上重新运行。

（2）ZooKeeper

ZooKeeper 是 Nimbus 和 Supervisor 之间的协调者，它的引入使得 Nimbus 和 Supervisor 之间解耦，由于 Storm 集群中所有状态均可靠地保存在 ZooKeeper 上，这使得 Nimbus 自身变成无状态，以上设计使得 Storm 集群的容错性和鲁棒性很好。

在 Storm 中，ZooKeeper 数据组织方式如图 13-10 所示。

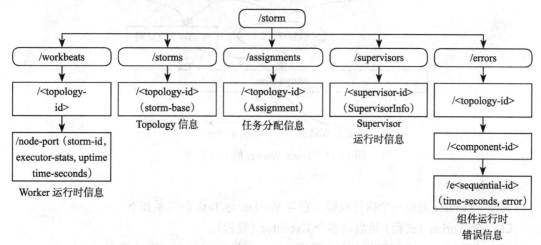

图 13-10　Storm 在 ZooKeeper 上的数据组织方式

(3) Supervisor

Supervisor 扮演 slave 角色，每个 Storm 集群可以有多个，主要职责包括：

- 监听 Nimbus 任务分配，启动分配到 Worker。Supervisor 上最多启动的 Worker 数目是由用户在配置文件中静态设置的，每个 Worker 对应一个 Slot。
- 监控 Worker，重启状态不正常的 Worker，重启超过一定次数后，将对应的任务交还给 Nimbus 进行再次分配。

(4) Worker

Worker 主要职责是完成 Topology 中定义的业务逻辑，实际执行 Topology 进程。如图 13-11 所示，Worker 工作流程如下：

1）从 ZooKeeper 中获取 Topology 的组件分配（assignment）变化，创建或移除 Worker 到 Worker 的网络连接通道。

2）创建 Executor 的输入队列 receive-queue-map 和输出队列 transfer-queue。

3）创建 Worker 的接收线程 receive-thread 和发送线程 transfer-thread。

4）根据组件分配关系创建 Executor 线程。

5）在 Executor 线程中执行具体的 Task（Spout 或 Blot）。

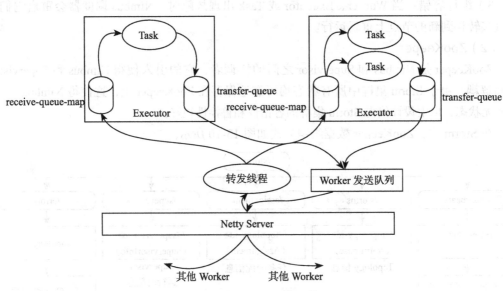

图 13-11　Storm Worker 的工作原理

(5) Executor

每个 Executor 对应一个执行线程，它与 Worker 与 Task 的关系如下：

- 一个 Worker（进程）可启动多个 Executor（线程）。
- 一个 Executor 内部可包含多个同类（Spout 或 Blot）Task（默认只有一个），Executor

收到新的 Tuple 后，根据 Tuple 定义，调用对应的一个或多个 Task 执行逻辑。

3. Storm 可靠性实现

可靠性是流式系统必须具备的特性之一。流式系统应保证消息从产生，到各个计算模块，能够完整的经历整个过程，不应该因软件或硬件故障导致消息处理不完全。

Storm 采用了独特的基于 acker 框架的可靠性机制，这是它区别于其他流式系统的关键技术之一，其优势在于，Storm 不需要为每个消息保存整棵消息树，单个消息只需要约 20 个字节进行追踪即可知道是否被完整处理完。Storm acker 基本原理如下：

- 为每个 Spout Tuple 保存一个 64 位校验值，初始值为 0。
- 每当 Bolt 发射或接收一个 Tuple，该 Tuple 的 ID（每个 Tuple 均对应一个唯一的 64 位 ID）跟这个校验值进行异或操作。
- 如果每个 Tuple 都成功处理完了，则校验值变为 0，这意味着一个 Tuple 被完整处理完毕。

如图 13-12 所示，该 Storm Topology 由一个 Spout 和两个 Bolt 构成，Spout 产生了一个 ID 为 "0011"（二进制表示，为了简化说明，这里只使用了 4 个比特位）的 tuple1，之后 Storm 追踪 tuple1 是否被完整处理的流程如下：

1）Spout 将 tuple1 的 ID 发送给 acker（每个 Topology 可以启动一个或多个），acker 收到后，记录 tuple1 的 ack-val 为 0011，同时，spout 将 tuple1 发送给 bolt1。

2）bolt1 收到 tuple1 后，经过一系列处理后，产生一个新的 ID 为 0100 的 Tuple：tuple2，并将 tuple1 ID 和 tuple2 ID 的异或值发送给 acker，而 acker 收到后，与当前 ack-val 求异或值（0011 xor（0011 xor 0100）=0100），同时，bolt1 将 tuple2 发送给 bolt2。

3）bolt2 收到 tuple2 后，经过一系列处理后结束执行（没有再产生新的 Tuple），并将收到的 tuple2 的 ID 送给 acker，而 acker 收到后，与当前 ack-val 求异或值（0100 xor 0100=0），此时 ack-val 变为 0，意味着 spout tuple1 被完整的处理完了。

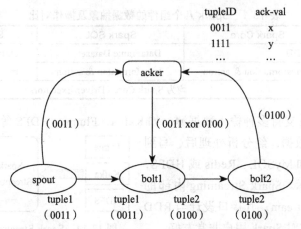

图 13-12　Storm 中基于 acker 框架的可靠性实现原理

如果一条消息在一定时间内未处理完（即校验值仍为非 0 值），则 Storm 认为该消息丢失或者未处理完整，则由 acker 通知 Spout 重新发送数据。正是由于消息可能会被 Spout 发出多次，因而 Storm 实现了 "at least once" 一致性语义。

13.3 Spark Streaming 基础与实战

13.3.1 概念与架构

Spark Streaming 是 Spark 生态系统中的重要组成部分，在实现上复用了 Spark 计算引擎。如图 13-13 所示，其核心思想是把流式处理转化为"微批处理"，即以时间为单位切分数据流，每个切片内的数据对应一个 RDD，进而可以采用 Spark 引擎进行快速计算。正是由于 Spark Streaming 采用了微批处理方式，因此只能将其作为近实时处理系统，而不是严格意义上的实时流式处理系统。

图 13-13　Spark Streaming 工作原理

Spark Streaming 对流式数据做了进一步抽象。它将流式数据批处理化，每一批数据被抽象成 RDD，这样，流式数据变成了流式的 RDD 序列，这便是 DStream。与 RDD 类似，Spark Streaming 也在 DStream 上定义了一系列操作，这些操作分为两类：transformation 和 output，其中一个 transformation 操作能够将一个 DStream 变换为另一个 DStream，而 output 操作可产生一个或一组结果，并将其输出到指定的外部存储系统中。

表 13-1 所示对 Spark 几个组件的数据抽象及操作进行了对比。

表 13-1　Spark 几个组件的数据抽象及操作对比

	Spark Core	Spark SQL	Spark Streaming
数据抽象	RDD	DataFrame Dataset	DStream
数据操作	transformation & action	transformation & action	transformation & output
底层计算引擎	均为 Spark Core（Driver/Executors）		

Spark Streaming 支持多种输入数据源，如 Kafka、Flume、HDFS 等，它可以不断地从这些数据源中读取数据，经分析处理后，写到存储系统中，比如 MySQL、Redis 或 HDFS，具体如图 13-14 所示。Spark Streaming 内部的数据表示形式为 DStream，其接口设计与 RDD 非常相似，这使得它对 Spark 用户非常友好。

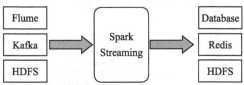

图 13-14　Spark Streaming 输入输出数据源

13.3.2 程序设计基础

与 Spark 程序的入口点 SparkContext 类似，每一个 Spark Streaming 程序也有一个入口点 StreamingContext，它封装了运行环境的上下文信息，包括调度器、流式控制逻辑等，它的创建方法如下：

```
import org.apache.spark._
import org.apache.spark.streaming._
……
// 创建 SparkConf，设置 Spark Streaming 作业配置信息，包括名称，运行模式
val conf = new SparkConf().setAppName(appName).setMaster(master)
// Seconds(1) 表示批处理间隔，用户可根据应用的数据处理延迟自行设置
val ssc = new StreamingContext(conf, Seconds(1))
```

每个 StreamingContext 均是由一个 SparkConf 对象创建而来的，SparkConf 中包含了应用程序名称（appName），运行模式（master）等信息，关于它的创建方式和参数值含义，读者可参考"11.2.3 Spark 编程接口"。

一旦 StreamingContext 创建好后，接下来可按照以下流程编写 Spark Streaming 程序：

1）设置对应的数据源，并创建 DStream 与其交互。

2）实现核心计算逻辑：调用作用在 DStream 之上的 transformation 与 output API，实现实时数据处理逻辑。

3）启动程序：调用 StreamingContext.start() 函数，启动 Spark Streaming 程序。

4）等待程序结束：调度 StreamingContext.awaitTermination() 等待程序结束（认为退出或程序错误退出）。

1. 数据源

Spark Streaming 输入数据源分为两类，基础数据源和高级数据源：

❑ 基础数据源：StreamingContext API 原生支持，包括文件系统 API，socket 以及 actor 等。

❑ 高级数据源：需要引入特别的依赖包才可使用，比如 Kafka，Flume 等。

需要注意的是，Spark Streaming 应用是以长服务的方式运行的，它不会退出执行除非用户显式杀掉。为了不断从输入数据源中获取数据，Spark Streaming 可能会启动多个被称为"receiver"的任务，这些任务跟其他计算任务类似，会占用一个 core，但它们会一直常驻内存，直到程序被动（用户显式杀掉或者程序异常）退出。

如何设置 Spark Streaming 应用程序的 core 数目？ Spark Streaming 在每次批处理的并发执行任务数目是由 Executor 数目以及每个 Executor 中 core 数目决定的，core 的总数必须大于 receiver 任务的数目，否则正常的计算任务将无法获得资源，这意味着，如果 Spark Streaming 程序运行在本地，不能将其运行模式设置为"local"或"local[1]"。

下面介绍两个常用的 Spark Streaming 输入数据源：文件系统和 Kafka。

(1) 文件系统

文件系统数据源可以是任意 HDFS API 兼容的文件系统，包括本地文件，HDFS，S3 和 NFS 等，其接口定义形式为：

```
streamingContext.fileStream[KeyClass, ValueClass, InputFormatClass](dataDirectory)
```

其中，KeyClass 和 ValueClass 分别对应 InputFormat 类[⊖]InputFormatClass 的两个模板参数，即 key 和 value 的数据类型，dataDirectory 为输入数据所在的目录。该 API 对输入目录有以下几个要求：

- 该目录下所有文件必须是相同数据格式，即 InputFormatClass 对应的数据格式，比如 TextFileInputFormat，SequenceFileInputFormat 等。
- 文件必须通过原子操作产生，即通过 rename 或者 move 操作，从其他目录中搬移过来。
- 一旦文件写到该目录下后，不能再继续修改。

【举例】日志收集系统会每隔 10 分钟产生一个以时间戳命名的 sequenceFile 格式的文件，并写到目录 /data/flume 下，每个文件中的内容是通过 HDFS append 接口写入的，如果要流式读取新产生的文件，可以采用以下方式：

1）每当一个新文件（比如"flume_1475808605371.seq"）产生后，调用 HDFS rename 接口，将其转移到 /data/input 目录下：

```
val fs = FileSystem.get(conf)
fs.rename(new Path("/data/flume/flume_1475808605371.seq"), new Path("/data/input/flume_1475808605371.seq"))
```

2）调用 StreamingContext 的 fileSystem 接口，读取新产生的文件：

```
...
val stream: streamingContext.fileStream[String, String, SequenceFileInputFormat]("/data/input")
...
```

(2) Kafka

Spark streaming 提供了两种从 Kafka 中读取数据的方法：基于 Receiver 和 Direct（无 Receiver）方法，这两种方法具有不同的编程模型、性能特征和一致性语义保证。

1）基于 Receiver 的方法：该方法会启动若干个 Receiver 从 Kafka 中读取数据，并将数据缓存到 Executor 中，之后 Spark Streaming 应用程序异步启动作业处理这些数据（先读取再异步处理）。

默认情况下，当 Executor 因故障失败时，该方法可能会导致数据丢失。为此，用户需额外启动 WAL（Write Ahead Log），这会同步地将数据写到分布式文件系统（比如 HDFS）

⊖ InputFormat 是 Hadoop MapReduce 的组件，用于将输入目录解析成若干可并行处理的 Input Split，并进一步将每个 Split 解析成一系列 <key, value>，具体可参考 10.2.2 MapReduce 编程组件小节。

中，从而可以从故障中恢复数据。

基于 Receiver 的方法是采用 High-level Kafka API 实现的，编程接口非常简洁，具体如下（Spark Streaming 提供了多个 API，这只是其一）：

```
import org.apache.spark.streaming.kafka._

val kafkaStream = KafkaUtils.createStream(streamingContext,
    zkQuorum, groupId, topics, storageLevel)
```

各参数含义如下：

- streamingContext：实例化的 StreamingContext 对象。
- zkQuorum：String 类型，Kafka ZooKeeper 地址，Spark Streaming 要从该 ZooKeeper 上获取 Kafka Broker 地址，并读取数据，同时也会将读取的最新 offset 写到该 ZooKeeper 上。
- topics：Map[String，Int] 类型，每个 Kafka Topic 启动的 Receiver 数目。
- storageLevel：StorageLevel 类型，Receiver 读取后的数据存储级别，默认是 StorageLevel.MEMORY_AND_DISK_SER_2，即优先将数据序列化后放入内存，如果内存放不下则放到磁盘中，且每份数据存放 2 份（存储到两个不同 Executor 中）。

2）Direct 方法，顾名思义，不通过 Receiver 而是直接读取 Kafka 中数据进行处理（边读取边处理，不需要缓存数据），该方法通过 Kafka low-level API 读取指定 offset 范围的数据，相比于基于 Receiver 的方法，该方法具有以下几个优点：

- 简单易用：无需额外操作即可完成并发读取 Kafka 数据（而 Receiver 方式需要采用 union 算子将多个并发流合并在一起），且读取 Kafka Topic 中数据的任务数目与 Topic 中 Partition 数目是一致的，这更容易让读者理解。
- 高效：数据从 Kafka 上读取到 Spark Streaming 程序中后，直接被处理，而无需再次缓存。
- exactly-once 语义：Kafka offset 信息直存储到 checkpoint 文件中，这样，即使任务失败，也不会导致数据重复消费。但需要注意的是，为实现 exactly-once 语义，写入 offset 的操作必须是幂等的。

Direct 方法是采用 Low-level Kafka API 实现的，它暴露给用户的编程接口非常简洁，具体如下（Spark Streaming 提供了多个 API，这只是其一）：

```
import org.apache.spark.streaming.kafka._

val directKafkaStream = KafkaUtils.
createDirectStream (ssc: StreamingContext, kafkaParams: Map[String, String],
topics: Set[String])
```

各参数含义如下：

- ssc：实例化的 StreamingContext 对象。

□ kafkaParams：Kakfa 相关参数，常用的有：metadata.broker.list：kafka broker 的列表，group.id：Spark Streaming 作为一个 kafka consumer 的唯一标识符。
□ topics：读取的 topic 列表。

2. transformation 操作

如表 13-1 所示，Spark Streaming 提供了丰富的 transformation API，这些 API 与同名的 RDD API 使用方式类似，但仍有较大区别：

□ 在 Spark Streaming 中，count() 和 reduce（func）属于 transformation API，而在 RDD 中，它们则属于 action API；
□ Spark Streaming 提供了 transform（func），这允许用户在程序中使用任意 RDD transformation API。

除此之外，Spark Streaming 提供了两个非常独特的 API：

（1）window 函数

这是一类面向时间窗口的函数，能够将由窗口长度较小的 RDD 组成的 DStream 合并成窗口长度较大的 RDD 组成的 DStream，如图 13-15 所示，原始的 DStream 中 RDD 窗口长度为 1 秒，可借助时间窗口函数，构成一个 RDD 窗口长度为 5 秒，滑动距离为 2 秒的 DStream。

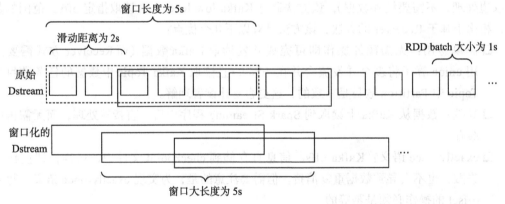

图 13-15　orignalDStream.window（Seconds（5），Seconds（2）工作原理示意图）

Spark Streaming 提供了一系列基于 window 的函数，包括 window，countByWindow，reduceByWindow，reduceByKeyAndWindow 等。

接下来介绍一个简单的 window 应用实例。在该实例中，我们将滑动统计热点搜索词，每隔 10 秒钟，统计最近 60 秒内搜索词的搜索频次，并打印出排名最靠前的 10 个搜索词以及出现次数。

```
// ssc: StreamingContext 对象 ,kafkaParams: kafka 配置信息 ,topics: 要读取的 topic 列表
val kafkaStream = KafkaUtils
```

```
    .createDirectStream[String, String, StringDecoder, StringDecoder](ssc,
kafkaParams, topics)
    val pairRdd = kafkaStream.flatMap(_.split(" ")).map(word => (word, 1))
    val totalWordCounts = pairRdd.reduceByKeyAndWindow((v1: Int, v2: Int) => v1 +
v2, Seconds(60), Seconds(10))
    // 使用 transform 从 Dstream 中还原出 RDD，并使用 RDD 的 transformation 进行计算
    val finalDStream = totalWordCounts.transform(wordCountsRDD => {
        val countWordsRDD = wordCountsRDD.map(tuple => (tuple._2, tuple._1)) // 互换
key 和 value
    .sortByKey(false) // 按照 (key) 降序排列
            .map(tuple => (tuple._2, tuple._1)) // 互换 key 和 value,key 为词,value 为频率
    .take(10) // 返回前 10 个
countWordsRDD // 返回由 10 个词组成的 RDD
    })
finalDStream.print()
ssc.start()
ssc.awaitTermination()
```

（2）mapWithState 函数

在流式计算中，常常要维护历史状态信息以便于进行数据检索或聚集，比如：

- 实时统计一个网站累计的独立 IP 个数，可能需要维护一个历史访问用户的 IP 库，该库可以存放在 MySQL 或 Redis 中。
- 实时分析用户行为，通常以会话（session）为数据组织单位，研究用户在一个会话中的一系列时序行为，比如打开网页（session 开始）→搜索商品→购买商品→退出网页（session 结束）。

在以上两个实例中，第二种实例需要维护的数据状态周期较短，由于一个 session 的有效期通常是小时级别的，所以只需要维护若干小时内的数据即可。为了简化这种较短生命周期的状态数据（比如 session 数据）的维护工作，Spark Streaming 引入了状态管理 API：mapWithState[⊖]，它借助分布式内存维护状态数据，并提供了状态更新与过期、错误恢复等功能简化用户开发工作。

mapWithState 是针对 PairDStream 的，即 DStream 中每个 RDD 中的元素均为 key/value 对，它的接口定义如下：

```
/* 按照 StateSpec 描述映射关系，修改每个 key 对应的状态信息。
   其中模板参数 K/V 表示输入数据中 key 和 value 的类型，SateType 是状态数据的类型，MappedType 为转
换后生成的数据类型。*/
def mapWithState[StateType, MappedType]
    (spec: StateSpec[K, V, StateType, MappedType])
): MapWithStateDStream[K, V, StateType, MappedType]

/* StateSpec 构造方法：传入一个 mappingFunction 即可，该函数接收一个 key/value 对，以及该
```

⊖ mapWithState 是从 spark 1.6.0 开始引入的，在此之前具有类似功能的 API 是 updateStateByKey，但它存在性能差、不支持数据超时等问题。

key 对应的状态数据，返回转换后的数据 */
```
    def function[KeyType, ValueType, StateType, MappedType](
        mappingFunction: (KeyType, Option[ValueType], State[StateType]) => MappedType
        ): StateSpec[KeyType, ValueType, StateType, MappedType]
```

接下来介绍一个简单的 mapWithState 应用实例。在该实例中，Spark Streaming 应用程序不断从 Kafka 中获取字符串，经分词后，计算每个词累计出现频率：

```
val mappingFunc = (word: String, one: Option[Int], state: State[Int]) => {
    val sum = one.getOrElse(0) + state.getOption.getOrElse(0) // 计算当前 Key 对应的所有值的和
    val output = (word, sum) // 转换后返回 key 以及对应的最新 value 值
        state.update(sum) // 更新状态，后面的计算会依赖于前面的状态
    output
}
// ssc: StreamingContext 对象, kafkaParams: kafka 配置信息, topics: 要读取的 topic 列表
val kafkaStream = KafkaUtils
    .createDirectStream[String, String, StringDecoder, StringDecoder](ssc,
kafkaParams, topics)
val pairRdd = kafkaStream.flatMap(_.split(" ")).map(word => (word, 1))

// 设置新的 RDD 分区数为 10,且数据有效期为 1 天,即如果一天内某个 key 没有更新,则被清除
val spec = StateSpec.function(mappingFunction).numPartitions(10).timeout(Minutes(720))

// 返回一个新的 key/value Dstream
val mapWithStateDStream = keyValueDStream.mapWithState[StateType, MappedType](spec)
......
```

需要注意的是，mapWithStates 要求程序必须开启 checkpoint 机制以实现错误恢复，具体参考 13.3.4 节。

表 13-2 汇总了 Spark Streaming 中常用的 transformation API。

表 13-2　Spark Streaming 常用 transformation API

API	功能
map(*func*)	将 DStream 中的元素，通过 func 函数逐一映射成另外一个值，形成一个新的 DStream
filter(*func*)	将 DStream 中使 func 函数返回 true 的元素过滤出来，形成一个新的 DStream
flapMap(*func*)	类似于 map 操作，但每个元素可映射成 0 到多个元素（func 函数应返回一个 Seq 而不是一个元素）
union(*otherStream*)	求两个 DStream（目标 DStream 与指定 DStream）的并集，并以 DStream 形式返回
reduceByKey(*func, [numTasks]*)	针对 key/value 类型的 DStream，将 key 相同的 value 聚集在一起，并对每组 value 按照函数 func 规约，产生新的 DStream（与目标 DStream 的 key/value 类型相同），可显式设置任务并发度 *[numTasks]*，
join(*otherStream, [numTasks]*)	针对 key/value 类型的 DStream，对 <K, V> 类型的 DStream 和 <K, W> 类型的 DStream 按照 key 进行等值连接，产生新的 (K, (V, W)) 类型的 DStream

(续)

API	功能
cogroup(*otherStream, [numTasks]*)	分组函数，对 <K, V> 类型的 DStream 和 <K, W> 类型的 DStream 按照 key 进行分组，产生新的（K,（Iterable<V>，Iterable<W>））类型的 DStream
repartition(*numPartitions*)	将目标 DStream 的 partition 数目重新调整为 numPartition 个
countByValue()	针对 key/value 类型的 DStream，统计每个 key 对应的 value 数目
transform(func)	通过操纵 DStream 内部的 RDD-to-RDD 变换返回一个新的 DStream，可用于在 DStream 中调用任意 RDD API
count()	返回一个新的 DStream，其中每个 RDD 仅包含一个元素（即元素数目）
reduce(func)	返回一个新的 DStream，其中每个 RDD 仅包含一个元素（即经函数 func 规约后的结果）
window()	面向时间窗口的函数，可以把由较小时间间隔内的 RDD 组成的 DStream 合并成较大时间间隔的 RDD 组成的 DStream
mapWithState(func)	根据 key 更新对应的 value 状态，进而返回一个状态被修改的 DStream，可用于维护 key 对应的任意历史状态

3. output 操作

output 操作能够将 DStream 中的数据输出到外部系统（比如文件系统或数据库）中，类似于 RDD 中的 action 操作，它会触发 transformation 函数的真正分布式执行。常用的 DStream output 操作如表 13-3 所示。

表 13-3　Spark Streaming 常用 output API

API	功能
Print	将 DStream 中每个 RDD 的前 10 个元素在 Driver 端打印出来，通常用作开发和调试
saveAsTextFiles(prefix, [suffix]) saveAsObjectFiles(prefix, [suffix]) saveAsHadoopFiles(prefix, [suffix])	将 DStream 中的数据以文本格式、SequenceFile 格式或其他指定的数据格式保存到文件系统中，每批数据（RDD）保存到名称为 "*prefix*-TIME_IN_MS[.*suffix*]" 的文件中
foreachRDD（func）	最通用的 output 操作，DStream 中的每个 RDD 被作用在用户自定的函数 func 上。func 函数一般将数据存入外部系统，比如写入文件系统，或通过网络写入数据库

foreachRDD 是 Spark Streaming 中最常用的 output API，其使用模板如下：

```
val dStream = …… // 产生一个 Dstream
    dStream.foreachRDD(rdd => {
        rdd.foreachPartition(partitionOfRecords => {
…… // 初始化，比如获取数据库句柄等
            partitionOfRecords.foreach(pair => {
                try {
…… // 你的代码逻辑
                } catch { // 捕获处理异常，防止单条数据处理出现问题导致整个应用程序崩溃
                    case e: Exception => println("error:" + e)
                }
            })
        })
    })
```

13.3.3 编程实例详解

本节将介绍通用流式计算架构"Kafka+Spark Streaming+Redis",并在此基础上介绍经典应用案例"用户手机 APP 行为分析系统"。

1. Kafka + Spark Streaming + Redis 架构

如图 13-16 所示,"Kafka+Spark Streaming+Redis"是一种经典的大数据流式计算架构,可用于实时用户行为分析、实时推荐等领域,它的思想是将流式计算问题分解成 3 个模块:

1)**数据缓冲**:采用 Kafka 平衡数据采集速率与数据处理速率的不对等问题,考虑到 Kafka 是一个分布式的,支持多副本的消息队列,因而可用在数据量超大的应用场景中。

2)**实时分析**:采用 Spark Streaming 不断地从 Kafka 中拉取数据进行实时分析,数据分析过程中可能会检索历史数据(从 Redis 或其他存储系统中),对当前结果和历史数据合并后进一步写入后端的存储系统。

3)**结果存储**:将计算产生的结果存储到 Redis 中,以应对后端高并发查询。如果数据量较大,单机 Redis 实例无法满足存储和性能要求,则可使用 Redis Cluster 解决方案。

图 13-16 流式计算架构"Kafka+Spark Streaming+Reids"

2. 手机 APP 用户行为实时分析系统

手机 APP 用户行为实时分析系统的主要功能是实时收集用户在手机 APP 上的行为数据,并对这些数据实时计算(比如统计访问 APP 频率,APP 的加载延迟等),最后将结果保存起来,以便于展示。具体过程如下:

1)手机客户端会收集用户的行为事件,将数据发送到数据服务器,而数据服务器则进一步将数据发到 Kafka 消息队列中。

2)Spark Streaming 从 Kafka 中消费数据,将数据读出来并进行实时分析,分析内容包括 APP 访问时间和频率等指标性的数据。

3)Spark Streaming 将实时计算结果写入 Redis。

(1)数据服务器将数据写入 Kafka 消息队列

可直接使用 Kafka 自带的 Java API 实现。为了便于扩展,用户行为数据使用 JSON 格式保存,为了加速 JSON 数据的序列化和反序列效率,实例中采用了 Alibaba 开源的 fastjson,代码如下:

```
……
import com.alibaba.fastjson.JSON
……
val props = new Properties()
```

```scala
props.put("metadata.broker.list", "kafka-node:9092") // kafka broker 列表
props.put("serializer.class", "kafka.serializer.StringEncoder") // 序列化器
val kafkaConfig = new ProducerConfig(props)
val producer = new Producer[String, String](kafkaConfig)

while(true) {
    //准备数据,为了便于演示,数据是随机产生的
    val event = new JSONObject()
    event.put("uid", getUserID)
    event.put("event_time", System.currentTimeMillis.toString)
    event.put("os_type", "Android")
    event.put("click_count", click)

    // 写入消息数据
    producer.send(new KeyedMessage[String, String](topic, event.toString))
    println("Message sent: " + event)

    Thread.sleep(200)
}
```

(2) Spark Streaming 从 Kafka 中拉取数据, 处理后写入 Redis

Spark Streaming 从 Kafka 中拉取 JSON 格式的行为数据, 经处理后, 使用 Jedis API (Redis 的 Java 编程库) 将结果写入 Redis。具体代码实现如下:

```scala
...
val ssc = new StreamingContext(conf, Seconds(5))
    val kafkaParams = Map[String, String](
        "metadata.broker.list" -> "kafka-node:9092", // kafka broker 列表
        "serializer.class" -> "kafka.serializer.StringEncoder" // 序列化器
    )
    val topics = "click"
    val kafkaStream = KafkaUtils
        .createDirectStream[String, String, StringDecoder, StringDecoder](ssc, kafkaParams, topics)

    val events = kafkaStream.flatMap(line => {
        val data = JSON.parseObject(line._2) //经反序列化后,得到原始json对象
        Some(data)
    })

    // 计算点击频率:按照 uid,对点击次数进行聚集
    val userClicks = events.map(x => (x.getString("uid"), x.getLong("click_count")))).reduceByKey(_ + _)
    // 通过 foreachRDD 将每个 RDD 写入 Redis 存储引擎中
    userClicks.foreachRDD(rdd => {
        rdd.foreachPartition(partitionOfRecords => {
            val jedis = RedisClient.pool.getResource //每个 Parition 一个 redis 连接句柄
            partitionOfRecords.foreach(pair => {
                try {
                    val uid = pair._1
```

```
                val clickCount = pair._2
                jedis.hincrBy(clickHashKey, uid, clickCount) // 保存到 redis 中
                println(s"Update uid ${uid} to ${clickCount}.")
            } catch {
                case e: Exception => println("error:" + e)
            }
        })
        jedis.close() // 释放并回收 jedis 句柄，防止资源泄露
        })
    })

    ssc.start() // 启动 Spark Streaming 程序
    ssc.awaitTermination()
```

由于 Spark Streaming 程序最终被转换为 RDD 表示形式运行在分布式环境（由 Driver/Executor 构成）中，因此其提交方式与 Spark RDD 程序一致，具体请参考"11.4.3 应用程序提交"一节。

13.3.4　容错性讨论

Spark Streaming 的容错性体现在架构容错性和应用程序容错性两个方面，分别如下：

1. 架构容错性

前面提到过，Spark Streaming 主要思想是将流式计算批处理化，即最终仍然转化为 Spark 批处理作业运行在集群中。在 Spark 中，每个程序由 Driver 和 Executor 构成，它们的容错机制如下：

- **Driver 容错**：在 yarn-cluster 运行模式中，Driver 是由 YARN 启动的，一旦出现故障后，会由 ResourceManager 重新启动；在 yarn-client 运行模式中，Driver 运行在客户端，不具有容错性。
- **Executor 容错**：在 yarn-cluster 运行模式中，Executor 是由 ApplicationMaster 申请资源并启动，一旦出现故障后，会由 ApplicationMaster 重新申请资源并启动；在 yarn-client 运行模式中，Executor 容错机制与 yarn-cluster 模式类似。

2. 应用程序容错性

Spark Streaming 程序一旦出现故障导致失败，重新启动后可能导致数据丢失。为了解决以上问题，Spark Streaming 提供了两种状态恢复机制：checkpoint 和 offset management。

（1）checkpoint

允许用户将数据和状态定期保存到文件系统中，一旦重启后，可直接从文件系统中恢复。用户可通过 StreamingContext.checkpoint（checkpointDirectory）设置一个目录来启用状态恢复机制。该目录通常存储在一个容错的、可靠的分布式文件系统（比如 HDFS 或 S3）上。

```
val checkpointDirectory = "hdfs://namenode:8020/spark/streaming/checkpoint"
def createRecoverableContext(): StreamingContext = {
```

```
    val ssc = new StreamingContext(...)    // 创建一个 StreamingContext 对象
    val lines = ssc.socketTextStream(...)  // 创建 DStream
    ...
    ssc.checkpoint(checkpointDirectory)    // 设置 checkpoint 目录
    ssc
}

/* 从 checkpoint 目录中重构 StreamingContext 或（如果 checkpoint 目录为空）创建一个新的，该
StreamingContext 可从 Dirver 失败中恢复 */
val context = StreamingContext.getOrCreate(checkpointDirectory,
createRecoverableContext _)
...// 你的代码逻辑
```

checkpoint 会详尽记录程序的上下文信息，包括 RDD 及状态信息，这使得应用程序难以升级：一旦新版本的代码被修改加入了新的 RDD，则会导致应用程序启动后不能恢复之前的状态信息。

（2）offset management

是指将每次处理的 RDD 偏移量记录下来，一旦重启后，重新从未处理完的位置开始处理数据。这是一种轻量级的容错方法，开销小且兼容性好。采用这种方案的前提是 Spark Streaming 读取的数据必须来自一个可靠的缓存系统（比如 HDFS 或消息队列），只有这样，它才可能在故障恢复的时候重新读取数据。以 Kafka 为例，用户可通过以下方式获取每批 RDD 的 offset，并将其保存到可靠的存储系统中（比如 ZooKeeper）：

```
...
val ssc = new StreamingContext(conf, Seconds(2))
val topics = Set(topic)

val storedOffsets = readOffsets(topics)
val kafkaStream = storedOffsets match {
case None =>
// 上次未保存 offset，因此从最新的 offset 开始处理数据
KafkaUtils.createDirectStream[K, V, KD, VD](ssc, kafkaParams, topics)
case Some(fromOffsets) =>
// 从上一次保存的 offset 开始处理数据
val messageHandler = (mmd: MessageAndMetadata[K, V]) => (mmd.key, mmd.message)
KafkaUtils.createDirectStream[K, V, KD, VD, (K, V)](ssc, kafkaParams,
fromOffsets, messageHandler)
}

// 每次先保存 offset 再处理数据，可以保证 at least once delivery
val kafkaStream = kafkaStream.foreachRDD(rdd => offsetsStore.saveOffsets(topic,
rdd))
...
```

为了在程序发生故障时，能从断点恢复，需要保存以下信息，如图 13-17 所示。

❑ Topic 名称，在示例中，则为 "Topic T"。

❑ Topic 中每个 Partition 尚未处理的 offset 值（在示例中，则为 "0:8, 1:6, 2:7"，即每

个 Partition 的起始 offset 值)。

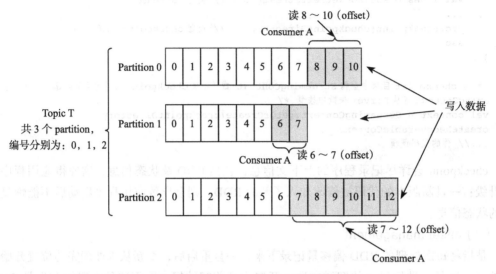

图 13-17　Kafka Topic 断点保存信息

其中，保存 offset 相关代码如下：

```
def saveOffsets(topic: String, rdd: RDD[_]): Unit = {
logger.info("Saving offsets to ZooKeeper")

val offsetsRanges = rdd.asInstanceOf[HasOffsetRanges].offsetRanges
offsetsRanges.foreach(offsetRange => logger.debug(s"Using ${offsetRange}"))

val offsetsRangesStr = offsetsRanges.map(offsetRange =>
s"${offsetRange.partition}:${offsetRange.fromOffset}").mkString(",")

logger.debug(s"Writing offsets to ZooKeeper: ${offsetsRangesStr}")
ZkUtils.updatePersistentPath(zkClient, zkPath, offsetsRangesStr)
}
```

读取 offset 代码如下：

```
def readOffsets(topic: String): Option[Map[TopicAndPartition, Long]] = {
logger.info("Reading offsets from ZooKeeper")
val (offsetsRangesStrOpt, _) = ZkUtils.readDataMaybeNull(zkClient, zkPath)

offsetsRangesStrOpt match {
case Some(offsetsRangesStr) =>
logger.debug(s"Read offset ranges: ${offsetsRangesStr}")
val offsets = offsetsRangesStr.split(",")
.map(s => s.split(":"))
.map { case Array(partitionStr, offsetStr) => (TopicAndPartition(topic,
partitionStr.toInt) -> offsetStr.toLong) }
.toMap
```

```
                Some(offsets) // 返回上次保存的 offset
        case None =>
            logger.info("No offsets found in ZooKeeper. Took " + stopwatch)
            None // 返回空
    }
}
```

13.4 流式计算引擎对比

13.2 和 13.3 两节介绍了两种流式计算引擎：基于行的 Storm 和基于微批处理的 Spark Streaming。本节将从编程模型、一致性语义、编程语言、吞吐率与延迟等方面进行对比。

1. 编程模型

Storm 采用了 Tuple 数据模型，并在此基础上实现了 Spout/Bolt 编程模型，用户可实现任意多个的 Bolt 完成计算。Spark Streaming 则构建在 Spark core 之上，将流式数据进一步抽象成 DStream，允许用户重用 RDD API 的同时引入了更丰富的编程接口，比如窗口函数、状态管理函数等。相比于 Storm，Spark Streaming 编程模型的灵活性更高，用户编写程序更加简便。

2. 一致性语义

一致性语义是指相同数据被传递或处理的次数，它可划分为以下三种：

- at most once：即至多被处理一次，这意味着数据可能有丢失，一般不会在生产环境中使用。
- at least once：即至少被处理一次，这意味着数据可能被处理多次，这是最常用的一致性语义，其实现开销最小，但用户需要在业务逻辑层处理好重复数据。
- exactly once：即正好被处理一次，这是最理想的情况，但由于真实环境中服务故障、网络超时等问题的存在，实现一个通用的支持"exactly once"的系统是非常困难的。

在 13.2.3 节中已经谈到，Storm 基于 acker 框架实现了"at least once"一致性语义；而 Spark Streaming 采用了批处理方式处理数据，在不考虑失败重试和推测执行情况下，能够实现"exactly once"一致性语义。但由于实际生产环境中，总存在故障重试问题，所以"Kafka + Spark Streaming"架构本身无法保证"exactly once"，不过，用户可在实现逻辑中保证函数具有幂等性来达到这一目标，对于一个函数，针对相同输入，如果它被调用任意次产生的结果是一样的，则认为它具有幂等性，比如：

以下函数则不具有幂等性：

```
def f(row: Array[Int]) {
    result += 1 // result 是一个全局统计值
```

......
}
```

但以下函数具有幂等性：

```
def f(row: (Long, Array[Int])) {
if(existed(row._1)) return; // 如果该数据已经被处理过 (row._1 是唯一标示)，则不再处理
result += 1 // result 是一个全局统计值
......
}
```

3. 编程语言

Storm 借助 Thrift 能够很容易地支持主流语言的程序设计，包括 Java、Python、C++、PHP 等，而 Spark Streaming 目前仅支持 Scala、Java、Python 和 R 四种语言。

4. 吞吐率与延迟

吞吐率和延迟是一对此消彼长的指标，一般而言，一个系统具有很高的吞吐率，则意味着它的数据处理延迟也很高，反之亦然。Storm 选择了低延迟作为首要目标，它能做到毫秒级延迟，但吞吐率很低，而 Spark Streaming 正好相反，它的吞吐率是 Storm 几倍甚至几十倍，但数据处理延迟最低只能做到秒级。

表 13-4 总结了 Storm 与 Spark Streaming 的异同。

表 13-4 Storm 与 Spark Streaming 的异同

	Storm	Spark Streaming
数据模型	Tuple	DStream
编程模型	Spout/Bolt	transformation/output
一致性语义	at least once	exactly once
编程语言	Java、Python、C++、PHP 等	Scala、Java、Python 和 R 四种语言
吞吐率与延迟	低吞吐率、低延迟	高吞吐率、高延迟

13.5 小结

流式实时计算是一种非常重要的计算类型，按照数据处理方式可分为两类：面向行（row-based）和面向微批处理（micro-batch），其中，面向行的流式实时计算引擎的代表是 Apache Storm，其典型特点是延迟低，但吞吐率也低；而面向微批处理的代表是 Spark Streaming，其典型特点是延迟高，但吞吐率也高。本章分别从概念、架构、编程及原理等几个方面介绍了 Storm 和 Spark Streaming。

13.6 本章问题

问题 1：在 Storm 中，哪个概念是线程级别的：Worker、Executor、Task？
```

问题 2：在 Storm 中，如何实现两个数据源的 Join？

问题 3：如何在手机 APP 用户行为实时分析系统中，用 MySQL 和 HBase 替换 Redis？

问题 4：尝试找出与下面功能相关的 Spark Streaming 配置参数，并按要求进行调整，并验证调整成功。

- 使用 Kafka Direct API 时，如何设置每个 Batch 读取的（指定 Topic 的）每个 Partition 数据条数
- 反压机制是 Spark Streaming 中防止输入的数据量过大导致无法及时处理而引入的，如何启用反压机制？

问题 5：针对"Kafka + Spark Streaming + HBase"架构，试回答以下问题：

- 在高峰期期间，数据量突然变大，HBase 写入速度太慢导致 Spark Streaming 消费 Kafka 速度过慢，该从哪些方面优化？
- 如果 Kafka 中保存的是用户行为数据，由于 Kafka 中 Topic 不能保证全局有序，请问，如何保证用户的行为是按照行为产生顺序处理的？（比如电子商务中，一个用户行为顺序可能是，页面登录→加入商品到购物车→在线支付）
- 该架构无法保证"exactly once"语义，只能保证"at least once"语义。请问：哪些情况下会导致数据被重复处理（提示：任务运行失败、机器故障、推测执行等）？用户该如何实现"exactly once"语义？

问题 6：程序设计题。

"Kafka + Spark Streaming + HBase"架构经常用于实时统计网站的 PV（page view，即访客的浏览量）和 UV（Unique View，即访客数）。假设某网站不断收集用户访问日志，并流式写入 Kafka 中，日志格式为 <timestamp><ip><url>，比如：

```
'2014-09-19 00:00:00', '192.168.1.1', 'home_page'
'2014-09-19 00:00:01', '192.168.1.2', 'list_page'
...
```

试编写 Spark Streaming 程序实现以下功能（保证结果是精确的，不能多算或少算）：

- 如何实时统计每个 url 的总 PV 以及每分钟 PV
- 如何实时统计该网站分钟、小时、天及周级别的 UV

第六部分 *Part 6*

数据分析篇

- 第 14 章 数据分析语言 HQL 与 SQL
- 第 15 章 大数据统一编程模型
- 第 16 章 大数据机器学习库

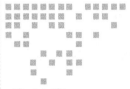

Chapter 14 第 14 章

数据分析语言 HQL 与 SQL

第 10 章、第 11 章介绍了几种常见的大数据批处理框架，包括 MapReduce 和 Spark 等，它们提供了高度抽象的编程接口便于用户编写分布式程序，它们具有极好的扩展性和容错性，能够处理超大规模的数据集。通过第 10 章、第 11 章的介绍我们知道，这些计算引擎提供了面向高级语言（比如 Java、Python 等）的编程接口，然而，考虑到分布式程序编写的复杂性，直接使用这些编程接口实现应用系统（比如报表系统）无疑会提高使用门槛，降低开发效率。考虑到 SQL 仍然是一种非常主流的数据分析语言，开源社区在分布式计算框架基础上构建了支持 SQL 的引擎，其中典型的代表是 MapReduce 之上的 Hive 以及 Spark 之上的 Spark SQL，这些数据分析引擎通常不支持标准 SQL，而是对 SQL 进行了选择性支持，并进行了适当扩展，其中最主流的数据分析语言为 HQL（Hive Query Language）。本章将从产生背景、基本架构、使用方式以及典型应用等几部分剖析这几个大数据处理引擎。

14.1 概述

14.1.1 背景

大数据计算引擎为大规模数据处理提供了解决方案，它们提供了高级编程语言（比如 Java、Python 等）编程接口，可让程序员很容易表达计算逻辑。但在大数据领域，仅提供对编程语言的支持是不够的，这会降低一些数据分析场景（比如报表系统）下的开发效率，也提高了使用门槛。为了让更多人使用这些大数据引擎分析数据，提高系统开发效率，大数据系统引入了对 SQL 的支持。SQL 作为一种主流的数据分析语言，仍广受数据分析师欢迎，主要原因如下：
- SQL 能够跟现有系统进行很好集成，跟现有的 JDBC/ODBC BI 系统兼容。
- 很多工程师习惯使用 SQL。
- 相比于 MapReduce 和 Spark 等，SQL 更容易表达。

需要注意的是，大数据 SQL 引擎通常不支持标准 SQL。大数据 SQL 主要是面向数据分析（另外一类是面向事务）的，支持绝大部分标准 SQL 语法，并进行了适当扩展。

为了让大家更高效地使用 MapReduce 和 Spark 等计算引擎，开源社区在计算引擎基础上构建了更高级的 SQL 引擎，其中典型的代表为 Hive 和 Spark SQL。Hive 提供的查询语言被称为"HQL"（Hive Query Language），该语言跟标准 SQL 语法极为相似，已经掌握 SQL 的工程师可以很容易学习 HQL；Spark SQL 提供的查询语言接近 HQL，但在个别语法上稍有不同。

14.1.2 SQL On Hadoop

如图 14-1 所示，目前构建在 Hadoop 之上的 SQL 引擎主要分为两类，基于计算引擎和基于 MPP 架构：
- **基于计算引擎**。这些 SQL 引擎是在计算引擎基础上构建的，其基本原理是将 SQL 语句翻译成分布式应用程序，之后运行在集群中。典型的代表有构建在 MapReduce 之上的 Hive 和构建在 Spark 之上的 Spark SQL。这类 SQL 引擎的特点是具有良好的扩展性和容错性，能够应对海量数据。
- **基于 MPP 架构**。这些 SQL 引擎是基于 MPP 架构构建的，其基本原理是将 SQL 翻译成可分布式执行的任务，采用 Volcano⊖ 风格的计算引擎并行处理这些任务，任务之间的数据流动和交换由专门的 Exchange 运算符完成。典型的代表有 Presto 和 Impala 等。这些 SQL 引擎具有良好的可扩展性，但容错性较差。

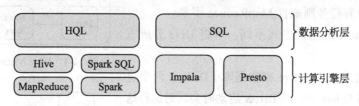

图 14-1 SQL On Hadoop 引擎

14.2 Hive 架构

Hive 是构建在分布式计算框架之上的 SQL 引擎，它重用了 Hadoop 中的分布式存储系

⊖ G. Graefe. Encapsulation of parallelism in the Volcano query processing system. In SIGMOD, 1990

统 HDFS/HBase 和分布式计算框架 MapReduce/Tez/Spark 等。Hive 是 Hadoop 生态系统中的重要部分，目前是应用最广泛的 SQL On Hadoop 解决方案。

14.2.1 Hive 基本架构

Hive 对外提供了三种访问方式，包括 Web UI、CLI（Client Line Interface）和 Thrift 协议（支持 JDBC/ODBC），而在 Hive 后端，主要由三个服务组件构成，如图 14-2 所示：

- **Driver（驱动器）**。与关系型数据库的查询引擎类似，Driver 实现了 SQL 解析，生成逻辑计划、物理计划、查询优化与执行等，它的输入是 SQL 语句，输出为一系列分布式执行程序（可以为 MapReduce、Tez 或 Spark 等）。
- **Metastore**。Hive Metastore 是管理和存储元信息的服务，它保存了数据库的基本信息以及数据表的定义等，为了能够可靠地保存这些元信息，Hive Metastore 一般将它们持久化到关系型数据库中，默认采用了嵌入式数据库 Derby，用户可根据需要启用其他数据库，比如 MySQL。
- **Hadoop**。Hive 依赖于 Hadoop，包括分布式文件系统 HDFS、分布式资源管理系统 YARN 以及分布式计算引擎 MapReduce，Hive 中的数据表对应的数据存放在 HDFS 上，计算资源由 YARN 分配，而计算任务则来自 MapReduce 引擎。

根据 Metastore 的运行方式不同，可将 Hive 分成三种部署模式：

- **嵌入式模式**：Metastore 和数据库（Derby）两个进程嵌入到 Driver 中，当 Driver 启动时会同时运行这两个进程，一般用于测试，具体如图 14-3 所示。
- **本地模式**：如图 14-4 所示，Driver 和 Metastore 运行在本地，而数据库（比如 MySQL）启动在一个共享节点上。
- **远程模式**：Metastore 运行在单独一个节点上，被其他所有服务共享。如图 14-5 所示，使用 Beeline，JDBC/ODBC，CLI 和 Thrift 等方式访

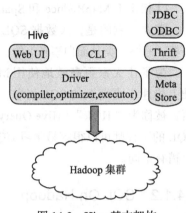

图 14-2　Hive 基本架构

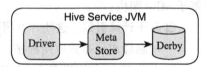

图 14-3　Hive Metastore 嵌入式模式

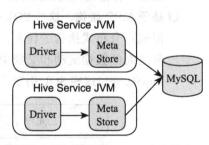

图 14-4　Hive Metastore 本地模式

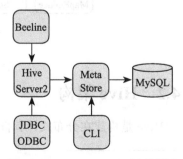

图 14-5　Hive Metastore 远程模式

问 Hive 时，则采用的是该模式。这是一种常用于生产环境下的部署模式。

Hive 是 Hadoop 生态系统中最早的 SQL 引擎，它的 Metastore 服务已经被越来越多的 SQL 引擎所支持，已经成为大数据系统的元信息标准存储仓库。前面提到的 Spark SQL、Impala 和 Presto 等引擎均可直接读取并处理 Hive Metastore 中的数据表，真正实现"一份数据多种引擎"的计算模式。

14.2.2 Hive 查询引擎

Hive 最初是构建在 MapReduce 计算引擎之上的，但随着越来越多的新型计算引擎的出现，Hive 也逐步支持其他更高效的 DAG 计算引擎，包括 Tez 和 Spark 等，如图 14-6 所示，用户可个性化指定每个 HQL 的执行引擎。

相比于 MapReduce 计算引擎，新型 DAG 计算引擎采用以下优化机制让 HQL 具有更高的执行性能。

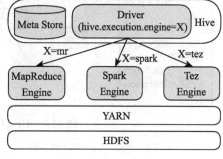

图 14-6 Hive 查询引擎

- 避免借助分布式文件系统交换数据而减少不必要的网络和磁盘 IO。
- 将重复使用的数据缓存到内存中以加速读取效率。
- 复用资源直到 HQL 运行结束（比如在 Spark，Executor 一旦启用后不会释放，直到所有任务运行完成）。

如图 14-7 所示，在 Hive 中运行以下 HQL，在该 HQL 中，3 个表进行连接操作，并按照 state 维度进行聚集操作：

```
SELECT a.state, COUNT(*), AVERAGE(c.price)
  FROM a
  JOIN b ON (a.id = b.id)
  JOIN c ON (a.itemid = c.itemid)
  GROUP BY a.state
```

- 如果采用 MapReduce 计算引擎，该 HQL 最终被转换成 4 个 MapReduce 作业，它们之间通过分布式文件系统 HDFS 交换数据，并最终由一个 MapReduce 作业将结果返回。在该计算过程中，中间结果要被前一个作业写入 HDFS（需要写三个副本），并由下一个作业从 HDFS 读取数据，并进一步处理。
- 如果采用类似 Tez 或 Spark 的 DAG 计算引擎，该 HQL 最终仅被转换成 1 个应用程序（得益于 DAG 引擎的通用性），该作业中不同算子的数据交换可直接通过本地磁盘或者网络进行，因而磁盘和网络 IO 开销较小，性能会更高。

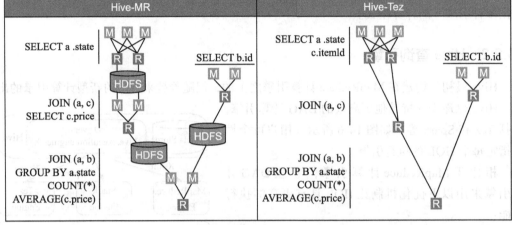

图 14-7　Hive On MR 与 Hive On Tez 原理对比

14.3　Spark SQL 架构

本节将介绍 Spark SQL 的软件架构，并与 Hive 查询引擎对比，在技术选型方面给出参考意见。

14.3.1　Spark SQL 基本架构

Spark SQL 是构建在分布式计算框架 Spark 之上的结构化数据处理引擎，它不仅支持类 HQL 查询语言，也提供了一套结构化编程接口 DataFrame/DataSet。它是一个异构化数据处理引擎，支持多种数据源，包括 HDFS（各种文件格式）、Hive、关系型数据库等，用户可以使用 Spark SQL 提供的类 HQL 语言和结构化编程结构处理这些数据源中的数据。

Spark SQL 基本架构如图 14-8 所示，主要由四层构成：

（1）用户接口层

Spark SQL 提供了两套访问接口：

❑ 类 HQL 语言

该语言兼容绝大部分 HQL 语法，支持 CLI、JDBC/ODBC 等访问方式。它可以与 Hive 无缝集成，直接存取 Hive Metastore 中的数据库和数据表。

❑ 结构化编程接口 DataFrame/DataSet

众所周知，SQL 表达能力是有限的，对于复杂的数据分析，比如机器学习算法实现，

SQL 很难胜任。为了解决 SQL 的缺点，Spark SQL 引入了一套结构化编程接口 DataFrame/DataSet，基于这套 API，用户可灵活控制自己的计算逻辑，目前是 Spark 生态系统中最重要的编程接口，而 Spark Streaming、MLLib 和 graphX 等系统均基于这套 API 实现自己的引擎和编程接口。

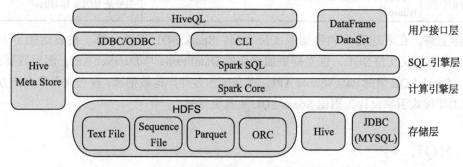

图 14-8　Spark SQL 基本架构

（2）SQL 引擎层

Spark SQL 引擎层主要职责是将 HQL 或 DataFrame/DataSet 程序编译成可分布式运行的程序，涉及生成逻辑计划、物理计划、查询优化与执行等。其最重要的组件是查询优化器 catalyst，确保生成最优化的分布式程序。

（3）计算引擎层

SQL 引擎层的输入是 HQL 或 DataFrame/DataSet 程序，而输出则是基于 RDD 模型的 Spark 分布式计算程序，这些程序会直接运行在 Spark 计算引擎层，对于这部分的介绍，具体可参考第 11 章。

（4）存储层

Spark SQL 另一个强大之处是对数据源进行了抽象，内置了对大量存储引擎的支持，包括 HDFS（支持各种数据存储格式，包括行式存储格式 Text 和 Sequence File，列式存储格式 Parquet 和 ORC 等）、Hive、各种关系型数据库等。用户也可以根据需要将特定数据存储引擎接入 Spark SQL，进而利用其强大而灵活的引擎进行数据分析。

14.3.2　Spark SQL 与 Hive 对比

Spark SQL 与 Hive 均支持类 SQL 语言，能够很方便地处理海量数据，但它们也有明显的区别，具体如表 14-1 所示。

表 14-1　Spark SQL 与 Hive 对比

	Spark SQL	Hive
查询语言	类 HQL 与 DataFrame/DataSet API	HQL
元信息存储	Hive Metastore（如果处理的数据来自三方存储引擎，比如 MySQL，则由对应引擎自己负责元信息存储）	Hive Metastore

	Spark SQL	Hive
查询引擎	将查询语言翻译成最高效的分布式 Spark 程序	将 HQL 翻译成对应的分布式程序
分布式计算引擎	Spark Core	MapReduce、Tez 或 Spark
分布式存储引擎	支持各种数据源，包括 HDFS、Hive、关系型数据库、HBase 等	主要是 HDFS 和 HBase

整体上讲，在表达能力和数据源支持方面，Spark SQL 更胜一筹。在表达能力方面，Spark SQL 不仅仅支持 SQL，也支持更加灵活的 DataFrame 与 DataSet API，而对数据源支持方面，Spark SQL 借助 data source API，适合操作多种异构数据源；在查询引擎支持方面，Hive 借助插拔式引擎设计，则比 Spark SQL 更具灵活性。

14.4 HQL

本节将介绍 HQL 的基本语法，并针对每种常见语法，给出具体应用实例。

14.4.1 HQL 基本语法

HQL 是 Hive 提供的数据查询语言，由于 Hive 巨大的影响力，HQL 已被越来越多的 Hive On Hadoop 系统所支持和兼容。HQL 语法非常类似于 SQL，目前包括以下几类语句：

1）DDL（Data Definition Language，**数据定义语言**）。DDL 主要涉及元信息数据的创建、删除及修改。Hive 中元信息包括数据库、数据表、视图、索引、函数、用户角色和权限等，具体包括：

- 数据库相关的 DDL：Create/Drop/Alter/Use Database。
- 数据表相关的 DDL：Create/Drop/Truncate Table。
- 表 / 分区 / 列相关的 DDL：Alter Table/Partition/Column。
- 视图相关的 DDL：Create/Drop/Alter View。
- 索引相关的 DDL：Create/Drop/Alter Index。
- 函数相关的 DDL：Create/Drop/Reload Function。
- 角色和权限相关的 DDL：Create/Drop/Grant/Revoke Roles and Privileges。

HQL 中的 DDL 语句的语法跟标准 SQL 的语法非常类似，为了简单起见，本节将主要介绍数据表的创建、删除和修改。

2）DML（Data Manipulation Language，**数据操纵语言**）。DML 定义了数据操作语句，包括：

- 数据控制语句，包括 Load，Insert，Update 和 Delete 四类语句；
- 数据检索语句，包括 SELECT 查询语句，窗口和分析函数等；
- 存储过程，Hive 存储过程的实现源自于开源项目 HPL/SQL[⊖]。HPL/SQL 项目的目标

[⊖] http://www.hplsql.org/

是为 Hive、Spark SQL 和 Impala 等 SQL On Hadoop 项目实现存储过程。

HQL 中的 DML 语句的语法跟标准 SQL 语法非常类似，本节将主要介绍数据加载和 SELECT 查询语句。

3）锁。Hive 提供了读写锁以避免数据访问一致性问题。

1. HQL 初体验

【问题描述】某网站每天产生大量用户访问日志，为简化分析，假设每条访问日志由六个字段构成：访问时间、所在国家、用户编号、用户访问的网页链接、客户端上次请求的链接以及客户端 IP，数据格式如下（每个字段用 ","分割）：

```
1999/01/11 10:12,us,927,www.yahoo.com/clq,www.yahoo.com/jxq,948.323.252.617
1999/01/12 10:12,de,856,www.google.com/g4,www.google.com/uypu,416.358.537.539
1999/01/12 10:12,se,254,www.google.com/f5,www.yahoo.com/soeos,564.746.582.215
1999/01/12 10:12,de,465,www.google.com/h5,www.yahoo.com/agvne,685.631.592.264
……
```

请问：如何使用 Hive 构建数据表并使用 HQL 分析这些访问日志（比如在某一个时间段网站的浏览次数）？

【解决方案】使用 Hive 解决该问题可分为三个阶段：

阶段 1：创建数据表 page_view，以保存结构化用户访问日志：

```
CREATE TABLE page_view(
    view_time String,
    country String,
    userid string,
    page_url STRING,
    referrer_url STRING,
    ip STRING)
ROW FORMAT DELIMITED FIELDS TERMINATED BY ',' LINES TERMINATED BY '\n'
STORED AS TEXTFILE;
```

创建 Hive 数据表时，需显式指定了数据存储格式，在以上示例中，TEXTFILE 表示文本文件，","表示每列分隔符为逗号，而 "\n"表示行分隔符。

阶段 2：加载数据。

使用 LOAD 语句将 HDFS 上的指定的目录或文件加载到数据表 page_view 中：

```
LOAD DATA INPATH "/tmp/PageViewData.csv" INTO TABLE page_view;
```

阶段 3：使用 HQL 查询数据。

使用类 SQL 语言生成统计报表，比如 "统计某个时间点后来自每个国家的总体访问次数"：

```
SELECT country, count(userid) FROM page_view WHERE view_time > "1999/01/12 10:12" GROUP BY country;
```

2. 数据表的创建、删除与修改

不同于关系型数据库中的数据表，Hive 表具有以下特点：

- 元信息和数据是分离的，元信息保存在 Metastore 中，数据则保存在分布式文件系统中。
- 自定义文件格式，Hive 中存储数据的文件格式是用户自定义的，目前支持文本文件、Sequence File、Avro、ORC 和 Parquet 等数据格式。
- 运行时数据合法性检查，关系型数据库中的数据是在插入时进行合法性检查的，而 Hive 中的数据则是（HQL 翻译成的）分布式应用程序运行时进行数据合法性检查的。

（1）Hive 数据表的创建

Hive 数据表是多层级的，如图 14-9 所示，Hive 中可以有多个数据库，每个数据库中可以存在多个数据表，每个数据表可进一步划分为多个分区或者数据桶，每个分区内部也可以有多个数据桶。

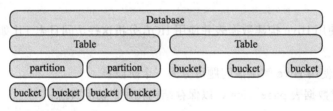

图 14-9　Hive 数据表多级概念

Hive 创建表的语法定义如下（经简化）：

```
CREATE [TEMPORARY] [EXTERNAL] TABLE [IF NOT EXISTS] [db_name.]table_name
    [(col_name data_type [COMMENT col_comment], ...)]
    [PARTITIONED BY (col_name data_type [COMMENT col_comment], ...)]
    [CLUSTERED BY (col_name, col_name, ...) INTO num_buckets BUCKETS]
    [
        [ROW FORMAT row_format]
        [STORED AS file_format]
    ]
    [LOCATION hdfs_path]
    [TBLPROPERTIES (property_name=property_value, ...)]
    [AS select_statement];
```

接下来，按照数据表语法定义顺序，依次解析各个关键字的含义：

1）数据表的类别。Hive 数据表分为三类：临时表（TEMPORARY TABLE）、外部表（EXTERNAL TABLE）和受管理表（MANAGED TABLE），其区别如下：

- 临时表：仅对当前 session 可见，一旦 session 退出，则该数据表将自动被删除。
- 外部表：外部表的数据存储路径是用户定义的而非 Hive 默认存放位置，外部表被删除后，其对应的数据不会被清除（仅删除元数据）。
- 受管理表：默认数据表的类型，这种表的数据是受 Hive 管理的，与元信息的生命周期是一致的。

2）数据类型（data_type）。Hive 提供了丰富的数据类型，它不仅提供类似于关系型数据库中的基本数据类型，也提供了对高级数据类型（包括数组、映射表、结构体和联合体）的支持，具体包括：

- 基本数据类型，包括：TINYINT、SMALLINT、INT、BIGINT、BOOLEAN、FLOAT、DOUBLE、DOUBLE PRECISION、STRING、BINARY、TIMESTAMP、DECIMAL、DECIMAL、DATE、VARCHAR 和 CHAR 等。
- 数组（array），类似于 Java 中的数组，由相同数据类型的元素按一定顺序排列的集合。
- 映射表（map），类似于 Java 中的映射表，由 key/value 映射对组成的集合，key 是 value 的索引。
- 结构体（struct），类似于 C 语言中的结构体，由一系列具有相同类型或不同类型的数据构成的数据集合。
- 联合体（union），类似于 C 语言中的联合体，与结构体类似，但它将几种相同或不同类型的变量存放到同一段内存单元中。

3）分区表与分桶表。为了加速数据处理，数据表可进一步划分成更小的存储单位，即分区或分桶。

- 分区表：数据表可以按照某一个或几个字段进一步划分成多个数据分区（使用语句"PARTITIONED BY col_name"），不同分区的数据将被存放在不同目录中。这样，当一个查询语句只需要用到里面的若干个分区时，其他分区则可直接跳过扫描，大大节省不必要的磁盘 IO。
- 分桶表：数据表或数据分区可进一步按照某个字段分成若干个桶，比如语句"CLUSTERED BY(userid) INTO 32 BUCKETS"可将数据表按照 userid 这一字段分成 32 个桶，实际是按照公式 hash_function(bucketing_column) mod num_buckets 计算得到具体桶编号的，其中 hash_function 与具体的数据类型有关。分桶表对倾斜数据表（某一列或几列中某些数据值出现次数非常多）分析、数据采样和多表连接（尤其是 map side join）等场景有特殊优化。

4）行格式（row format）。该配置用于指定每行的数据格式，仅对行式存储格式有意义，其语法定义如下：

```
DELIMITED [FIELDS TERMINATED BY char [ESCAPED BY char]] [COLLECTION ITEMS
TERMINATED BY char] [MAP KEYS TERMINATED BY char] [LINES TERMINATED BY char] [NULL
DEFINED AS char]
    | SERDE serde_name [WITH SERDEPROPERTIES (property_name=property_value, property_
name=property_value, ...)]
```

在创建数据表时，DELIMITED 和 SERDE 两种配置最多设置一个（可以不设置）。几个关键字含义如下：

- FIELDS TERMINATED BY char：每行中不同字段之间的分隔符 char。

- COLLECTION ITEMS TERMINATED BY *char*：map，struct 或 array 中每个元素之间的分隔符 *char*。
- MAP KEYS TERMINATED BY *char*：map 中 key 和 value 之间的分隔符 *char*。
- LINES TERMINATED BY *char*：行分隔符 *char*。

【实例】 创建一个名为 person 的数据表，由 name（姓名）和 score（课程成绩）两个字段构成，其中 score 数据类型为 map，key 为课程名，value 是得分。

```
CREATE TABLE person(name STRING, score map<STRING,INT>)
ROW FORMAT DELIMITED
FIELDS TERMINATED BY '\t'
COLLECTION ITEMS TERMINATED BY ','
MAP KEYS TERMINATED BY ':';
```

对应的数据存储方式为：

```
Tom     'Math':80,'Chinese':89,'English':95
Bob     'Chinese':60,'Math':80,'English':99
```

SERDE 关键字允许用户通过定制序列化与反序列化器规定数据存储格式，比如：

JSON 格式：

```
ROW FORMAT SERDE
'org.apache.hive.hcatalog.data.JsonSerDe'
STORED AS TEXTFILE
```

CSV 格式：

```
ROW FORMAT SERDE
'org.apache.hive.hcatalog.data.JsonSerDe'
STORED AS TEXTFILE
```

5）数据格式（file format）。Hive 支持多种数据存储格式，包括：

- TEXTFILE，文本文件，这是默认文件存储格式，用户可通过 hive.default.fileformat 修改默认值，可选值为：TextFile、SequenceFile、RCfile 或 ORC；
- SEQUENCEFILE，二进制存储格式 Sequence File；
- RCFILE，列式存储格式；
- ORC，优化的列式存储格式；
- PARQUET，列式存储格式；
- AVRO，带数据模式的存储格式；
- INPUTFORMAT input_format_classname OUTPUTFORMAT output_format_classname，通过自定义 InputFormat 和 OutputFormat 两个组件定义数据格式。

6）数据存放位置（HDFS path）。每个数据表对应的数据将被存在一个单独目录中，具体由配置参数 hive.metastore.warehouse.dir 指定，默认是 /user/hive/warehouse/<*databasename*>.

db/<*tablename*>/，比如数据库 school 中的表 student 存放路径则为：/user/hive/warehouse/school.db/student/ 中。

7）表属性。Hive 允许用户为数据表增加任意表属性，每个表属性以 key/value 的形式存在，Hive 也预定义了一些表属性，比如：

- TBLPROPERTIES ("hbase.table.name"="table_name")：用于 Hive 与 HBase 集成，表示该 Hive 表对应的 HBase 表为 table_name；
- TBLPROPERTIES ("orc.compress"="ZLIB")：用于标注 ORC 表的压缩格式，ZLIB 为压缩算法。

（2）Hive 数据表的删除与修改

Hive 提供了两种删除数据表的语法：

- Drop Table，语法如下：

```
DROP TABLE [IF EXISTS] table_name [PURGE];
```

删除指定数据表的数据和元信息，其中数据将被移动到垃圾箱，除非设置了"PURGE"标志，则跳过垃圾箱直接永久清除。需要注意的是，如果指定数据表时是外表，则仅会清理元信息。

- TRUNCATE TABLE，语法如下：

```
TRUNCATE TABLE table_name [PARTITION partition_spec];
```

删除指定数据表的全部数据或某个分区，默认情况下，删除的数据将被移动到垃圾箱。

3. 数据查询语句

HQL 数据查询语句的语法与标准 SQL 非常类似，具体如下：

```
[WITH CommonTableExpression (, CommonTableExpression)*]
SELECT [ALL | DISTINCT] select_expr, select_expr, ...
    FROM table_reference
    [WHERE where_condition]
    [GROUP BY col_list]
    [ORDER BY col_list]
    [CLUSTER BY col_list
        | [DISTRIBUTE BY col_list] [SORT BY col_list]
    ]
[LIMIT number]
```

接下来说明几处与标准 SQL 不同之处：

1）WITH CommonTableExpression（, CommonTableExpression）：Hive 提供了一种将子查询作为一个数据表的语法，叫做 Common Table Expression（CTE)，比如从表 t 中选出两种类型的数据，并合并在一起作为输出：

```
with t1 as (select * from t where key= '5'),
t2 as (select * from t where key = '4')
```

```
select * from t1 union all select * from t2;
```

2）ORDER BY 和 SORT BY：ORDER BY 和 SORT BY 两个语句均是对数据表中的数据按照指定的排序键进行排序，但排序方式稍有不同，具体需从底层计算引擎 MapReduce 角度理解。ORDER BY 用于全局排序，就是对指定的所有排序键进行全局排序，使用 ORDER BY 的查询语句，最后会用一个 Reduce Task 来完成全局排序（即只会启动一个 Reduce Task）；SORT BY 用于分区内排序，即每个 Reduce 任务内排序（即最终启动多个 Reduce Task 并行排序）。

3）DISTRIBUTE BY 和 CLUSTER BY：DISTRIBUTE BY 语句能按照指定的字段或表达式对数据进行划分，输出到对应的 Reduce Task 或者文件中。CLUSTER BY 等价于 DISTRIBUTE BY 与 SORT BY 组合，比如以下两条 HQL 语句等价。

```
SELECT col1, col2 FROM t1 CLUSTER BY col1
SELECT col1, col2 FROM t1 DISTRIBUTE BY col1 SORT BY col1
```

当数据量特别大，需要对最终结果进行排序时，建议采用 DISTRIBUTE BY 结合 SORT BY 语句，比如统计每个 url 对应的用户行为日志，并按照访问时间对结果排序，如果采用 DISTRIBUTE B + SORT BY"方式，HQL 语句如下：

```
set mapreduce.job.reduces=2; # 设置 reduce task 数目为 1
SELECT url_id, log_time, log_type FROM behavior DISTRIBUTE BY url_id SORT BY user_id, log_time;
```

如果采用 "ORDER BY"，HQL 语句如下：

```
SELECT url_id, log_time, log_type FROM behavior ORDER BY user_id, log_time;
```

以上两种方式最终结果如图 14-10 所示。

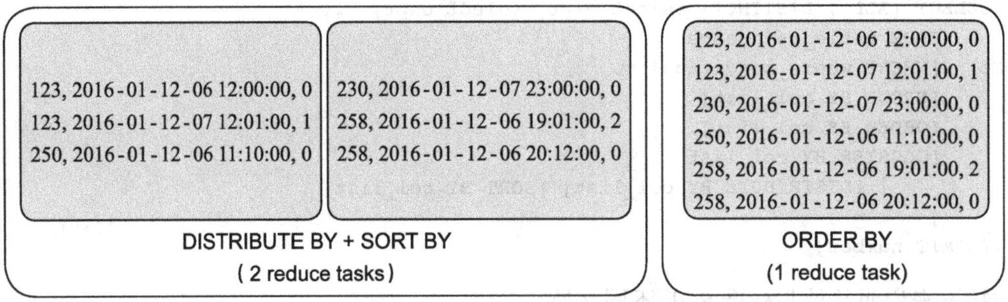

```
DISTRIBUTE BY + SORT BY          ORDER BY
     (2 reduce tasks)           (1 reduce task)

123, 2016-01-12-06 12:00:00, 0   123, 2016-01-12-06 12:00:00, 0
123, 2016-01-12-07 12:01:00, 1   123, 2016-01-12-07 12:01:00, 1
250, 2016-01-12-06 11:10:00, 0   230, 2016-01-12-07 23:00:00, 0
                                 250, 2016-01-12-06 11:10:00, 0
230, 2016-01-12-07 23:00:00, 0   258, 2016-01-12-06 19:01:00, 2
258, 2016-01-12-06 19:01:00, 2   258, 2016-01-12-06 20:12:00, 0
258, 2016-01-12-06 20:12:00, 0
```

图 14-10　DISTRIBUTE BY+SORT BY 与 ORDER BY 对比

14.4.2　HQL 应用实例

为了方便大家更系统地了解 HQL 的使用方式，本节将给出一个综合案例——网站的用户访问日志分析系统。背景如下：某个网站每天产生大量用户访问行为数据，这些行为数据包含的字段与"14.4.1 HQL 基本语法"中描述的一致,如何使用 Hive 构建一个数据仓库系统,能够从国家和时间(天、月和年为时间粒度)两个维度产生网站的 pv、uv 等报表数据。

为了提高数据处理效率,我们采用了分区表和列式存储两种优化技巧:

❑ 分区表:以国家和时间(以天为单位)两个度量创建分区表,这样,当统计某个国家或时间段内数据时,只需要扫描对应分区中的数据(忽略索引),大大提高性能。

❑ 列式存储:考虑到绝大部分情况下,HQL 语句只会用到若干列数据,为了避免不必要的磁盘 IO,我们采用列式存储格式存储数据,比如 ORC 或 Parquet。

构建用户访问日志分析系统的主要流程如图 14-11 所示。

图 14-11 用户访问日志分析系统建表流程

1) ETL (Extract Transform Load)。用来描述将数据从来源端经过抽取 (extract)、转换 (transform)、加载 (load) 至目的端的过程。其中,抽取主要功能是从原始文本解析出需要的数据,并对不合要求的数据进行清洗和转换,包括:

❑ 不符合要求的数据主要是不完整的数据、错误的数据、重复的数据。

❑ 不一致的数据转换、数据粒度的转换,以及一些商务规则的计算。

在本实例中,原始日志数据经抽取和转换(可选择 Python 语言,使用 Hadoop Streaming 实现)后,变为以下结构化数据:

```
1999/01/12 10:12,se,254,www.google.com/f5,www.yahoo.com/soeos,564.746.582.215
1999/01/12 10:12,de,465,www.google.com/h5,www.yahoo.com/agvne,685.631.592.264
......
```

之后加载到数据表 page_view 中,该数据表的创建方式已在"14.4.1 HQL 基本语法"一节中进行了介绍,在此不赘述。

每天产生的原始日志行为数据经 ETL 后,以"PageViewData_<date>.csv"(<date> 表示当前的日期)命名方式存到 /tmp 目录下,并通过以下 DML 语句加载到数据表 page_view (以文本文件作为存储格式)中:

```
LOAD DATA INPATH "/tmp/PageViewData_19990112.csv" INTO TABLE page_view;
```

2) **创建 ORC 分区表,并加载数据**。为了加快数据处理速度,我们以国家和时间(以天为单位)两个度量创建 ORC 分区表 orc_page_view,对应的 DDL 语句如下所示:

```
CREATE TABLE orc_page_view(
    view_time String,
    userid string,
    page_url STRING,
    referrer_url STRING,
```

```
    ip STRING)
PARTITIONED BY(vd String, country String)
STORED AS ORC;
```

由于分区字段 vd（View Date）和 country 会出现在数据存放的目录名中，所以无需再放到数据表对应的字段列表中。

创建完 ORC 分区表后，采用以下 DML 语句将 page_view 表中的数据加载到新表 orc_page_view 中，数据是 1999 年 1 月 10 日产生的来自四个国家（us：美国，uk：英国，de：德国）的用户访问日志：

```
FROM page_view pv
INSERT OVERWRITE TABLE orc_page_view
    PARTITION (vd = '19990110', country = 'us')
    SELECT view_time, userid, page_url, referrer_url, ip WHERE pv.view_time LIKE
'1999/01/10%' AND pv.country = 'us'
INSERT OVERWRITE TABLE orc_page_view
    PARTITION (vd = '19990110', country = 'uk')
    SELECT view_time, userid, page_url, referrer_url, ip WHERE pv.view_time LIKE
'1999/01/10%' AND pv.country = 'uk'
INSERT OVERWRITE TABLE orc_page_view
    PARTITION (vd = '19990110', country = 'de')
    SELECT view_time, userid, page_url, referrer_url, ip WHERE pv.view_time LIKE
'1999/01/10%' AND pv.country = 'de';
```

3）**数据查询**。使用 HQL 产生 1999 年 1 月 10 的报表：

```
SELECT country, count(userid) FROM page_view WHEREvd = "19990110" GROUP BY
country;
```

用户可将 HQL 产生的结果写入 MySQL 数据库，便于前端可视化展示。

以上三个步骤是不断迭代进行的，将每天的数据存入 ORC 分区表 orc_page_view 中，进而可以获取任意一段时间的统计报表。

14.5 小结

本章介绍了数据分析语言 HQL 与 SQL，重点介绍了两种 SQL On Hadoop 实现方案：MapReduce 之上的 Hive 以及 Spark 之上的 Spark SQL，这些数据分析引擎通常不支持标准 SQL，而是对 SQL 进行了选择性支持，并进行了适当扩展。本章从产生背景、基本架构、使用方式以及典型应用等几部分剖析了这几个大数据处理引擎。

14.6 本章问题

问题 1：针对本章的 HQL 应用实例：用户访问日志分析系统，试考虑以下几个问题如何解决：

1）如何删除数据表 orc_page_view 中的一个分区？

2）由于需求变化，新产生的访问日志增加了一个新的属性以记录用户每次浏览网页使用的浏览器类型。为此，我们需要在数据表 orc_page_view 中增加一个新列 browser，类型为 STRING，该如何实现？

3）请尝试为数据表 orc_page_view 增加压缩属性，并启用 snappy 压缩算法；

4）请尝试为数据查询语句设置以下几个参数，请验证设置成功：

❑ Reduce Task 个数调整为 4。

❑ Map Task 内存大小为 2GB，Reduce Task 内存大小为 4GB。

5）请尝试使用 Hive On Tez 处理数据表 orc_page_view 中的数据，并与 Hive On MapReduce 比较性能；

6）请尝试创建一个新表 parquet_page_view，其表结构与 orc_page_view 一致，唯一不同是存储格式为 Parquet，并将表 orc_page_view 所有数据导入该表中。提示：使用以下语句创建新表：

```
CREATE TABLE parquet_page_view LIKE orc_page_view STORED AS PARQUET
```

7）请尝试用 Presto 直接处理数据表 orc_page_view 中的数据，并与 Hive 比较性能。

问题 2：如何确定某个 HQL SELECT 语句最终生成的 MapReduce 作业个数？

问题 3：尝试查阅 Hive 官方文档，回答以下几个问题：

❑ Hive 对索引有哪些支持？

❑ Hive 支持什么粒度的锁，如何使用？

❑ Hive 对事务（包含 ACID 特性）的支持如何，有哪些局限性？

问题 4：试比较 Spark SQL 与 Hive 中 HQL 语句（包括 DML 和 DDL）的异同。

问题 5：已知电影评论数据集 movielen（下载地址：https://grouplens.org/datasets/movielens/），格式描述见"11.6.3 DataFrame/Dataset 程序实例"中的"电影受众分析系统"。请按以下要求操作：

1）在 Hive 中创建三张表，表名分别为：movies、users 和 ratings，这三张表中包含的字段如上所述，三张表的文件存储格式统一设置为 ORC。

提示："create table"语句不支持多字符分隔符"::"，请指定字段分隔符为"，"，请对三个文件进行预处理，按照以下方式将分隔符"::"替换为"，"：

```
mkdir /tmp/data
export LC_ALL=C
cat ml-1m/movies.dat | tr -s "::" ',' >> /tmp/data/movies.dat
cat ml-1m/users.dat | tr -s "::" ',' >> /tmp/data/users.dat
cat ml-1m/ratings.dat | tr -s "::" ',' >> /tmp/data/ratings.dat
```

2）将 movies.dat、users.dat 和 ratings.dat 分别导入数据表 movie、user 和 rating 中；

3) 在 Hive 中编写 HQL 输出：

- 看过电影"Four Rooms (1995)"的用户的年龄和性别分布，输出形式如下：

<年龄><性别><人数>

比如

18 M 20
25 F 100
...

- 年龄段在 18～24 的女性打分（平均分）最高的 5 部电影名称。

4）在 Presto 和 Spark SQL 中编写 SQL 完成以上功能。

第 15 章 Chapter 15

大数据统一编程模型

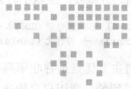

在数据分析层,我们经常要根据业务需求构建复杂的数据管道(Data Pipeline),比如日志分析系统是由数据收集、数据存储、ETL、数据仓库建模以及可视化等模块构成,这些模块相互协作,构建了一条从数据源到最终可产生商业价值(通过可视化产品为用户提供服务)的数据管道。数据管道的构建通常结合批处理和流式计算两种引擎,也就是第 1 章介绍的 Lambda Architecture。

随着分布式数据处理技术的不断发展,新的分布式计算引擎不断提出,新的分布式计算引擎可能带来更优的性能和更丰富的功能,但也增加了用户切换到新的分布式计算引擎的代价:用户需要学习一个新的计算引擎,并重写所有的业务逻辑。为了解决计算引擎迁移带来的巨大成本,统一编程模型出现了。统一编程模型是一种更高级的 API,它专注于数据处理的编程范式和接口定义,并不涉及具体执行引擎的实现。事实上,它尝试通过引入更高级的数据抽象,进而屏蔽底层具体采用的计算引擎。这样,当用户迁移到一种新的计算引擎时,具体的业务逻辑无须任何修改。本章将从产生背景、设计理念、编程模型以及使用等方面介绍 Apache Beam。

15.1 产生背景

在计算机术语中,管道(Pipeline)是指一系列串行连接在一起的计算单元,其中一个单元的输出是另一个单元的输入。数据管道泛指构建在大数据基础平台之上的应用,比如网站日志分析系统可能由两条数据管道构成。

(1)基于批处理的数据管道

该管道主要职责是从各个数据源上(App、网站等)收集用户行为数据,并以小时为单位切分这些数据，并最终产生以小时为粒度的报表，具体如下：

数据收集（Kafka）→ 数据存储（HDFS）→ ETL（Hadoop Streaming 或 Spark Core）→ 星型模型（Hive Metastore）→ Impala → 可视化（Tableau）

该数据管道主要优点是吞吐率高（单位时间内处理的数据量大），但缺点也很明显：数据延迟是小时级别的，即用户只能通过可视化系统查到一个小时之前的用户行为数据。为了解决该问题，我们可参考 Lambda Architecture，进一步引入一条基于实时处理的数据管道。

（2）基于实时处理的数据管道

基于实时处理的数据管道如下：

数据收集（Kafka）→ 实时 ETL（Spark Streaming）→ Kudu → Impala → 可视化（Tableau）

该数据管道克服了批处理管道的高延迟问题，使得数据处理延迟降为秒级甚至毫秒级。充分利用这两个数据管道的优点可满足用户绝大部分需求：即一个小时前的报表通过批处理管道生成，最近一个小时内的报表通过实时数据管道生成。

在以上两个数据管道中，ETL 这一计算单元是直接基于分布式计算引擎实现的，这可能存在潜在的伸缩性（Extensibility）问题。在大数据技术体系中，"计算引擎"这一层的发展是最迅猛的，新的分布式计算引擎不断提出，从最初的批处理引擎 MapReduce，到实时计算引擎 Apache Storm，再到后来的混合计算引擎 Apache Spark、Apache Flink 以及 Apache Apex 等。新的分布式计算引擎带来更优的性能和更丰富的功能，但也给用户带来了高昂的迁移成本。由于不同计算引擎之间的 API 是不兼容的，当用户将数据管道从一种计算引擎（比如 MapReduce）迁移到另一种（比如 Spark）时，往往需要重写所有的业务逻辑。

为了降低计算引擎迁移成本，大数据统一编程模型出现了。它意在构建一套与具体分布式计算引擎无关的 API。总结起来，统一编程模型的设计思路包括两个方面：首先，需要一个统一的编程范式，规范化分布式数据处理的需求，并对通用的数据处理组件进行抽象，比如数据表示、数据计算的表达（过滤、投影、聚集、排序等）；其次，生成的分布式数据处理逻辑单元应该能够在各种分布式执行引擎上执行，用户可以根据需要自由切换计算引擎与执行环境。

目前比较主流的统一编程模型包括 Cascading[⊖]、Apache Crunch[⊜] 和 Apache Beam[⊜] 等，总结起来，它们共分为两类。

- **统一化批处理计算引擎的编程模型**。目前批处理计算框架繁多，包括经典的 MapReduce、DAG 计算引擎 Tez 和 Spark 等，为了让数据管道灵活地迁移到新的批处理计算引擎上，需要构建一个面向批处理计算引擎的统一编程模型，典型代表为

⊖ http://www.cascading.org/

⊜ http://crunch.apache.org/

⊜ https://beam.apache.org/

Cascading 和 Apache Crunch。
- **统一化批处理与流式处理引擎的编程模型**。随着计算引擎的不断发展,越来越多的新型计算引擎可同时支持批处理和流式计算应用,典型代表为 Apache Spark、Apache Flink 以及 Apache Apex 等。为了统一这些新型计算引擎,需构建一个更高级的统一编程模型,典型代表是 Apache Beam。

15.2 Apache Beam 基本构成

Apache Beam 主要由 Beam SDK 和 Beam Runner 两部分组成,如图 15-1 所示。Beam SDK 定义了开发分布式数据处理程序业务逻辑的 API,它描述的分布式数据处理任务 Pipeline 则交给具体的 Beam Runner(执行引擎)进行计算。

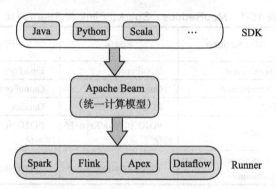

图 15-1 Apache Beam 基本构成

15.2.1 Beam SDK

Beam SDK 是一套大数据处理统一编程接口,它通过对"有限数据流"和"无限数据流"进行了统一抽象,规范了批处理和流式处理两种大数据计算范式。Beam SDK 提供了以下 4 种计算抽象帮助用户构建数据管道。

1)Pipeline。Pipeline 封装了整个数据处理逻辑的计算过程,包括数据输入、处理以及输出三部分。每个 Beam 应用程序必须创建一个 Pipeline,并定义其运行相关的配置选项(比如采用的计算引擎以及计算引擎相关的参数等)以便告诉 Pipeline 如何运行。

2)PCollection。PCollection 是分布式数据集的抽象。在 Beam 中,数据集可以是有限的(bounded),即来自固定数据源,比如 HDFS 上的文件;也可以是无限的(unbounded),即来自不断更新的数据源,比如 Kafka 消息队列。Pipeline 通常通过读取外部数据源构建一个初始的 PCollection。Pipeline 中每个阶段的输入和输出均为 PCollection。

3)Transform。Transform 是 Pipline 中的一个数据处理操作或步骤。每个 Transform 以一个或多个 PCollection 对象作为输入,依次遍历其中的每个元素并作用在用户定义的函数上，最终产生一个或多个 PCollection 对象。

4）IO Source 与 Sink。Source 和 Sink 是对数据读取和结果存储逻辑的抽象。Source 封装了从外部数据源（比如 HDFS 或 Kafka）读取数据到 Pipeline 相关的代码逻辑；Sink 封装了将 PCollection 写入外部存储系统相关的代码逻辑。

一个基本的 Beam Pipeline 工作流如图 15-2 所示。

图 15-2　Beam Pipeline 工作

为了方便大家理解 Beam SDK 中的几个关键概念，表 15-1 将其与 MapReduce、Spark、Flink 等引擎进行了对比。

表 15-1　MapReduce、Spark、Flink 与 Beam 对比

计算引擎 对比项	MapReduce	Spark	Flink	Beam
输入数据	InputFormat	InputFormat	InputFormat	Source
输出数据	OutpuFormat	OutpuFormat	OutpuFormat	Sink
Data 容器抽象	N/A	RDD	DataSet	PCollection
数据格式化与序列化	Writable	POJO 和 Java/Kryo 序列化	POJO 和 Java/Kryo 序列化	Object
数据转换	MapReduce、Reducer 和 Combiner	Transformation/Action	Transformation	Transform

总体上讲，这些计算引擎在数据格式化、数据序列化及数据转换方面拥有不同的抽象，而 Beam 作为构建在计算引擎之上的高级抽象，充分借鉴了各个计算引擎的优势，尽可能做到更强的通用性。

15.2.2　Beam Runner

利用 Beam SDK 编写的计算逻辑代码是独立于具体分布式计算引擎的，用户可根据自己的需要将其运行在指定的计算引擎上。Apache Beam 支持的底层执行引擎包括 Apache Flink、Apache Spark、Apache Apex 以及 Google Cloud Platform 等。Runner 是 Apache Beam 对后端计算引擎的抽象，目前提供了 Direct、Flink、Spark、Apex 以及 Cloud Dataflow 等计算引擎的 Runner 实现。

- **Direct Runner**：Apache Beam 自带的简易 Runner 实现，可将用户逻辑代码运行在本地，通常用于本地调试和测试。
- **Flink Runner**：Apache Flink 是一个开源的流式计算引擎，它将批处理转化成流处理问题，进而统一了批处理与流处理两种计算场景。
- **Spark Runner**：Apache Spark 是一个开源的 DAG 计算引擎，它将流处理问题转化

为批处理问题，进而统一了批处理与流处理两种计算场景。

- Apex Runner：Apache Apex 是一个构建在 YARN 之上的批处理与流处理统一计算引擎，其设计思想与 Apache Flink 类似。

随着新型计算引擎的不断涌现，Beam Runner 的优势变得愈发明显。它通过一个适配层将任意计算引擎接入 Beam SDK，进而使得应用层逻辑代码无需任何修改便可运行在其他计算引擎上。

15.3 Apache Beam 编程模型

Apache Beam 是一个统一编程模型，它提供了面向有限数据集与无限数据流的统一编程范式。在详细介绍其编程模型之前，我们先介绍几个流式计算（批处理可看作流式计算的一个特例）概念。

（1）数据流

15.2.1 节中提到过，在大数据处理场景中，数据集一般可以分为两类：有限的数据集和无限的数据流。鉴于有限的数据集可以看作无限的数据流的一种特例，我们可统一将这两类数据集看作源源不断的"数据流"。

（2）产生时间、处理时间以及时间窗口

数据流中的每条"数据"有两个与时间相关的重要特性，Event Time 和 Process Time。Event Time 是数据产生的时间，Process Time 是数据进入分布式处理引擎（比如 Spark）被处理的时间。通常而言，Process Time 要晚于 Event Time，即数据从产生到开始处理之间有一定的时间延迟。在流式计算中，可将时间窗口作为数据切分单位，同一时间窗口内的数据作为一批统一处理，"时间窗口"可以按照 Event Time 或 Process Time 划分，基于 Process Time 划分窗口进行计算比较容易，而基于 Event Time 则复杂很多，因为数据存在"乱序"问题。

（3）乱序

相比于批处理，流式处理要复杂得多。流式数据不仅存在一定的"时间延迟"，也可能会产生乱序问题，即到达顺序可能并不严格按照 Event Time 的先后顺序。换句话说，在一个基于 Event Time 定义的时间窗口中，产生时间靠前的消息可能晚于产生时间靠后的消息到达。乱序在分布式的数据源中非常常见，比如 Facebook 的用户分布在世界各地，由于网络延迟、失败重试等原因，同一时间访问 Facebook 网站的用户产生的行为数据可能在不同时刻到达 Facebook 服务器，进而产生数据乱序问题。对于该问题，如何界定迟到数据，以及如何处理迟到数据是关键所在。为了解决乱序问题，Apache Beam 引入了 watermark 和 trigger 两个概念。

1) watermark：watermark 用于规定何时（时间戳）可认为一个时间窗口内的数据已经到齐，之后的数据均为迟到数据。前面提到流式数据通常是基于时间窗口进行处理的，理想情况下,一个时间窗口内的数据全部到齐后才会处理,但现实世界中总存在迟到数据,而 Beam 正是采用 watermark 界定何时可认为一个时间窗口内的数据全部到达了,之后晚于该 watermark 到达的数据则为迟到数据。假设我们设计了一个简单的 watermark(注意,通常 watermark 会复杂得多),规定数据处理时间和产生时间之间的差值是 30s,且 Beam 将在 5:30(5 分 30 秒)关闭第一个窗口。如果一个 4:00 产生的数据在 5:34 到达,则认为它是迟到数据。

2)trigger:trigger 用于定义何时(时机)让一个窗口内聚集后的结果对外可见(比如写入文件系统)。流式数据进入计算引擎后按照时间窗口被切分并对其进行分析,一旦满足 trigger 触发条件后,将对应窗口内的结果写入外部系统。

15.3.1 构建 Pipeline

11.2.3 节介绍过,Spark 应用程序的 Driver 关键对象是 SparkContext,每个 Spark 应用程序有且仅有一个 SparkContext,它包含了运行 Spark 程序需要的所有上下文信息,包括程序配置、运行环境(本地、Standalone 还是 YARN 等)、资源量(CPU、内存)等。与 Spark SDK 类似,开发 Beam 程序的第一步是创建 Pipeline(作用类似于 SparkContext),它包含 Beam 应用程序的所有上下文信息,包括程序配置、采用的 Runner 以及 Runner 相关的配置等,是每个 Beam 程序的入口。

创建 Pipeline 对象时,需要定义配置信息,它封装在 PipelineOptions 中。Beam 提供了大量 PipelineOptions 实现,分别封装了不同 Beam Runner 的相关配置信息,包括 DirectPipelineOptions、SparkPipelineOptions、FlinkPipelineOptions、ApexPipelineOptions 等,以 SparkPipelineOptions 为例,其封装的配置信息如表 15-2 所示。

表 15-2 Spark Runner 部分相关配置参数

对比项	含义	默认值
runner	采用的 Pipeline Runner,允许用户启动 Pipeline 时动态指定	SparkRunner
sparkMaster	Spark Master,即 Spark 运行模式	local[4]
storageLevel	RDD 默认存储级别,仅对批处理有效,对于流式处理则统一采用 MEMORY_ONLY	MEMORY_ONLY
batchIntervalMillis	Streaming 中每一批数据的处理时间间隔(ms)	1000
enableSparkMetricSinks	是否将 metrics 信息汇报给 Spark Metrics Sink	true

一旦 PipelineOptions 对象创建完成后,可将其作为参数传递给函数 Pipeline.create(),进而构造一个 Pipeline 对象,具体如下:

```
public static void main(String[] args) {
    // 通过解析传入的参数列表 args 构造 PipelineOptions,比如 --runner=SparkRunner
    // 可通过 -help 打印指定 PipelineOptions 对象的所有注册的配置选项,比如
    --help=org.apache.beam.runners.spark.SparkPipelineOptions
    PipelineOptions options =
        PipelineOptionsFactory.fromArgs(args).create();
```

```
Pipeline pipeline = Pipeline.create(options);
...
}
```

15.3.2 创建 PCollection

本节将介绍 PCollection 特点、序列化框架以及支持的外部数据源（比如 HDFS 和 Kafka 等）。

1. PCollection 表示方式

与 Spark 中的数据集抽象 RDD 类似，PCollection 也是对分布式集合的一种抽象，也具有不可变、不可随机访问、分布式等特点，除此之外，PCollection 有自己的特点。

（1）有限与无限数据集的统一

PCollection 既可以表示有限数据集，也可以表示无限数据流。有限数据集表示已知的、长度固定的数据集，而无限数据集则是长度未知的数据集。一个 PCollection 是有限还是无限的，取决于具体的数据源。

有限数据集可以通过批处理引擎进行分析，它一次性获取整个输入数据集的信息（比如大小、构成等），经过有限时间的分析后产生结果；而无限数据流则不同，由于预先无法预知数据集的总大小，所以通常会以时间窗口为单位切分数据流，每个时间窗口内的数据按照有限数据集处理方式进行分析。

（2）数据时间戳

PCollection 中每个元素附属一个"时间戳"属性，以便按照时间窗口划分数据进行分析。元素的时间戳一般是数据源产生数据时赋予的，带有实际的含义，比如元素添加时间或产生时间等。用户也可根据需要，利用 Transform 操作为每个元素增加时间戳。

2. 数据序列化框架 Coder

Coder 是 Beam 中的序列化/反序列化框架，它定义了如何将一个 Java 对象转化成字节流（即序列化，由 Coder.encode() 方法实现）或者将一个字节流还原成 Java 对象（即反序列化，由 Coder.decode() 方法实现）。Beam 中每个 PCollection 对应一种 Coder，用以序列化和反序列化里面的元素。

CoderRegistry 是 Beam 中的序列化器注册中心，所有用到的序列化器统一在该类中注册。为了方便用户使用，默认情况下，CoderRegistry 预先注册了如表 15-3 所示的多种基本数据类型的序列化器，且还提供了 Protobuf、Avro、

表 15-3 Apache Beam 自带的序列化器

Java 类型	默认的 Coder 实现
Double	DoubleCoder
Instant	InstantCoder
Integer	VarIntCoder
Iteratable	IterableCoder
KV	KvCoder
List	ListCoder
Map	MapCoder
Long	VarLongCoder
String	StringUtf8Coder
TableRow	TableRowJsonCoder
Void	VoidCoder
byte[]	ByteArrayCoder
TimestampedValue	TimestampedValueCoder

Writable 等高级数据类型的序列化器。

用户可根据需要设置数据类型的 Coder，比如下面代码将 Integer 类型的默认 Coder 设置为 BigEndianIntegerCoder：

```
PipelineOptions options = PipelineOptionsFactory.create();
Pipeline p = Pipeline.create(options);
CoderRegistry cr = p.getCoderRegistry(); // 获取序列化器注册对象
cr.registerCoder(Integer.class, BigEndianIntegerCoder.class);
```

3. Beam IO

Beam 提供了与多种外部数据源集成的 IO SDK，目前支持的数据源包括 HDFS、Kafka、JDBC、ElasticSearch、MongoDB 等，用户也可根据需要开发与其他系统对接的 SDK。Beam 内置支持的数据源如表 15-4 所示。

表 15-4 Apache Beam 内置的数据源

基于文件	消息队列	数据库
AvroIO	JMS	MongoDB
HDFS	Kafka	JDBC
TextIO	Kinesis	Google BigQuery
XML	Google Cloud PubSub	Google Cloud Bigtable
		Google Cloud Datastore

接下来介绍如何将 HDFS 和 Kafka 中的数据集合转化成 PCollection。

（1）HDFS

Beam 提供了将文本文件转换为 PCollection 或将 PCollection 存储成文本格式文件的 API，它们封装在类 org.apache.beam.sdk.io.TextIO 中，代码示例如下：

```
import org.apache.beam.sdk.io.TextIO;
...
PipelineOptions options =
    PipelineOptionsFactory.fromArgs(args).create();
Pipeline pipeline = Pipeline.create(options);
// 将目录 /data/input 中文件数据转换为 PCollection
PCollection<String> pcol = pipeline.apply(TextIO.Read.from("/data/input"));
// 将 PCollection 保存到目录 /data/output 中
pcol.apply(TextIO.Write.to("/data/output"));
```

为了支持更广泛的 Hadoop 文件格式，Beam 提供了更通用的 IO 抽象 HDFSFileSource 和 HDFSFileSink，这使得用户可重用 Hadoop IO 组件 InputFormat 和 OutputFormat 读写指定格式的数据（比如 TextInputFormat/TextOutputFormat 对应的文本格式，SequenceFileInputFormat/SequenceFileOutputFormat 对应的 Sequence File 格式），代码示例如下：

```
import org.apache.beam.sdk.io.hdfs.HDFSFileSink;
import org.apache.beam.sdk.io.hdfs.HDFSFileSource;
import org.apache.beam.sdk.coders.CoderRegistry;
```

```
...
Pipeline pipeline = Pipeline.create(options);
// 注册LongWritable和Text两种数据类型的序列化/反序列化器，默认情况下，Beam IO SDK仅自动
注册了部分数据类型的实现，具体参见: org.apache.beam.sdk.coders.CoderRegistry
CoderRegistry coderRegistry = new CoderRegistry();
coderRegistry.registerStandardCoders();
coderRegistry.registerCoder(LongWritable.class,
    WritableCoder.of(LongWritable.class));
coderRegistry.registerCoder(Text.class, WritableCoder.of(Text.class));
p.setCoderRegistry(coderRegistry);

// 将文本格式的数据转换成PCollection
PCollection<String> pcol = pipeline.apply(HDFSFileSource.readFrom(
    "/data/input",
    TextInputFormat.class,
    LongWritable.class,
    Text.class));

// 将PCollection保存到目录/data/output中
pcol.apply(Write.to(new HDFSFileSink(
    "/data/output",
    SequenceFileOutputFormat.class)));
```

(2) Kafka

Kafka 是一个分布式消息队列，它经常与流式计算框架组合使用。Beam 提供了读写 Kafka 数据的 API，可直接与 Kafka 无缝集成，代码示例如下：

```
import org.apache.beam.sdk.io.kafka.KafkaIO
...
Pipeline pipeline = Pipeline.create(options);

// 待读取kafka topic列表
List<String> topics = ImmutableList.of("topic_a", "topic_b");
// kafka broker地址列表
String bootstrapServers = "kafka1.server.com,kafka2.server.com";
// 构造kafka reader
KafkaIO.TypedRead<byte[],byte[]> reader = KafkaIO.read()
.withBootstrapServers(bootstrapServers)
.withTopics(topics)
.withKeyCoder(ByteArrayCoder.of())
.withValueCoder(ByteArrayCoder.of())
PCollection< byte[],byte[]> input = pipeline.apply(reader.withoutMetadata())
```

写操作与读操作类似，代码示例如下：

```
import org.apache.beam.sdk.io.kafka.KafkaIO
...
// 将数据写入kafka
pipeline.
    .apply(...)
```

```
        .apply(KafkaIO.write()
.withBootstrapServers(bootstrapServers)
.withTopic(topics)
.withKeyCoder(ByteArrayCoder.of())
.withValueCoder(ByteArrayCoder.of())
.values())
```

15.3.3 使用 Transform

Transform 类似于 Spark 中的 Transformation，是 Pipeline 中的数据操作，它以 PCollection 作为输入，按照预定义规则或函数，将其转换成另外一个或多个 PCollection。在 Beam SDK 中，每个 Transform 操作包含一个 apply 方法，这使得用户可以通过级联方式连续调用多个 Transform 操作。一个 Transform 将输入 PCollection 作为参数传递给 apply 方法，并输出一个新的 PCollection，其一般形式如下：

```
[Output PCollection] = [Input PCollection].apply([Transform])
```

Beam 允许用户通过级联的方式连续调用多个 Transform 操作，其一般形式如下：

```
[Final Output PCollection] = [Initial Input PCollection]
                        .apply([First Transform])
                        .apply([Second Transform])
                        .apply([Third Transform])
```

Beam Transform 提供了通用的数据处理框架，而用户只需要以函数对象方式实现具体的逻辑代码即可。用户的逻辑代码被分发到多个 worker 节点上，经实例化后并行执行，而具体分布式执行过程是由后端计算引擎（Beam Runner）决定的。

为了简化程序设计，Beam 提供了大量 Transform 函数实现，包括 ParDo、GroupByKey、Combine、Partition、Flatten 和 Join 等。

1. ParDo

ParDo 是 Bean 提供的一个通用数据处理算子，它的作用等同于 Map/Shuffle/Reduce 模型中的 Map，是以"单个元素"为数据单位的算子，其主要功能是针对 PCollection 中的每个元素，依次调用作用在单个元素的逻辑代码，并产生 0 个、1 个或多个元素，这些元素共同构成了新的 PCollection。

ParDo 可以用于多种数据处理场景，具体包括以下几种。

- **过滤数据集**：把 PCollection 中符合特定条件的元素过滤掉，剩下的元素构成一个新的 PCollection。
- **格式化或类型转换**：如果 PCollection 中元素的格式或类型与期望不一致，可使用 ParDo 依次对每个元素进行格式或类型转换，并产生一个新的 PCollection。
- **数据投影**：如果输入 PCollection 中每个元素有多个数据列构成，可使用 ParDo 将需要的数据列筛选出来，形成一个新的 PCollection。

与其他所有 Transform 一样，用户将 ParDo 作为参数传递给 PCollection.apply() 函数，代码示例如下：

```
// 创建 String 类型的 PCollection
PCollection<String> words = ...;

// 通过继承基类 DoFn 实现针对 PCollection 中每个元素的处理逻辑，DoFn 为模板类，
// 两个模板参数分别为输入和输出 PCollection 中的元素类型
static class ComputeWordLengthFn extends DoFn<String, Integer> { ... }

// 将一个 ParDo 作用在 PCollection 上，计算每个词的长度
PCollection<Integer> wordLengths = words.apply(
    ParDo
.of(new ComputeWordLengthFn()));
```

以上示例实现了一个自定义的 ParDo Transform：ComputeWordLengthFn，其主要作用是计算输入 PCollection 中每个单词的长度，并产生一个新的 PCollection。

为了实现一个 ParDo Transform 函数类，用户需继承基类 DoFn<InputT，OutputT>，它是一个模板类，包含两个模板参数，分别为输入和输出 PCollection 中的元素类型，比如输入 PCollection 中数据类型为 String，输出为 Integer，则用户定义的函数类应如下：

```
static class ComputeWordLengthFn extends DoFn<String, Integer> { ... }
```

为了方便用户表达 ParDo Transform 中包含的业务逻辑，DoFn 暴露了若干待实现的函数接口，包括 Setup、StartBundle、ProcessElement、FinishBundle 和 Teardown 等。如图 15-3 所示，当 ParDo 执行时，输入 PCollection 将被分解成若干个 bundle（更小的逻辑单元，类似于 Spark RDD 中的 partition），它们被多台机器并行处理，对于每个 bundle，其处理过程如下。

1）实例化 DoFn，并调用 DoFn.Setup 方法对其初始化，需要注意的是，同一个计算容器（比如 Spark Executor）中的 DoFn 实例会被复用以处理多个 bundle。

2）DoFn.StartBundle 方法被调用（如果用户未实现该方法，则直接跳过）。

3）针对 bundle 中的每个元素，依次调用 DoFn.ProcessElement 方法。

4）一旦当前 bundle 中所有元素处理完毕，则调用 DoFn.FinishBundle 方法。需要注意的是，一旦 DoFn.FinishBundle 被调用后，框架不再调用其他任何方法直到用户显式调用 DoFn.StartBundle。

5）一旦 Beam Runner 不再使用该 DoFn，则会调用 DoFn.Teardown 进行垃圾清理和资源释放。

在以上处理过程中，任何函数抛出异常，Beam 框架均会调用 DoFn.Teardown 进行垃圾清理。以前面的 ComputeWordLengthFn 为例，介绍 DoFn Transform 的定义方式：

```
static class ComputeWordLengthFn extends DoFn<String, Integer> {
    @ProcessElement
```

```
    public void processElement(ProcessContext c) {
        // 通过 ProcessContext 获取当前元素
        String word = c.element();
        // 使用 ProcessContext.output 发射输出元素
        c.output(word.length());
    }
}
```

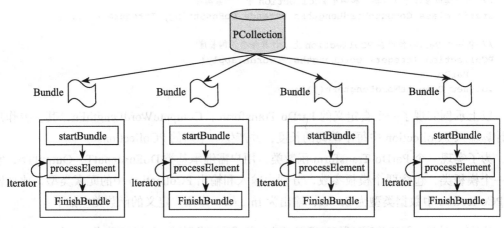

图 15-3 ParDo Transform 工作流程

ProcessContext 封装了上下文信息,包括当前输入元素、Pipeline 配置信息等。

2. GroupByKey

GroupByKey 是针对 key/value PCollection[⊖]。的 Transform,其功能是将 key 相同的 value 聚集到一起,产生一个全新的 key/value PCollection(即 PCollection<KV<K, Iterable<V>>>),等价于将 multi-map 转换为 uni-map 或 SQL 中的 GROUP BY。GroupByKey 的代码示例如下:

```
# 待处理的数据集,里面保存的是网页数据,key 是网页 url,value 则是网页内容,包括标题、正文等
PCollection<KV<String, Doc>> urlDocPairs = ...;
# 使用 GroupByKey Transform 返回按照 url 聚集后的 PCollection
PCollection<KV<String, Iterable<Doc>>> urlToDocs =
    urlDocPairs.apply(GroupByKey.<String, Doc>create());
# 对聚集后的 PCollection 作进一步分析处理
PCollection<R> results =
    urlToDocs.apply(ParDo.of(new DoFn<KV<String, Iterable<Doc>>, R>() {
@ProcessElement
        public void processElement(ProcessContext c) {
            String url = c.element().getKey();
            Iterable<Doc> docsWithThatUrl = c.element().getValue();
//... process all docs having that url ...
        }}));
```

⊖ PCollection 中每个元素为 key/value,形式为 PCollection<KV<K, V>>。

需要注意的是，在聚集过程中，GroupByKey 并不会直接比较两个 Key 是否相同，而是比较两个 Key 的 Coder。

3. Combine

Combine Transform 作用是合并 PCollection 中元素，可计算得到统计信息，比如最小值、最大值和平均值等，也可以按照 key 进行分组聚集。

（1）简单数据合并

如果仅对 PCollection 元素进行简单合并操作（比如求和），可实现接口 SerializableFunction 的 apply 方法，示例如下：

```
# 输入：PCollection<Integer>，输出：所有元素的和
public static class SumInts implements SerializableFunction<Iterable<Integer>, Integer> {
    @Override
    public Integer apply(Iterable<Integer> input) {
        int sum = 0;
        for (int item : input) {
            sum += item;
        }
        return sum;
    }
}
```

（2）复杂数据合并

如果对 PCollection 元素进行复杂合并，则需实现一个 CombineFn 子类，它定义了若干待实现的函数接口，包括初始化、合并、输出等，具体如下。

1）createAccumulator：创建 Accumulator，即定义一个本地积聚器。以求平均值为例，它包含两个变量，即所有元素和元素个数。

2）addInput：将一个新的元素加入到 Accumulator 中，并返回更新后的 Accumulator。在以上示例中，每加入一个元素，需更新元素和元素数目。

3）mergeAccumulators：将多个 Accumulator 合并为一个。在分布式环境中，运行在不同机器上的进程要合并不同数据块中的元素，并各自产生一个 Accumulator，最终需将它们合并成一个。在以上示例中，对应的逻辑实现是，分别累加不同 Accumulator 中的元素和与元素数目产生一个最终的 Accumulator。

4）extractOutput：产生最终结果。在以上示例中，对应的逻辑实现是，元素之和除以元素个数得到最终的平均值。

需要注意的是，以上几个函数是分布式并行执行的，且会流式地对输入数据进行处理并不断产生最新结果。对 PCollection<Integer> 中的所有元素求平均值的 Combiner 实现如下：

```
public class AverageFn extends CombineFn<Integer, AverageFn.Accum, Double> {
```

```java
public static class Accum {
    int sum = 0;
    int count = 0;
}

@Override
public Accum createAccumulator() { return new Accum(); }

@Override
public Accum addInput(Accum accum, Integer input) {
    accum.sum += input;
    accum.count++;
    return accum;
}

@Override
public Accum mergeAccumulators(Iterable<Accum> accums) {
    Accum merged = createAccumulator();
    for (Accum accum : accums) {
        merged.sum += accum.sum;
        merged.count += accum.count;
    }
    return merged;
}

@Override
public Double extractOutput(Accum accum) {
    return ((double) accum.sum) / accum.count;
}
}
```

针对 key/value PCollection，可通过实现一个 KeyedCombineFn 子类完成按 key 进行分组聚集的功能。为了使用方便，Beam 预定义了一些 Combine Transform，包括求元素个数（Count）、最小值（Min）、最大值（Max）、元素和（Sum）和平均值（Mean）等，以求元素和为例：

```java
PCollection<Integer> pc = ...;
PCollection<Integer> sum = pc.apply(
    Combine.globally(new Sum.SumIntegerFn()));
```

4. Partition 与 Flatten

Partition 与 Flatten 是两个互逆的 Transform，Partition 作用是将一个 PCollection 按照一定规则分解成多个小的 PCollection，而 Flatten 则相反，它将多个小的 PCollection 合并成一个大的 PCollection。Partition 要求实现一个 PartitionFn 对象函数，用以产生每个元素分配到的新 PCollection 的编号（类似于 MapReduce 中的 Partitioner）。一个完整的 Partition 实例如下：

```
PCollection<Student> students = ...;
// 按照 percentile 属性将 students 分解成 10 个分区,每个分区是一个 PCollection
PCollectionList<Student> studentsByPercentile =
    students.apply(Partition.of(10, new PartitionFn<Student>() {
        public int partitionFor(Student student, int numPartitions) {
            return student.getPercentile() * numPartitions / 100;
        }}))
for (int i = 0; i < 10; i++) {
    PCollection<Student> partition = studentsByPercentile.get(i);
    ...
}
```

Flatten 可将一组小的 PCollection 合并成一个大的 PCollection,它要求所有待合并 PCollection 以 PCollectionList 列表形式存在,示例如下:

```
// 合并 pc1,pc2 和 pc3 三个 PCollection
PCollection<String> pc1 = ...;
PCollection<String> pc2 = ...;
PCollection<String> pc3 = ...;
PCollectionList<String> collections =
PCollectionList.of(pc1).and(pc2).and(pc3);
```

Flatten 可进一步将 PCollectionList 对象合并成一个大的 PCollection,代码示例如下:

```
PCollection<String> merged = collections.apply(Flatten.<String>pCollections());
```

5. Join

Join 是分布式计算中常见的操作,其主要作用是将多个数据集按照一个或多个关键字连接在一起。在 Beam 中,Join 是通过 CoGroupByKey Transform 实现的。CoGroupByKey 的功能是将多个 key/value 的 PCollection 按照 key 连接在一起,以两个数据集为例,PCollection<KV<K, V1>> 和 PCollection<KV<K, V2>>,经 CoGroupByKey Transform 计算后,产生连接后的数据集类型为 PCollection<KV<K, CoGbkResult>>,为了区分 CoGbkResult 中每条数据的来源,CoGroupByKey 要求为每个输入数据集做标注(通过 TupleTag 对象实现),示例如下:

```
// 两个输入 key/value 数据集
PCollection<KV<K, V1>> pt1 = ...;
PCollection<KV<K, V2>> pt2 = ...;
// 创建两个标签以标注前面两个数据集
final TupleTag<V1> t1 = new TupleTag<>();
final TupleTag<V2> t2 = new TupleTag<>();
// 通过 CoGroupByKey 连接两个数据集
PCollection<KV<K, CoGbkResult>> coGbkResultCollection =
    KeyedPCollectionTuple.of(t1, pt1)
                        .and(t2, pt2)
                        .apply(CoGroupByKey.<K>create());
// 格式化结果
```

```java
PCollection<T> finalResultCollection =
    coGbkResultCollection.apply(ParDo.of(
        new DoFn<KV<K, CoGbkResult>, T>() {
            @ProcessElement
            public void processElement(ProcessContext c) {
                KV<K, CoGbkResult> e = c.element();
                Iterable<V1> pt1Vals = e.getValue().getAll(t1);
                V2 pt2Val = e.getValue().getOnly(t2);
//... 其他逻辑 ....
                c.output(...);
            }
        }));
```

15.3.4　side input 与 side output

本节将介绍 Beam 多路输入和多路输出机制，即 side input 和 side output。

1. side input

在分布式计算场景中，经常需要连接多个数据集，对于大数据集与小数据集的连接操作，可通过 map-side join 算法实现，该算法基本思想是：将小数据集广播到各个节点，并把大数据集切分成多个分片，每个分片与小数据集进行连接操作。为了实现小数据的广播，Beam 提供了 side input 机制。

1）Beam 提供了将一个 PCollection 转化为 PCollectionView 的 API，PCollectionView 可看作 PCollection 的只读视图，类似于 Spark 中的广播变量，代码示例如下：

```java
PCollection<Page> pages = ... // pages 数据集不大，可放入内存中
final PCollectionView<Map<URL, Page>> = urlToPage
    .apply(WithKeys.of( ... )) // 从 page 中提取 URL
    .apply(View.<URL, Page>asMap()); // 将 PCollection<URL, Page> 转化为广播变量
```

View 中提供了 View.AsIterable、View.AsList、View.AsMap、View.AsMultimap 和 View.AsSingleton 等一系列函数，允许用户根据需要将 PCollection 转化为最合适的数据结构。

2）PCollectionView 是通过函数 ParDo.withSideInputs 完成数据集广播的，代码示例如下：

```java
PCollection<UrlVisit> urlVisits = ... // 非常大的数据集
PCollection PageVisits = urlVisits
    // 将前面的 urlToPage 作为广播变量传入 ParDo.withSideInputs
    .apply(ParDo.withSideInputs(urlToPage)
        .of(new DoFn<UrlVisit, PageVisit>() {
@Override
            void processElement(ProcessContext context) {
                UrlVisit urlVisit = context.element();
                // 根据 URL 获取 Page 信息
Page page = urlToPage.get(urlVisit.getUrl());
                c.output(new PageVisit(page, urlVisit.getVisitData()));
            }
        }));
```

2. side output

一个 ParDo Transform 可产生多个输出 PCollection，包括一个主 PCollection 和任意多个附属 PCollection，每个 PCollection 与唯一的 TupleTag 关联，并由统一的 PCollectionTuple 管理。代码示例如下：

```java
PCollection<String> words = ...;
final int wordLengthCutOff = 10;
// 为各个输出 PCollection 创建标签
final TupleTag<String> wordsBelowCutOffTag = new TupleTag<String>(){};
final TupleTag<Integer> wordLengthsAboveCutOffTag = new TupleTag<Integer>(){};
final TupleTag<String> markedWordsTag = new TupleTag<String>(){};
PCollectionTuple results = words.apply(
    // 设置各个 PCollection 的标签，其中 wordsBelowCutOffTag 是主 PCollection
    ParDo.withOutputTags(wordsBelowCutOffTag,
    TupleTagList.of(wordLengthsAboveCutOffTag).and(markedWordsTag))
        .of(new DoFn<String, String>() {
            @ProcessElement
            public void processElement(ProcessContext c) {
                String word = c.element();
                if (word.length() <= wordLengthCutOff) {
                    c.output(word); // 将短词写入主 PCollection
                } else {
                    // 将长词写入一个附属 PCollection
                    c.sideOutput(wordLengthsAboveCutOffTag, word.length());
                }
                if (word.startsWith("MARKER")) {
                    // 将特殊词写入另外一个附属 PCollection
                    c.sideOutput(markedWordsTag, word);
                }
            }}));
// 按照标签提取每个输出 PCollection
PCollection<String> wordsBelowCutOff = results.get(wordsBelowCutOffTag);
PCollection<Integer> wordLengthsAboveCutOff
    = results.get(wordLengthsAboveCutOffTag);
PCollection<String> markedWords = results.get(markedWordsTag);
```

15.4　Apache Beam 流式计算模型

为了统一流式计算与批处理两种计算引擎，Beam 以时间为边界对流式数据进行了切分，进而将流处理问题转化成批处理问题。然而，考虑到流式数据存在"延迟到达""乱序"等问题，处理动态的流式数据要远难于静态的有界数据。为了对流式计算模型进行抽象，Beam 提出了一系列概念，包括 window、watermark 与 trigger 等。为了更好地梳理这些概念之间的联系，Beam 进一步抽象出了 WWWH 模型[⊖]。本节将详细介绍这些概念，并给出代码示例。

⊖ https://www.oreilly.com/ideas/the-world-beyond-batch-streaming-102

15.4.1 window 简述

本节将介绍 Beam 中 window（即时间窗口）相关的重要概念，包括 process time 与 event time、window 的划分方式。

1. process time 与 event time

在流式计算中，每条数据（隐式或显式）包含两个时间相关的属性：一个是 event time，即数据产生时间，它是数据与生俱来的属性，比如用户行为数据中行为产生的时间，信用卡交易数据中交易时间等；另一个是 process time，即数据处理时间，它是数据（产生后）流入计算系统后，进一步被计算引擎处理时的时间。在理想情况下，用户总是希望 event time 与 process time 是一致的，即数据产生之后马上被处理，期间没有任何延迟。但在实际应用场景中，这种情况是不可能发生的，如图 15-4 所示，由于网络延迟、计算框架本身设计局限等原因，数据处理时间往往落后于产生时间，即数据产生后要等待一段时间才会处理。

在实际应用场景中，用户总是希望以数据产生时间（event time）为基准处理数据，比如在用户行为分析系统中，实时统计每 10 分钟的活跃用户数（比如 10:10～10:20，10:20～10:30 等），其中的"时间"是用户行为发生的实际时间，即 event time。考虑到流式数据存在"延迟"、"乱序"等问题，因此严格按照 event time 为时间基准进行数据分析往往是非常困难的。为了解决"延迟"和"乱序"等问题，Beam 在设计编程模型时充分考虑到数据完整性、延迟和成本这三个因素，允许用户根据自己的需要对这三个因素的影响因子进行调整。

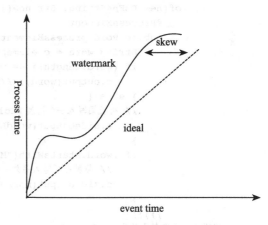

图 15-4　event time 与 process time 的关系

2. window

前面提到，流式计算的输入数据流是无界的，这意味着数据无穷尽且不可预知下一条数据的到达时间，为了便于统一抽象有界和无界两类数据，Beam 以 window 为单位切分无限数据流，进而将数据离散化成一系列数据片段，于是流式计算变成了面向"时间窗口"的计算模式。

Beam 按照 event time 将流式计算的"时间窗口"分成三类：固定窗口（fixed window）、滑动窗口（sliding window）和会话窗口（session window），它们的区别如图 15-5 所示。

（1）固定窗口

以 event time 为基准将数据流切分成固定时间窗口大小且无重叠的数据片段，代码示例如下：

```
PCollection<KV<String, Integer>> scores = input
    .apply(Window.into(FixedWindows.of(Duration.standardMinutes(2))))
    .apply(Sum.integersPerKey());
```

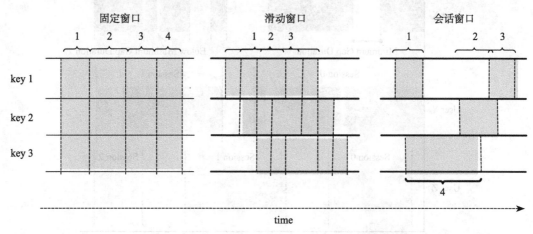

图 15-5　时间窗口分类：固定窗口、滑动窗口和会话窗口

（2）滑动窗口

以 event time 为基准将数据流切分成固定时间窗口大小但允许有重叠的数据片段，代码示例如下：

```
// 每个时间窗口区间为 [N * period + offset, N * period + offset + size)
/* SlidingWindows slidingWindowFn = SlidingWindows
      .of(size)
      .every(period)
      .withOffset(offset); */
PCollection<KV<String, Integer>> scores = input
.apply(Window.into(SlidingWindows
      .of(Duration.standardSeconds(10))
      .every(Duration.standardSeconds(10))
      .withOffset(Duration.standardSeconds(0)))
    .apply(Sum.integersPerKey());
```

（3）会话窗口

会话窗口是指用户连续活动的时间区间，比如在淘宝上，用户从登录到最终离开，整个过程便是一个会话窗口。Beam 通过判断会话终止条件（相邻两个数据出现间隔不超过设置的会话时间）将流式数据划分到不同会话窗口中，如图 15-6 所示。代码示例如下：

```
// 用 Sessions.withGapDuration 指定会话终止的超时时间
PCollection<KV<String, Integer>> scores = input
    .apply(Window.into(Sessions.withGapDuration(Duration.standardMinutes(1)))
    .apply(Sum.integersPerKey());
```

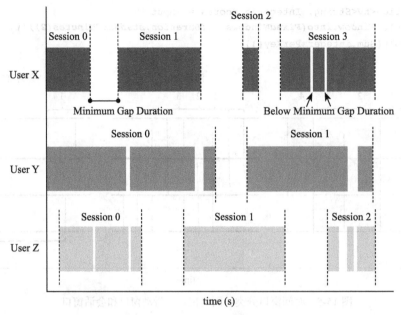

图 15-6　会话窗口划分方式

15.4.2　watermark、trigger 与 accumulation

本节将介绍 Beam 提出的几个流式计算机制，包括 watermark、trigger 以及 accumulation，用以解决流式计算中的数据延迟与乱序、优化计算等问题。

1. watermark

前面提到，由于流式数据存在延迟和乱序问题，追踪流式数据处理进度是很困难的。为了解决该问题，Beam 引入了 watermark 这一概念。watermark 是指当前未处理数据中最晚数据的 event time（时间戳），也就是说，系统不会再收到 event time 小于该时间戳的数据。随着时间的推进，watermark 的值也是不断增加的，它可看作是函数 $F(P) \to E$，其中 P 为 process time，E 为 event time，即 process time 与 event time 的变化曲线。

watermark 可以作为触发数据处理的条件，当 watermark 到达窗口边界时，可触发该窗口数据的计算，但这种严格的触发条件会带来问题。

- **数据完整性**：对于延迟到达的数据，由于到达时对应的时间窗口已经关闭，这些数据无法得到计算（可能被丢弃），这会影响最终结果的正确性；
- **计算延迟**：对于过早到达的数据，需要等待足够长的时间才能得到计算，对于这些数据而言，计算延迟过高，无法尽快看到结果。

2. trigger

为了解决以上问题，更好地处理过早或过晚到达的数据，Beam 引入了 trigger 这一概念作为补充。trigger 是处理窗口数据的触发器,它通常是相对 watermark 而定的(比如比 watermark 早 5 分钟,或在 watermark 之后到达 1 条数据)。与 watermark 不同的是,trigger 是定义在 process time 上的概念,它允许用户根据需要灵活地决定触发数据计算的时机,包括(但不限于):

- 对于过早到达的数据,可采用周期性触发机制,进而使数据的结果尽快对外可见;
- 对于延迟到达的数据,可采用定量触发机制,只要固定数目的延迟数据到达便触发计算,考虑到延迟到达的数据量较小,这种机制不会占用过多的计算资源。

下面举例说明 watermark 与 trigger 的使用方式。在该实例中,以 2 分钟的时间窗口切分流式数据,并且当 watermark 到达窗口边界时,触发该窗口数据的计算,但对于过早或延迟到达的数据,分别设置了对应的计算触发时机,对于过早到达的数据,不需要等到 watermark 时间戳再触发计算,而是每 1 分钟便进行一次计算;对于延迟到达的数据,每收到 1 条数据便进行一次计算。

```
PCollection<KV<String, Integer>> scores = input
    .apply(Window.into(FixedWindows.of(Duration.standardMinutes(2)))
        .triggering(
AtWatermark()
.withEarlyFirings(AtPeriod(Duration.standardMinutes(1)))
        .withLateFirings(AtCount(1))))
    .apply(Sum.integersPerKey());
```

在实际应用场景中,考虑到计算资源是宝贵且有限的,流式计算引擎不会无限期地保存每个时间窗口的状态信息以应对延迟到达的数据。为此,Beam 允许用户设置每个时间窗口的有效期,一旦有效期过后,延迟到达的数据可被丢弃。比如允许每个时间窗口中的数据最多延迟 1 分钟到达,代码示例如下:

```
PCollection<KV<String, Integer>> scores = input
    .apply(Window.into(FixedWindows.of(Duration.standardMinutes(2)))
        .triggering(
        AtWatermark()
            .withEarlyFirings(AtPeriod(Duration.standardMinutes(1)))
            .withLateFirings(AtCount(1)))
    .withAllowedLateness(Duration.standardMinutes(1)))
    .apply(Sum.integersPerKey());
```

3. accumulation

accumulation,即积累量,它描述的是同一时间窗口内多次计算产生结果之间的关系。由于同一时间窗口内的数据可能被分成多批次处理,它们的临时处理结果的关系可以是覆盖、累加或丢弃等。Beam 将 accumulation 分为三种模式。

1)**丢弃(discarding)**:在该模式下,每次处理完成后,Beam 将丢弃该批次计算相关的所有状态（比如计算产生的元素值之和），这意味着后续的处理不会再使用之前的任何状态信息。当用户程序在上层逻辑代码中处理这些结果时，通常使用该模式，比如用户将每次计算结果写入 Redis，再由另外一个程序根据时间区间累加这些计算结果。

2）**累计（accumulating）**：与"丢弃"模式相反，"累计"模式将保存每次计算相关的所有状态，进而使得这些状态信息可以累积到后续计算中。当用户想每次获得更新、更准确的结果时，可以改用该模式，比如用户每次将结果覆盖式写入 Redis，而另外一个程序只需要读取它获得更新的结果。

3）**累计并撤销（accumulating & retracting）**：在这种模式下，每次计算结果将影响前面几轮的计算结果，比如修正或撤销之前的结果，这通常发生在以下两种场景下。

4）**按照不同维度重新聚集数据**：在特定场景下，在计算过程中，应用程序根据不同的条件选择聚集的维度，这样不仅结果将会重新计算，而且旧结果将会撤销；

5）**动态时间窗口（比如会话窗口）**：在这种场景下，每次新的时间窗口将合并前几个窗口的计算结果。比如在会话窗口中，属于同一会话中的数据不断到达，因而每个会话中的统计数据将不断被修正。

以上几种模式的示例代码如下：

```
PCollection<KV<String, Integer>> scores = input
    .apply(Window.into(FixedWindows.of(Duration.standardMinutes(2)))
        .triggering(
            AtWatermark()
                .withEarlyFirings(AtPeriod(Duration.standardMinutes(1)))
                .withLateFirings(AtCount(1)))
        .discardingFiredPanes()          // "丢弃"模式
        //.accumulatingFiredPanes()      // "累计"模式
        //.accumulatingAndRetractingFiredPanes()  // "累计并撤销"模式
    )
    .apply(Sum.integersPerKey());
```

15.5 Apache Beam 编程实例

为了方便读者系统性学习 Beam 使用方式，本节给出两个完整的 Beam 应用程序开发实例：WordCount 与移动游戏用户行为分析。

15.5.1 WordCount

WordCount 是一个非常经典的分布式计算问题，其主要功能是统计输入数据集中每个词出现的频率，利用 Beam 实现 WordCount 功能的流程如图 15-7 所示。

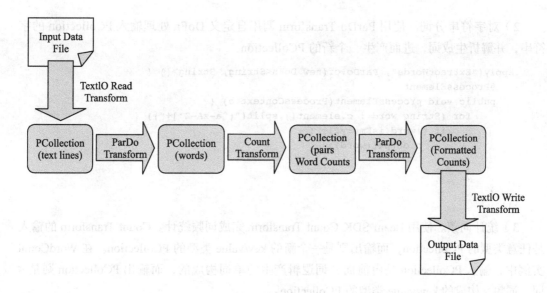

图 15-7　利用 Beam 实现 WordCount 的流程

详细代码编写流程如下:

1. 创建 Pipeline

首先创建一个 PipelineOptions 对象，用以指定 Pipeline 相关的配置信息，包括 Beam Runner 以及与之相关的配置，默认情况下采用 DirectRunner:

```
PipelineOptions options = PipelineOptionsFactory.create();
// 可设置具体的 Runner，比如 SparkRunner:
//SparkPipelineOptions sparkOptions = options.as(SparkPipelineOptions.class);
//sparkOptions.setRunner(SparkRunner.class);
//sparkOptions.setSparkMaster("yarn-client");
Pipeline p = Pipeline.create(options);
```

在实际开发中，通常不会直接在源代码中设置配置信息，而是在提交应用程序时，以命令行方式传入:

```
${SPARK_HOME}/bin/spark-submit \
--runner=SparkRunner \
--sparkMaster=yarn-client \
    --class com.example.beam.Wordcount \
    ...
```

2. 应用 Transform

1) 读取数据，并转换成 PCollection。使用 TextIO.Read 读取指定输入目录中的数据，并生成一个输出 PCollection，其中每个元素是输入文件中的一行文本字符串。

```
p.apply(TextIO.Read.from("hdfs://data/input"))
```

2）对字符串分词。使用 ParDo Transform 调用自定义 DoFn 处理输入 PCollection 的字符串，并解析生成词，进而产生一个新的 PCollection：

```
.apply("ExtractWords", ParDo.of(new DoFn<String, String>() {
    @ProcessElement
    public void processElement(ProcessContext c) {
        for (String word : c.element().split("[^a-zA-Z']+")) {
            if (!word.isEmpty()) {
                c.output(word);
            }
        }
    }
}))
```

3）统计词频。使用 Beam SDK Count Transform 完成词频统计。Count Transform 的输入是任意类型的 PCollection，而输出则是一个新的 key/value 类型的 PCollection。在 WordCount 实例中，输入 PCollection 是由前面分词逻辑产生的单词构成的，而输出 PCollection 则是 <词，词频> 构成的 key/value 类型的 PCollection。

```
.apply(Count.<String>perElement())
```

4）格式化结果。为了简化实现，可直接使用 MapElements Transform，它类似于 Spark 中的 map 算子，可将输入数据集中的每个元素映射成新的元素：

```
.apply("FormatResults", MapElements.via(new SimpleFunction<KV<String, Long>, String>() {
    @Override
    public String apply(KV<String, Long> input) {
        return input.getKey() + ": " + input.getValue();
    }
}))
```

5）输出结果。将最终结果以文本格式写入指定目录：

```
.apply(TextIO.Write.to("/data/output/wordcounts"));
```

3. 运行 Pipeline

调用 Pipeline 中的 run 方法运行应用程序。

```
p.run().waitUntilFinish();
```

最终的命令行提交方式是由 Beam Runner 方式决定的，如果是 Spark Runner，则使用 ${SPARK_HOME}/bin/spark-submit，如果是 Flink Runner，则使用 ${SPARK_HOME}/bin/flink。

15.5.2 移动游戏用户行为分析

在移动游戏场景中，用户在玩游戏过程中会产生大量的行为数据，这些数据会被数据分

析系统收集并加以分析。假设在一个移动游戏中,每个用户产生的行为包含以下 4 个字段:
- unique ID:游戏玩家的唯一 ID。
- team ID:游戏玩家所在战队的 ID。
- score:游戏玩家的得分。
- timestamp:游戏玩家玩游戏的发生时间。

其 Java 定义如下:

```java
@DefaultCoder(AvroCoder.class)
public class GameActionInfo {
    private String user;
    private String team;
    private Integer score;
    private Instant timestamp;
    ...
}
```

基于以上数据,如何利用 Beam 分析得到每个战队每小时的总得分?可分为以下几个步骤。

1)从每条数据中提取战队的 ID 以及玩家得分。可通过实现一个 PTransform 完成该功能:

```java
public static class WindowedTeamScore
        extends PTransform<PCollection<GameActionInfo>, PCollection<KV<String, Integer>>> {
    private Duration duration;
    public WindowedTeamScore(Duration duration)
        this.duration = duration;
    }
    @Override
    public PCollection<KV<String, Integer>> expand(PCollection<GameActionInfo> input) {
            return input
                // 将数据流切分成固定大小的时间窗口
                .apply(Window.into(FixedWindows.of(duration)))
                // 提取每个战队的 ID 和玩家得分
                .apply("ExtractUserScore", new ExtractAndSumScore(KeyField.TEAM));
    }
}
```

其中,ExtractAndSumScore 的实现如下:

```java
private static class ExtractAndSumScore
        extends PTransform<PCollection<GameActionInfo>, PCollection<KV<String, Integer>>> {

    @Override
    public PCollection<KV<String, Integer>> expand(PCollection<GameActionInfo> gameInfo) {
            // 以战队为单位,统计总得分
            return gameInfo
```

```
                .apply(MapElements.via((GameActionInfo gInfo) -> KV.of(gInfo.getTeam,
gInfo.getScore())))
                .withOutputType(TypeDescriptors.kvs(TypeDescriptors.strings(),
TypeDescriptors.integers())))
                .apply(Sum.<String>integersPerKey());
    }
}
```

2）编写 main 函数，构建 Pipeline：

```
public static void main(String[] args) throws Exception .
    ExerciseOptions options = PipelineOptionsFactory.fromArgs(args).
withValidation().as(ExerciseOptions.class);
    Pipeline pipeline = Pipeline.create(options);
    pipeline
        // 通过一个产生器，不断产生数据
        .apply(new Input.BoundedGenerator())
        // 提取战队名称和对应得分
        .apply(new WindowedTeamScore(Duration.standardMinutes(1)))
        // 将每个小时每个战队得分输出，比如写入 "hourly_team_score" 表中
        .apply(new Output.WriteHourlyTeamScore());
    pipeline.run();
}
```

15.6 小结

本章介绍了 Apache Beam，一种统一流式处理和批处理的计算模型，它允许用户开发与具体计算引擎无关的应用程序，并根据需要运行到当前主流的计算引擎上，包括 Apache Spark、Apache Flink 等。Apache Beam 对编程模型进行了抽象，引入了 Pipeline、PCollection、Transform 以及 IO Source/Sink 编程组件。

为了统一流式计算与批处理，Beam 以时间为边界对流式数据进行了切分，进而将流式处理转化成小的批处理。考虑到流式数据存在"延迟到达"、"乱序"等问题，处理动态的流式数据要远难于处理静态的有界数据。为了对流式计算模型进行抽象化，Beam 提出了一系列概念，包括 window、watermark 与 trigger 等，本章详细介绍了这些概念以及如何利用它们完成分布式程序开发。

15.7 本章问题

问题 1：scio[⊖] 是为 Beam 实现的 Scala API，试用 scio 实现 WordCount

问题 2：为了统一各种计算引擎的共有特性，Beam 提供的 API 可能会舍弃计算引擎的特有功能。那么 Spark 中的 RDD 缓存功能如何在 Beam 中使用？

⊖ https://github.com/spotify/scio。

第 16 章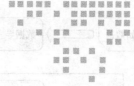

大数据机器学习库

机器学习（Machine Learning，ML）是人工智能的核心，专门研究计算机怎样模拟或实现人类的学习行为，以获取新的知识或技能，重新组织已有的知识结构使之不断改善自身的性能。机器学习已经广泛应用在各种大数据分析场景，包括垃圾邮件过滤、人脸识别、推荐引擎等。机器学习包含一整套成熟的算法，涉及分类、聚类、回归及协同过滤等。

在分布式计算框架之上实现机器学习算法是大数据领域的应用热点。从经典的构建在 MapReduce 之上的 Mahout（已经支持多种计算引擎），到主流的构建在 Spark 之上的 MLLib，机器学习已成为大数据领域最活跃的技术方向之一。MLLib 作为构建在 Spark 之上的机器学习库，充分利用了 Spark 的简单性、高性能以及高扩展性等特性，已成为应用最广泛的大数据机器学习库之一。MLLib 可用于开发和管理机器学习流水线。它也可以提供特征抽取器、转换器、选择器，并支持分类、汇聚和分簇等机器学习技术。本章将从背景、算法实现及应用等方面介绍 MLLib。

16.1 机器学习库简介

一个完整的机器学习应用通过构建机器学习流水线的方式实现，它可以用于创建、调优和检验机器学习工作流程序等。机器学习流水线可以帮助用户更加专注于项目中的大数据需求和机器学习任务，而不是把时间和精力花在基础设施和分布式计算领域上。

机器学习工作流通常包括一系列的数据处理和学习阶段。机器学习数据流水线常被描述为由若干个计算阶段组成的序列，每个阶段可以是一个转换模块，或者估计模块。这些阶段会按顺序执行，输入数据在流水线中流经每个阶段时会被处理和转换。一个典型的流水线如图 16-1 所示。

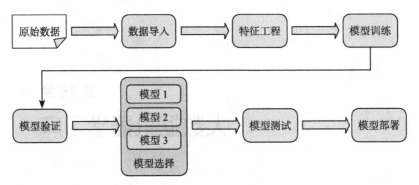

图 16-1　机器学习流水线

接下来介绍每个步骤的细节。

1）**数据导入**：从不同数据源中导入数据，数据规模是 GB、TB 甚至 PB。数据源通常具有分布式、异构性（包括数据格式和存储介质等）、易变性等特点。

2）**特征工程**，包括以下几个步骤。

- **数据预处理**：数据清洗，也称为数据清理或数据转换，是数据分析流水线中的第一步，主要是要把输入数据转换成结构化数据，以方便后续的数据处理和预测性分析。由于原始数据总会存在各种各样的质量问题，比如数据不完整，数据项不正确或不合法等，数据清洗过程使用各种不同的方法，包括补全默认值、数据格式转换等，对数据完成清洗任务。
- **特征抽取**：根据模型的需要，对清洗后的数据抽取有用的特征，通常会用到特征哈希（Hashing Term Frequency）和 Word2Vec 等技术。
- **特征转换**：转化数据，使之成为有效的特征。常用的方法是标准化、归一化、特征的离散化等。
- **特征选择**：选择最适合模型的特征，常用的方法包括方差选择法、相关系数法、卡方检验等。

3）**模型训练**：机器学习模型训练包括学习算法和训练数据两部分。学习算法会从训练数据中发现模式，并生成输出模型。

4）**模型验证**：该环节包括模型评估和调整，以衡量用它来做预测的有效性。

5）**模型选择**：模型选择指让转换器和估计器用数据去选择参数。这在机器学习流水线处理过程中也是关键的一步。

6）**模型部署**：一旦选好了正确的模型，我们就可以开始部署，输入新数据并得到预测性的分析结果。

机器学习库拥有丰富的开源实现。从单机的 Scikit-learn 到分布式的 MLLib，它们各有特色，被广泛应用在各种数据处理场景。

Scikit-learn 是构建在 Python 基础上的机器学习库,由于其简单且高效,而备受开发者欢迎。Scikit-learn 将算法分为如表 16-1 所示的几个类别。

表 16-1 Scikit-learn 中的算法分类

算法	解释	应用
分类(Classification)	确定对象所属类别	垃圾邮件检测、图像识别
回归(Regression)	预测连续值属性的变化	股票价格预测
聚类(Clustering)	类似对象的自动化分组	客户细分
降维(Dimensionality reduction)	减少随机变量的数目	可视化,模型特征选择
模型选择(Model selection)	比较、验证和选择参数和模型	通过参数调优提高准确率
预处理(Preprocessing)	特征提取与正则化	将输入数据转化成可被机器学习算法识别的表示方式

Scikit-learn 是单机版的机器学习算法库,通常只能处理小规模的数据集。当输入数据集增大到单机难以容纳或单机处理时间过长时,必须借助分布式机器学习算法库。随着分布式计算框架的流行,越来越多的机器学习算法被分布式化,进而产生了丰富的机器学习库,包括 MapReduce 之上的 Mahout、Spark 之上的 MLLib、Flink 之上的 FlinkML 等。

Apache Mahout 是最经典的分布式机器学习库,它最初构建在 MapReduce 上,之后逐步迁移到 Spark、Flink 等更高效的 DAG 计算引擎之上,目前 Mahout 通过引入面向机器学习的声明式 DSL—Samsara[⊖],将机器学习算法转化成可运行在特定计算引擎之上的程序,进而朝着多计算引擎的方向发展,其架构如图 16-2 所示。

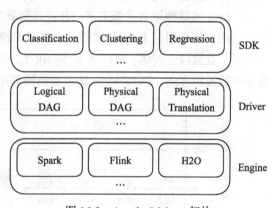

图 16-2 Apache Mahout 架构

经过了很多年的积累和演化,Apache Mahout 中已经包含了丰富的机器学习算法的实现,包括单机版本和分布式版本。需要注意的是,早在 2014 年,Mahout 社区已经停止接收任何采用 MapReduce 开发的机器学习算法,而是转向 Spark、Flink 等更加简单高效的计算引擎。

相比于 Mahout,MLLib 则是后起之秀。它是一个基于 Spark 计算引擎实现的机器学习库,借助 Spark 简单性和高性能等优点,MLLib 已经成为大数据领域最受欢迎的机器学习库。接下来,我们将从背景、实现及应用等方面介绍 MLLib。

⊖ Sebastian Schelter, Andrew Palumbo, Shannon Quinn, Suneel Marthi, Andrew Musselman, Samsara: Declarative Machine Learning on Distributed Dataflow Systems, Machine Learning Systems workshop at the conference on Neural Information Processing Systems (NIPS), 2016.

16.2 MLLib 机器学习库

MLLib 经历过两个版本的演化，基于 RDD API 的实现和基于 DataFrame API 的实现。它的第一个版本诞生于 Spark 0.8，是完全基于 RDD API 实现的，充分利用了 Spark RDD 模型的简单性和高效性，相比于基于 MapReduce 实现的算法，效率高出很多。但随着 MLLib 被越来越多的公司使用，新的问题产生了，包括：

- **难以表达复杂的数据管道**：机器学习数据管道是由若干个相互协作的计算单元构成的，它通常包含若干个结点，从日志收集和 ETL，到模型训练和评估，最后到线上服务和评估等。由于 RDD 无 schema 无类型信息，采用 RDD 实现的机器学习算法难以构建一个复杂易懂的工作流。
- **与 DataFrame 集成复杂化**：Spark SQL 引入了更加高效的 DataFrame 抽象，但在 MLLib 中同时使用 RDD 与 DataFrame 会让程序变得过于复杂。
- **实现跨语言读写困难**：在实际应用中，完成一个机器学习相关的产品通常需要研究团队和工程团队的合作，研究团队基于 Python 或 R 语言快速构建一个原型，并验证其可行性，之后交给工程团队实现。考虑到系统的可维护性，工程团队通常会采用 Java 或其他语言重新实现，并将其部署到生产环境中。由于 RDD 是难以跨语言读写的，使得用基于 RDD 实现的机器学习模型难以在不同团队之间共享。

为了克服以上问题，MLLib 从 Spark 1.2 开始引入了基于 DataFrame 的实现，并将其作为未来的发展方向。DataFrame 的发展轨迹如图 16-3 所示。

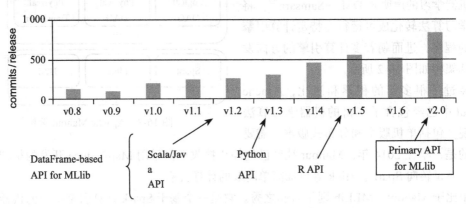

图 16-3　MLLib 基于 DataFrame API 实现的发展轨迹

基于 DataFrame 开发机器学习库将为 MLLib 带来很多好处，包括：

- **充分利用 DataFrame/Dataset 的优势**：相比于 RDD，DataFrame/Dataset 具有数据源（data source）统一、性能自动调优（借助 Catalyst 和 Tungsten）以及编程接口简单等优点。
- **跨语言**：支持跨语言（Scala、Java、Python 和 R）访问，允许跨语言读写模型，比如利用 Python 实现模型并持久化到磁盘上，之后使用 Java 加载该模型并应用到产品线上。
- **灵活定义复杂的数据管道**：借鉴经典的 Python 机器学习库 Scikit-learn[⊖]，MLLib 对通用组件进行抽象，包括 Transformer、Estimator 和 Model 等，并允许用户根据需要对其进行扩展和组合。

MLLib 最终的目的是构建一套 易用的大数据机器学习库，为此，它提供了一系列工具，包括：
- **机器学习算法**：涉及常用的机器学习算法，包括聚类、分类、回归及协同过滤等。
- **特征工程工具包**：包括特征抽取、转换、降维和选择等。
- **管道构建工具包**：涉及一系列工具构建、评估和调优机器学习管道。
- **持久化实现**：涉及算法、模型和管道的保存和加载。
- **数学工具包**：涉及线性代数，数理统计，数据处理等。

接下来我们将详细介绍 MLLib 中的这些工具。

16.2.1 Pipeline

MLLib 对机器学习管道的构建进行了标准化，允许一系列算法通过组合的方式构建管道。它借鉴 Scikit-learn，引入了一系列概念：

1）**DataFrame**：MLLib API 使用了 Spark SQL 中的 DataFrame 作为数据表示方式。一个 DataFrame 中可以包括不同列以存储不同类型的数据，包括文本数据、特征向量、true/false 标签以及预测结果等。

2）**Transformer**：Transformer 是一种 DataFrame 转换算法，比如机器学习模型是一个 Transformer，它将一个由特征构成的 DataFrame 转化为由预测结果构成的 DataFrame。Transformer 通常通过在输入 DataFrame 上追加更多列产生一个新的 DataFrame，比如：
- 一个 feature transformer 针对给定的 DataFrame，读取其中的一列数据，通过特征工程将其映射成一个新列，追加到原始 DataFrame 上变换成一个新的 DataFrame。
- 一个 learning model 输入一个由特征构成的 DataFrame，通过计算后得到预测结果，并将之作为新列追加到原始 DataFrame 上形成一个新的 DataFrame。

3）**Estimator**：Estimator 是一种将 DataFrame 转化为 Transformer 的学习算法，比如一个机器学习算法将 DataFrame 作为训练集进行训练并产生模型。技术上讲，Estimator 实现了 fit() 方法，并以 DataFrame 作为输入产生一个 Model，而这里的"Model"是一个 Transformer。需要注意的是，Transformer 和 Estimator 均是无状态的，这使得构建 Pipeline 极具灵活性。

4）**Pipeline**：将多个 Transformer 和 Estimator 连接在一起形成一个管道。比如文本处

⊖ http://scikit-learn.org/

理过程可能经过以下几个步骤，具体如图 16-4 所示。
- 步骤 1：将每个文档切分成一组单词。
- 步骤 2：将每个文档中的单词转化成数字化的特征向量。
- 步骤 3：使用特征向量及已知标签学习产生预测模型。

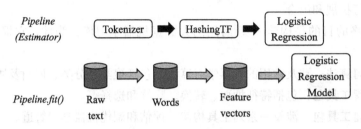

图 16-4　文本处理管道

在图 16-4 中，Tokenizer 和 HashingTF 是 Transformer，LogisticRegression 是 Estimator。Tokenizer.transform() 方法将原始文档切分成一组单词，并在产生的 DataFrame 中增加新列 "words"；HashingTF.transform() 则进一步将 "words" 一列中的单词转换成特征向量，并放到新产生的 DataFrame 中；最后调用 LogisticRegression.fit() 产生 LogisticRegression Model，如果后续还有更多的阶段，可调用 LogisticRegressionModel.transform() 做进一步转换。

5）参数：所有的 Transformer 和 Estimator 共享一套定义参数的 API。

图 16-4 中所示文本处理实例的代码如下：

```scala
// 构造训练集，用 DataFrame 表示，包含三列：id,text 和 label
val training = spark.createDataFrame(Seq(
    (0L, "a b c d e spark", 1.0),
    (1L, "b d", 0.0),
    (2L, "spark f g h", 1.0),
    (3L, "hadoop mapreduce", 0.0)
)).toDF("id", "text", "label")

// 配置机器学习管道，包含三个阶段：tokenizer, hashingTF, and lr.
val tokenizer = new Tokenizer()
    .setInputCol("text")
    .setOutputCol("words")
val hashingTF = new HashingTF()
    .setNumFeatures(1000)
    .setInputCol(tokenizer.getOutputCol)
    .setOutputCol("features")
val lr = new LogisticRegression()
    .setMaxIter(10)
    .setRegParam(0.001)
val pipeline = new Pipeline()
    .setStages(Array(tokenizer, hashingTF, lr))
```

```
// 调用fit进行训练产生模型
val model = pipeline.fit(training)

// 可将模型持久化到磁盘上，以便后续使用（可使用其他语言，比如Python、R语言加载）
model.write.overwrite().save("/tmp/spark-logistic-regression-model")
```

当需要使用该模型时，可对其重新加载并使用：

```
// 重新加载模型
val sameModel = PipelineModel.load("/tmp/spark-logistic-regression-model")

// 准备测试文档
val test = spark.createDataFrame(Seq(
    (4L, "spark i j k"),
    (5L, "l m n"),
    (6L, "spark hadoop spark"),
    (7L, "apache hadoop")
)).toDF("id", "text")

// 利用模型对测试文档进行预测
model.transform(test)
    .select("id", "text", "probability", "prediction")
    .collect()
    .foreach { case Row(id: Long, text: String, prob: Vector, prediction: Double) =>
        println(s"($id, $text) --> prob=$prob, prediction=$prediction")
    }
```

16.2.2 特征工程

特征工程是机器学习应用中最重要的环节之一，它直接影响到最终结果的准确性。MLLib提供了一系列特征抽取、转换及选择等方面的算法帮助机器学习工程师生成模型的特征，具体包括：

（1）抽取（Extraction）

从原始数据集中抽取特征。MLLib提供了多种面向文本文档的特征选择算法，包括：

- TF-IDF（term frequency–inverse document frequency），一种用于信息检索与数据挖掘的加权技术，可以用于抽取文档的特征。
- Word2Vec，可以将单词转换成特征向量的形式。
- CountVectorizer，将文本文档集合转化为词频向量的形式。

（2）转换（Transformation）

涉及特征扩展、转换和修改。MLLib提供了超过二十种特征转换算法，包括分词算法Tokenizer、去停止词算法StopWordsRemover、n-gram及降维算法PCA等，具体如表16-2所示。

表 16-2 MLLib 中的特征转换算法汇总

Transformation	解释	所在类 (org.apache.spark.ml.feature)
Tokenizer	将文本分割成一系列单词	Tokenizer
StopWordsRemover	去掉文本内容中的停止词（出现过于频繁，对模型计算无明显作用）	StopWordsRemover
n-gram	将文本切割成一系列连续 n 个词组成的序列	NGram
Binarizer	将数字型特征二进制化（映射为 0 和 1 两个值）	Binarizer
PCA	通过线性变换将原始特征变换为一组各维度线性无关的表示，可用于提取数据的主要特征分量，对高维数据的降维	PCA
PolynomialExpansion	多项式展开，即将特征映射到多项式空间中	PolynomialExpansion
Discrete Cosine Transform (DCT)	离散余弦变换，将实信号从时域变换到频域	DCT
StringIndexer	对字符类型的特征进行编码或解码	IndexToString
IndexToString		StringToIndex
OneHotEncoder	独热编码（又称一位有效编码），使用 N 位状态寄存器对 N 个状态进行编码，每个状态都有其独立的寄存器位，并且在任意时候，其中只有一位有效	OneHotEncoder
VectorIndexer	对无序类别（categorical）特征构建索引	VectorIndexer
Interaction	特征组合，通过乘积计算方式将多组特征合并成一组特征	Interaction
Normalizer	特征归一化	Normalizer
StandardScaler	特征标准化与区间缩放（将数值映射到某个区间内）	StandardScaler
MinMaxScaler		MinMaxScaler
MaxAbsScaler		MaxAbsScaler
Bucketizer	将连续数据离散化到指定的范围区间	Bucketizer
ElementwiseProduct	使用 Hadamard Product 方式为特征向量中的元素赋予权重	ElementwiseProduct
SQLTransformer	通过 SQL 语句得到特征向量	SQLTransformer
VectorAssembler	多个特征向量合并	VectorAssembler
QuantileDiscretizer	使用近似算法将连续特征离散化	QuantileDiscretizer

(3）选择（Selection）

从一个大的特征集合中选择一个子特征集，具体包括：

- VectorSlicer，是一个 Transformer，从特征向量中抽取部分特征并作为新的特征向量输出。
- Rformula，使用经典的 R 模型公式[①]选择特征。
- ChiSqSelector，使用卡方独立性检验选择特征。

（4）局部敏感哈希 (Locality-Sensitive Hashing, LSH)[②]

局部敏感哈希是一种降维技术，用于海量高维数据的近似最近邻快速查找技术，通常用于聚类、近似邻近搜索和异常值检测领域。

一段完整的特征工程代码示例如下：

```
import org.apache.spark.ml.feature._
import org.apache.spark.ml.Pipeline

// 创建一个包含三列的 DataFrane: id (integer), text (string), and rating (double).
val df = spark.createDataFrame(Seq(
    (0, "Hi I heard about Spark", 3.0),
    (1, "I wish Java could use case classes", 4.0),
    (2, "Logistic regression models are neat", 4.0)
)).toDF("id", "text", "rating")

// 定义特征转换器
val tok = new RegexTokenizer()
    .setInputCol("text")
    .setOutputCol("words")
val sw = new StopWordsRemover()
    .setInputCol("words")
    .setOutputCol("filtered_words")
val tf = new HashingTF()
    .setInputCol("filtered_words")
    .setOutputCol("tf")
    .setNumFeatures(10000)
val idf = new IDF()
    .setInputCol("tf")
    .setOutputCol("tf_idf")
val assembler = new VectorAssembler()
    .setInputCols(Array("tf_idf", "rating"))
    .setOutputCol("features")

// 组合生成 pipeline
val pipeline = new Pipeline()
    .setStages(Array(tok, sw, tf, idf, assembler))
val model = pipeline.fit(df)
```

[①] https://stat.ethz.ch/R-manual/R-devel/library/stats/html/formula.html
[②] https://en.wikipedia.org/wiki/Locality-sensitive_hashing

```
// 将原始数据和转化后的特征保存下来
model.transform(df)
    .select("id", "text", "rating", "features")
    .write.format("parquet").save("/output/path")
```

16.2.3 机器学习算法

MLLib 提供了分类、回归、聚类和协同过滤等机器学习算法，且这些算法仍在不断演化过程中。

1）分类算法，具体如表 16-3 所示。

表 16-3 MLLib 中的分类算法

算法	解释	所在类 (org.apache.spark.ml.classification)
逻辑回归	支持二元分类和多元分类	LogisticRegression
决策树	经典实现，支持二元和多元分类	DecisionTreeClassifier
随机森林	随机森林是决策树算法的组装，以防止过拟合	RandomForestClassifier
梯度提升树（GBT）	梯度提升树是决策树算法的组装	GBTClassifier
多层感知机（MLPC）	基于前馈人工神经网络（ANN）的分类器	MultilayerPerceptronClassifier
贝叶斯分类	基于特征间独立性假设和贝叶斯概率理论实现的分类模型	NaiveBayes

2）回归算法，具体如表 16-4 所示。

表 16-4 MLLib 中的回归算法

算法	解释	所在类 (org.apache.spark.ml.regression)
线性回归	采用梯度下降算法实现，假设输出服从高斯分布	LinearRegression
广义线性回归	线性模型的因变量服从指数分布	GeneralizedLinearRegression
决策树回归	分类和回归算法的组装	DecisionTreeRegressor
随机森林回归	同上	RandomForestRegressor
梯度提升树回归（GBT）	梯度提升树是决策树算法的组装	GBTRegressor
生存回归	参数生存回归模型，实现了加速失效时间（AFT）模型	AFTSurvivalRegression
保序回归	一种单调函数的回归，不需要制定目标函数	IsotonicRegression

3）聚类算法，具体如表 16-5 所示。

表 16-5 MLLib 中的聚类算法

算法	解释	所在类 (org.apache.spark.ml.clustering)
k-means	经典聚类算法实现，采用 k-means++ [注] 进行了优化	KMeans

[注] https://en.wikipedia.org/wiki/K-means%2B%2B

(续)

算法	解释	所在类 (org.apache.spark.ml.clustering)
LDA	一种文档主题生成模型	LDA
Bisecting k-means	二分 k-means 算法实现，一种改进的 k-means 实现	BisectingKMeans
Gaussian Mixture Model (GMM)	混合高斯模型	GaussianMixture

4）协同过滤：MLLib 实现了一种协同过滤算法：ALS，即加权正则化交替最小二乘法。该方法常用于基于矩阵分解的推荐系统中。

16.3 小结

本章介绍了 MLLib，一个构建在 Spark DataFrame 之上的机器学习库，它已经成为最受欢迎的分布式机器学习实现。MLLib 对机器学习流水线进行了抽象，提供了一系列实施特征工程（包括特征抽取、转换和选择等）和构建机器学习模型相关的通用组件和算法。

16.4 本章问题

问题 1：对比 MLLib 与 Mahout 两个机器学习库，并列出它们各自实现的算法。

问题 2：回归模型是最常用的预测算法，试描述它的工作原理，并使用 MLLib 的实现编写一段测试代码。

推荐阅读

大数据学习路线图：数据分析与挖掘

推荐阅读

推荐阅读